当代充填理论基础与工程应用

李 帅 王新民 冯 岩 编著

中南大学出版社
www.csupress.com.cn
·长沙·

图书在版编目（CIP）数据

当代充填理论基础与工程应用／李帅，王新民，冯岩编著.
长沙：中南大学出版社，2024.7.
ISBN 978-7-5487-5877-8

Ⅰ．ID853.34

中国国家版本馆 CIP 数据核字第 2024P9X56 号

当代充填理论基础与工程应用
DANGDAI CHONGTIAN LILUN JICHU YU GONGCHENG YINGYONG

李帅　王新民　冯岩　编著

□ 出 版 人　林绵优
□ 责任编辑　伍华进
□ 责任印制　李月腾
□ 出版发行　中南大学出版社
　　　　　　社址：长沙市麓山南路　　　　　邮编：410083
　　　　　　发行科电话：0731-88876770　　传真：0731-88710482
□ 印　　装　长沙市宏发印刷有限公司

□ 开　　本　787 mm×1092 mm　1/16　□ 印张 22.5　□ 字数 602 千字
□ 互联网+图书　二维码内容　图片 2
□ 版　　次　2024 年 7 月第 1 版　　□ 印次 2024 年 7 月第 1 次印刷
□ 书　　号　ISBN 978-7-5487-5877-8
□ 定　　价　58.00 元

本书编委会

◎ **主　编**

李　帅　王新民　冯　岩

◎ **副主编**

胡博怡　赵建文　李振龙

内容简介

　　本书系统介绍了当代地下矿山充填的最新理论研究成果及工程应用技术。内容包括概述、充填体作用机理、充填材料、充填试验、充填理论、充填装备、充填系统设计、充填系统可靠性对策、分级尾砂充填系统、全尾砂充填系统、组合料充填系统、国外充填系统工程案例共12个章节，共介绍了国内外15个典型的矿山充填系统实例。

　　本书涵盖了大量的最新科研进展和工程经验，内容丰富、叙述简明，可供从事矿山采矿、选矿工程的研究与设计技术人员参考，也可作为有关专业本科生及研究生的教材或参考书。

作者简介

王新民，男，1957年4月生，安徽省安庆市人，汉族，工学博士，中南大学教授，博士生导师，湖南省第三届安全生产专家、国家安全监管总局第五届安全生产专家，曾任湖南中大设计院院长。

王新民教授长期从事采矿工程与安全技术领域教学科研设计工作，主持和完成科研与设计项目100余项，包括国家"七五"到"十二五"的历届与充填理论和技术相关的国家科技支撑计划项目。获国家科技进步二等奖2项、省部级科技进步奖10余项，出版著作10部，发表论文200余篇，特别是在复杂难采矿体开采、矿山充填理论与技术方面颇有建树。带领的团队先后完成充填方面的创新成果：①1998年在水口山矿务局康家湾矿首次实现立式砂仓全尾砂充填技术的应用；②2005年在山东新设矿务局孙村煤矿首次实现煤矸石似膏体充填技术的开发应用；③2005年，在国内开磷集团用沙坝矿率先成功实现磷石膏充填技术的开发及应用。

李帅，男，1989年8月生，河南省南阳市邓州人，汉族，工学博士，中南大学副教授，硕士生导师，2012年入选"芙蓉学子"优秀大学生，2023年入选芙蓉计划湖湘青年英才。

李帅副教授多年来一直从事采矿工程与安全技术领域教学科研设计工作，主持和完成包括国家自然科学基金等科研与设计项目30余项，获省部级奖励6项，出版著作4部，发表论文50余篇，获专利授权10余项，在复杂难采矿体开采、矿山充填理论与技术方面研究成果丰硕。

前 言

  矿产资源是不可再生资源，是现代文明和社会发展的重要物质基础，矿产资源的合理开发及高效利用对保障国民经济的可持续发展具有重要的战略价值。充填法是有色金属矿山和贵金属矿山最早采用的一类方法，因其能够最大限度地回收地下矿产资源、保护地表环境和建(构)筑物，已全面取代传统的空场法和崩落法，成为现代绿色矿山建设的核心内容。近年来，随着充填材料、充填工艺及管道输送技术装备的发展，充填成本不断降低，尤其是国家对安全及环境保护的高度重视，充填法因其无可替代的优势，迅速在煤矿、铁矿、化工矿山等传统上不宜采用充填法的矿山得到广泛应用。

  适宜的充填材料和可靠的充填系统是充填法快速发展和广泛应用的重要保障。随着"绿水青山就是金山银山"发展理念的不断深入贯彻，将大部分矿山固体废弃物回填到井下，防止采空区和地表的沉降塌陷，少量剩余部分进行资源化使用和无害化处置，已成为绿色矿山建设的必然选择。近年来，我国的充填理论体系已日趋完善，充填技术和装备水平已逐渐达到世界先进水平。充填骨料已经从传统的尾砂和废石扩展到煤矸石、粉煤灰、磷石膏、赤泥等大宗工业固体废弃物，胶结剂也从普通硅酸盐水泥扩展至超细水泥、高水材料、高炉矿渣、黄磷渣等新型胶凝材料，絮凝剂、聚合剂、早强剂、缓凝剂、减水剂等改性材料也被广泛应用于充填料浆制备中。储砂能力大、浓缩效率高、底流浓度稳定、溢流水含固量低的深锥浓密机，为大中型矿山实现全尾砂连续充填提供了一种简单有效的解决方法；以普通浓密机和陶瓷过滤机为核心设备的全尾砂全脱水系统，则为中小型矿山尾砂充填和综合利用提供了整体解决方案。此外，高压力、大排量、高可靠性充填工业泵的引进和快速发展也为高含固、黏稠物料安全可靠的远距离输送提供了有效保障。

  《当代充填理论基础与工程应用》共分12章，系统地介绍了当代地下矿山充填的最新理论研究成果及工程应用技术。针对充填理论发展及系统设计中存在的主要技术问题，结合国内外15个典型矿山的充填系统实例，深入介绍了充填体作用机理、充填材料、充填试验、充填理论、充填装备、充填系统设计、充填系统可靠性对策、分级尾砂充填系统、全尾砂充填系统、组合料充填系统，为国内外地下充填法矿山提供了成套解决方案和成功案例。

  本书编著过程中参阅了大量近年来发表的相关科技文献，也融入了编者大量的研究成果。本书尤其注重工程应用性，试图成为矿山充填理论研究、系统设计等有价值的参考书，既可供采矿、选矿与安全工程专业的本科生和研究生作为教材使用，也可供相关领域设计、研究和生产技术人员参考。本书在撰写过程中，参阅了大量国内外有关书籍、论文和研究报告，虽然在参考文献中已经列出，但仍可能有遗漏，在此谨向这些文献资料的作者及相关机构表示衷心的感谢！同时，感谢湖南省科技创新计划资助（编号 2023RC3035）、湖南省普通高等学校教学改革研究项目（编号 HNJG-2022-0031）、湖南省自然科学基金项目（编号 2021JJ40745）、国家自然科学基金项目（编号 51804337）、国家重点研发计划（编号 2017YFC0804600）、中南大学教育教学改革研究项目（编号 2024CG023 和 2022jy006-3）、中南大学本科教材建设项目（编号 2020-84），以及中南大学与本书示例矿山合作的项目对本书的资助。

编者曾于 2005 年在中南大学出版社出版了国内首套深井充填专著《深井矿山充填理论与技术》，2010 年修订出版了《深井矿山充填理论与管道输送技术》，并一直作为本科生和研究生的教材使用，在国内外地下矿山充填领域产生了巨大的影响。《当代充填理论基础与工程应用》一书既是编者一生坚持扎根矿山生产一线、理论紧密联系实际的阶段性成果总结，也是编者团队在之前充填理论与技术领域众多技术成果基础上的充实、完善和创新。

因编者学识与水平所限，不足之处在所难免，衷心期盼同行专家、读者评判指正。

王新民 李 帅 冯 岩
2024 年 5 月

目 录

第1章 概述

随着国家对安全和环保的高度重视,更加安全环保、绿色高效的充填采矿法(简称充填法)开始取代传统的空场法和崩落法,成为现代绿色矿山建设的必然选择。充填系统作为矿山八大生产系统之一,不仅是充填采矿法实施的必要条件,对保障回采作业安全、降低资源损失贫化率具有重要的作用,对减少固体废弃物地表排放、保护地表地形和生态环境意义重大。

1.1 充填采矿法概况

1.1.1 采矿方法分类

采矿方法是为获取采矿基本单元——矿块内的矿石所进行的采准切割、回采、地压管理工作的总和。具体而言,采准切割工程是为人员、材料、设备进出采场提供通路,并为回采工艺创造通风、爆破自由面、出矿和充填等工作条件;回采作业包括凿岩、爆破、通风、出矿等工序;地压管理包括撬毛、平场、临时支护、充填等工作。根据地压管理方法的不同,可将地下采矿方法分为空场法、充填法和崩落法三大类。

(1)空场法。

其实质是在矿体回采过程中采矿房留矿柱,主要依靠围岩自身的稳固性和留设矿柱来支撑顶板岩石、管理地压,采空区不做特别处理。由于该类方法工艺简单、成本低,被广泛应用。但其缺点是随开采的进行,采空区数量日益增多,安全隐患日益突出,且由于矿柱难以回收,产生了严重的资源损失,导致该类采矿方法应用比重逐渐降低。

(2)充填法。

其实质是利用充填物料将回采过程中形成的采空区进行充填,以消除采空区安全隐患,限制顶板岩层移动和地表沉降。该类采矿方法安全性及资源回采率高,且有利于环境保护,随着矿产品价格的持续走高和对环境问题的日益重视,该类采矿方法应用比重越来越大。

(3)崩落法。

崩落法是随着崩落的矿石在覆盖层岩石下被放出,矿石原占有的空间将被覆盖层的岩石所充满,消除了地压发生的根源,属于主动管理地压的一类采矿方法。由于覆盖岩石和上下盘围岩的崩落会引起地表沉陷,所以只有地表允许陷落的地方才可考虑采用这种采矿方法,而且由于该方法出矿工作是在覆盖岩石下进行的，废石易于混入矿石使得损失率和贫化率较高，产生严重的资源损失与浪费，因此该类采矿方法应用越来越少。

1.1.2 充填采矿法发展概况

充填采矿法在国内外矿山应用的历史悠久，古代采矿过程就经常使用采掘的废石处置采空区，目前已经发展到了大规模集约化生产、机械化采掘和自动化充填。

(1)国内充填采矿法发展概况。

我国冶金矿山早在 20 世纪 50 年代就开始采用干式充填采矿法；1964 年，凡口铅锌矿开始使用胶结充填法；1965 年，锡矿山南矿因采空区面积过大引发大规模地压活动，开始了尾砂充填空区的试验；1966 年，湘潭锰矿第一期扩建设计采用水砂充填采矿法，在防止内因火灾方面取得了较好效果。1967 年以后，相继有铜绿山铜矿、红透山铜矿、凤凰山铜矿等矿山采用充填采矿法。进入 21 世纪，充填采矿法在我国地下矿山全面推广，目前已有近 80% 的地下矿山采用了充填采矿法。

(2)国外充填采矿法发展概况。

充填采矿法在加拿大、美国、日本、瑞典等国家的金属矿山也已获得日益广泛的应用，其所占比重正在持续上升。1970 年，加拿大地下矿山采用分层充填采矿法的比重就高达 22.2%；1971 年，美国产量较大的有色金属矿山几乎均采用充填采矿法开采。日本充填采矿法使用比例，1956 年为 24.5%，1967 年为 35.2%，1970 年为 39.0%；苏联充填采矿法使用比例，1965 年为 14.9%，1975 年为 38.0%。澳大利亚、印度、英国、奥地利等国家也都广泛应用充填采矿法开采有色金属、稀有金属矿体。

(3)充填采矿法的适用条件。

①开采品位较高的富矿或稀贵金属，要求采矿方法具有较高的回采率和较低的贫化率。

②赋存条件和开采技术条件相对比较复杂的矿床，如：水文地质条件、矿体形状比较复杂；矿体埋藏较深而且地压较大；矿石或围岩有自燃发火的危险；地表或围岩不允许沉陷或移动而需要特殊保护；露天和地下同时进行开采。

③适用于矿石围岩均不稳固的矿床，对矿体倾角、厚度、品位变化也有较好的适用性。

(4)充填采矿法的优点。

①采、切工程量小，灵活性大。

②矿石损失、贫化少。

③能够比较有效地维护围岩，减少围岩的移动和大量冒落。

④对于薄矿脉或分支复合矿体可以进行分采。

⑤可以防止矿床开采的内因火灾。

1.1.3 采矿方法未来发展趋势

长期以来，国内外的地下矿山普遍采用粗放的空场法和崩落法进行开采，不仅产生了规模庞大的采空区群，成为诱导大规模地压灾害和地表沉降塌陷的主因，并且还遗留了大量的优质矿柱资源无法回收，造成了严重的资源永久损失。随着国家对安全和环保的高度重视，更加安全环保、绿色高效的充填法开始取代传统的空场法和崩落法，已成为现代绿色开采技术和绿色矿山建设的核心内容。可以预计，在不远的未来，充填法将占据主要地位，空场法

和崩落法的应用比重将越来越小,尤其是崩落法将逐渐萎缩。其主要原因为:

(1)与空场法、崩落法相比,充填法损失率降低30%~50%,贫化率降低10%~20%。虽然充填成本增加,但成本增加额度远低于因回采率提高和贫化率降低带来的收益额度,故越来越多的企业开始采用充填法。

(2)崩落法开采引起地表大面积塌陷;空场法地下存在大量采空区未进行处理,随着时间推移,采空区面积越来越大,暴露时间越来越长,大面积地压活动引起地面塌陷的可能性增加。因此,崩落法和空场法对环境破坏严重。充填法由于对采空区及时处理,可有效抑制地表变形和塌陷,符合国家环境保护政策。随着全社会对环境保护问题的日益重视,应用充填法的矿山将越来越多,国家也已发文规定新建矿山必须优先采用充填法,并严格限制崩落法矿山审批。

(3)充填法可以充分利用掘进废石、选矿尾砂等固体废弃物,可大大减少废石和尾砂地面堆放压力,降低废石场和尾砂库容积及维护费用。

(4)随着充填技术的发展,充填效率将会提高,充填成本将会进一步降低,充填法的优势也将越来越明显。

综上所述,由于充填法兼具高回采率、低贫化率和环境保护功效,其应用比重将越来越大。不仅在有色金属矿山(包括黄金等贵金属矿山)中充填法已成为主要采矿方法,即使传统上不采用充填法的铁矿、煤矿等也开始广泛采用充填法,且推广应用力度甚至超过有色金属矿山。

1.2 绿色矿山建设要求

1.2.1 绿色矿山的内涵

2018年6月自然资源部发布《非金属矿行业绿色矿山建设规范》(DZ/T 0312—2018)等9项行业标准,明确绿色矿山定义为:在矿产资源开发全过程中,实施科学有序开采,对矿区及周边生态环境扰动控制在可控范围内,实现环境生态化、开采方式科学化、资源利用高效化、管理信息数字化和矿区社区和谐化的矿山;对于必须破坏扰动的部分,应当通过科学设计、先进合理的有效措施,确保矿山的存在、发展直至终结,始终与周边环境相协调,并融合于社会可持续发展轨道中的一种崭新的矿业形象。

编者基于数十年的采矿工程专业教学和现场工程实践积累,认为在当前的开采技术和装备条件下,绿色矿山的关键技术可进一步细化为:

(1)采用先进的采矿工艺及机械化的采掘装备,实现矿产资源的安全高效回收,及时处置采空区、有效保护地表地形与生态。

(2)对矿山产生的固体废弃物进行资源化使用和无害化排放,保护地表生态环境。

(3)实现选矿尾水的循环利用或达标排放。

1.2.2 绿色矿山建设的发展历程

(1)国外绿色矿山建设发展历程。

国外绿色矿山建设发展历程大致可分为如下三个阶段：

第一阶段：矿区绿化阶段(1945年以前)。早在19世纪，英、美等西方国家就提出了绿色矿山的概念。此时绿色矿山的概念仅仅停留在单纯的矿区植被保护和矿区绿化方面，即这一时期的绿色矿山要素就是矿区绿化。例如，1904年开始建设的加拿大布查特花园矿山原本是一座污水横流、地面严重塌陷、废石遍地的石灰岩矿山，经过几代人的辛勤努力，将其建成园艺艺术领域中的世界著名的矿山花园。矿山花园分下沉花园、玫瑰花园、地中海花园、意大利花园和日本庭园等多个游览区域，可观赏到世界各地的名花异草以及源自中国、意大利、日本的园林布局艺术。

第二阶段：资源综合利用阶段(1945—1999年)。1945年第二次世界大战(二战)以后，全球经济高速发展，人类社会对自然资源的消耗以前所未有的速度增长，越来越多的学者认识到地球资源的宝贵性和稀缺性，并提出提高矿产资源的综合利用率、减少资源损失和浪费的倡议。此时的绿色矿山概念已经从单纯的矿区绿化延伸至资源的综合利用。例如，二战之前苏联的矿产资源开采平均损失率为35%~50%，随着高品位矿产资源的不断枯竭和原矿品位的逐年下降，开始格外重视矿产资源的综合利用率。二战后，苏联制定并实施了与地下矿产资源安全管理和开发利用相关的法律法规、政府文件超过60多部，安全规程等技术文件超过2000余部。这些文件中，既有涉及矿产资源综合利用的技术性文件，还有完善矿产开发税收制度和吸引内外投资的经济刺激政策；既有严格规范矿区使用和环境保护的《地下资源法》，又有明确划分共和国、联邦主体和地方三级行政主体在矿产资源管理领域中权限和职责的《矿产资源法草案》。

第三阶段：绿色矿山建设阶段(2000年至今)。进入21世纪之后，资源短缺和环境污染成为制约世界各国发展的共同问题，"绿色""可持续""负责任""透明度"等关键词逐步成为全球矿业发展的基本理念，绿色矿山的概念也逐渐更加全面、清晰和符合实际情况，绿色矿山技术也逐渐完善和快速推广应用开来。在许多国际组织、政府部门及行业协会的推动下，不同国家根据自身矿业发展的特点，基于资源、环境、经济、社会等多目标的价值统筹、不同主体的定位分工和利益协同，来推进矿业的可持续健康发展。例如，作为世界主要的矿产品出口国，加拿大是西方发达国家中唯一把矿业作为支柱产业的国家。早在2003年，加拿大矿业协会就制定了矿业可持续发展的目标要求和评价指标体系，2009年加拿大勘探与开发者协会也提出了绿色环保的矿业开发理念。2008—2009年，加拿大政府先后批准《矿山关闭协议》和《生物多样性保育协议框架》，提高了矿业的准入门槛和矿业生态环境保护要求。2016年，加拿大自然资源部发布绿色矿业倡议，提出加速绿色矿山实践方面的研究、开发与实践，倡议具体包含节能减排、废弃物治理、生态风险管控和闭坑生态复垦四个主题。同年，加拿大自然资源部发布了《绿色矿业发展计划》，分别从尾砂管理、原住民关系、能源利用、温室气体排放、有害废物管理、生物多样性保育、社区认同度、矿山安全与健康、危险管理规划、矿山关闭、员工培训等方面提出了明确的要求。

(2)国内绿色矿山建设发展历程。

由于我国矿业的现代化起步较晚、开采技术和装备水平基础薄弱，广大中小型矿山大多采用粗放型开采模式，产生了严重的安全隐患、环境污染和资源浪费问题。随着国家对安全和环保的高度重视以及"绿水青山就是金山银山"发展理念的不断深入贯彻，在矿产资源开发利用过程中，不断推行绿色开采技术、建设绿色矿山，已经成为我国矿产资源开发利用的基本国策。

2007年，在北京召开的中国国际矿业大会上，国土资源部提出了"发展绿色矿业"的倡议。倡议立足于我国当前矿产资源开发利用模式仍然比较粗放、节能减排任务繁重、矿山环境问题比较突出、不能完全适应经济社会发展新要求的基本国情，提出转变传统意义上以单纯消耗矿产资源、牺牲生态环境为代价和高耗能为特点的开发利用方式，从根本上转变发展方式和经济增长方式，真正实现资源合理开发利用与环境保护协调发展，已成为矿山企业发展的必然选择。

2008年11月25日，中国矿业循环经济论坛在广西南宁举行，中国矿业联合会与11家大型矿山企业倡导发起签订《绿色矿山公约》，得到许多矿山企业的广泛肯定和积极响应。

2009年1月7日，国家发改委、国土资源部联合发布了《全国矿产资源规划（2008—2015）》，明确提出了发展"绿色矿业"的要求，并提出了"2020年基本建立绿色矿山格局"的战略目标。

2010年8月13日，国土资源部发布了《国土资源部关于贯彻落实全国矿产资源规划发展绿色矿业建设绿色矿山工作的指导意见》，随文附带了《国家级绿色矿山基本条件》，主要包括：依法办矿、规范管理、综合利用、技术创新、节能减排、环境保护、土地复垦、社区和谐、企业文化等方面。

2011年3月19日，国土资源部公布了首批"绿色矿山"试点单位名单，新汶矿业集团有限责任公司华丰煤矿等37家单位上榜。

2012年4月18日，国土资源部公布了第二批"绿色矿山"试点单位名单，湖南宝山铅锌银矿等183家单位为第二批国家级绿色矿山试点单位。

2012年6月14日，国土资源部发出通知：到2015年，建设600个以上试点绿色矿山，形成标准体系及配套支持政策措施；2015—2020年，全面推广试点经验，实现大中型矿山基本达到绿色矿山标准、小型矿山企业按照绿色矿山条件规范管理、基本形成全国绿色矿山格局的总体目标；新办矿山达不到绿色标准将不能获批。

2016年12月7日，由国土资源部、国家发改委、工信部、财政部、环保部、商务部共同组织编制的《全国矿产资源规划（2016—2020年）》正式发布实施，明确要求到2020年基本形成节约高效、环境友好、矿地和谐的绿色矿业发展模式，并在规划期末全国拟建设绿色矿山的数量约1.3万个。

2017年5月12日，国土资源部、财政部、环境保护部、国家质检总局、银监会、证监会联合印发《关于加快建设绿色矿山的实施意见》要求，加大政策支持力度，加快绿色矿山建设进程，力争到2020年，形成符合生态文明建设要求的矿业发展新模式。

2018年3月11日，第十三届全国人民代表大会第一次会议通过的《中华人民共和国宪法修正案》中，首次将生态文明写入宪法，绿色矿山建设已经上升为国家战略。

2018年6月22日，自然资源部发布已通过全国国土资源标准化技术委员会审查的《非金属矿行业绿色矿山建设规范》等9项行业标准，并于2018年10月1日起实施。

1.2.3　绿色矿山的关键技术

固体废弃物(如煤矸石、粉煤灰、尾砂、赤泥等)和废水作为矿山的最主要污染物,不仅产量大、污染严重、占地面积广而且安全隐患突出,2018年6月自然资源部发布《非金属矿行业绿色矿山建设规范》等9项行业标准,明确提出绿色矿山的建设过程中:矿山废石、尾砂等固体废弃物处置率达到100%,污水100%达标排放。因此,绿色矿山建设的难点主要包括:煤矸石、尾砂等固体废弃物的无害化处置技术、尾水净化及循环利用技术。其总体解决思路:首先,采用传统空场法和崩落法等粗放型开采模式的矿山,必须转型升级为更加安全环保的充填法,以减少固体废弃物的排放。其次,将大部分的固体废弃物循环利用作为充填骨料充填治理井下采空区,以消除采空区隐患、防止地表塌陷;少量剩余部分则可选择脱水后地表干堆或作为建筑材料二次循环利用,取消尾砂/尾渣库;对干堆场进行生态化治理与复垦,消灭污染源。最后,浓缩或脱滤后的废水,经净化处理后循环利用或达标排放。因此,当前经济技术条件下,绿色矿山建设主要包括充填法、固体废弃物资源化利用与无害化处置、废水循环利用三大关键技术。

1. 充填法

充填法是有色金属矿山和贵金属矿山最早采用的一类方法,因其能够最大限度地回收地下矿产资源、保护地表环境和建(构)筑物。近年来随着充填材料、充填工艺及管道输送技术装备的升级,充填成本不断降低,尤其是国家对安全及环境保护的重视,充填法因其无可替代的优势,迅速在煤矿、铁矿、化工矿山中得到广泛应用。究其原因,充填法具有以下几方面的优势:

(1)可以及时充填采空区,有效控制地压活动,避免由于地压灾害造成的人员伤亡事故,国内外尚无采用充填法开采出现过大规模地压灾害的实例(图1-1)。

(2)可以最大限度地回收地下矿产资源。充填法由于采用两步骤回采,不留矿柱或使矿柱量大大减少,与空场法相比,其矿石回收率一般要提高20%~30%,贫化率可以控制在8%以下,譬如姑山铁矿使用充填法替代空场法后,矿石回收率由以前的60%提高到90%,贫化率仅5%;金川镍矿采用充填法时矿石回收率达到95%。

(3)可以实现"三下"资源的安全回采,及时充填采空区可以防止上部岩体出现移动和沉降,可有效保障地表不受采动影响。这一方面的成功实例颇多;如安徽铜陵新桥矿业有限责任公司、冬瓜山铜矿,采用充填法有效地保护了地表村庄、公路及农田;水口山有色金属有限责任公司康家湾矿则安全地回收了大型水体下预留的170万t高品位保安矿柱;山东新汶矿业集团有限责任公司孙村煤矿使用充填法成功回收了城镇下压覆的160万t高品位煤柱,开阳磷矿采用充填法实现了公路下2260多万t保安矿柱的安全回收。

(4)可以有效处理工业固体废料,减少固体物的排放。由于充填料用量大,充填不仅减少了固体物的排放,节约了征地费用及无害化处理费用,更有效地减少了地表的环境污染,为实现绿色矿山和矿山地表环境治理开辟了重要途径。

鉴于此,国家相关部门出台了一系列的法律法规,从政策层面鼓励和引导推广充填法。如国土资源部、国家安全监管总局、财政部、国家税务总局、环境保护部于2012—2017年先后出台《关于进一步加强尾砂库监督管理工作的指导意见》(安监总管一〔2012〕32号)、《关

图1-1 充填法的优势

于严防十类非煤矿山生产安全事故的通知》(安监总管一〔2014〕48号)、《关于资源税改革具体政策问题的通知》(财税〔2016〕54号)、《遏制尾砂库"头顶库"重特大事故工作方案》(安监总管一〔2016〕54号)、《中华人民共和国环境保护税法》严格安全许可制度,新建矿山必须论证并优先推行充填法;对从"三下"用充填法采出的矿产资源,资源税减征50%;鼓励采取井下充填改造和消灭"头顶库";对矿山固体废物污染征税,其中尾砂15元/t、粉煤灰25元/t、危险废物1000元/t。

2.固体废弃物资源化利用与无害化处置

(1)固体废弃物资源化利用。

尾砂等固体废弃物一般是指在特定的经济技术条件下,通过矿物加工过程从磨碎的矿石资源中进行分离与富集后排出的废弃物,是在特定的技术经济条件下难以分选的物料。但随着科学技术的进步和发展,有用目标组分还有进一步回收利用的经济价值,所以尾砂等固体废弃物是个相对概念,并不是绝对的废弃物。但是若随意排放,既造成资源流失,又严重污染环境。因此,与传统的矿产资源一样,固体废弃物表现出明显的资源属性、经济属性和环境属性。

目前,我国大宗工业固体废弃物综合利用率在60%左右,而产生量占大宗工业固体废弃物近一半的尾砂的综合利用率不足15%。由于我国矿产资源以含多种共伴生组分的辅助多金属贫矿为主,开采利用难度大,资源利用率低,有色金属矿山的采选综合回收率更是只有33%。金川镍矿尾砂中主要金属元素铁折算金属量在1000万t左右,稀有贵金属元素镍、钴的金属量则分别为20万~25万t和0.8万~2.0万t,还有含量丰富的铜、金、银、铂等有价元素。将尾砂等固体废弃物用作建筑材料，仍然是现阶段尾砂综合利用的主要方式。积极开发新型高附加值的尾砂综合利用新工艺和技术，已成为现阶段尾砂综合利用的重中之重。采用矿物材料制作的新型玻璃、墙体材料等已在俄罗斯诸多选厂实践应用；利用铁尾砂合成新型的陶瓷制品，已经成为一种经济环保的尾砂利用新工艺；铜尾砂中的石榴子石等成分则可作为改性材料添加到橡胶制品中，进而起到提高产品质量、节约能耗的作用。

（2）用固体废弃物充填采空区。

作为资源开采大国，我国每年都要通过开挖数万千米的井巷工程和剥离数亿吨的地表山体，从地下开采 20 亿 t 以上的矿产资源，因采矿作业产生的采空区累计体积已达到 350 亿 m^3。用尾砂充填采空区，不仅可以消除采空区的安全隐患，更可大大减少地表的尾砂排放，减少尾砂库占地和环境污染，符合无废开采的发展趋势。

（3）尾砂干堆。

尾砂干堆是采用过滤设备将尾砂脱水至含水率低于 20%的滤饼，然后通过汽车或皮带输送至尾砂堆场进行干式堆存的工艺。最早的尾砂干堆实践始于 1980 年澳大利亚阿尔科公司在平贾拉厂进行的赤泥干堆处置试验，随后尾砂干堆工艺技术迅速发展，截至 2014 年底，国内已有 463 座尾砂库应用了干式堆排技术，氧化铝行业则全部采用了赤泥干式堆存工艺（图 1-2）。尾砂干堆工艺的迅速发展离不开国家政策法规的导向。2010 年，我国国土资源部正式出台政策文件，要求全面贯彻落实矿产资源规划，大力推广尾砂充填和干式排尾技术，发展绿色矿业，建设绿色矿山。2016 年 5 月 20 日，国家安全生产监督管理总局印发《遏制尾砂库"头顶库"重特大事故工作方案》（安监总管一〔2016〕54 号）明确提出：要采取"尾砂湿排工艺改为干堆或膏堆工艺"等措施改造和消灭"头顶库"。2018 年 6 月，自然资源部在《非金属矿行业绿色矿山建设规范》等 9 项行业标准中提出：矿山废石、尾砂等固体废弃物处置率达到 100%；宜对尾砂进行干式排放，减少尾砂库占地面积。相较于传统的低浓度尾砂直排尾砂库，尾砂干堆的优势有：

图 1-2　山西华兴铝业有限公司神堂沟赤泥干堆场

①提高了尾砂库的安全性能。经浓缩压滤后的尾砂滤饼含水率低，尾砂干堆场内不积水，尾砂经碾压后堆积强度进一步提升，安全性能大大提升；尾砂滤饼不饱和、不易液化、抗剪强度高，抗震防洪性能大大提高；即便发生溃坝灾害，干尾砂也不会引发滑坡、泥石流等

灾害,破坏程度有限。

②生态环境污染大大降低。尾砂浓缩后的溢流水通常会用作选矿用水,进而大大减少了废水中重金属离子和选用药剂的渗透污染;干堆场内不积水,可边堆筑边复垦,减少粉尘污染。

③减少占地面积和征地费用。由于尾砂滤饼含水率低,自然堆存不泌水,因此干堆对不同地形条件适用性强,可在峡谷、低洼、平地、缓坡等处安全堆存,进而使尾砂占地面积和征地费用大大减少。

④有效延长了尾砂库服务年限。采用尾砂干堆后尾砂堆积密度增加,在相同的库容条件下,堆存总量和服务年限大大增加。

⑤节约用水。干堆尾砂的回水率在90%以上,在严重缺水地区优势尤为明显,不仅节约了宝贵的水资源,还实现了废水的零排放,降低了环境污染的风险。

⑥有价元素回收和选矿药剂循环利用。由于干堆尾砂的回水率高,废水中的有价元素和选矿药剂可以得到有效的回收利用。

⑦降低了常规尾砂库的建设、运营、闭库及复垦费用。传统尾砂库的建设、日常监测、维护、排水和渗透治理费用在5~10元/t,尾砂干堆的费用则极低。

⑧对不同地域、气候和环境的适应性较强。无论是南方多雨地区、干旱地区、高地震烈度区、高寒地区尾砂干堆均有成功应用的实例,因此尾砂干堆具有很高的推广应用价值。

3. 废水循环利用

水是人类生活的重要物质基础,我国水资源分布不均、仍有大量的严重缺水地区。目前,我国的矿山开采水资源消耗量大、循环利用率低、重金属污染严重等问题非常突出,不仅进一步加剧了当地的缺水情况,还会对当地饮用水源、农作物和生态环境造成严重的破坏。因此,采取合适的废水处理工艺,对矿山污水进行处理和综合利用,对于促进矿区及其所在区域的经济发展乃至整个矿产行业的可持续发展均具有至关重要的作用和意义。

除少量的生活污水外,矿山主要的污水来源为矿井涌水和选矿尾水。生活污水是矿区人员的生活所产生的废水,规模较小、处理难度较低且已有非常成熟的集成式废水处理设备。矿井涌水来源于矿体开采和探矿过程中所产生的裂隙涌水、充填泌水和钻孔放水等,一般硬度和矿化度较高,内部有微小岩尘等悬浮物及氟化物、硫化物等无机盐类,需要进行专门的净化处理才能够循环利用或达标排放。选矿尾水是指选矿流程结束后所排出的尾砂中所含的水,一般含有大量的选矿药剂、重金属离子且往往酸碱性超标,必须经专门的净化处理才能够循环利用或达标排放。采空区充填和地表干堆技术有效地解决了矿山主要固体废弃物的无害化处置难题,尾砂浓缩的溢流水和压滤的回水,则可通过添加絮凝剂,进行一段或多段浓缩、絮凝沉降净化处理(图1-3),进而直接回用作选矿用水或达标排放。目前,常见的矿山污水处理工艺有:

(1)混凝沉淀技术。混凝沉淀技术是一种重要的物化处理方法,通常采用铝盐或铁盐作为混凝剂,与污水均匀混合后再经沉淀和澄清即可完成净化处理。近年来,由于工艺简单且成本较低,集成混凝与沉淀工艺的污水处理装备得到了广泛的应用,处理后的水体只需经过过滤和消毒就可以直接达标排放。

(2)微生物处理技术。该技术是利用滤池内填料表面的生物作为载体,吸附流经水体中

图 1-3　广东省大宝山矿业有限公司矿山污水处理系统

的有机物，再利用生物膜表面微生物的氧化作用，形成由有机物-细菌-原生生物组成的食物链。该流程短且占地面积小、出水水质高，非常适合硝化菌等生长缓慢的微生物的繁殖，具有较强的氨氮去除能力。

（3）吸附技术。当前常用的吸附材料为活性炭和硅藻土，但活性炭会随着处理时间的延长而逐渐丧失吸附能力，因而需要及时更换或再生活性炭。硅藻土上具有多级、大量且排列有序的微孔，具有较强的吸附能力，它能够吸附 1.5~4.0 倍自重的液体和 1.1~1.5 倍的油分，并且用其所制成的吸附塔还具有筛分和深度效应，表现出良好的深度处理效果。

（4）反渗透技术。此技术是以压力为驱动力的膜分离技术，具有无相变、流程简单、占地面积小、能耗低及污染物脱出率高等优点，在污水处理中具有广阔的应用前景。

（5）集成膜技术。通过将超滤、微滤和反渗透综合在一起，超滤、微滤作为反渗透技术的预处理过程，可确保出水水质至少在三级水质之上，其后设置的反渗透膜可大大延长集成膜的使用寿命，进而大大简化了传统污水处理的预处理系统。

（6）连续膜过滤技术。此技术多采用成本低廉的中空纤维，不需支撑层即可实现反向冲洗，在矿山污水处理领域中具有较大的应用潜力。

1.3　当代充填理论基础与工程应用进展

1.3.1　充填工艺发展历程

1. 国外充填工艺发展历程

国外充填工艺的发展历程大致可分为如下三个阶段：

第一阶段：水砂充填阶段(1900 年以前)。1864 年，为保护一座教堂的安全，防止其因地面沉降而坍塌，美国宾夕法尼亚的一个煤矿首次开展了水砂充填试验。其后，南非、德国、澳大利亚等国家也先后成功运用了水砂充填工艺。此阶段水砂充填以水为主要输送载体，充填料浆的质量浓度仅有 30%~40%，进入采场后需要大量和长时间的脱水，所形成的充填强度极低，难以产生刚性支撑作用和获得有效的地压控制效果。

第二阶段：分级尾砂充填阶段(1900—1980 年)。进入 20 世纪后，得益于水力旋流器等尾砂分级脱水装置的不断完善和发展，美国和加拿大等国家率先开展了分级尾砂充填试验研究。通过将选厂所产生的全尾砂进行旋流分级，粗粒径尾砂作为充填骨料充填采空区，细粒径溢流则直排尾砂库，实现了分级尾砂充填。但是分级尾砂充填仅利用了全尾砂中的粗粒径部分，剩余占比约 50%的细粒径尾砂仍需排往尾砂库，尤其是−400 目以下的超细粒径尾泥排入尾砂库后无法自然堆坝，不仅增加了尾砂库筑坝的成本，同时也极易对尾砂库堆存的安全性产生严重影响。

第三阶段：全尾砂充填阶段(1980 年至今)。鉴于分级尾砂存在的诸多问题，20 世纪 80 年代，苏联、澳大利亚和南非等国家开展了全尾砂充填的试验研究工作，其中南非的西德瑞方登金矿全尾砂充填料浆的浓度达到 70%~78%。由于全尾砂充填有效地解决了分级尾砂充填所存在的细粒径尾砂无法自然堆坝的问题，其迅速在世界各国矿山得到了推广应用。

2. 国内充填工艺发展历程

与我国矿业的国情一样，我国充填工艺起步较晚，理论和装备水平基础薄弱，但是发展却尤为迅速。尤其是进入 21 世纪后，随着国家对安全和环保的高度重视以及"绿水青山就是金山银山"发展理念的不断深入贯彻，我国的充填理论体系已日趋完善，充填技术和装备水平已逐渐达到世界先进水平。国内充填工艺的发展历程也大致可分为如下三个阶段：

第一阶段：水砂充填阶段(1960—1980 年)。1960 年，湖南湘潭锰矿率先采用水砂充填工艺防止井坑内因火灾，并取得了较好的效果；1965 年，湖南冷水江市锡矿山南矿为了控制大面积地压活动，首次采用了尾砂水力充填采空区工艺，有效地减缓了地表下沉。随后，铜绿山铜矿、招远金矿、凡口铅锌矿等矿山也开始采用水砂充填工艺治理采空区。

第二阶段：分级尾砂充填阶段(1980—2000 年)。20 世纪 80 年代后，分级尾砂充填工艺与技术迅速在国内推广应用，铜绿山矿、水口山矿务局、安庆铜矿、张马屯铁矿、三山岛金矿等 60 余座有色、黑色和黄金矿山都建设了分级尾砂充填系统。其间，以天然砂和棒磨砂等材料作为集料的胶结充填工艺与技术也已臻成熟，并在凡口铅锌矿、小铁山铅锌矿、凤凰山铜矿、牟平金矿等 20 余座矿山推广应用。

第三阶段：全尾砂充填阶段(1998 年至今)。由于分级粗尾砂被用于充填，细粒径尾砂进入尾砂库后无法堆坝且无法保障尾砂库的浸润线和干滩长度，因此尾砂库存在重大安全隐患。1998 年，中南大学王新民教授团队通过在水口山康家湾矿立式砂仓内添加絮凝剂，在国内首次成功实现了全尾砂快速絮凝沉降和高浓度充填，上述工艺系统一直使用至今。2000 年以后，以铜陵有色冬瓜山铜矿为代表的其他地下充填法矿山开始大量采用全尾砂充填，此法迅速在国内大量推广应用。

1.3.2 充填理论研究进展

1. 高浓度充填技术研究

在长期的充填实践中，人们逐渐认识到在灰砂比给定的情况下，充填体的强度与料浆质量浓度在一定范围内呈正相关的关系，即充填浓度越高，对充填体强度增长越有利。在同样的强度要求下，提高充填料浆浓度能大大减少水泥用量、降低充填成本，并解决采场脱水等一系列问题。于是减少充填用水的全尾砂高浓度充填技术开始迅速被人们广泛接受，并成为目前矿山新建充填系统的首选工艺。

高浓度充填是一个相对的概念，相较于传统的低浓度充填而言，高浓度充填的浓度更高、泌水率更低，脱水后的充填体凝固时间更短、早期强度更高、整体承载和支撑效果更好。同时，高浓度充填也是一个非常宽泛的概念，质量浓度在60%以上、泌水率小于10%的充填料浆均属于高浓度的范畴。为了便于实际生产管理、提高充填效果和保障充填质量，浓度范围更加准确、流变性态更加明确的膏体、似膏体充填技术也相继应运而生。无论如何，膏体和似膏体均属于高浓度充填的范畴。

"膏体"一词起源于混凝土行业，是指含水率在5%~10%，坍落度在100~150 mm，满足建构筑物和易性、强度、变形及耐久性要求的混凝土，往往流动性差，需要人工干预、振捣器振捣才能实现均匀铺设。膏体充填技术于1979年率先在德国格隆德铅锌矿开发成功，具有自然静置状态下不泌水、不沉淀、不离析等优点。澳大利亚岩石力学中心A. B. Fourie教授团队将膏体总结为：-20 μm颗粒的含量超过15%，自然静置状态不离析、不泌水，管道输送不分层、不沉降，坍落度小于230 mm，流变特性为非牛顿流塑性体。自1994年首次在金川二矿区试验成功后，膏体充填技术在国内发展迅速，但是通常会陷入过度重视"高浓度、不泌水"而忽视流动性的误区，导致膏体制备工艺复杂、管输流动性差、泵送能耗高等问题。尤其是井下作业采场普遍面积较大，流动性较差的膏体只能在下料口堆积而无法在采场内展开，导致采场充满率低、充填效果差等诸多问题。

似膏体技术作为一种新型的尾砂充填模式，既有胶结充填浆体流动性好、易于输送的优势，又兼具膏体质量浓度高、井下脱水少、充填固结体强度高等优点，在兼顾充填效果和管输流动性的条件下，似膏体技术是目前最经济合理的充填方式。2005—2008年，中南大学王新民教授团队先后在孙村煤矿、华泰矿业、开阳磷矿，分别建成了国内首例煤矸石和磷石膏的似膏体充填系统，似膏体在采场内流动性及自然延展性好、泌水率低、初凝时间短、固结速度快、水泥耗量少、充填效果好。随着充填浓缩脱水设备的发展，似膏体充填技术已在国内矿山新建充填系统中全面推广应用。

2. 新型充填材料研究进展

充填材料一般由充填骨料、胶凝材料和外加剂组成，充填材料的选择不仅影响充填体的质量，而且直接影响矿山充填系统的投资和运行成本。根据矿山实际条件，一般选用来源广泛、成本低廉、物理化学性质稳定、无毒无害、具备骨架作用的材料或工业废料作为充填骨料。目前常用的充填骨料包括尾砂(全尾砂/分级尾砂)、废石、山砂、河砂、戈壁集料、煤矸石、磷石膏、赤泥等，将固体废弃物循环利用作充填骨料，既解决了充填骨料的来源问题，又保护了地表环境，创造了较好的经济效益和社会环境效益。

国内外应用最广泛的充填胶凝材料为硅酸盐水泥。近年来随着水泥价格的不断上涨和持续高位运行，国内外很多矿山开始试验使用具有一定潜在胶结性能的工业废料作为水泥代用材料以降低胶结充填成本，如水淬炉渣、粉煤灰、特种水泥、高水速凝材料等。炉渣与粉煤灰都属火山灰质材料，其特点是含有较多的活性 SiO_2 和 Al_2O_3 成分，在一定的条件下能形成稳定的带胶结性的水化硅酸钙与水化铝酸钙复盐，硬化过程中强度随龄期增长，并具有较好的后期强度。目前，市场上在售的新型胶凝材料大多是由多种无机物经高温煅烧，再加入适量的天然矿物和化学激发剂配料后磨细均化形成的粉体物料，物理形态大多呈灰白细粉末状，比表面积一般超过 4000 cm^2/g，主要化学成分为 SiO_2、Al_2O_3、Fe_2O_3、CaO、MgO 等。

3. 充填料浆的流变学研究

充填料浆一般采用管道输送的方式进入采空区，充分分析和掌握充填料浆的流变性能，对于进行充填料浆的管道输送阻力计算、防止粗颗粒沉降堵管、保障整个管路输送系统的稳定性和可靠性意义重大。国内外已针对充填料浆的流变特性及其影响因素开展了大量的试验研究，并取得了重要进展。M. He 等研究发现超细全尾砂浆体的流变特性不仅与颗粒级配、尾砂特性、浆体浓度、pH 和温度等因素有关，还受测试方法、测量仪器、剪切模式和剪切时间的影响。刘晓辉总结了黏度计、流变仪、坍落度法、L 管和环管试验的适用范围及优缺点，发现浆式流变仪可有效降低壁面滑移效应，对细粒径充填浆体的适用性较好。L. Liu 等基于大量的室内坍落度测试数据，通过构建主成分分析法与 BP 神经网络的耦合模型，将充填浆体流变参数的预测误差控制在 5% 以内。因此，为提高流变参数的测试精度，既要选用适用性强、精度高的测试设备，又要根据尾砂级配和物料性质的差异，考虑稳/动/瞬态流场、转子滑移和剪切模式的影响，进行测量精度分析与误差修正。

王新民等在金川全尾砂充填料浆的流变测试中发现了明显的触变现象。E. U. Pornillos 发现在剪切作用下，充填浆体的屈服应力和黏度随剪切时间增加而逐渐减小，并最终趋于稳定。X. J. Deng 等以加拿大 Mt Polley 矿超细全尾砂为例，分析了质量浓度、水灰比、剪切速率及静止时间对充填浆体流变特性的影响。黄玉诚根据似膏体在稳态流动时表现为黏塑性体，在动态条件下表现为黏弹塑性体的特点，建立了似膏体广义的黏弹塑性流变力学模型。

4. 充填体的承载机理研究

充填采矿技术经过近半个世纪的不断完善与发展，其在工程中的应用实践已日趋完善。针对不同的开采技术条件，深入开展充填体的承载机理研究，尤其是基于深井"三高一扰动"的特殊开采技术条件，系统、深入地开展深井充填理论与岩爆防控技术研究，已成为新的研究热点和发展方向。

尾砂的粒径组成、颗粒级配、物理化学性质，充填料浆的灰砂比、质量浓度、渗透脱水性能以及养护环境等因素均会对充填体的损伤破坏特性产生影响。Jewell 等认为合格膏体中小于 20 μm 颗粒的含量应超过 15%；Liu 等分析了充填体内部孔隙率和孔隙分形维数对其强度的影响；Galaa 等基于水泥的水化反应、基质吸力和相对湿度条件，研究了超声波 P 波与充填体强度的潜在关联性；Fu 等发现充填体的单轴抗压强度与质量浓度和养护时间成指数增长关系，弹性模量则与围岩的侧限压力成反比；王新民等将充填体的受压破坏过程简化为初始变形阶段、弹性变形阶段、塑性屈服阶段和破坏阶段；徐文彬等通过试验得出电阻率变化可表征受压充填体内部结构的变化特征，热红外信息可反映充填体塑性屈服前表面结构的温度演化特性；陈绍杰等基于充填体的蠕变硬化特性，认为其有利于保持围岩长期稳定。

充填料浆进入采空区后，经流动沉缩、渗透脱水、固结硬化与围岩发生相互作用，包括对卸载岩块的滑移趋势提供侧向压力、支撑破碎岩体和原生碎裂岩体、抵抗采场围岩闭合等；于学馥等将充填体的作用归结为应力吸收与转移、接触支撑和应力隔离；刘光生发现充填体与围岩产生摩擦作用后，会有部分自重应力向岩体转移呈现拱效应；Cui 等模拟分析了多场耦合条件下充填体应力成拱效应随时间的变化规律；Liu 等探究了围岩表面粗糙度对充填体应力分布的影响规律；Singh 等利用最小主应力迹线形成的圆弧微分单元，研究了围岩变形对充填体挤压模式的影响；Rajeev 等通过试验推导了充填体与围岩接触面之间剪应力的计算公式；Dirige 等认为充填体作为滑移块体，受内部失稳滑移面间摩擦阻力和下盘岩体摩擦阻力的双重影响。

从能量角度分析，岩爆是岩体中聚积的弹性变形势能突然猛烈释放的过程，岩体中能量的释放速率直接影响岩爆的作用强度和破坏效果。Heunis 通过对南非金矿山的岩爆灾害调查，发现废石充填采空区可降低岩爆灾害所释放的能量；Hu 等探究了充填体的侧限支护作用对岩体裂纹密度、扩展度及力学特性的影响；李地元将高地应力地下洞壁简化为两边简支的力学模型，分析了充填体的侧压作用对减少洞壁岩体屈曲板裂破坏的效果；Jiang 等研究发现充填体可增加煤柱弹性变形部分的体积，进而增加煤柱的整体强度，降低岩爆的能量指数；Zhang 等认为充填体接顶能够显著改善顶板的应力集中现象，减少表面型岩爆的发生；冯帆等针对岩体特性及受力状态影响形成的板裂体，探究了充填体抑制屈曲岩爆发生的作用机理；刘志祥等基于充填体与岩体在相互力学作用下的能量模型，推导了充填体与岩体的系统失稳判据。王新民教授针对深部矿床开发固有的高应力、高地压、高井温这一特殊环境特点，应用岩体力学、工程流体力学等相关理论与数值分析方法，结合在铜陵新桥矿业公司、开阳磷矿和山东新矿集团孙村煤矿等的科研实践，通过理论分析，并立足于室内试验与现场工业试验，全面系统地研究了深井充填材料与管输系统中的主要理论与技术问题。

1.3.3 充填技术发展方向

1. 新型低成本胶凝材料研发

随着原材料价格的上涨和国家对环保的重视，水泥作为矿山充填最常用的胶凝材料，其价格长期维持在高位且仍有较大的涨幅空间，部分偏远矿区散装水泥的到矿价格已上涨至500 元/t，因此开发新型的充填胶凝材料来替代水泥已成为新的研究热点。大量的研究及应用实践表明，冶炼厂水淬炉渣、火力发电厂粉煤灰、磷化工厂黄磷渣、烧结法赤泥等材料，都是性能良好的水泥替代品。Bernal 等以高炉矿渣为原材料，采用碳酸钠作为活化剂，研究了碳酸盐基团对材料结构及化学演化的影响。Ercikdi 等采用废玻璃、粉煤灰、粒状高炉矿渣和硅灰制备新型充填胶凝材料，并进行了铁尾砂的胶结充填试验。山东孙村煤矿通过在煤矸石充填料浆中添加粉煤灰，不仅有效降低了水泥的单耗，还大大改善了充填料浆的流动性能，提高了骨料的悬浮性能。贵州开阳磷矿以磷石膏作为充填骨料、黄磷渣作为胶凝材料，开发出了国际首例全磷废料胶结充填技术。周爱民等通过在烧结法赤泥中添加活性激发剂制备新型胶凝材料，在相同配比条件下，试块的 28 d 单轴抗压强度较 42.5 硅酸盐水泥提高了 2.7 倍。

2. 大能力、高效率、低成本充填装备

充填理论经过近一个世纪的发展，已形成了完整的理论体系和完善的应用技术。但在实际充填应用过程中，充填系统装备仍是限制充填技术成功应用的重要前提条件。例如，在立式砂仓出现以前，由于没有大能力、高效率的尾砂浓缩装置，传统的卧式砂仓占地面积大、滤水效率低、溢流水跑混严重，导致充填能力小且不连续。立式砂仓出现后，卧式砂仓就迅速被淘汰了，但是立式砂仓在应用过程中也存在放砂浓度低且不稳定、高压风高压水联合造浆能耗较高、溢流水含固量高等问题。因此，当处理能力更大、放砂浓度更高且更稳定的深锥浓密机出现后，立式砂仓就逐步被取代了。此外，充填系统投资过大仍是限制广大中小型矿山充填推广应用的主要原因。目前，以深锥浓密机为核心的充填系统投资普遍在 2000 万~5000 万元/套，开发大能力、高效率、低成本充填装备，不断降低充填系统投资和充填运营成本将是充填技术的重要发展方向。

3. 自动化与智能化充填控制技术

随着自动化与智能化控制技术的应用，在充填系统全流程增设自动化的数据采集、数据处理和分析反馈功能，实现尾砂浓缩、上料、计量、搅拌和输送全流程的自动化和可视化控制，对于提高充填系统的自动化与智能化水平具有重要的现实意义。要实现自动化与智能化充填控制技术，应该具备如下条件：

①拥有快速、准确、自动化的信息采集与处理系统。

②建立有效的充填经营管理信息系统，形成企业局域网络。

③具有容量足够，能传递声频数据和视频数据信息的、高速的双向信息通信网络。

④具有独立的矿山充填可视化数字平台等软件支持。

目前，地表充填制备站的自动化控制已经实现，但是井上与井下的智能化充填技术仍需努力攻关。

4. 深井矿山充填与岩爆灾害防控

随着科学技术的发展和浅部矿体的逐渐消耗，开采深度逐年增大，世界最深矿井已达 5000 m。深部矿床开发固有的高应力、高地压、高地温特点，使充填采矿法成为首选方法。充填采场属于人工支护的范畴，类似于采用锚杆、喷射混凝土等人工措施支护采场巷道，其目的在于维护采场围岩的自身强度和支护结构的承载能力，防止采场或巷道围岩的整体失稳或局部垮冒。南非在深井黄金矿山的开采中，大多采用了充填采矿法，并对充填机理进行了相当深入的研究，Elandsrand 金矿采用了用能量释放速度来评价深井充填体作用的新方法。在南非、加拿大、美国、巴西等深井开采的国家，已经有深井充填材料、管道减压技术、充填料冷却技术等方面的研究成果，但尚未形成系统的深井充填理论体系。

思考题

1. 为什么充填采矿法是绿色矿山建设的必然要求？
2. 中国的绿色矿山建设经历了怎样的发展历程？
3. 绿色矿山建设的关键技术有哪些？
4. 论述我国充填工艺的发展历程。
5. 论述充填技术的发展方向。

第 2 章　充填体作用机理

充填体作用机理及效果是矿山采矿方法选择和设计的重要基础。本章在分析矿区工程地质条件、区域构造应力、充填体强度和采矿方法结构参数等影响地下矿山开挖系统稳定性主要因素的基础上，根据能量耗散原理，重点探讨了充填体在区域支护系统中的作用及控制和预测采场突发失稳风险的过程和方法。

2.1　采场围岩及充填体稳定性的控制因素

地下开采活动破坏了原岩的平衡应力场，应力必然进行传递和调整，以达到新的平衡。在应力传递和调整过程中，可能出现岩体局部失稳破坏和整体结构失稳，在深井条件下更易产生冲击地压灾害，因此采场围岩的稳定性评价与失稳预测预报就是研究围岩内的应力传递和调整过程及最后所处的状态。不同于地表工程，采矿工程建立在经历了长期地质构造作用和演化的地质体中，影响工程稳定性的因素不仅多而且具有很大的不确定性。因此，探讨影响地下采场稳定性的主要因素及基本规律，是进行采矿工程稳定性分析的前提。

2.1.1　工程地质条件

矿区工程地质条件是影响矿区围岩稳定性的内在因素。如矿岩类型、物理力学性质、结构面发育程度及矿岩体的变形特性、流变特性等因素，在很大程度上控制了矿岩体的破坏机理、失稳形式和稳定状态。认识和评价矿岩体的工程地质条件，准确、可靠地确定矿岩体力学、变形参数，是进行采场围岩稳定性分析的基础。

矿床的形成方式和演变过程决定了矿岩的基本力学性质。矿岩体的物理力学性质包括矿岩的密度、容重、孔隙率、膨胀性等。强度主要是指矿岩的抗剪强度、抗拉强度和抗压强度。变形特性通常基于节理发育程度、节理面形态及结构面力学性质，是矿岩体变形破坏的控制性因素，在力学性质上表现为各向异性、非均质性和高度非线性。

地质结构面的存在，不仅破坏了岩体的连续性，而且其结构面的产状使岩体强度具有明显的结构效应。它不仅大大降低了岩体的强度，增加了岩体的变形量，而且还控制岩体的破坏机理和破坏模式。事实上，岩体的破坏大多沿着结构面破坏，结构面已成为影响巷道工程破坏的重要因素。但结构面的规模，如断裂、断层、节理等在岩体工程变形破坏中，所起的作用是有区别的，在稳定性分析时应予以注意。

矿体赋存环境是指矿床所处的区域性构造应力，即原岩应力、地下水条件等，对于深度大于 1000 m 的矿床，温度对围岩稳定性的影响也不容忽视。众多工程的原岩应力测试表明，大部分矿区都存在着水平构造应力，即矿区的最大主应力不是垂直方向，而是水平或接近于水平方向的。众多的地下工程实践也已证明，水平构造应力对地下工程的稳定性产生重要影响，是控制地下工程稳定性的重要因素之一。因此，研究矿区构造应力大小与方向随深度和位置的变化规律，对采场围岩稳定性分析极为重要，是地下工程设计必须考虑的因素之一。

2.1.2 采矿工程因素

采矿工程因素包括采场范围与形状，回采、充填顺序与回采方案等。该因素在很大程度上影响围岩和充填体的稳定性。其中充填顺序涉及采、充工作面位置和间隔时间，回采方案则包括回采方向、回采速度与下降速度等。

对于充填法采矿，充填体强度直接影响围岩和充填体的稳定性，涉及采场布置形式、结构参数、位置、充填间隔时间和顺序并影响采场的应力变化过程。显然，充填体强度与水泥、骨料和水的配比及养护时间密切相关。对于同一时间的充填体，灰砂比越大，其弹性模量和抗压强度就越大，采矿成本也就越高。如何减少水泥用量，降低采矿成本，不仅需要对不同配比的充填体力学与变形性质有准确的认识，更重要的还在于充分研究和分析充填体的充填作用机理，然后在此基础上对充填料配比进行优化。

胶结充填体的动静态力学参数，包括抗拉强度、抗压强度、抗剪强度、弹性模量、泊松比和内摩擦角等，对围岩和充填体的稳定性分析极为重要。因此，许多矿山对充填体的力学性能都进行了深入研究，表 2-1 ~ 表 2-4 为部分矿山胶结充填体的力学性能测试结果。

表 2-1　金川高浓度细砂充填料浆试块力学性能

龄期 /d	灰砂比	受力状态	容重 /(g·cm⁻³)	抗压强度 /MPa	抗拉强度 /MPa	抗剪强度 /MPa	弹性模量 /GPa	泊松比	凝聚力 /MPa	内摩擦角 /(°)
7	1:4	静态	1.94	2.55	0.43	0.61	57.00	0.16	0.51/0.61	45~52
		动态		4.14	0.70	0.96	73.00	0.13		
	1:8	静态	1.97	0.80	0.10	0.22	17.00	0.13	140.22	50~51
		动态		1.22	0.18	0.30				
28	1:4	静态	1.98		1.01	1.02	93.00	0.17	1.28/1.00	46~73
		动态			1.77	1.59	113.00	0.16		
	1:8	静态	1.97		0.49	0.63	38.00	0.15	0.50/0.63	42~50
		动态			0.77	1.15	50.00	0.25		

表2-2　某矿充填料配比参数与试块抗压强度

灰砂比(水泥与尾砂比)	输送质量分数/%	水灰比值	试块抗压强度 R_{28}/MPa
1:3	75	1.00	12.40
1:3	70	1.28	6.98
1:3	65	1.62	6.00
1:4	75	1.33	8.50
1:4	73	1.47	7.53
1:4	70	1.71	7.00
1:4	60	2.16	5.53
1:5	75	2.00	4.40
1:5	73	2.21	3.30
1:5	70	2.57	3.00
1:5	65	3.22	3.00

表2-3　一些胶结充填体的强度参数

水泥含量(质量分数)	凝固时间/d	黏结力 C/MPa			内摩擦角 φ/(°)	
		试验值	均值	均方差	试验值	均值
4% (灰砂比1:25)	7	0.13	0.163	0.047/0.163 =0.288	30	33.50
	28	0.15				
	207	0.21			37	
8% (灰砂比1:12.5)	7	0.24	0.275	0.035/0.275 =0.127	33	33
	28	0.31				
16% (灰砂比6:25)	7	1.02	1.240	0.22/1.24 =0.177	36	36
	28	1.46				

表2-4　组合充填体的原位力学性质

充填类型	黏结力 C/MPa	内摩擦角 φ/(°)	弹性模量 E/GPa
水泥含量8%的充填砂(CSF)(1:12.5)	0.22	35	0.285
8%的CSF与废石组合充填体(1:12.5)	0.60	35.40	0.280

2.2 充填体的破坏过程及作用机理

2.2.1 充填体的破坏形式

充填体的破坏不仅与充填料浆的胶结性能有关，而且受充填体自身完整性的制约。充填体的完整性是充填料浆流动性能及充填工艺的综合反映。因此，讨论充填体的破坏离不开充填工艺。

（1）充填工艺。

胶结充填采矿法是金川集团所用的主要采矿方法，包括：下向倾斜（5°~8°）高进路采矿法、下向水平进路采矿法、六角形进路采矿法等；充填工艺包括细砂管道充填和低标号混凝土充填。细砂管道充填工艺流程为：地表搅拌站按灰砂比1：4或1：8将水泥和-3 mm棒磨砂制成质量分数为76%~78%的砂浆，经钻孔和相应管道自流至待充水平进路采场，采用截管后退式对采场进行充填。一般采场尺寸为长×宽×高=50 m×4 m×5 m，需后退移管2~3次，充填挡墙起封口和滤水作用。低标号混凝土充填工艺主要在龙首矿采用，在地表充填料浆制备站将水泥和水制成水灰比为1：3的灰浆，沿管道输送至井下混料仓，与井下掘进砂石在斜溜槽混合制成混凝土料浆，再经溜槽、电耙道、充填小井进入采场进行分层充填。

（2）充填体的结构。

由于料浆在流动过程中存在离析现象，同时又不能实现一次充填接顶，因此充填后形成的充填体内形成一组具有一定规律的结构面和低强度区域。图2-1是金川二矿区下向机械化盘区细砂胶结充填体结构示意图。在图中可以清楚地看到充填体内有5个分界面，其中3、5、7为沉降界面，4、6为由充填次数引起的分界面。该图是正常情况下形成的结构，在充填不正常情况下，充填次数可为4~6次，结构面会更多。另外从图中还可看到3个堆积区，它们是由料浆中颗粒的不均匀沉降造成的。

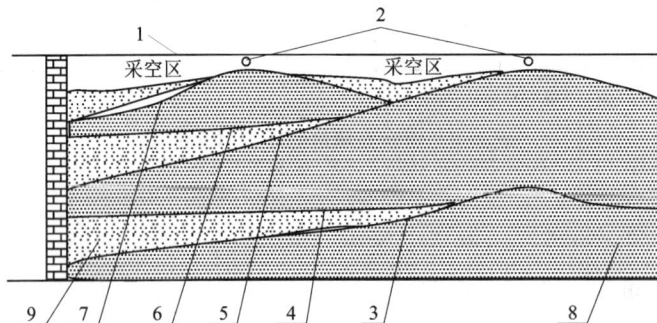

1—进路顶板；2—管头位置；3—第一次充填沉降面；4——、二两次充填分界面；5—第二次充填沉降面；
6—二、三两次充填分界面；7—第三次充填沉降面；8—堆积区；9—细泥、水泥区。

图2-1 细砂胶结充填体结构示意图

图 2-2 是龙首矿粗骨料低标号混凝土充填体的结构示意图，图中可见 2 条界面和 3 个不同区域，即粗骨料区、细骨料区及灰砂区。引起这一现象的主要原因是骨料含细砂率偏低、水灰比过大。龙首矿所用骨料含细砂率仅为 27%。含细砂率低，造成料浆流动性差，为满足采场充填工艺的要求只能加大用水量，从而加剧了料浆中粗、细骨料的离析沉降。这一点可以从流动性试验中得到证明。

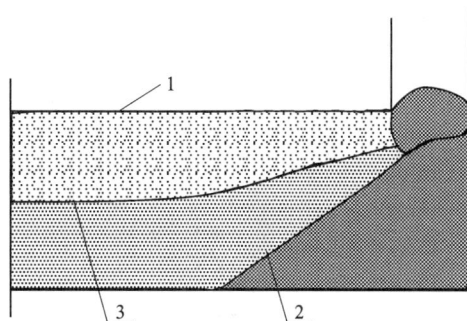

1—进路顶板；2—粗骨料与细骨料分界面；
3—细骨料与灰砂分界面。

图 2-2　低标号混凝土充填体结构示意图

图 2-3（a）为含砂率 25%～30%，水灰比 1∶3，水泥耗量 180 kg/m³ 料浆的坍落扩散情况，图 2-2（b）为含砂率 40% 料浆的坍落扩散情况。两图有明显的区别：图 2-3（a）呈脉冲型凸起，石子集中在中部；图 2-3（b）呈平滑曲线，石子分布均匀。图 2-3（a）料浆坍落度小于图 2-3（b）料浆，而其扩散直径却大于后者。究其原因是前者料浆弹塑性较差，石子堆积而难以流动，而水泥浆却流得很远。

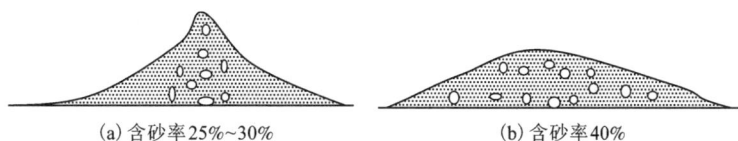

（a）含砂率25%~30%　　　　（b）含砂率40%

图 2-3　不同含砂率料浆的流动状况

（3）充填体破坏形式与结构的关系。

细砂胶结充填体的破坏主要出现在用充填体构成的人工顶板上，充填体破坏形式主要有两种，即层状掉块和锅底形冒落。

充填体的破坏形式直接受到充填体结构的控制。层状掉块厚度 300～500 mm，很少发现大于 1000 mm 厚度的充填体层状掉块；锅底形冒落具有明显的区域性，冒落高度可以是整条进路或人工底柱高度。层状掉块部位大多集中在进路的入口及中部，而锅底形冒落则集中在进路的里端。对照其结构图，可以发现锅底形冒落处正是充填时管头位置，层状掉块发生处正好是料浆流动过程中沉降形成的薄层。

低标号混凝土充填体除了具有与细砂胶结充填体基本相同的破坏形式外，还存在着区域性锅底形冒落。粗骨料集中区，充填体强度低、整体黏结差，易发生锅底形冒落，冒落高度可能是整个进路高度。

2.2.2　顶板的冒落条件

作为人工顶板且呈层状结构的充填体，极易以层状形式冒落。图 2-4 为回采进路顶板示意图，图中 B 为跨度，h_i 为层状充填体第 i 层的厚度。充填体下部开挖后，充填体顶板向开挖形成的矩形空间沉降，各层充填体内次生应力场分布可用梁理论来进行分析。分析时可取

该层充填体的容重 γ_i 与 h_i 的乘积作为梁的自重载荷，即 $p=\gamma_i h_i$。图 2-5 是充填体顶板简化受力分析图，按梁理论，矩形充填体顶板内最大拉应力 δ_t 可按下式计算：

$$\delta_t = k\left(\frac{B}{h_i}\right)^2 p \qquad (2-1)$$

式中：k 为与 (L/B) 有关的 δ_t 的计算系数；L 为采场长度，m。k 可从表 2-5 中选取。

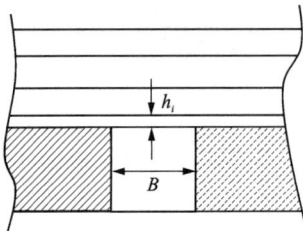

图 2-4　回采进路层状充填顶板示意图　　　图 2-5　第 i 层充填体受力分析

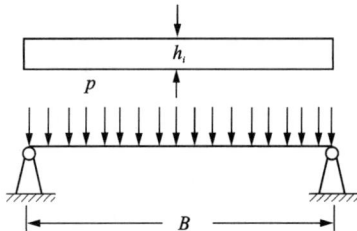

表 2-5　矩形简支板的应力计算系数 k

板的长宽比	1	1.5	2	3	$\propto$
计算系数 k	0.287	0.487	0.610	0.713	0.75

这种简化计算，具有便于直接应用的优点，但必须经过实践检验。以下为利用式(2-1)对下向水平进路采矿法顶板最大拉应力进行计算的结果。计算条件：$L/B=2\sim3$；$\delta_t=2.2$；$h_i=(0.2\sim1.5)\mathrm{m}<\dfrac{B}{2}$，计算结果如图 2-6 所示。

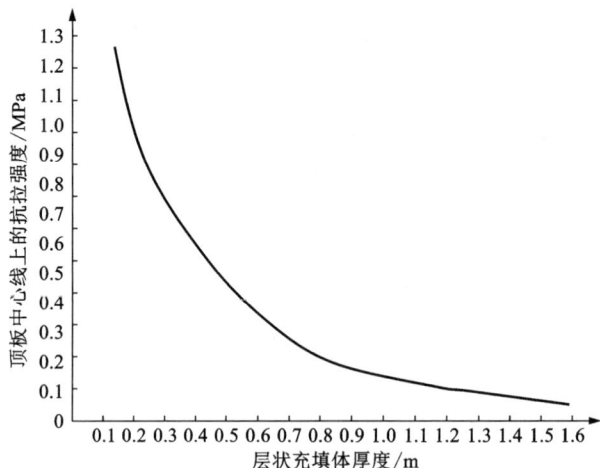

图 2-6　金川二矿区下向水平进路采矿法顶板最大拉应力的计算结果

从图 2-6 中可直观地看出，层状充填体顶板中心线上的最大拉应力随着层状厚度的增加而减小；当其厚度达 1.3 m，其抗拉强度趋于平稳。若砂浆的许用抗拉强度用 $|\delta_t|$ 表示，则可

认为 $\delta_t < |\delta_t|$ 时充填体顶板稳定。已知 1:4 灰砂比的砂浆，$\delta_t = 0.43$ MPa，查图 2-6，当 $h_i \geqslant 0.6$ m 即可满足其稳定条件 $\delta_t < |\delta_t|$。生产实际中未发现厚度大于 0.6 m 的充填体发生层状冒落，由此可以认为这种简化计算用于充填体顶板的受力分析，结果是可靠的。

2.2.3 充填体的破坏过程

充填体是一种由细集料和硬化水泥浆体组成的复合材料，其强度应当是水泥(或水泥代用品)强度、集料强度及组分之间相互作用的函数。骨料和水泥的应力–应变曲线在达到峰值应力之前基本上呈线性(在接近峰值应力时除外)变化，而充填体的应力–应变曲线在峰值应力的前后均是高度非线性的。这种非线性一方面是由于材料的复合作用，另一方面是由水泥–集料黏结本性所致。充填体由细骨料组成，内含大量孔隙及裂纹，这些原生缺陷的存在，大大改变或决定了充填体的力学性质，若依旧采用"均质连续"介质的弹性力学方法分析其破坏机理，已经不能满足实际需要，难以更确切地反映充填体的力学性质。因此，有必要采用断裂与损伤力学方法进行分析。

充填体在受到外力作用时，充填体内原始损伤(因干缩引起的界面黏结裂纹及大量的孔隙等)部位必将产生应力集中现象，这种局部的应力集中会导致内部微缺陷的闭合或扩张。分析充填体加载实验的宏观力学行为，首先是随外载荷产生的变形，然后是微裂纹的产生、扩展直至材料产生破坏。图 2-7 为分级尾砂(1:4)胶结充填试块单轴压缩时的全应力–应变曲线图。根据全应力–应变曲线图，可以将胶结充填体在外力作用下的变形损伤→破裂→破坏过程分为如下四个阶段：

(1)微裂隙与微裂纹闭合的初始阶段(AB 段)。

此阶段充填体应力–应变曲线表现为下凸形。充填体内那些垂直于应力方向的孔隙和裂纹受压而闭合，充填体的应变分解为 ε_0 和 ε_R 两部分，且有 $\varepsilon = \varepsilon_0 + \varepsilon_R$，其中 ε_0 为孔隙及裂纹闭合所产生的变形，ε_R 为充填体压缩产生的真实变形。该阶段充填体变形为非线性，但该阶段应力水平(相对于其压应力值)较低，故在一般宏观实验结果中，由于材料实验机的吨位比较大，精度较低，往往易于忽视这个阶段充填体的真实变形。

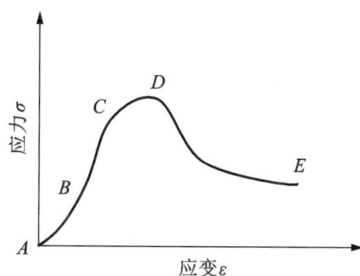

图 2-7 充填体全应力–应变曲线

(2)线弹性响应阶段(BC 段)。

本阶段充填体的应力–应变曲线近似为直线段。充填体内的微孔隙及裂纹等的应力集中现象随外荷的增加不断加剧，虽然不排除少量的微缺陷还产生演化，但绝大部分应力集中值均未达到使充填体中的微缺陷产生扩展的量值，也就是说这个阶段的应力–应变曲线实际上近似直线型。此时，材料的变形基本满足弹性关系。

按线性断裂力学理论，微裂纹的端部的应力大小为(Ⅰ型裂纹)：

$$\sigma_x = K_1 \times (2\pi r)^{-\frac{1}{2}} \times \cos\frac{\theta}{2}\left(1 - \sin\frac{\theta}{2} \times \sin\frac{3\theta}{2}\right)$$

$$\sigma_y = K_1 \times (2\pi r)^{-\frac{1}{2}} \times \cos\frac{\theta}{2}\left(1 + \sin\frac{\theta}{2} \times \sin\frac{3\theta}{2}\right) \tag{2-2}$$

$$\tau_{xy} = K_1 \times (2\pi r)^{-\frac{1}{2}} \times \sin\frac{\theta}{2} \times \cos\frac{\theta}{2} \times \cos\frac{3\theta}{2}$$

式中：r、θ 分别为裂纹尖端的极坐标极径、极角；K_1 为 Ⅰ 型裂纹的应力强度因子，当 $K_1 <$ 断裂韧度 K_{1C} 时，裂纹就不会扩展。

(3) 微裂纹扩展阶段（CD 段）。

本阶段应力-应变曲线开始上凸下弯，加卸载试验表明这个阶段有非弹性变形产生。由于外力的不断增加，充填体内微缺陷端部的应力场值达到和超过了其极限值，原始损伤开始加剧演化。另外从细观上分析，硬化的水泥浆体也会产生损伤现象，用漫散射照相技术及散斑光弹法已证实，在主裂缝前沿的水泥浆体中，存在众多微裂纹。从微观层次上看，水泥浆体中裂缝呈不规则曲线型。对于低标号的胶结充填体，在集料颗粒周围的胶结层面上也会产生各种微损伤。

对充填体而言，由于水泥含量低，集料颗粒比基体更坚硬，其破坏顺序为：黏结力→拉伸破坏→黏结剪切破坏→基体的剪切破坏及拉伸破坏。其中包括原始缺陷的扩展和演化、充填体基体内的新损伤(缺陷)的萌生和演化及基体与集料颗粒之间的交界面上的破裂等。原生裂纹的扩展及新裂纹的衍生均是无序的。但随着载荷的继续增大，裂纹的扩展方向逐渐转向外压力作用方向，当接近峰值应力时，裂纹之间产生大量的沟通、分叉现象，某些沟通的裂纹开始形成主导裂纹。

(4) 裂纹贯通、破坏阶段（DE 段）。

本阶段宏观上出现明显的裂纹扩展、分叉、绕行和沟通现象，为材料进入峰值应力后的弱化阶段。实验中发现材料实验机出现明显的自卸载过程。较大的主裂纹扩展时还吞并其周围的微裂纹，从而形成主导裂纹，主导裂纹的开裂方向与主应力方向近于平行。主导裂纹形成之后，破裂过程主要沿主导裂纹发展，而其他部分则很少或不会进一步破裂。主导裂纹的不断发展，最终导致充填体的破坏。

研究还发现，在充填体的压缩试验中得到的试块破坏现象没有明显的规律，这是由内损伤的随机性造成的结果。这种随机性使得破裂面成为一些不规律的凹凸不平的曲面。另外，单轴拉伸与单轴压缩时的应力-应变曲线大致相似，由此可以基本断定充填体的变形与损伤过程在拉、压状态下是基本一致的。从总体上看主导破裂面和微裂纹基本平行于压应力方向。据资料记载，前述的 $\sigma-\varepsilon$ 拉压试验曲线中，拉应力值只有压应力值的 1/8 左右，最大拉应变也只及最大压应变的 1/10。但是损伤机理是基本相同的，即充填体内微裂纹、孔隙等尖端处的应力集中所产生的拉应力使得裂纹及孔隙扩展，这种不断的裂纹扩展及沟通导致充填体的最终破裂。通过上述分析，可以得出充填体变形、损伤和破坏的机理为：

① 充填体的变形主要由初期压密变形、基体弹性变形及裂纹扩展产生的非弹性变形组成。

② 充填体的弹性变形积累和局部应力集中引起材料进一步的损伤，其损伤方向是随机性的，而损伤必将导致材料的各向异性。

③损伤的主方向与应力主方向相同。

④损伤的演化导致充填体的最终断裂破坏。

2.2.4　充填体的作用机理

采场充填属于人工支护的范畴，类似于采用锚杆、喷射混凝土等人工措施支护采场巷道，其目的在于维护采场围岩的自身强度和支护结构的承载能力，防止采场或巷道围岩的整体失稳或局部垮冒。

1. 充填体的支护作用

对于充填体的支护作用(图 2-8)，国外学者认为有下列三种类型：

(1)表面支护作用。

通过对采场边界关键块体的位移施加运动约束，充填体可以防止在低应力条件下开挖空间周边岩体时空间上的渐进破坏。

(2)局部支护作用。

由邻近的采矿活动引起的采场帮壁岩体的准连续性刚体位移，使得充填体发挥被动抗体的作用。作用在充填体与岩体交界面上的支护压力允许在采场周边产生很高的局部应力梯度。实践已证明，即使小的表面荷载也可能对摩擦型介质中的屈服区范围产生重大的影响。

(3)总体支护作用。

如果充填体受到适当的约束，它在矿山结构中可以起到一种总体支护构件的作用。也就是说，在岩体与充填体交界面上采矿所诱导的位移将引起充填体的变形，而这类变形又导致了整个矿山近场区域中应力状态的降低。

上述三种机理代表了充填体在矿山结构中不同的支护作用，即表面、局部和总体支护。

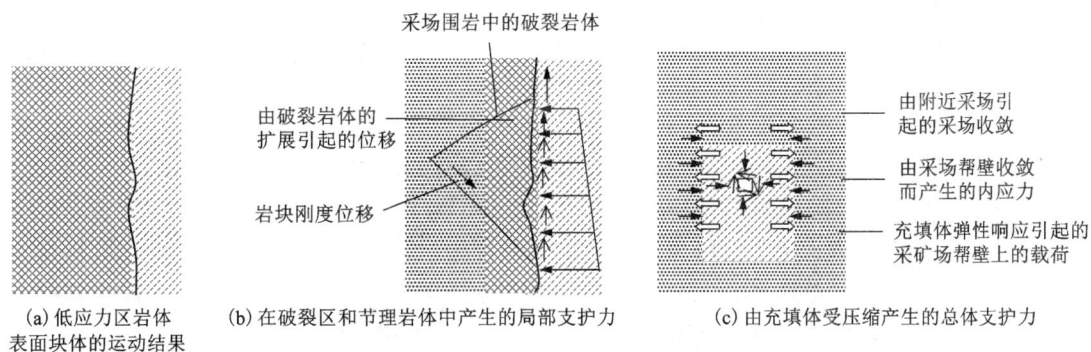

(a) 低应力区岩体表面块体的运动结果

(b) 在破裂区和节理岩体中产生的局部支护力

(c) 由充填体受压缩产生的总体支护力

图 2-8　矿山充填支护的作用机理

2. 充填体与系统的共同作用

基于金川矿区所采用的充填材料与充填工艺，国内学者提出如下三种充填体作用机理：

(1)应力转移与吸收。

充填体进入空区，最初是不受力的，以后随着充填体强度的提高，具备了吸收应力和转移应力的能力，从而也形成了地层"大家族"的成员，参与地层的自组织系统和活动。

(2)应力隔离机理。

充填体对围岩稳定的应力隔离作用有两种情况：一种是隔离水平应力；另一种是隔离垂直应力。

(3)系统的共同作用。

充填体充入地下采场后，由于充填体、围岩、地应力、开挖等共同作用，特别是开挖系统的自组织机能，使围岩变形得到控制，围岩能量耗散速度得以减缓，从而可以有效控制矿山结构和围岩破坏的发展，防止发生无阻挡的自由破坏坍落。

该作用机理提出了充填可减缓围岩能量耗散速度，而围岩系统的能量耗散速度决定系统稳定性的观点。

3. 充填体的充填作用

南非在黄金矿山深井的开采中，大多采用了充填采矿法，并对充填机理进行了深入的研究。Kirsten 和 Stacey 研究指出：充填维护采场稳定的作用方式是多种形式的，因此，支护机理不是靠充填体压缩所产生的作用来决定工作中充填体的稳定效果的。尽管任何一种支护机理的单独作用是极小的，但其积累起来可大大影响采场覆岩的稳定性，充填体的功能主要包括：

(1)保持顶板岩层的完整性。

顶板岩层因断层、节理和裂隙被切割成结构体。由于采场形成的临空面，使得某些结构体具有滑移或冒落的可能。这些潜在冒落的拱顶岩块称为"拱顶石"。充填体的重要作用之一是在拱顶石和采场之间提供一种连接，延缓并最终阻止拱顶石移动的任何趋势，从而提高顶板围岩的自身承载能力。在不充填的状况下，可能松动的拱顶石将从顶板自由冒落，从而引起连锁的冒落和坍落而最终导致整个采场失稳。

(2)减轻地震波的危害。

充填将在地震条件下提供最有意义的连接功能。在没有充填物的情况下，岩爆引起的压缩冲击波将在顶板和底板岩石表面处反射，产生拉应力且趋于将孤立的顶板（或底板）"切断"。充填后与岩石接触的充填料，使冲击波仅在岩石与充填体界面处部分反射，降低了"切断"作用。在动态短时荷载条件下，松软充填体还可以起到硬质充填料的作用。

(3)作为节理与裂隙中的填充物。

充填时，细料将进入上下盘围岩中的裂隙和节理中，起到黏结作用。此外，充填料与岩石之间的接触还能防止在工作面推进时岩层遭受曲率逆转期间节理中出现的任何原生细料跑出，促使节理和裂隙闭合，限制拱顶松石，提高顶板围岩的稳定性。

4. 充填体的综合作用机理

总结上述各种充填体的作用机理认识，可将充填体作用分为如下三个层面。

(1)充填体力学作用机理。

充填体充入采场，改变了采场帮壁的应力状态，使其单轴或双轴应力状态变为双轴或三轴应力状态，大大提高了围岩强度，增强了围岩的自支撑能力。因此，充填体不仅起到支撑作用，更重要的是提高了围岩自身强度和自支撑能力。

（2）充填体结构作用机理。

通常岩体中的断层、节理裂隙将岩体切割成一系列结构体。这些结构体的组成方式决定了结构体的稳定状况。地下开挖时，岩体原始的结构体系受到破坏，其本来能够维持平衡和承受载荷的"几何不变体"变成了几何可变体，导致围岩的连锁破坏，或称渐进破坏。采场充填后，尽管充填体的强度不高、承载时变形大，但是它可以起到维护原岩体结构的作用，使围岩维持稳定，避免围岩结构系统的突变失稳。

（3）充填体让压作用机理。

由于充填体变形远大于原岩体，因此，充填体能够在维护围岩系统结构体系的情况下，缓慢让压，使其围岩地压能够缓慢释放（从能量的角度来看，是限制能量释放的速度）；同时，充填体施压于围岩，对围岩起到一种柔性支护的作用。

综上所述，一般条件下，采场充填体的作用取决于两个方面：一是围岩与充填体所构成的组合结构的形式；二是充填体与围岩的力学与变形特性之比。对于不同的矿体组合形态、围岩体结构类型及采矿顺序，这两方面影响程度不同。因此，充填体作用机理的研究应针对具体矿山的实际情况，并借鉴已有的工程经验进行综合分析。

2.3　深井充填体的灾害防控机制

2.3.1　深井开采技术条件

作为世界第一矿产资源生产和消费大国，我国大多数金属矿产资源的供应远远不能满足国民经济快速增长的需求，如铁矿石进口量约占全世界铁矿石进口总量的 70%，铜的自给率不足 40%，石油进口量已占消费量的 50%。资源短缺已经成为我国经济可持续发展的瓶颈，其保证度已接近或低于底线，严重威胁国家经济安全，使我国面临巨大的危机与挑战。

矿产资源供应短缺的现状固然与消费增长过快有关，但更多的原因在于国内已探明的储量十分有限，且主要集中在地表浅部（+600 m），我国除有限的几种资源（如稀土、锡、钨、煤）在世界上略占优势外，大部分金属探明储量都偏低，尤其是中深部资源（−600 m）勘探投入少，周期长，安全开采的技术难度大，远未成为主要的开采地段，我国地下开采的平均深度不及印度，与南非、加拿大等资源生产大国相比还有很大差距，因此加大中深部资源勘探及开采力度，是未来解决我国资源供给的有效途径之一。

根据矿床开采工作所面临的地压问题，可按开采深度将矿山分为以下几类：

（1）开采深度小于 300 m，称浅井开采。在此深度内采矿时，一般地压显现不严重，即使发生地压活动，也属静压问题，易于处理。

（2）开采深度 300～800 m，称为中深井开采。根据矿体赋存条件、矿岩的物理力学性质，在掘进或开采过程中，可能发生轻度岩爆，如岩石弹射等现象。

（3）开采深度 800～2000 m，为深井开采。在此深度岩石会发生频繁的岩爆，影响作业安全。

（4）开采深度大于 2000 m，为超深井开采。目前处于超深开采的矿山不多，如印度的戈拉尔金矿的吉福德矿井开采深度为 3260 m，南非兰德金矿开采深度已达 4000 m、巴伯顿金矿采矿深度达 3800 m，澳大利亚的芒特艾萨铜多金属矿开采深度达 2600 m，后来通过加大勘查投入在 3000 m 深度又发现储量超过 300 万 t 的富铜矿床。

虽然与世界先进的深井开采国家相比，我国开采深度一般不大，但随着浅部资源的逐渐枯竭和深部资源勘探力度的加强，我国将步入深井开采国家行列。实际上，我国在深部勘探与开发方面已经取得了一定成绩，如胶东新城、夏甸等几个百吨以上的大型金矿都是在 500 m 以下的第二富集带找到的，山东新矿集团孙村煤矿、安徽冬瓜山铜矿、广西高峰矿业等开采深度已超过 1000 m。

众所周知，与浅井或中深井开采相比，深井或超深井开采这一特殊环境将带来一系列安全问题，主要包括岩爆、高温、采场闭合和地震活动等，其中尤以岩爆为主要危害。国内外深井矿山开采实践表明，"强采强出强充"的充填采矿法，可有效预防和控制岩爆，降低工作面温度，成为深井矿山首选采矿方法，但是深井充填法开采的技术难点在于：

（1）浅井开采地压显现以岩石片帮、顶板岩石表面剥落和破坏为主要特征，即使发生岩爆，其规模和破坏性都非常有限。而深井开采，原岩应力高，岩石的应变能高度聚集并可在瞬间呈爆炸性释放，其破坏性极为剧烈，并可能导致地震活动。因此，充填体的主要功能将是阻止或减缓这种能量瞬间的释放，这就对充填体强度和质量有更高的要求。所以研究充填体的承载机理、充填材料特性及采场充填工艺，并实现充填体质量的有效控制，从而达成低成本、高质量构筑深井充填体的目标。

（2）在浅井开采中，充填料管道自流充填系统应用最为广泛，但由于浅部开采充填倍线一般变化为 4~8，因此充填料浆的输送质量分数受到很大限制，一般在 65%~72%，这使得充填料浆进入采场后，脱水量大、水泥离析严重、充填体固结慢、强度偏低、充填质量不高。深井开采，充填倍线小（1~3），这为输送高浓度浆体、提高充填体质量创造了有利条件。因此，研究高浓度浆体管道输送特性，根据充填料浆特性，分析料浆制备与输送系统的适应性，是实现高浓度充填料输送，提高充填体强度的重点之一。

（3）为了实现高浓度充填浆体的自流管道输送，必须研究深井两相流输送技术，即料浆特性、料浆配合比、密度、黏度等高浓度浆体管道输送特性对临界流速的影响及相应的管道水力参数的计算，从而针对具体深井矿山，选择适当的管径、输送质量分数、流速和输送量，使系统达到运行可靠、经济效果好的目的。

（4）由于地表与井下高差大、充填倍线小，料浆在输送过程中流速大，将对管道形成较高的压力。因此必须解决系统减压问题，否则将严重影响深井管道输送系统的安全性。

（5）深井自流管输系统由于料浆运行速度快，将对管道垂直段产生严重的冲击磨损，因此研究满管流输送技术，对降低管道冲击磨损具有非常重要的工程意义。同时，研究高压流动浆体对管道的动力磨损机理，并对深井管道磨损程度进行预测；合理采用降低管道磨损的技术对策，对延长管道的服务年限、降低成本同样十分重要。

深井充填在我国尚处于起步阶段，深井充填的技术研究成果相对匮乏，深井充填设计、施工与控制只能参照浅井充填理论。国外虽有研究但并不系统，随着我国越来越多的矿山进入深井开采行列，采用深井充填工艺的矿山将越来越多，为提高深井充填效率与水平，必须创建系统的深井充填理论体系与技术手段。因此，在全面分析深井充填特点与问题的基础上，开展深井充填体作用机理、充填材料与充填质量控制、深井两相流理论、深井管道系统减压、深井满管流输送技术、管道磨损机理与防磨损技术等研究，将会加速完善和发展我国深井充填技术体系，为深井矿山充填设计、施工与管理提供重要的理论依据和操作性强的实施方案，对我国矿业可持续发展具有重要的理论研究和工程应用价值。

2.3.2　深井岩爆灾害研究现状

（1）国外岩爆灾害研究现状。

苏联、德国、法国、波兰、匈牙利、保加利亚、奥地利、南非、加拿大、美国、新西兰、日本和印度等国家都是较早发生过岩爆并开展研究工作的国家。

南非是世界上岩爆灾害最严重的国家，岩爆造成的伤亡占所有伤亡事故的 20%，并且随着开采深度的增加这个比例还在增加。1975 年，680 起岩爆分别发生在 31 个金矿，导致 73 人死亡。在 3000 m 以下的所有伤亡事故中，因岩爆造成的占 50% 以上，其中最强烈的一次岩爆的震级达到 5.1 级。能量释放率 E_{ERR} 被用来作为评价岩爆危险程度的指标。南非 Elandsrand 金矿深部矿体（距地表 1700~2200 m）选择采矿方法时，通过比较不同方法的 E_{ERR} 值，最终确定采用 V 形梯段式房柱采矿法。南非采矿研究协会开发了一套便携式岩爆地震监测系统，监测地震强度等级为 2 级以上的事件，该系统可准确地提供地震位置。

加拿大岩爆主要发生在安大略省北部的 Sudbury 和 Kirkland 矿区，以硬岩金属矿山和钾矿为主，煤炭矿山也发生过岩爆现象，但没有金属矿山那么具有代表性。首次报道是 1932 年发生在 Sudbury 矿区的岩爆事故，当时的开采深度为 470 m，随着开采深度的增加，这个地区的岩爆问题也日趋严重，该盆地内的大多数金属矿山都发生了不同程度的岩爆。

印度最具代表性的岩爆矿山为 Karnataka 邦的 Kolar 金矿，该矿早在 1900 年就出现了严重的岩爆问题，震度达到几乎可以破坏地表建筑物的程度，其释放能量高达 106 MJ。

在日本，岩爆是煤矿安全的严重问题之一。北海道的奔别煤矿和美呗煤矿、九州的三池煤矿及赤平煤矿都发生过岩爆，爱媛别子铜矿埋深约为 1000 m，800~950 m 处为岩爆多发区，兵库生野铜-多金属矿床也在埋深 860 m 处发生过岩爆。

（2）国内岩爆灾害研究现状。

我国最早记载的岩爆发生在 1933 年抚顺胜利煤矿，当时的开采深度仅 200 m，造成 80 余人伤亡。之后，抚顺矿务局的龙凤矿和老虎台矿也先后产生了冲击地压，并随开采深度和开采范围的增加而增大。我国金属矿较早发生岩爆的有湖南锡矿山、江西盘古山、东北杨家杖子、石嘴铜矿，以及后来的金川二矿区、抚顺红透山铜矿、铜陵冬瓜山铜矿等。

（3）岩爆灾害区域性防控措施。

针对深井开采出现的岩爆问题，控制技术措施主要有区域性防治措施和局部解危措施两大类。其中，区域性防治措施的基本原理是尽可能避免采矿工作区域大范围应力（或应变能）集中，使岩体内的应力（或能量）处于极限平衡状态以下，从而达到控制岩爆的目的。岩爆灾害区域性防治措施主要包括：

①合理布置矿山开拓系统，优化采场、硐室和巷道的结构参数，确定最佳回采顺序，防止大范围应力长期过载。

②岩层预注水，降低岩体强度，增加岩体塑性变形比例，使岩体内聚力能多次小规模释放，防止应变能集中释放。

③开采岩体保护层，先将大规模开采矿体上方或下方的岩层采掉，使矿体大部分落入卸压带内，降低矿体大面积回采时区域应力。

④充填采空区，降低采场弹塑性变形和平均能量释放率，实现减少岩爆发生次数(特别是破坏性岩爆)和降低岩爆强度的目的。

⑤及时放顶，用崩落法回采有岩爆危害矿床时，处于崩落范围内的岩体的崩落经常会引发强烈岩爆，因此，如果采空区顶板不能自然及时崩落，需进行强制放顶，降低岩爆的危害。

(4)局部解危和防护措施。

①在有岩爆迹象的工作面打大孔径钻孔，增加工作面附近岩体塑性，降低局部岩体承压强度，使工作面附近应力峰值进一步向原岩体内推进，达到降低可能发生的岩爆强度或防止岩爆发生的目的。

②采用松动爆破降低采场工作面岩体强度，使应力增高区进一步远离采场工作面，局部解除处于极限状态岩体发生岩爆的危险。

③根据预计可能发生的岩爆机理和强度，选择相应的支护方法。对破坏性较小的岩爆，支护的作用是预防岩石表面剥落和破坏的发生，支撑和固定已移位的小块岩石，一般采用喷锚网支护即可。对于中等强度的岩爆，支护系统内在强度必须足以预防和控制岩石的膨胀和位移，这时锚杆密度要加大，并且用高强度、高韧性的金属网和钢缆绳增加支护强度。破坏性极大的岩爆，每米巷道破碎岩石的质量可高达 10 t，破坏岩石的深度大于 1.0 m，岩石弹射最大初速度可达到 10 m/s，对于这种岩爆，任何支护都只能起到减灾的作用。

④架设防冲击挡板、格栅等保护井下作业人员和设备安全。

2.3.3　深井岩爆的能量诠释

一般认为，岩爆是矿山地震的一个部分。随着开采深度的增加，地下工作面及其周围岩体的原岩应力呈线性增加，结果导致岩体失稳现象增多，特别是以岩体突然猛烈破坏为特征的岩爆现象日趋严重，极大程度威胁着井下人员和设备的安全。岩爆由开挖诱发，岩爆是开挖空间周围岩体的突然破坏，使受压岩石的应变能随之爆发性释放，它与一般意义上的岩层失稳不同。根据矿山地震学研究成果，岩爆可分为两大类：一类是采矿型岩爆，这种岩爆与采矿活动直接相关，震源位于采矿工作面附近。由采矿造成的应力集中使周围岩体承受的载荷接近或达到其强度极限，在扰动作用下(通常为生产爆破)，岩体发生脆性破坏。另一类是构造型岩爆，这种岩爆只是间接与采矿活动有关，它的形成主要受大面积区域应力重新分布影响，由于远离工作面(有时也在工作面附近)的地质构造弱面(或较高的残余构造应力)存在，只需要很小的附加应力就可能导致岩体发生脆性破坏或沿弱面的剪切滑动。一般构造型岩爆比采矿型岩爆发生的频度低，且与生产爆破关系不大。

地下采矿(开挖)活动使原岩应力的平衡遭到破坏，导致应力重新分布。根据能量观点，应力的重新分布的过程，实际上是系统能量转换的过程。对处于复杂应力环境中的采场围岩，系统可能积聚或消耗的能量总和，常常是力学计算中的一个重要判据。目前，很多研究也都在试图根据能量理论进行围岩突变失稳预测。能量理论基本原理如图 2-9 所示。开挖前在 S 面上任一点受 t_x、t_y 力的作用，在 S 面范围内逐渐开挖的情况下，面上牵引力逐渐降为零，开挖面周围产生诱发应力区，如图 2-9(b)所示。当硐室几乎是瞬间突然形成时，在图 2-9(a)所示的 S 面上，开挖前的牵引力突然降为零。S 面逐渐降低的支护力所做的功表现为开挖面上的多余能量，随后耗散(或释放)或传播到周围介质中，因此称为耗散能 W_r。耗散能与开挖的岩体体积 V 之比称为能量释放率(energy release rate，E_{ERR})，$E_{ERR}=W_r/V$。

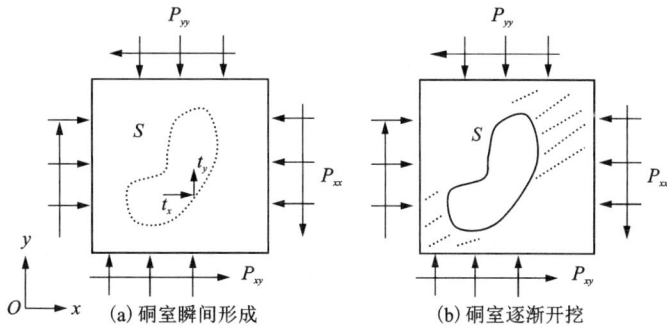

图 2-9　双轴应力作用下介质中的静力状态

E_{ERR} 在一定程度上能够表征系统的稳定状态，国外很多研究都采用 E_{ERR} 作为系统失稳的判断准则。研究表明，在深度不超过 2000 m 的矿山，E_{ERR} = 30 MJ/m^2 是可以接受的临界值。

对于任意形状的硐室，能量耗散率 E_{ERR} 是直接由开挖诱发的力和位移获得的，即

$$E_{ERR} = \frac{1}{2V}\int_s (t_{xi}u_{xi} + t_{yi}u_{yi})\,ds \tag{2-3}$$

式中：t_{xi}、t_{yi} 分别为拟开挖边界 x、y 方向 i 点处作用力；u_{xi}、u_{yi} 为对应于 t_{xi}、t_{yi} 方向上开挖后引起的位移；V 为开挖体积；s 为积分区域，即整个开挖面。

能量控制采场围岩失稳风险预测是借助有限元分析工具进行正交实验（基于某种准则进行多次有限元计算），建立系统可靠度分析的响应面函数，在此基础上进行系统的可靠度分析，求得系统稳定可靠度和失稳概率，并以系统的失稳概率作为评价系统突变失稳的风险度。预测方法步骤如下：

（1）确定计算模型和参数。

建立采场围岩系统有限元计算模型，计算采场范围内矿岩体力学与变形参数均值和方差。

（2）建立节点位移的响应面函数。

在开挖面适当的位置选取一点，例如 k 节点，建立该节点位移 u_k 的响应面函数为：

$$u_k = a + \sum_{i=1}^{5} b_i X_i + \sum_{i=1}^{5} c_i X_i^2 \tag{2-4}$$

式中：X_i 为采场围岩力学与变形参数，i = 1，2，3，…，n，视为随机变量，即 $u_k = f(R_c，R_t，C，\varphi，E)$，其中 R_c 为围岩抗压强度，R_t 为围岩抗拉强度，C 为内聚力，φ 为内摩擦角，E 为变形模量；a、b_i、c_i 分别为待定的响应面函数、有限元法正交抽样计算、采用最小二乘法回归分析确定。

（3）建立围岩系统突变失稳可靠度分析的极限状态方程。

基于有限元分析，围岩系统的能量释放率 E_{ERR} 的计算公式为：

$$E_{ERR} = \frac{1}{2V}\sum_{i=1}^{n}(u_{xi}F_{xi} + u_{yi}F_{yi}) \tag{2-5}$$

式中：u_{xi}、u_{yi} 分别为有限元节点 i 处 x、y 方向的位移，如果分步开挖，则为对应节点的位移

增量；F_{xi}、F_{yi}为开挖面边界点i处的等效载荷(节点力)，由原岩应力场分析获得的节点i周边的应力插值得到，如果分步开挖，则为对应节点的载荷增量；V为开挖边界节点数。

如果选取开挖面节点k的垂直位移为u_{yk}，其响应面函数由式(2-4)确定，式(2-5)可以改写为：

$$E_{ERR} = \frac{1}{2V}\left[\sum_{i=1}^{n-1}(u_{xi}F_{xi} + u_{yi}F_{yi}) + (u_{xk}F_{xk} + u_{yk}F_{yk})\right] \tag{2-6}$$

通过适当选择节点k(例如拱顶的y方向位移)，使$u_{xk} \approx 0$，则式(2-6)变为：

$$E_{ERR} = \frac{1}{2V}\left[\sum_{i=1}^{n-1}(u_{xi}F_{xi} + u_{yi}F_{yi}) + u_{yk}F_{yk}\right] = \frac{1}{2V}\left[\frac{1}{u_{yk}}\sum_{i=1}^{n-1}(u_{xi}F_{xi} + u_{yi}F_{yi}) + F_{yk}\right] \cdot u_{yk}$$

$$= u_{yk}(R_c, R_t, C, \varphi, E) \cdot E_{err} \tag{2-7}$$

式中：$E_{err} = \frac{1}{2V}\left[\frac{1}{u_{yk}}\sum_{i=1}^{n-1}(u_{xi}F_{xi} + u_{yi}F_{yi}) + F_{yk}\right]$

令：

$$E_{err} = \sum_{i=0}^{4}a_i u_{yk}^i \tag{2-8}$$

式中：$a_i(i=1, 2, 3, 4)$为待定系数，由确定垂直位移响应面函数u_{yk}进行有限元计算确定。即进行第j次有限元分析，可以获得系统的能量释放率E_{ERR}和响应的拱顶位移u_{yk}。进行n次计算，就获得n对(E_{ERR}, u_{yk})数据。则式(2-7)变为：

$$E_{ERR} = u_{yk}(R_c, R_t, C, \varphi, E) \cdot \sum_{i=0}^{4}a_i u_{yk}^i \tag{2-9}$$

令：$u_{yk} = x - A$，$A = \dfrac{a_3}{4a_4}$

则式(2-9)变为：

$$E_{ERR} = b_4 x^4 + b_2 x^2 + b_1 x + b_0 \tag{2-10}$$

其中b_i与a_i有如下对应关系：

$$\begin{Bmatrix} b_0 \\ b_1 \\ b_2 \\ b_4 \end{Bmatrix} = u_{yk}(R_c, R_t, C, \varphi, E) \begin{bmatrix} A^4 & -A^3 & A^2 & -A & 1 \\ -4A^3 & 3A^2 & -2A & 1 & 0 \\ 6A^2 & -3A & 1 & 0 & 0 \\ 1 & 0 & 0 & 0 & 0 \end{bmatrix} \begin{Bmatrix} a_4 \\ a_3 \\ a_2 \\ a_1 \\ a_0 \end{Bmatrix} \tag{2-11}$$

将式(2-10)进一步变换为：

$$\overline{E}_{ERR} = \frac{1}{4}x^4 + \frac{1}{2}x^2 P + xQ + c_0 \tag{2-12}$$

式中：c_0是一个对突变元无意义的常数项，应省略。

则式(2-12)成为尖点突变的标准分析式。其中：

$$\overline{E}_{ERR} = \frac{E_{ERR}}{4b_4}, \quad P = 2\frac{b_2}{b_4}, \quad Q = \frac{b_1}{4b_4}, \quad c_0 = \frac{b_0}{4b_4} \tag{2-13}$$

根据突变理论，采场围岩系统处于极限稳定状态的判别式为：

$$4P^3 + 27Q^2 = 0 \tag{2-14}$$

上式就是基于突变理论推导的采场围岩系统稳定可靠度分析的极限状态方程。

(4)采场围岩突变失稳可靠度分析与失稳概率计算。

由上述推导可见,P、Q 是系数 b_1、b_2、b_4 的函数。由式(2-11)可知,b_1、b_2、b_4 又是响应面函数 $u_{yk} = f(R_c, R_t, C, \varphi, E)$ 的函数。因此,式(2-13)确定的极限状态方程是矿岩体力学与变形参数的非线性方程。当已经确定了随机参数的统计特征值(均值、方差)和概率分布,就可以计算获得系统稳定可靠度 P_r 或突变失稳概率 P_f。而突变失稳概率 P_f 可作为系统失稳风险度。需要指出的是,求解非线性极限状态方程可靠度的有效算法也是可靠度研究领域的重要内容。例如,响应面函数与真实状态方程的误差估计,求解算法的收敛速率和收敛性等问题目前还没有很好地解决,是理论界需要继续研究探讨的一个重要课题。

2.3.4　深井充填体的耗能特性

深井矿山的最大危害是岩爆与岩层冒落事故。由于岩爆与能量变化有关,故可以通过减小采空区体积的采矿设计以减轻岩爆问题,即降低回采宽度、留设一定间隔的条状矿柱和充填采空区。回采作业需要一定的空间,因此通过降低回采宽度而减小采空区体积的方法有其局限性。一定间隔的条状矿柱设置,可以有效地控制岩爆,但增大了矿石的永久损失。充填技术的发展,为其代替永久矿柱控制岩爆提供了可能,本节主要依据能量耗散原理,通过对不同形式的采场中胶结和非胶结充填体对 E_{ERR} 的降低程度的分析,提出充填支护的系统分析式,揭示充填控制岩爆的内在原因,探讨深井开采人工充填矿柱的合理构筑参数。

(1)岩爆的控制参数。

岩爆的控制参数主要有能量耗散率 E_{ERR}、超量剪切应力 σ_{ESS} 及平均矿柱应力 σ_{APS}。

在深井矿山中,岩层破坏与 E_{ERR} 密切相关,E_{ERR} 为定量预测岩层质量和地质条件相对简单区域的岩爆发生概率提供了非常有用的经验标准。深部长壁式采矿的经验表明,$30\ \text{MJ/m}^2$ 是 E_{ERR} 的可接受值。

充填对 σ_{ESS} 的影响研究结果表明,在断层横切待采区的部位,充填可显著控制地压活动能量。胶结料回填采空区后的调查研究发现,σ_{ESS} 显著降低并且断层面随之呈稳定状态。如果采用区域充填,可使有效回采宽度加倍,σ_{ESS} 的正弦半周范围减半,地震能量也减少40%。因此,σ_{ESS} 标准对断裂地层中的矿山设计具有一定的参考价值。但是 σ_{ESS} 标准仍处于探索阶段,且严格的设计值至今还不能确定。E_{ERR} 在未扰动的地层区域内与现场数据具有很好的相关性,而且测算 E_{ERR} 的数值和分析技术业已成熟,因此 E_{ERR} 仍然是评价深部采矿环境严重程度的首选基本测度。

根据已有研究成果,如果使用连续矿柱提供区域支护,则:

①为了矿柱不受破坏,其宽高比至少应为 20:1。

②为避免"基础破坏",σ_{APS} 不应超过周围岩体单轴抗压强度(p_{UCS})的三倍。石英围岩的 p_{UCS} 一般为 200 MPa,因此认为 600 MPa 为 σ_{APS} 的可接受值。

由于 σ_{ESS} 标准目前还不够成熟,因此充填对岩爆的控制主要通过降低 E_{ERR} 及 σ_{APS} 值来实现,充填质量不同,对以上两个参数的控制和降低幅度不同。充填反应配合函数及充填质量因数是常用的充填质量确定方式。

(2)充填质量影响函数。

对于胶结充填,充填料的近似特性由赖德和瓦格纳公式确定(HYP 双曲线模型):

$$\sigma_f = \frac{a\varepsilon}{b-\varepsilon} \qquad (2-15)$$

式中：σ_f 为充填体应力，MPa；ε 为充填体应变；a 为特性应力系数；b 为临界应变值($b=$ 初始孔隙率 η)。

通过试验确定胶结充填料的代表值为：$a=5.0$ MPa，$b=0.3$。

对于非胶结充填体，充填体的特性服从以下公式(QUAD 二次模型)：

$$\sigma = \frac{(\varepsilon - \varepsilon_t)^2}{b - \varepsilon} \quad (a=0 \text{ 且 } \varepsilon < \varepsilon_t) \qquad (2-16)$$

式中：ε_t 为最初表现显著的充填体承载时的瞬间应变；b 为临界应变值。

图 2-10 是两种模型与实验实测结果的比较。配合函数的其他形式，如某些"对数"模型也适合描述充填体的承载特性，但分析过程复杂，难以在数值模拟程序中运行。

(3)充填质量判据。

赖德和瓦格纳在理想化的采矿环境(100%的空间充填，工作面的充填不滞后)条件下，按 E_{ERR} 的降低潜力，提出充填质量判据 M 表达公式：

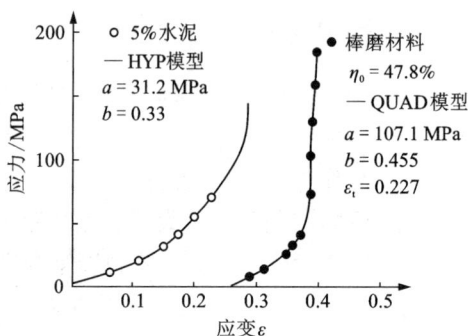

图 2-10 实测带侧限的应力、应变数据

$$M = E_{ERR}(\text{充填})/E_{ERR}(\text{不充填}) \qquad (2-17)$$

充填质量判据 M 的重要意义在于，充填质量对判断安全回采宽度或安全深度具有重要作用。M 值越低，充填的质量越高，更能有效地改善采矿安全条件。

对于充填质量判据 M 的确定，萨拉蒙给出了如下公式：

$$M = \frac{1}{\sigma}\int_0^\sigma \varepsilon \mathrm{d}\sigma \qquad (2-18)$$

由上式可以看出，M 代表充填物从压缩到最终平衡过程中所发生的平均应变。赖德和萨拉蒙证明，在 $\sigma >$ 100 MPa 的高应力条件下，充填质量判据 M 应满足：胶结充填料，$M \leqslant 0.25$；非胶结充填料，$M \geqslant 0.35$。

标准充填参数：$a=5$ MPa，$b=0.3$；浇注距离 = 10 m；充填矿柱跨度(中心距) = 100 m；回采宽度 = 1.0 m；采区 = 1280 m×1280 m。赖德等曾用 MinSim-D 程序模拟一个面积为 1280 m×1280 m，开采深度分别为 2 km、3 km、4 km 和 5 km，充满率分别为 20%、40% 和 80% 的深井开采区域，以确定开采深度、充满率对 E_{ERR} 值的影响，分析结果见图 2-11。

充填料质量对降低 E_{ERR} 值有非常明显的影响，例如在 2000 m 深处用良好质量的充填料($b=0.3$)充填 20%

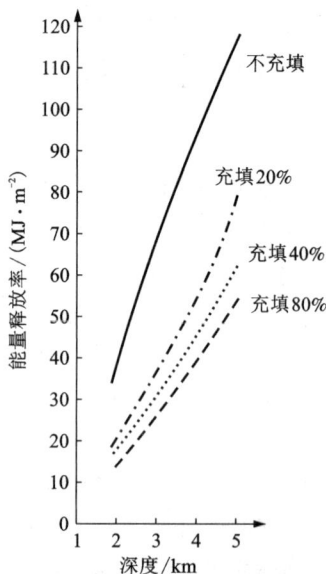

图 2-11 在 2000~5000 m 深处，不同的充满率对 E_{ERR} 值的影响

的区域，E_{ERR} 值将从 38 MJ/m² 降至 23 MJ/m²，即降低约 40%。如果充填量增加到采空区的 80%，则 E_{ERR} 值进一步降低到 20 MJ/m² 以下。若在 3300 m 的深度采用良好质量的充填料充填 80%的采空区，则能得到 40 MJ/m² 的 E_{ERR} 值。

图 2-12(a)和图 2-12(b)分别给出了给定 E_{ERR} 值条件下，充满率和充填料质量(b 或质量判据 M)与最大开采深度的关系。从图 2-12(a)中，可以清楚地看到当充满率超过 40%后，最大开采深度对 E_{ERR} 值的影响逐渐减弱。E_{ERR} 值一定时，充填料质量对最大开采深度影响较大，如图 2-12(b)所示，如果 $E_{ERR}=30$ MJ/m²，$b=0.5$ 的充填料能够达到的最大安全开采深度为 2200 m，如果改善充填料的质量使 $b=0.3$，则最大安全开采深度可达 2600 m。

此外，由图 2-12(c)~(f)可知，充填滞后距离、充填宽度、回采宽度、充填矿柱跨度等充填质量指标对 E_{ERR} 也有重要影响。总之，用高质量的充填料充填 40%的采空区才能够有效的降低 E_{ERR} 水平，增大采矿深度。

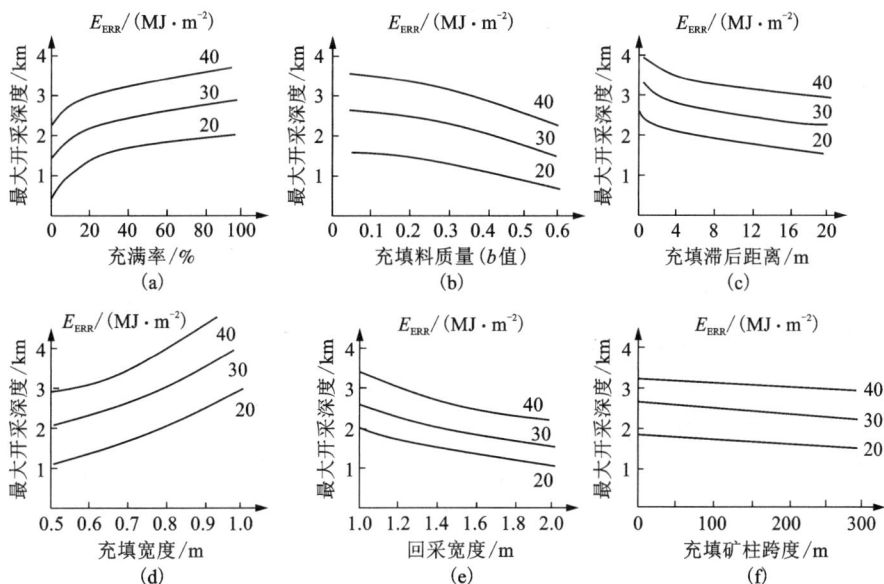

图 2-12 充填质量对 E_{ERR} 值的影响

2.3.5 深井充填体的灾害防控机理

若单靠充填不能获得所要求能量释放率 E_{ERR} 值的深度，则必须在设计中采用连续矿柱。对连续矿柱的正确设计是深井矿山控制 E_{ERR} 值的一种非常有效的方法。

下面将讨论盘区中连续矿柱间的充填对 E_{ERR}、矿柱平均应力 σ_{APS} 的影响和能够获得的最大开采矿量。为了确保达到 E_{ERR} 和 σ_{APS} 的标准，必须在设计中考虑连续矿柱。

在 4000 m 深度两种充填量(即没有充填和充填 40%的区域)的情况下，随着连续矿柱跨度的变化和 20 m 与 40 m 的矿柱宽度在 E_{ERR} 值方面的变化关系如图 2-13 所示，具有以下特点：

(1)随着连续矿柱间跨度的增加，由于充填的结果 E_{ERR} 值的降低也加大。

（2）矿柱宽度的加倍增加对 E_{ERR} 值的影响较大。

（3）在跨度足以导致完全闭合后，随着矿柱跨度 E_{ERR} 值的增加速率降低。

在 4000 m 深处，如采矿跨度为 400 m，在此跨度内，留出 20 m 宽的连续矿柱采矿时，E_{ERR} 值会降低 33%。

图 2-14 表示在充填和不充填情况下，E_{ERR} 值三个级别的深度与矿柱跨度之间的相互关系。例如在 4000 m 深处，要求以 215 m 的跨度分隔 40 m 宽的矿柱，以便在不充填的情况下达到 40 MJ/m² 的 E_{ERR} 值。如果以优质的充填料充填矿柱间 40% 的区域，矿柱跨度则能加大到 340 m。

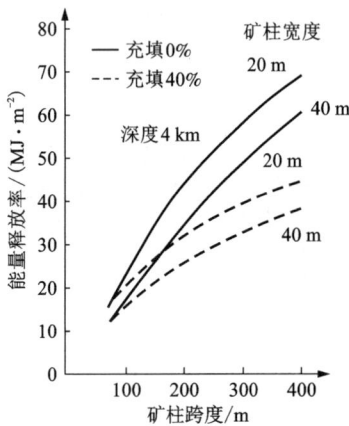

图 2-13 E_{ERR} 值和矿柱间的相互关系

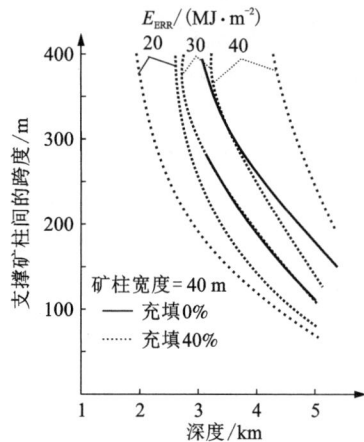

图 2-14 深度和矿柱跨度间的相互关系

尽管在充填情况下由跨度为 340 m、宽度为 40 m 矿柱构成的设计将得到满意的 E_{ERR} 值，但还需要确定与设计有关的 σ_{APS} 值是否也能获得满意的结果。

图 2-15 为 4000 m 深处，在加大矿柱跨度、不充填和充填 40% 的情况下，20 m 和 40 m 宽矿柱的 σ_{APS} 值的变化。如前所述（图中 B 点），σ_{APS} 值大约为 450 MPa。以此作为 40 MJ/m² 的 E_{ERR} 而作出采矿设计的 σ_{APS} 值可能被认为太低，因为根据此值作出的采矿设计会过于安全。

如果决定允许以 750 MPa 的 σ_{APS} 值代替 450 MPa，则可通过加大矿柱跨度或降低矿柱宽度来增加 σ_{APS} 值。若加大矿柱跨度，则将大大影响 E_{ERR} 值；但若降低矿柱宽度，则只在一定程

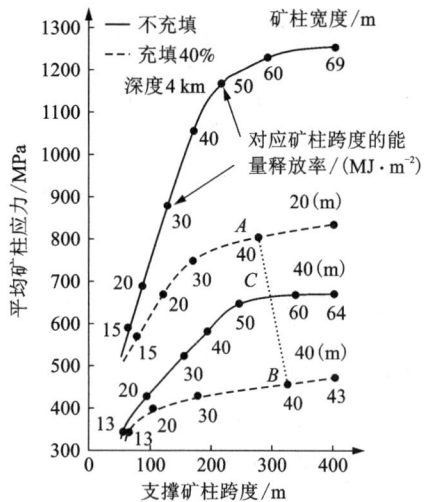

图 2-15 平均矿柱应力和矿柱跨度的相互关系

度上影响到 E_{ERR} 值。通过插值法可确定获得 40 MJ/m² 的 E_{ERR} 值和 750 MPa 的 σ_{APS} 值所需的矿柱宽度和矿柱跨度。根据 A、B 两点间矿柱宽度的线性变化，可以计算出所需的矿柱宽度约为 25 m（图中 C 点）和相应于此点的矿柱跨度为 300 m。因此，σ_{APS} 值从 450 MPa 增加到

750 MPa，可以允许矿柱宽度从 40 m 降低到 25 m。

根据图 2-16 能够计算出在 400 m 跨度和 4000 m 深度的情况下，采用在支撑矿柱之间进行充填可使 σ_{APS} 值降低 32%。

图 2-17 概括了 E_{ERR} 和 σ_{APS} 的结果，以说明在支撑矿柱设计中，充填对最大限度的回采矿量的影响。因为采矿设计应满足 E_{ERR} 和 σ_{APS} 标准，即分别为 20 MJ/m^2 和 450 MPa，30 MJ/m^2 和 600 MPa，40 MJ/m^2 和 750 MPa。可以清楚地看出，这些标准的综合可以获取最大的安全开采量。例如在 4000 m 深处，为了达到 30 MJ/m^2 的 E_{ERR} 值和 600 MPa 的 σ_{APS} 值，所要求采出百分比为 81.4%。如果对该区域的 40% 加以充填，则采出率便能增加到 85.6%。

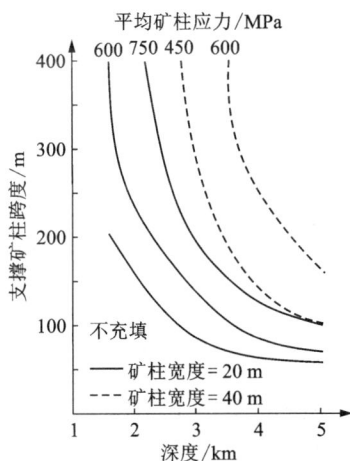

图 2-16　地表以下深度和支撑矿柱之间的相互关系

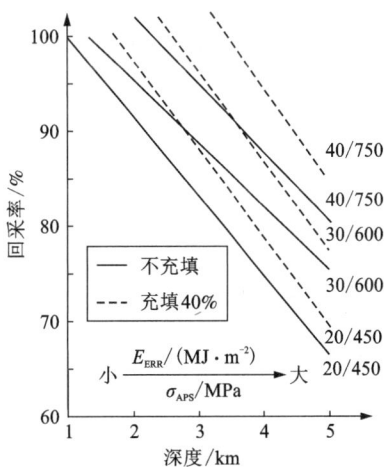

图 2-17　不同深度的平均矿柱应力和采出百分比间的相互关系

由按一定跨度排列的连续矿柱所构成的区域支护系统能大大降低 E_{ERR} 值，因为这是阻止体积下沉的一种非常有效的手段。但充填料必须密实，以阻止体积下沉，从而影响 E_{ERR} 和 σ_{APS} 值。由于连续矿柱之间盘区体积的有限下沉，此时增加充填料的数量或者更靠近工作面进行充填，均不会明显影响到 E_{ERR} 和 σ_{APS} 值。

回采宽度的加大或者充填料质量的降低（b 值）将对结果具有较大的影响。由于受模拟变量值域所需的各种模拟数量的限制，故没有获得这些结果。还应注意的是，在大量充填的初期效果尚不显著，只有在走向跨度大到足以使后面的区域和回采工作面得以稳定时才会取得明显的改善。

深井高地应力条件下，充填体虽然无法严格限制围岩的进一步变形与卸压，但可使原有围岩的卸压变形曲线变缓、变形量减小、卸压值降低，产生让压支撑的承载效果；而且在充填体出现蠕变损伤和塑性破坏后，还可在长期承载下表现出蠕变强度大于单轴抗压强度的变形硬化特性，产生控压支座的承载效果。同时，在此过程中，围岩在外界扰动作用下产生变形，压缩充填体并释放弹性势能，充填体介质被压缩而积蓄变形能，形成一个能量吸收、转化、交换和耗散的复杂系统。

因此，从能量角度分析，与围岩的刚性支撑"小变形"吸收和储存能量模式不同，充填体是通过"大变形"来吸收岩体中聚积的弹性变形势能，延缓其释放速率，达到预防和控制岩爆的目的。

思考题

1. 影响充填体稳定性的因素有哪些？
2. 充填体的破坏形式有哪些？
3. 充填体的破坏过程包括哪些阶段？
4. 常见的充填体作用机理有哪些？
5. 论述深井充填体的地压灾害防控机制。

第3章　充填材料

随着充填技术的进步及国家对环保的高度重视，矿山所用的充填材料已从传统的山砂、河砂、棒磨砂、细石等自然或人工砂石向粉煤灰、尾砂、炉渣等工业废料过渡，工业废料循环用作充填材料的应用技术也日渐成熟。

3.1　充填材料来源及分类

充填材料包括胶结剂、骨料、化学添加剂等。不同的充填工艺应用的充填材料组分不同，比例也不同，图3-1为几种国内外常用充填工艺的材料组成。

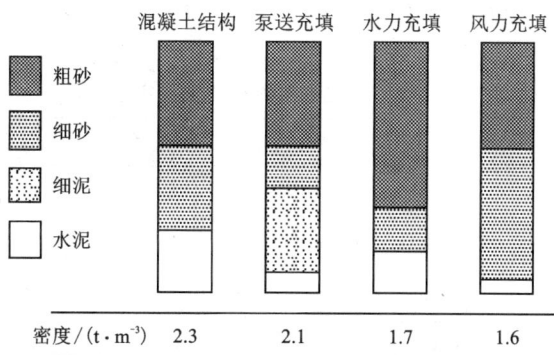

图3-1　几种不同充填工艺的充填材料组成

不同矿山或同一矿山的不同充填采矿法对充填体的强度要求差别很大，从而对充填材料的质量指标的要求也不同。选择充填材料应遵循的原则首先是矿山废渣的利用；其次是就地取材，加工成符合质量指标的充填料；最后是若需外购，应就近取材，以减少运输费用。充填材料的选择原则应技术可行、经济合理。

常用的充填材料可分为三类，即充填骨料——在充填过程中材料本身的物理和化学性质基本上不发生变化，作为充填的骨料；胶凝材料——在充填的条件下，材料本身的物理和化学性质发生变化，使充填骨料凝结成具有一定强度的整体；改性材料——加入充填料中用以改变充填料的质量指标，例如提高流动性和强度、加速或延缓凝固时间等。常用的充填材料见表 3-1。

表 3-1 常用充填材料

类别	充填骨料	胶凝材料	改性材料
名称	废石、卵石、碎石、河砂、戈壁集料、黏土、重介质尾砂、全粒细尾砂、分级尾砂、水淬炉渣、山砂、人造砂等	水泥、磨细的高炉矿渣、磨细的炼铜炉渣、磨细的烧黏土、生石灰、熟石灰、石膏、粉煤灰、磁黄铁矿、硫化矿物等	水、絮凝剂、速凝剂、缓凝剂、减水剂、早强剂等

3.2 充填骨料

3.2.1 充填骨料的基本特性

1.充填骨料的化学成分

国内某些矿山充填骨料的化学成分见表 3-2。一般而言，SiO_2、Al_2O_3、Fe_2O_3 的单盐或所组成的复合矿物，具有化学稳定性。MgO 或 CaO 一般含量较少，但 MgO 含量较高可能影响胶结充填体的强度。若充填骨料中含有有害成分 S、P 等，应注意在充填体发挥作用的限期内，不会极大地降低充填体的强度和严重危害井下劳动条件及环境。

表 3-2 某些矿山充填骨料的主要化学成分　　　　单位：%

成分	金川尾砂	凡口尾砂	铜官山尾砂	红透山尾砂	锡矿山尾砂	页岩	砂岩	石灰岩	花岗岩
SiO_2	71.70	29.63	39.22	56.00	86.00	58.90	78.64	14.00	70.18
Al_2O_3	11.70	5.70	4.97	4.59	7.33	15.63	4.77	1.75	14.47
Fe_2O_3	2.07	14.25	—	20.11	1.00	4.07	1.08	0.77	1.57
MgO	0.98	—	3.82	0.13	1.10	2.47	1.17	4.49	0.88
CaO	3.39	15.28	15.14	1.79	3.20	3.15	5.51	40.60	1.99
CO_2	—	—	—	—	—	2.67	5.03	35.58	—
Na_2O	—	—	—	—	—	1.32	0.45	0.62	3.48
K_2O	—	—	—	—	—	3.28	1.32	0.58	1.11
FeO	—	—	18.56	—	—	2.48	1.30	—	1.76
S	—	11.44	2.55	4.56	0.50	—	—	—	—

胶结充填体中的充填骨料称集料（或骨料）。粒径 5 mm 以上的碎石或卵石称粗集料，粒径 5 mm 以下的砂称细集料。根据《普通混凝土用砂、石质量及检验方法标准》(JGJ 52—

2006)，粗集料的有害成分的标准为：硫化物、硫酸盐折算成 SO_3，按质量计不大于 1%；卵石中有机物含量(用比色法)，颜色不得深于标准色。细集料有害成分除遵守粗集料的上述规定外，还包括：云母含量按质量计不大于 2%，轻物质含量按质量计不大于 1%。

按国家标准《建设用砂》(GB/T 14684—2022)要求，机制砂是以岩石、卵石、矿山废石和尾砂等为原料，经除土处理，由机械破碎、整形、筛分、粉控等工艺制成的，级配、粒形和石粉含量满足要求且粒径小于 4.75 mm 的颗粒。同时，标准对机制砂的颗粒级配、含泥量(石粉含量)、亚甲蓝(MB)值、泥块含量、有害物质、坚固性、压碎指标、片状颗粒含量等指标均有明确的要求。

2. 充填骨料的密度

单位体积(包括内部封闭孔隙与实体积之和)的烘干质量称为表观密度。而绝对单位体积(不包括任何封闭的孔隙)的烘干质量称为相对密度。在自然状态下堆积的单位体积的烘干质量称为堆积密度。经过一定的捣实或压实后所测得的单位体积的烘干质量称为紧密密度。

3. 充填骨料的孔隙率

充填作业所用的充填骨料大多是自然或经过加工的松散材料，而不是原岩体。为方便充填料量的计算，除非特别指出，孔隙率的计算公式如下：

$$\rho = \frac{\gamma_B - \gamma_D}{\gamma_B} \tag{3-1}$$

式中：ρ 为孔隙率；γ_B 为表观密度，t/m^3；γ_D 为堆积密度，t/m^3。

4. 充填骨料母岩的强度

母岩的强度与岩性、矿物组成、结构、埋深和风化程度等有关，同一类岩石的强度相差较大。母岩的强度一般是将母岩制成 5 cm×5 cm×5 cm 的立方体(或 ϕ5 cm×5 cm 的圆柱体)，在水饱和状态下测得的极限抗压强度值。常用作充填料的母岩强度值见表 3-3。

表 3-3 母岩的强度

类别	表观密度/(t·m⁻³)	抗压强度/MPa	弹性模量/(×10⁴ MPa)	泊松比
花岗岩	2.6~3.0	60~200	2.32~8.81	0.17~0.25
砂岩	1.9~2.9	40~140	1.72~6.08	0.091~0.333
石灰岩	2.5~2.9	20~120	1.31~10.37	0.25
大理岩	2.5~2.9	20~120	5.82~7.69	0.273

5. 松散充填骨料的沉缩

自然堆积的松散充填骨料，特别是河砂、粗砂和尾砂，当加入水以后，体积立即发生收缩，收缩后的体积与原体积之比，称为水浸沉缩率。河砂和粗砂的水浸沉缩率不小于 5%。

设备在初充填的松散充填体表面上运行，也会将充填体的表层压实而使体积减小。水力充填的粗尾砂充填体，当其表层脱水以后，铲斗容积 3 m³ 的铲运机在其上运行，可将充填体的表层压缩 150~200 mm，考虑出矿过程中将铲走部分尾砂，因此铲运机的出矿作业可使松散的尾砂充填体表面下降 400~500 mm。因水浸沉缩和设备作业而减少的充填体积，将在下一循环中被充填，故其数量应计入矿山充填作业量之内。

6. 松散充填骨料的粒级组成

充填骨料的粒级组成取决于材料来源和为满足运输需要而对材料所进行的加工。对于不同的松散材料，有表征其粒级组成的不同方法。

（1）最大粒径。

管道输送时，水砂充填料的最大粒径不大于管径的 1/4，胶结充填料的最大粒径不大于管径的 1/5；车辆输送时，块石不大于车厢平面最小尺寸的 1/3，不大于溜口最小尺寸的 1/3。

（2）分级界限。

充填骨料因充填工艺要求而需剔除部分细粒级的工艺称为脱泥。分级脱泥所获得的筛上产品，当其累计产率达到 95% 时的粒级称为分级界限（即 d_5）。例如，某矿尾砂分级所获得的粗尾砂，其 +0.03 mm 的粒级达到 95%，则称其分级界限为 0.03 mm。

（3）砂的细度模数。

混凝土用砂按其细度模数而将砂分为 4 类，见表 3-4。

表 3-4　砂的细度模数分类

类别	粗砂	中砂	细砂	特细砂
细度模数	3.7~3.1	3.0~2.3	2.2~1.6	1.5~0.7，通过 0.16 mm 筛量不大于 30%

$$\mu_f = \frac{(\beta_2 + \beta_3 + \beta_4 + \beta_5 + \beta_6) - 5\beta_1}{1 - \beta_1} \quad (3-2)$$

式中：β_1、β_2、β_3、β_4、β_5、β_6 分别为 5 mm、2.5 mm、1.25 mm、0.63 mm、0.315 mm、0.16 mm 筛上的累计筛余产率；对于特细砂，增加 0.08 mm 筛余 β_7。某试样的粒级组成见表 3-5，计算细度模数为 2.18，属细砂。

（4）平均粒径。

平均粒径 d_p：

$$d_p = \sum d_i \cdot \alpha_i \quad (3-3)$$

某试样的粒级组成见表 3-5，计算获得其平均粒径 $d_p = 1.046$ mm。

表 3-5　某试样的粒级组成

粒级/mm	+5	-5	-2.5	-1.25	-0.63	-0.315	-0.16	-0.08	-0.04	-0.02
粒径 d_i/mm	5	3.75	1.875	0.94	0.473	0.238	0.12	0.06	0.03	0.01
产率 α_i	0	0.13	0.15	0.17	0.15	0.12	0.08	0.10	0.07	0.03

续表3-5

粒级/mm	+5	−5	−2.5	−1.25	−0.63	−0.315	−0.16	−0.08	−0.04	−0.02
累计产率 α_c	0	0.13	0.28	0.45	0.60	0.72	0.80	0.90	0.97	1
筛余产率 β	β_1	β_2	β_3	β_4	β_5	β_6				

（5）颗粒均匀度系数。

颗粒均匀度系数 C_u，用以表征松散材料的颗粒组成的均匀程度。

$$C_u = \frac{d_{60}}{d_{10}} \tag{3-4}$$

式中：d_{60} 为60%的松散材料能够通过的筛孔直径，mm；d_{10} 为10%的松散材料能够通过的筛孔直径，mm。C_u 值愈大，表示粒级组成愈不均匀，有利于小颗粒进入大颗粒之间的空隙而形成较密实的充填体，一般要求 $C_u \geqslant 5$。

（6）比表面积。

经磨细的粒径相当均匀的物料，常用比表面积 S_a（m^2/kg）来表征其粒级特点，即每千克物料的所有颗粒的表面积之和。相对密度2.65的等直径圆球，其比表面积和在静水中下沉1 m所需大概时间见表3-6。

表3-6 等直径圆球的比表面积和沉降时间

圆球直径/mm	物料名称	比表面积/（$m^2 \cdot kg^{-1}$）	下沉1 m所需时间
10.0	砾石	2263×10^{-4}	0.9 s
1.0	粗砂	2263×10^{-3}	9 s
0.1	细砂	2263×10^{-2}	110 s
0.02	泥	2263×10^{-1}	1.5 h
0.001	细菌	2263×10^{0}	7 d

3.2.2 常用充填骨料

（1）尾砂。

由于矿石品位较低，金属矿山的尾砂产出率普遍在90%以上，低浓度尾砂浆体直排尾砂库依然是世界各矿山进行尾砂处置的常用方式，这种方式不仅占用大量的土地，造成严重的环境污染和生态破坏，而且安全隐患突出，灾害事故频发。尾砂充填采空区，不仅可以消除采空区的安全隐患，更可大大减少地表的尾砂排放，减少尾砂库占地和环境污染，符合"无废开采"的发展趋势，这也是近年来尾砂作为矿山最常见充填骨料并快速推广应用的主要原因。目前我国90%以上的金属矿山均采用尾砂充填工艺，其他矿山也大部分采用尾砂作为主要充填骨料来源。

（2）废石。

矿山基建过程中开拓系统的建设，不可避免地会产生大量的掘进废石；矿山正常生产时期,大量的探矿、开拓、采准工程施工,也会产生大量的废石。金属矿山废石产量占矿山总产能的20%~30%,通常采用露天堆存的形式,不仅占用大量的土地、存在一定的安全隐患,还会对周边生态环境产生严重的污染和破坏。因此,将掘进废石破碎至合适的粒径作为充填骨料充填至井下采空区,不仅可以有效解决矿山掘进废石无处堆存的困境,也可以减少占地和环境污染,助力矿山实现无废开采。

湖北楚磷矿业股份有限公司保康白竹矿区于2020年建成了一套全粒径碎石泵送充填系统,全粒径碎石由矿山重选废后破碎和磨细,胶凝材料选用普通硅酸盐水泥,充填系统设计能力60 m^3/h,灰砂比控制在1:12~1:25,充填料浆质量分数为80%~82%,泌水率在4%以内,坍落度可达26.5 cm。选矿厂产出的重选废石经破碎站破碎至5 mm以下堆存于粗颗粒堆场,40%破碎至5 mm以下后再经过球磨机磨细至200目以下占60%以上,再经过陶瓷过滤机脱水堆存于细颗粒堆场。充填时,两堆场中的充填骨料采用装载机卸入稳料仓(稳料漏斗),经安装在稳料仓底部的给料机向长皮带输送机卸料,经皮带秤按照设定的粗细比例计量后,输送至充填制备站搅拌机,与水泥和水均匀搅拌形成满足充填质量分数要求的充填料浆,由充填工业泵通过充填管道输送至待充采场。

(3)煤矸石。

煤矸石是煤炭生产和加工过程中产生的固体废弃物,每年的排放量相当于当年煤炭产量的15%~20%,是我国排放量最大的工业废渣,约占全国工业废渣排放总量的1/4。据统计,我国煤矸石的总堆存量已达70亿t,占地70 km^2,并正以每年1.5亿t的速度增长。煤矸石长期堆存,不仅占用大量土地,而且造成自燃,污染大气和地下水质。虽然其可用于燃料发电、生产建筑材料及制品、回收有益矿产及制取化工产品、生产农肥或改良土壤,但我国煤矸石综合利用技术装备水平还比较落后,产品的技术含量不高,综合利用发展也不平衡,与英美90%以上的综合利用率相差甚远。如何大批量消纳煤矸石是煤矿行业亟须解决的重大经济问题和环境问题。

将煤矸石作为充填骨料,通过添加胶凝材料和其他外加剂,实现高浓度充填,是解决煤矸石地表堆放难题、消除环境污染、解放保安矿柱、提高安全开采保障程度和资源回收率的有效手段。但是煤矸石块度大、磨蚀性强、管道输送难度大,而且煤炭开采工作面,连续推进,要求充填体凝固时间短,对采场充填工艺要求高。2005年,孙村煤矿与中南大学王新民教授团队、煤炭科学研究总院等单位联合技术攻关,建成了国内首套煤矸石似膏体充填系统,之后煤矸石似膏体充填在煤矿中迅速推广应用。

(4)磷石膏。

磷石膏是在湿法生产磷酸过程中产生的主要工业副产品,通常情况下每生产1 t磷酸,将产生4~5 t磷石膏。磷石膏中 $CaSO_4 \cdot H_2O$ 的含量高达85%,并含有磷化物、残余酸、氟化物、重金属及吸附在石膏晶体上的有机物等有害杂质。除少部分磷石膏能综合利用外,绝大部分需要建库堆放,不仅占用大量宝贵的土地资源、造成严重的环境,还是一个巨大的危险源,极易发生泄漏和污染事故。经过多年的科技攻关,贵州开磷(集团)有限责任公司和中南大学联合开发的"磷化工全废料自胶凝充填采矿技术"获得了国家科技进步二等奖,解决了磷矿资源的大规模开发利用所产生的安全和环保问题,为我国磷化工产业的发展做出了突出贡献。

开磷矿业所产生的磷石膏密度为2.87 t/m^3,空隙比1.064~3.415,渗透系数2.94×

10^{-4} cm/s, 曲率系数和不均匀系数分别为 1.00 和 3.71, 主要成分为 CaO (占比 30.0%) 和 SiO_2 (占比 5.4%)。磷石膏粒径超细, -75 μm 以下占比达到 81%, -45 μm 以下占比约 49%, 中值粒径和有效粒径分别为 0.043 mm 和 0.014 mm。经过大量的充填配比试验, 开磷矿业嗣后充填或普通分层充填配比为黄磷渣: 磷石膏 (质量比) = 1:4, 石灰添加量为黄磷渣含量的 5%, 质量分数 57%, 该充填配比 7 d、28 d、60 d 的抗压强度分别为 0.25 MPa、0.87 MPa、0.85 MPa。浇面充填配比为水泥: 黄磷渣: 磷石膏 (质量比) = 1:4:5, 石灰添加量为黄磷渣的 5%, 质量分数 60%, 该充填配比 7 d、28 d、60 d 的抗压强度分别为 0.38 MPa、3.22 MPa、3.95 MPa。在某些特殊的情况下, 尤其是对充填早期质量要求较高的地方可以采用超细水泥作为胶凝材料, 配比为超细水泥: 黄磷渣: 磷石膏 (质量比) = 1:4:10, 石灰添加量为黄磷渣含量的 5%, 质量分数 60%, 该配比 7 d、28 d、60 d 的抗压强度分别为 2.43 MPa、6.32 MPa、5.47 MPa。充填料浆在坍落度均属于流动性能好的 S4 级, 坍落扩散度与坍落度之比为 2.188~2.204, 满足充填料在制备和管道输送中的工作性要求。同时, 推荐配比充填料浆还具有低脱水性、高悬浮性等特点, 有利于管道输送和减小管道磨损。

(5) 砂石骨料。

在矿山没有合适或充足充填骨料来源的情况下, 可考虑就近利用卵石、碎石、河砂、戈壁集料、黏土、山砂、人造砂等材料作为充填骨料。金川公司所在的金昌市地处中国西北地区、甘肃省河西走廊东部, 北部即为广阔的阿拉善沙漠。由于矿区气候干旱、土地贫瘠、地表戈壁集料十分丰富, 于是便采集矿区周边戈壁集料, 将其经棒磨机磨细后, 加工成 -3 mm 的细砂作为充填骨料 (称棒磨砂)。随着国家对环保的高度重视, 矿山的充填骨料也从传统的戈壁风砂转变为开采山砂, 目前则正在筹建全尾砂废石似膏体充填系统。通过将戈壁集料破碎至 3 mm 以下, 灰砂比控制为 1:4, 充填料浆的质量分数为 77%~79%, 铺设钢筋网后的人工假顶充填体 28 d 抗压强度可达到 5 MPa。铜陵化工集团新桥矿业有限公司位于长江之滨, 是一座以硫为主, 伴生铜、金、银、铁、铅、锌等多种金属元素的大型化学矿山, 主要产品是铜和硫, 选铜后尾砂即为合格的硫精矿, 属于无尾砂产出的矿山。矿山多年来采用长江砂作充填骨料, 胶凝材料为普通硅酸盐水泥, 灰砂比为 1:4~1:6, 质量分数为 60%~70%。

(6) 赤泥。

作为仅次于钢铁的第二大重要金属, 铝及其合金因其优良的性能而被广泛应用于建筑、交通、电器、机械等行业。目前, 世界上 95% 的铝业公司都在使用拜耳法从铝土矿石生产氧化铝, 再通过熔盐电解工艺得到金属铝, 所产生的主要固废弃物被称为拜耳法赤泥。据统计, 每生产 1 t 电解铝会产生 2.0~3.6 t 的拜耳法赤泥, 目前世界上拜耳法赤泥的排放总量已高达 1.2 亿 t/a, 中国的拜耳法赤泥排放总量占比更是高达 60%, 且地表堆存总量已超过 5 亿 t。由于拜耳法赤泥中存在大量的游离碱及难以脱除的化学结合碱 (pH 高达 13), 还含有氟化物及重金属离子等物质, 采用露天地表堆存的方式不仅占用大量的土地, 还极易产生扬尘、污染地下水和破坏地表生态环境。近年来, 越来越多类似于拜耳法赤泥的工业固体废物被应用于矿山充填开采, 实践也证明将拜耳法赤泥作为骨料充填是可行的, 但是拜耳法赤泥充填是否会对地下水环境的长期安全产生不利的影响仍需很长时间和更多实践的检验。

上述充填骨料的实物如图 3-2 所示, SEM 分析如图 3-3 所示。

(a) 江砂　　　　　　　　(b) 戈壁砂　　　　　　　　(c) 掘进废石

(d) 煤矸石　　　　　　　(e) 磷石膏　　　　　　　　(f) 赤泥

图 3-2　矿山常用充填骨料实物图

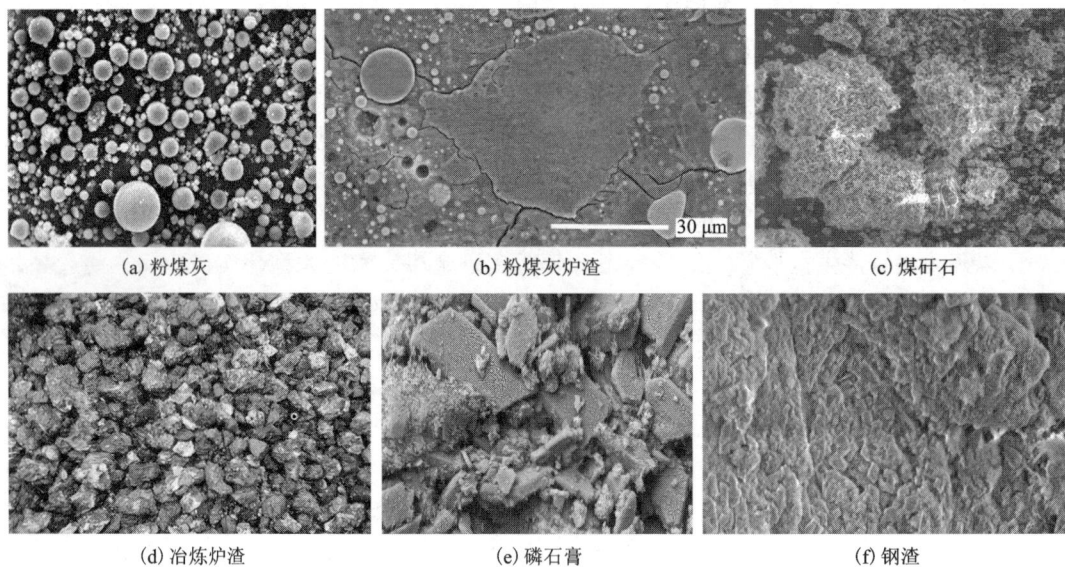

(a) 粉煤灰　　　　　　　(b) 粉煤灰炉渣　　　　　　(c) 煤矸石

(d) 冶炼炉渣　　　　　　(e) 磷石膏　　　　　　　　(f) 钢渣

图 3-3　矿山常用充填骨料 SEM 图

3.3　胶凝材料

3.3.1　水泥

水泥是一种磨细的水硬性胶凝材料，加入适量水后，成为塑性浆体，能在空气中硬化，也能在水中硬化。当与砂、石等松散材料拌和后，能牢固地将它们黏结在一起，形成具有一定强度的整体。水泥按用途可分为普通水泥、专用水泥和特种水泥。按其矿物成分可分为硅酸盐水泥、铝酸盐水泥、硫铝酸盐水泥、少熟料或无熟料水泥。充填作业常采用普通水泥，由硅酸盐水泥熟料与不同掺入量的混合材料配制而成。

(1)硅酸盐水泥。

凡由硅酸盐水泥熟料、0%~5%石灰石或粒化高炉矿渣、适量石膏磨细制成的水硬性胶凝材料，称为硅酸盐水泥。它有两种类型：不掺混合材料的称为Ⅰ型硅酸盐水泥；掺入不超过水泥质量5%石灰石或粒化高炉矿渣的称为Ⅱ型硅酸盐水泥。我国生产的硅酸盐水泥分6种标号，即42.5、42.5R、52.5、52.5R、62.5及62.5R(R为早强型)。

(2)普通硅酸盐水泥。

用硅酸盐水泥熟料加少量混合材料与适量石膏磨细而成的水硬性胶凝材料称为普通硅酸盐水泥，它是最常用的硅酸盐水泥，代号P·O。普通硅酸盐水泥中的混合材料掺量按质量百分比计不得超过15%。我国生产的普通硅酸盐水泥的标号有32.5、32.5R、42.5、42.5R、52.5和52.5R等。

(3)矿渣硅酸盐水泥。

由硅酸盐水泥熟料加粒化高炉矿渣及适量石膏磨细而成的水硬性胶凝材料，简称矿渣水泥，代号P·S。我国标准规定，粒化高炉矿渣的掺量按质量百分比计为20%~70%。也允许用石灰石、窑灰、粉煤灰和火山灰质混合材料中的任一种材料代替部分矿渣，数量不得超过水泥质量的8%，以上述材料代替部分矿渣后，水泥中高炉矿渣含量不得低于20%，矿渣水泥的相对密度较小、水化热较低、耐蚀性较好，但泌水率高、早期强度低。我国生产的矿渣水泥主要标号有17.5、22.5、32.5、32.5R、42.5、42.5R等。

(4)火山灰质硅酸盐水泥。

由硅酸盐水泥熟料加入火山灰质混合材料及适量石膏磨细而成的水硬性胶凝材料，简称火山灰水泥，代号P·P。我国标准规定，这种水泥中的火山灰质混合材料的掺量按质量百分比计为20%~50%，主要标号有17.5、22.5、32.5、32.5R、42.5和42.5R，其性质与矿渣水泥相近。

(5)粉煤灰硅酸盐水泥。

由硅酸盐水泥熟料与粉煤灰和适量石膏磨细而成的水硬性胶凝材料，简称粉煤灰水泥，代号P·F。我国标准规定，粉煤灰水泥中的粉煤灰掺量按质量计为20%~40%。粉煤灰水泥的性质与火山灰水泥相近，但需水量比火山灰水泥少，和易性和抗硫酸盐侵蚀性较好，适合用于大体积混凝土，如三峡大坝主要使用的就是粉煤灰水泥。

(6)复合硅酸盐水泥。

简称复合水泥，由硅酸盐水泥熟料和2种或2种以上规定的混合材料(指有技术条件和标准的混合材料)，加入适量石膏磨细制成的水硬性胶凝材料。复合水泥中混合材料掺加量按质量百分比计大于15%，但不超过50%。允许用不超过8%的窑灰代替部分混合材料。掺矿渣时混合材料不得与矿渣硅酸盐水泥重复。

普通水泥的相对密度3~3.15 t/m³，堆积密度1.0 t/m³，贮存时间过长将会降低其活性，贮存3个月活性降低8%~20%，贮存6个月活性降低14%~29%，贮存一年活性降低18%~39%。

普通水泥的组成和标号、质量标准、特性和适用范围及复合硅酸盐水泥的品质特性和适用性见表3-7~表3-10。

表 3-7 普通水泥的组成和标号

名称	代号	硅酸盐水泥熟料		混合材料		石膏加入量/%	标号
		矿物组成/%	占水泥质量比例/%	种类	掺入量(质量)/%		
硅酸盐水泥	P·Ⅰ	硅酸三钙：50~60；硅酸二钙：20左右；铝酸三钙和铁铝酸四钙：22左右；其他：3左右	95	石灰石或粒化高炉矿渣	≤5	4~5	42.5、42.5R、52.5、52.5R、62.5、62.5R
	P·Ⅱ		90				
普通硅酸盐水泥	P·O	硅酸三钙：50~60；硅酸二钙：20左右；铝酸三钙和铁铝酸四钙：22左右；其他：3左右	掺活性混合材料≥85；掺非活性混合材料≥90	粒化高炉矿渣、火山灰、粉煤灰、石灰石、砂岩、窑灰等	活性混合料：≤15；非活性混合料：≤10；活性混合料加非活性混合料：≤15	4~5	32.5、32.5R、42.5、42.5R、52.5、52.5R
矿渣硅酸盐水泥	P·S	硅酸三钙：50~60；硅酸二钙：20左右；铝酸三钙和铁铝酸四钙：22左右；其他：3左右	30~80	粒化高炉矿渣、火山灰、粉煤灰、窑灰、石灰石等	20%~70%。用粉煤灰、石灰石、窑灰代替部分矿渣时，其代替数量不得超过8%	4~5	17.5、22.5、32.5、32.5R、42.5、42.5R
火山灰质硅酸盐水泥	P·P	硅酸三钙：50~60；硅酸二钙：20左右；铝酸三钙和铁铝酸四钙：22左右；其他：3左右	50~80	火山灰质	20~50	4~5	17.5、22.5、32.5、32.5R、42.5、42.5R
粉煤灰硅酸盐水泥	P·F	硅酸三钙：50~60；硅酸二钙：20左右；铝酸三钙和铁铝酸四钙：22左右；其他：3左右	60~80	粉煤灰	20~40	4~5	27.5、32.5、42.5、42.5R、52.5、52.5R、62.5R

表 3-8 普通水泥的质量标准

项目		硅酸盐水泥		普通硅酸盐水泥		矿渣硅酸盐水泥、火山灰质硅酸盐水泥、粉煤灰硅酸盐水泥		
物理性质	细度	硅酸盐水泥比表面积大于 300 m^2/kg，普通水泥 80 μm 方孔筛筛余不得超过 10.0%						
	凝结时间	初凝不得早于 45 min，终凝不得迟于 10 h						
	安定性	用沸煮法检验必须合格						
	强度	标号	龄期					
			3 d	28 d	3 d	28 d	3 d	7 d	28 d
	抗压强度/MPa	27.5						13.0	27.5
		32.5			12.0	32.5		15.0	32.5
		42.5			16.0	42.5		21.0	42.5
		42.5R	22.0	42.5	21.0	42.5	19.0		42.5
		52.5	23.0	52.5	22.0	52.5	21.0		52.5
		52.5R	27.0	52.5	26.0	52.5	23.0		52.5
		62.5	28.0	62.5	27.0	62.5			
		62.5R	32.0	62.5	31.0	62.5	28.0		32.5
		72.5R	37.0	72.5					
	抗折强度/MPa	27.5						2.5	5.0
		32.5			2.5	2.5		3.0	5.5
		42.5			3.5	6.5		4.0	6.5
		42.5R	4.0	6.5	4.0	6.5	4.0		6.5
		52.5	4.0	7.0	4.0	7.0	4.0		7.0
		52.5R	5.0	7.0	5.0	7.0	4.5		7.0
		62.5	5.0	8.0	5.0	8.0			
		62.5R	5.5	8.0	5.5	8.0	5.0		8.0
		72.5R	6.0	8.5					
化学性质	烧失量	I 型硅酸盐水泥≤3.0%，II 型硅酸盐水泥≤3.5%，普通水泥≤5.0%						
	氧化镁	熟料中氧化镁含量(质量分数，下同)不得超过 5.0%。如水泥经压蒸安定性实验合格，则熟料中氧化镁的含量允许放宽到 6.0%						
	三氧化硫	除矿渣硅酸盐水泥不得超过 4.0%外，其余水泥不得超过 3.5%						

注：表中标号内有 R 者为新订的早强型水泥，即要求这类水泥具有较高的早期强度，对于普通水泥，其 3 d 抗压强度应达到 28 d 强度的 50%水平上。

表 3-9　普通水泥的特性和适用范围

水泥品种	特性		使用范围	
	优点	缺点	适用于	不适用于
硅酸盐水泥	1. 标号高 2. 快硬、早强 3. 抗冻性好，耐磨性和不透水性强	1. 水化热高 2. 抗水性差 3. 耐蚀性差	1. 配制高标号混凝土 2. 先张预应力制品、石棉制品 3. 道路、低温下施工的工程	1. 大体积混凝土 2. 地下工程
普通硅酸盐水泥	与硅酸盐水泥相比无根本区别，但有所改变： 1. 早期强度增进率略有减少 2. 抗冻性、耐磨性稍有下降 3. 低温凝结时间有所延长 4. 抗硫酸盐侵蚀能力有所增强		适应性较强，如无特殊要求的工程都可以使用	
矿渣硅酸盐水泥	1. 水化热低 2. 抗硫酸盐侵蚀性好 3. 蒸汽养护有较好效果 4. 耐热性较普通硅酸盐水泥高	1. 早期强度低，后期强度增进率大 2. 保水性差 3. 抗冻性差	1. 地面、地下、水中各种混凝土工程 2. 高温车间建筑	需要早强和受冻融循环，干湿交替的工程
火山灰质硅酸盐水泥	1. 保水性好 2. 水化热低 3. 抗硫酸盐侵蚀能力强	1. 早期强度低，但后期强度增进率大 2. 需水性大，干缩性大 3. 抗冻性差	1. 地下、水下工程、大体积混凝土工程 2. 一般工业和民用建筑	需要早强和受冻融循环，干湿交替的工程
煤灰硅酸盐水泥	与火山灰硅酸盐水泥相比： 1. 水化热低 2. 抗硫酸盐侵蚀性能好 3. 后期强度发展高 4. 保水性好 5. 需水性及干缩率较小 6. 抗裂性较好	1. 早期强度增进率比矿渣水泥还低 2. 其余同火山灰水泥	1. 大体积混凝土和地下工程 2. 一般工业和民用建筑	同矿渣水泥

表 3-10 复合硅酸盐水泥的品质指标和适用性

项目		品质指标					
物理性质	细度	80 μm 方孔筛筛余不得超过 10%					
	凝结时间	初凝不得早于 45 min,终凝不得迟于 12 h					
	安定性	用沸煮法检验必须合格					
	强度龄期	抗压强度/MPa			抗折强度/MPa		
		3 d	7 d	28 d	3 d	7 d	28 d
	32.5	—	18.5	32.5	—	3.5	5.5
	42.5	—	24.5	42.5	—	4.5	6.5
	42.5R	21.0	—	42.5	4.0	—	6.5
	52.5	—	31.5	52.5	—	5.5	7.0
	52.5R	26.0	—	52.5	5.0	—	7.0
化学成分	氧化镁	熟料中氧化镁含量不得超过 5.0%,如水泥经压蒸安定性实验合格,则熟料中氧化镁的含量允许放宽到 6.0%					
	三氧化硫	在水泥中含量不得超过 3.5%					
适用性		复合水泥比矿渣水泥、火山灰水泥和粉煤灰水泥有较高的早期强度,比普通水泥有较好的和易性,易于成型、捣实,但它的需水性一般较大,配置的混凝土耐久性不及普通水泥混凝土。复合水泥可用于配制一般混凝土和砌筑、粉刷用的砂浆,但不宜用于耐腐蚀的工程					

3.3.2 新型胶凝材料

1. 高水速凝固结材料

高水速凝固结材料(简称高水材料)类似英国生产的高铝型新型水硬性胶凝材料。国产高水材料由中国建材研究院、中国矿业大学北京研究生院、西北矿冶研究院等单位先后研制成功,高水材料的最大优点是能在很小的体积固液比(0.1~0.15)时,在 5~30 min 内凝结、硬化,最终形成一种有一定强度的高含水固体。高水材料的最佳使用场合是煤矿沿空留巷的充填袋式支护,以及堵漏、灭火、封闭巷道、壁后充填等,现已在部分金属矿山充填中使用。

(1)高水材料的组成。

高水材料由甲料和乙料等量配合而成。

甲料由特种水泥熟料、缓凝剂、悬浮剂等组成。其中缓凝剂能使甲料与水制成的料浆有较长时间的可泵性,悬浮剂能提高甲料的固体颗粒在料浆中的分散性和悬浮性,避免沉淀泌水现象。可供高水材料选用的特种水泥熟料有高铝、硫铝、铁铝等水泥熟料,以它们配制的甲料分别称为高铝型、硫铝型及铁铝型甲料。硫铝型甲料以石膏为诱导,有效地抑制了惰性钙黄石(C_2AS)矿物的生成,减少了活性成分 CaO、Al_2O_3 的消耗,促进了活性矿物 β 型硅酸二钙的生成。与高铝型甲料比较,它对原料、燃料的质量要求不高,烧成温度低、范围广,不易在运转窑内结圈,以及甲料易磨性好等优点,因此国内各厂均以生产硫铝型甲料为主。硫铝型甲料的主要矿物是无水硫铝酸钙（$4CaO \cdot 3Al_2O_3 \cdot SO_3$，简写为 C_4A_3S）和 β 型硅酸二钙（$\beta-2CaO \cdot SiO_2$，简写为 $\beta-C_2S$）。硫铝型甲料的化学成分除含有少量的 TiO_2、MgO 和 MnO_2 外，主要是以下 5 种：CaO（38% ~ 44%），Al_2O_3（30% ~ 38%），SiO_2（6% ~ 12%），SO_3（8% ~ 12%），Fe_2O_3（2% ~ 6%）。硫铝型甲料用石灰石、矾土、石膏和矿化剂等为原料，在 1100 ~ 1280 ℃ 的温度范围内烧成。

乙料由石膏、石灰、悬浮剂、速凝剂等组成。石膏采用不溶性的天然硬石膏（$CaSO_4$），一般要求含结晶水小于 5%。石灰易于从空气中吸收水分，应采用新制石灰，CaO 含量（质量分数，下同）大于 75%。悬浮剂由膨润土、赤泥、粉煤灰等组成，使乙料与水混合后料浆有较好的可泵性。

（2）高水材料的水化硬化机理。

高水材料与 2.5 倍的水制成的料浆能迅速凝固的关键是其水化过程中生成了含大量结晶水的钙矾石和含有吸附水的硅酸凝胶和铝酸凝胶。甲料中的无水硫铝酸钙与乙料中的石膏发生水化反应生成钙矾石（ettringite，$3CaO \cdot Al_2O_3 \cdot 3CaSO_4 \cdot 32H_2O$，简写为 E），即

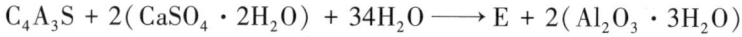
$$C_4A_3S + 2(CaSO_4 \cdot 2H_2O) + 34H_2O \longrightarrow E + 2(Al_2O_3 \cdot 3H_2O)$$

而要大量生成钙矾石，还必须有乙料中石灰的参与，即

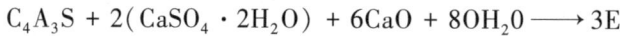
$$C_4A_3S + 2(CaSO_4 \cdot 2H_2O) + 6CaO + 80H_2O \longrightarrow 3E$$

β 型硅酸二钙水化时生成水化硅酸钙凝胶，并产出氢氧化钙凝胶 $Ca(OH)_2$，即

$$2CaO \cdot SiO_2 + mH_2O \longrightarrow xCaO \cdot SiO_2 \cdot yH_2O + (2-x)Ca(OH)_2$$

与 C_4A_3S 水化过程中生成的 $Al_2O_3 \cdot 3H_2O$ 等反应也能生成钙矾石，即

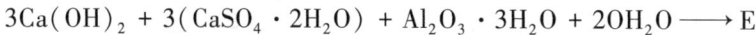
$$3Ca(OH)_2 + 3(CaSO_4 \cdot 2H_2O) + Al_2O_3 \cdot 3H_2O + 20H_2O \longrightarrow E$$

从以上诸反应式可以看出，钙矾石生成的过程中，大量吸收料浆中的水分变成结晶水。针枝状的钙矾石晶体伸入硅酸凝胶和铝酸凝胶中，使晶粒逐渐长大，最后形成钙矾石骨架结构，呈固体状态，具有一定强度。欲达到应有的强度，石灰的用量较为重要，若熟料质量较好，可用较少的石灰，反之则宜用较多的石灰。甲料和乙料等量配合的原则为熟料：（石灰 + 石膏）= 1 : 1。由于甲料和乙料分别制浆和输送，为防止早凝，宜在充填点之前才将两种料浆混合；均匀混合也是达到应有强度的一个重要条件。高水材料可达到的质量指标见表 3-11。

表 3-11 高水材料的质量指标

生产厂		长铝水泥厂	英国 Fosroc 公司	国内其他水泥厂
水灰比		2.5 : 1	2.5 : 1	2.5 : 1
可泵时间/h		≥24	≥24	≥24
初凝时间/min		<15	<20	15 ~ 30
抗压强度 /MPa	2 h	≥2.0	1.2 ~ 1.5	0.82 ~ 2.14
	24 h	≥4.5	3.5 ~ 3.7	1.37 ~ 4.43
	72 h	≥5.0	—	1.52 ~ 5.0
	最终	≥5.5	4.3 ~ 5.0	1.62 ~ 5.0

(3)高水材料的特性。

高水材料用于矿山胶结充填，与普通水泥相比，具有如下特点：

①吸水量大。当采用尾砂为惰性材料，高水材料用量 $120\sim280\ kg/m^3$，水灰比 $4\sim5$ 时，进入采场的料浆能全部凝固。

②早期强度高。按上述配比，其 24 h 的抗压强度可达 2 MPa。

③体积膨胀。钙矾石可在不同浓度的 $Ca(OH)_2$ 溶液中生成。它析晶的过饱和度很大，析晶快。它在原始含铝固相面上以细小晶粒而生长。其针枝状的晶体因外界水分的补充而增大，并因晶体交叉生长的结晶压力而相互排斥(在具有一定孔隙率的情况下)，这是引起体积膨胀的根本原因。高水材料的水化体积膨胀，可以解决煤矿沿空留巷和采场充填的接顶问题。

(4)重结晶性。

高水材料硬化体在一定时期内(一般在 3 d 龄期内)具有重结晶性及强度恢复特性。高水材料硬化的初期是一种由枝状晶体组成的骨架结构，其间隙中含有很多自由水和凝胶体。当受到大的外力时，枝状结晶体发生断裂或错位。如果它们相距不远，利用结晶动力可再生晶枝，相互交叉使密实度增大，强度得以恢复，或比前期更大。但在硬化的后期，当骨架间的自由水和凝胶粒子消耗后，不再具有再结晶的能力。这种早期的重结晶性和强度恢复特性，对煤矿沿空留巷承受一次来压后继续具有支护功能十分有利。

(5)后期强度较低。

高水材料在以水灰比 $2\sim2.5$ 的净浆充填时最终强度约为 5 MPa，此时高水材料用量为 $300\sim450\ kg/m^3$。若以等量 32.5 标号水泥以相同水灰比制成的砂浆，其最终强度很难达到 5 MPa，且早期强度很低。但普通水泥砂浆充填料在大体积的块石胶结充填时有优势，因不要求早期强度，砂浆的脱水也不是问题，仅要求砂浆能渗入到块石的间隙中和后期强度较高。

(6)高水材料的稳定性。

高水材料的吸水量大和早期强度高的关键性水化产物是钙矾石，而钙矾石的稳定性受环境因素影响很大。钙矾石结晶完好，属三方晶系，为柱状结构。其所含 $32H_2O$ 占钙矾石总体积的 81.2%，质量的 45.9%。根据钙矾石在 $50\sim144\ ℃$ 的脱水测算结果：在 50 ℃ 时已有少量结晶水脱出；74 ℃ 下脱水相当强烈；而当温度为 $113\sim144\ ℃$ 时，很快成为 8 水钙矾石。根据 X 线衍射分析，在 74 ℃ 下，钙矾石的晶体结构已被破坏。而有的试验指出，在 $100\sim110\ ℃$ 以下，钙矾石能稳定存在。而环境的相对湿度大，相应的脱水温度会提高。当相对湿度达 90%，温度达到 100 ℃ 时也无显著变化。因此可以认为：在矿井的一般湿热条件下，在矿井支护的有限服务期限内，水灰比 2.5 的高水材料净浆的袋装充填体，其稳定性是不必怀疑的。而高水材料与尾砂组成的充填体，水灰比达到 $4\sim5$，充填体内三分之二以上的水以自由水和吸附水的形式存在，当大面积暴露于矿井大气中，自由水的流出和蒸发，可能使充填体的表面发生"风化"或碳化(粉化)。风化层中存在大量的碳酸钠、碳酸钙、硫酸钙等矿物，钙矾石基本消失，从而使充填体强度大幅度降低。

2. 全水胶固材料

为克服高水材料双管输送的缺点，西北矿冶研究院开发了单料、单管输送的全水胶固材料。当水灰比为0.7~1.5时，能将料浆固化，其初凝时间不早于30 min，终凝时间不少于2 h。

（1）全水胶固材料的化学和矿物成分。

全水胶固材料的化学成分如下（质量百分数）：CaO（30%~70%），SiO_2（10%~30%），SO_3（8%~25%），Al_2O_3（10%~25%）。

全水胶固材料主要矿物为石膏、铝酸一钙、铝酸三钙、二铝酸一钙、硅酸三钙、硅酸二钙等。

全水胶固材料主要水化产物为钙矾石、氢氧化钙凝胶、水化硅酸钙凝胶和铝酸凝胶等。

全水胶固材料的相对密度为3~3.2 t/m^3，堆积密度为0.95~1.1 t/m^3。细度为0.08 mm方孔筛余量10%左右，比表面积为250~290 m^2/kg。

（2）全水胶固材料的强度指标。

某金矿的全尾砂的相对密度为3 t/m^3，堆积密度为1.565 t/m^3，主要化学成分为SiO_2（48.95%）、CaO（26.70%）、Al_2O_3（11.96%）、Fe_2O_3（7.08%）、S（4.10%）等，主要矿物为（质量百分数）石英（34%）、方解石（25%）、长石（19%）、绢云母（8%）、绿泥石（6%）、高岭石（5%）等，粒度较细，-200目占56.3%。其最大粒径0.25 mm，平均粒径0.087 mm，d_{10} = 0.017 mm，d_{60} = 0.077 mm，颗粒均匀度系数C_n = 4.53。

全水胶固材料与全尾砂所制的料浆固化后的强度见表3-12。

表3-12　全水胶固材料与全尾砂所制料浆强度试验结果

序号	质量分数 /%	灰砂比	凝结时间/min	抗压强度/MPa		
				3 d	7 d	28 d
1	0.65	1:4	30	1.17	2.20	2.51
2	0.65	1:5	40	0.95	1.20	1.96
3	0.65	1:8	55	0.43	0.72	1.05
4	0.65	1:10	65	0.40	0.53	0.69
5	0.65	1:15	90	0.15	0.19	0.32

当水灰比为0.9时，全水胶固材料的净浆固化后的强度见表3-13。

表3-13　全水胶固材料净浆固化强度

序号	受力类型	强度值/MPa				附注
		1 d	3 d	7 d	28 d	
1	抗压	3.09	4.35	5.13	6.00	水灰比0.9
2	抗剪	1.66	2.05	2.25	2.69	
3	抗拉	0.19	0.25	0.28	0.34	

从表3-13可看出，影响强度的主要因素有灰砂比和料浆的质量分数。全水胶固材料固

化料浆拌和用水的水灰比约为 1.5。而为满足输送要求,尾砂浆用水量按水灰比计可能大大超过此数,多余的水将以吸附水和自由水的形式存在,并有泌水现象和采场排水问题。料浆的体积与料浆固化后的体积之间的沉缩率见表 3-14,充填采空区的材料消耗情况见表 3-15。

表 3-14　全水胶固材料料浆的沉缩率

灰砂比	1:5	1:5	1:5	1:8	1:8	1:8	1:10	1:10	1:10
质量分数	0.60	0.65	0.70	0.60	0.65	0.70	0.60	0.65	0.70
沉缩率/%	10.5	6.2	4.9	11.1	10.1	7.2	12.7	11.6	6.5

表 3-15　充填采空区的材料消耗

灰砂比		1:5	1:5	1:5	1:8	1:8	1:8	1:10	1:10	1:10
质量分数		0.60	0.65	0.70	0.60	0.65	0.70	0.60	0.65	0.70
材料用量 /(kg·m^{-3})	全水胶固材料	194.9	212.0	238.9	133.1	148.3	165.2	112.1	124.2	135.2
	全尾砂	974.5	1060.0	1194.5	1064.8	1186.4	1321.6	1121.0	1242.0	1352.0
	水	779.6	685.0	614.6	798.1	719.3	637.2	822.9	734.8	637.4

(3)全水胶固材料的稳定性。

全水胶固充填体在井下暴露后的风化深度在 1 个月内为 6 mm,3 个月为 13 mm。当充填体的服务期限为 3~5 月时,这种充填体是稳定的。

3. 工业废渣活性材料

为节省胶凝材料的费用,广泛采用各种活性材料,例如粉煤灰、高炉矿渣、炼铜反射炉渣、熟石灰等,它们具有潜在胶凝活性。其特点是就近采购工业废渣活性材料,散装运到充填站,在站内进行加工,磨细至一定细度,在水化反应环境里可表现出胶凝活性,因此将其添加进充填料中,可替代部分或全部水泥。

(1)粉煤灰。

粉煤灰由烧煤的火力发电厂的锅炉炉灰和烟道收尘的飞灰两部分组成。前者经磨细后一般采用水力排至灰库,后者收集在灰仓内,因此采运相当方便。将粉煤灰用于充填,不但可以减少胶凝材料的费用,而且对环境保护也有重大意义。粉煤灰的化学成分因煤的品种和其化学成分而异。一般而论,粉煤灰中 SiO_2 的含量为 40% ~ 60%,Al_2O_3 的含量为 20% ~ 30%,Fe_2O_3 的含量为 5% ~ 10%。上述 3 种成分达到 70%,粉煤灰才可能具有潜在胶凝活性,我国部分煤种的粉煤灰的化学成分见表 3-16。

表 3-16　我国部分煤种的粉煤灰化学成分及烧失量

煤种	化学成分/%					烧失量/%	水分/%	总计/%
	SiO_2	Al_2O_3	Fe_2O_3	CaO	MgO			
义马煤	53.33	32.91	6.09	3.93	0.61	2.29		99.16
平顶山煤	50.78	27.96	10.38	7.85	1.21	1.18		99.36
开滦煤	60.16	28.70	5.56	3.65	0.81	0.90		99.78
峰峰煤	52.96	30.32	6.82	4.21	1.11	2.99		98.41
大同煤	53.25	38.64	6.30	3.98	1.19	4.45	0.24	99.05

　　粉煤灰的主要技术指标为细度、颗粒形状、相对密度、堆积密度、需水量和潜在活性等。粉煤灰的细度与其捕集方法及分级方法有关，通常以通过 0.045 mm 方孔筛的筛余量或比表面积来表示粉煤灰的细度。粉煤灰的细度直接影响其潜在活性，一般而论，粉煤灰的颗粒愈细，其潜在活性愈大。普通原状粉煤灰的比表面积为 200~300 m^2/kg，磨细的粉煤灰的比表面积为 300~700 m^2/kg。粉煤灰的相对密度为 1.8~2.6 t/m^3，堆积密度为 600~1000 kg/m^3，紧密密度为 1000~1400 kg/m^3。

　　粉煤灰的需水量主要取决于其细度、颗粒形状、颗粒表面状态，一般常以粉煤灰的需水量与硅酸盐水泥需水量之比来评价此项指标。粉煤灰的潜在活性以其火山灰活性指标来表示。它主要取决于其化学成分、玻璃相含量、细度、颗粒形状及颗粒表面状态。火山灰活性指标是以掺粉煤灰的试验砂浆平均强度与标准砂浆平均强度的比来求得的。英国标准规定粉煤灰的火山灰活性指标在 85% 以上时，才能保证其具有足够的活性。粉煤灰的火山灰反应生成物主要 $3CaO \cdot 2SiO_2 \cdot 3H_2O$，$3CaO \cdot Al_2O_3 \cdot 6H_2O$，$3CaO \cdot Fe_2O_3 \cdot 6H_2O$ 及 $3CaO \cdot Al_2O_3 \cdot 3CaSO_4 \cdot 32H_2O$，与水泥的水化产物基本相同。粉煤灰的这种反应在常温下发展得很慢，但随着龄期增长，粉煤灰的火山灰反应及粉煤灰与水化产物的结合反应同时进行。因此掺粉煤灰的充填料的后期强度较大。

　　粉煤灰依其颗粒形状分为原状和磨细灰，依其排放方式分为干排灰和湿排灰。粉煤灰的品质因煤种和燃料条件的不同而有很大的差别。充填作业所使用的粉煤灰多为湿排灰，散装运输干排灰也因易受潮而使品质下降。胶结充填料中粉煤灰的掺入量应通过试验确定，并按规定进行随机抽样检验。根据《用于水泥和混凝土中的粉煤灰》(GB/T 1596—2017)，拌制砂浆和混凝土用粉煤灰分为三个等级，即Ⅰ级、Ⅱ级、Ⅲ级(表 3-17)；水泥活性混合材料用粉煤灰不分级。

表 3-17　粉煤灰的分级及品质指标

序号	指标		级别		
			Ⅰ	Ⅱ	Ⅲ
1	细度(0.045 mm 方孔筛筛余)/%	不大于	12	20	45
2	需水量比/%	不大于	95	105	115

续表3-17

序号	指标		级别		
			I	II	III
3	烧失量/%	不大于	5	8	15
4	含水量/%	不大于	1	1	1
5	三氧化硫(SO₃)含量/%	不大于	3	3	3
6	游离氧化钙(f-CaO)质量分数/%	F类不大于	1	1	1
		C类不大于	4	4	4
7	二氧化硅(SiO₂)、三氧化二铝(Al₂O₃)和三氧化二铁(Fe₂O₃)总质量分数/%	F类不小于	70	70	70
		C类不小于	50	50	50
8	密度/(g·cm⁻³)	不大于	2.6	2.6	2.6
9	安定性(雷氏法)/(mm)	不大于	5	5	5
10	强度活性指数/%	不小于	70	70	70

（2）高炉矿渣。

磨细的炼铁高炉矿渣已广泛用于制造矿渣水泥。我国大中型钢铁厂的高炉矿渣已基本作为水泥工业原料。矿山欲用矿渣作胶凝材料，只有寻求地方小炼铁厂的矿渣或炼钢渣、炼铜反射炉渣等。对矿渣的磨细程度、掺入量等应通过试验确定。矿渣分酸性矿渣和碱性矿渣。矿渣的碱度愈高，活性愈大。矿渣的胶凝性能用四元碱度 M_0、二元碱度（活性率）M_a 和质量系数 K 来表征。

四元碱度：

$$M_0 = \frac{[CaO] + [MgO]}{[SiO_2] + [Al_2O_3]} \tag{3-5}$$

二元碱度：

$$M_a = \frac{[Al_2O_3]}{[SiO_2]} \tag{3-6}$$

当 MgO 含量小于10%时：

$$K = \frac{[CaO] + [Al_2O_3] + [MgO]}{[SiO_2] + [TiO_2]} \tag{3-7}$$

当 MgO 含量大于或等于10%时：

$$K = \frac{[CaO] + [Al_2O_3] + 10}{[SiO_2] + [TiO_2] + [MgO]} \tag{3-8}$$

以上各式中氧化物均以含量百分数计。$M_0 > 1$ 属碱性，$M_0 \leqslant 1$ 属酸性。对于用于胶结充填的矿渣，至少应达到 $M_0 \geqslant 0.65$，$M_a = 0.17 \sim 0.25$，$K > 1.6$，并可加入4%~6%的水泥、石膏或石灰作活化剂。

4. 磁黄铁矿和黄铁矿

某些金属硫化矿床的矿石中，除含有黄铁矿外，还含有磁黄铁矿。在选矿过程中，磨细的黄铁矿和磁黄铁矿，由于密度较大，在分级脱泥时进入粗尾砂中，使充填用的尾砂含硫量为 1%~2%，甚至高达 5%。加拿大诺兰达矿业公司和沙利文矿的经验证明：磁黄铁矿与空气中的氧和水分发生缓慢的氧化反应的生成物，能将充填骨料胶结成稳固的充填体。发生均匀氧化的条件为：

(1) 充填骨料(炉渣和尾砂)的配比和粒级组成有利于空气流通和水的渗透。

(2) 磨细的磁黄铁矿的用量为充填骨料的 3%~10%。

(3) 水的含量应达到固体质量的 15%。

例如：+0.051 mm 的粗尾砂，按 4:1 与炉渣混合，加入 8% 的磨细磁黄铁矿，在空气自然流动的条件下，将水分排干至 15% 以后 34 d，其无侧限抗压强度达到 1.862 MPa。

对于用磨细的磁黄铁矿作胶凝材料应持慎重态度，必须通过生产试验方能定论。硫是一种充填作业中的有害成分。在矿井条件下，硫的缓慢氧化会逸出 SO_2、H_2S 气体，并释放热量。硫化矿物氧化所生成的 SO_4^{2-} 离子，对水泥和其他胶凝材料又有破坏作用。当浓度为 1500~10000 mg/L 时，生成的硫铝酸盐晶体($3CaO \cdot Al_2O_3 \cdot 3CaSO_4 \cdot 31H_2O$)和二水石膏($CaSO_4 \cdot 2H_2O$)体积增加 2 倍以上，使充填体内产生内应力，最终导致开裂或崩解。对于充填材料而言，由于服务时间短，对硫的含量可适当提高。另外，也在充填料中添加粉煤灰，安徽新桥矿业公司和广西高峰矿业公司将高硫尾砂作为胶结充填料时，利用粉煤灰成功解决了这一问题并已获得发明专利。当硫的含量大于 5% 时，应通过试验查明其有害程度，并在矿井通风和安全方面有所考虑。

3.4 改性材料

1. 水

胶凝材料需要水实现水化反应。水又是絮凝剂和外加剂的溶剂或载体。因此水中所含杂质对胶凝材料的性能有影响。矿井酸性水多来源于硫化矿物的氧化，酸水中的 SO_4^{2-} 离子侵蚀水泥后产生难溶的硫酸盐类晶体，发生体积膨胀使混凝土破坏。根据《混凝土用水标准》(JGJ 63—2006)的规定，用于制备混凝土的拌和用水的质量标准见表 3-18。

表 3-18　混凝土拌和用水的质量标准

项目		预应力混凝土	钢筋混凝土	素混凝土
pH	不小于	4	4	4
不溶物/(mg · L^{-1})	不大于	2000	2000	5000
可溶物/(mg · L^{-1})	不大于	2000	5000	10000

续表3-18

项目		预应力混凝土	钢筋混凝土	素混凝土
氯化物(以 Cl^- 计)/(mg·L^{-1})	不大于	500	1200	3500
硫酸盐(以 SO_4^{2-} 计)/(mg·L^{-1})	不大于	600	2700	2700
硫化物(以 SO_4^{2-} 计)/(mg·L^{-1})	不大于	100	—	—

弱碱性的矿山工业用水,会使水泥尾砂胶结料的强度略有升高,见表3-19。

表 3-19　碱性水对砂浆强度的影响

类别	pH	水泥尾砂比	质量分数/%	抗压强度/MPa				
				1 d	4 d	14 d	28 d	90 d
碱性矿井水	10.1	1:6	0.68	0.225	1.42	2.22	2.40	—
工业水	7.2	1:6	0.68	0.137	0.94	1.87	2.04	—
碱性矿井水	10.1	1:20	0.65	—	—	0.225	0.30	0.52
工业水	7.2	1:20	0.65	—	—	0.21	0.25	0.42

用海水制作素混凝土要遵照有关规定。一般而言,海水的含盐总量不得超过5000 mg/L。它的早期强度较高,但28 d以后的强度会下降。对于能否用海水制作水泥尾砂胶结料,要通过试验确定。因为水泥尾砂胶结充填体的孔隙较大,与海水接触,或被海水渗透均可能降低强度。在三山岛金矿的试验中,以海水(或与海水近似的盐水)养护试块,与标准的潮湿条件相比,强度降低11%~28%,见表3-20。

表 3-20　海水养护对抗压强度的影响

养护类别	抗压强度/MPa			
	灰砂比1:8		灰砂比1:20	
	28 d	90 d	28 d	90 d
潮湿养护	1.021	1.405	0.19	0.276
海水养护	0.904	1.142	0.137	0.222
强度下降/%	11.46	18.7	27.9	19.6

控制用水量十分重要,质量分数是胶结充填料强度的重要参数,固液混合物中的水量决定了料浆的流动特性。

2.絮凝剂

絮凝剂是污水处理领域常用的药剂之一,其原理为:絮凝剂主要是带有正(负)电性的基团和水中带有负(正)电性的难于分离的一些粒子或者颗粒相互靠近，降低其电势，使其处于不稳定状态，并利用其聚合性质使得这些颗粒集中，进而通过物理或者化学方法分离出来。随着矿石品位的普遍下降和选矿技术的不断进步，磨矿粒度越来越细，金属矿山尾砂中−200 目的占比普遍超过 80%，平均粒径为 50 μm。过细的磨矿粒度在大幅提高选矿回收率的同时，也给尾砂的浓缩脱水增添了难度。依靠传统的自然沉降，细粒径尾砂沉降速度慢、浓缩效率低、溢流水浑浊，必须添加絮凝剂加速细颗粒的沉降，保障浓缩过程的稳定与高效。因此，絮凝剂也不可避免地会残留在浓缩后的尾砂浆体中，对浆体的充填性能产生影响。

絮凝剂的品种繁多，按照其化学成分可分为无机絮凝剂和有机絮凝剂两大类。无机絮凝剂絮凝有效率低、用量大、成本高、腐蚀性强的缺点，不符合矿山尾砂的大能力、高效率浓缩要求。有机絮凝剂又包括合成有机高分子絮凝剂、天然有机高分子絮凝剂和微生物絮凝剂，其中，在矿山应用较多的主要为有机高分子絮凝剂——聚丙烯酰胺系列。聚丙烯酰胺(polyacrylamide，简写为 PAM)，根据其离子类型可分为阴离子型、阳离子型、非离子型和两性离子型；根据其分子量的大小可分为超高、高、中和低相对分子量聚丙烯酰胺。其中，分子量在 100 万~1200 万的为高相对分子量聚丙烯酰胺。

尾砂絮凝沉降过程中，絮凝剂的主要作用机理包括：

①双电层的压缩作用：有机高分子絮凝剂或无机絮凝剂电离产生的电荷会使细粒径尾砂的 ζ 电位降低，进而压缩双电子层。

②吸附凝聚作用：由于絮凝剂水解产物特殊的电荷属性，会吸引和中和悬浮的异性细粒径颗粒，凝聚成大的颗粒。

③絮凝架桥作用：有机高分子絮凝剂溶于水后会水解生成长链聚合物，进而絮凝架桥形成絮网结构，吸引和网捕细粒径尾砂颗粒形成大的絮团，加速絮团尾砂沉降。因为阳离子型高分子絮凝剂对尾砂颗粒的吸附具有降低表面电荷、压缩双电层的作用，所以以阳离子型高分子絮凝剂引起桥连作用所需的分子长度比非离子型高分子絮凝剂可小一些，即相对分子质量可低些；相反，阴离子型高分子絮凝剂对带负电荷的尾砂颗粒，由于静电相斥作用，所需相对分子质量较大。

3. 外加剂

将混凝土外加剂用于充填料中是充填工艺进步的一个标志，也是充填工艺的发展方向。在高水材料、全水胶固材料、高浓度尾砂输送、混凝土输送均已使用了外加剂。在充填料的制备中使用外加剂时应参考《混凝土外加剂》(GB 8076—2008)，并进行满足充填工艺要求的对比试验。

(1)试验方式。

①材料：水泥为基准水泥或 32.5 号普通硅酸盐水泥；砂的细度模数为 2.6~2.9，粒径小于 5 mm；石子粒径为 5~20 mm，其中 5~10 mm 的占 40%，10~20 mm 的占 60%；水为自来水；外加剂。

②配合比：石子采用卵石(310±5)kg/m³ 和碎石(330±5)kg/m³；砂率为 36%~40%，引气剂试验的砂率比基准混凝土多 1%~3%；水，使坍落度达到(60±1)mm；外加剂，推荐值的下限。

(2)试验项目。

①减水率，坍落度基本相同。

$$W_R = \frac{W_0 - W_1}{W_0} \times 100\% \qquad (3-9)$$

式中：W_R 为减水率，%；W_0 为基准混凝土的用水量，kg；W_1 为加入外加剂的混凝土用水量，kg。当最大值减去最小值超过平均值的 15% 时，应重做。

②含气量，采用混合式含气量测定仪进行测定，当最大值减最小值达 ±0.5% 时应重做。

③泌水率：

$$B_R = \frac{B_1}{B_0} \times 100\% \qquad (3-10)$$

④凝结时间差，$\Delta T = T_1 - T_0$，凝结时间用贯入阻力仪测定。

⑤抗压强度比，$R_S = \dfrac{S_1}{S_2} \times 100\%$，实验温度（20±3）℃。

⑥收缩率，以 90 d 龄期的试样测定。

⑦相对耐久性，以动弹性模量降至 80% 时的冻融循环数比，即

$$R_d = \frac{E_1}{E_0} \times 100\% \qquad (3-11)$$

⑧钢筋锈蚀试验，在新拌或硬化砂浆中用阳极化电位曲线来表示。

⑨均匀性指标主要有：含水量 3%（生产厂控制值）；含固体量 50%；密度的误差 ±0.02；Cl^- 含量 5%；水泥净浆流动量不小于 95%。

掺外加剂的混凝土应符合表 3-21 的要求。

表 3-21　外加剂性能表

类型		缓凝剂		早强剂		普通减水剂		高效减水剂		早强减水剂		缓凝减水剂	
		一等品	合格品	一等品	合格品	一等品	合格品	一等品	合格品	一等品	合格品	一等品	合格品
减水率/%		—	—	—	—	>8	>5	>12	>10	>8	>5	>8	>6
泌水率/%		<100	<110	<100	<100	<95	<100	<100	<100	<95	<100	<95	<100
含气量/%		—	—	—	—	<3.0	<4.0	<3.0	<4.0	<3.0	<4.0	<3.0	<4.0
凝结时间差/min	初凝	+60~+210	+60~+210	−60~+90	−120~+120	−60~+90	−60~+120	−60~+90	−60~+120	−60~+90	−60~+120	−60~+120	−60~+120
	终凝	<+210	<+210	−60~+90	−120~+120	−60~+90	−60~+120	−60~+90	−60~+120	−60~+90	−60~+120	<+120	<+120
抗压强度比/%	1 d	—	—	>140	>125	—	—	>140	>130	>140	>130	—	—
	3 d	>100	>90	>130	>120	>115	>110	>130	>125	>135	>120	>110	>100
	7 d	>100	>90	115	>110	>115	>110	>125	>120	>120	>115	>110	>110
	28 d	>100	>90	100	>95	>110	>105	>120	>115	>110	>105	>110	>105
	90 d	>100	>90	95	>95	>100	>100	>100	>100	>100	>100	>100	>100
收缩率/%，90 d		<120		<120		<120		<120		<120		<120	
钢筋锈蚀		应说明对钢筋有无锈蚀危害											

4. 缓凝剂

能延缓混凝土凝结时间，并对其后期强度无不良影响的外加剂称为缓凝剂。缓凝剂的分类及其适宜掺量见表 3-22。

表 3-22　缓凝剂的分类及适宜掺量

类别	品种	掺量（占水泥比重）/%
木质素磺酸盐	木质素磺酸钙	0.3~0.5
聚羧酸	柠檬酸	0.3~0.10
	酒石酸	0.3~0.10
	葡萄糖酸	0.3~0.10
糖类及碳水化合物	糖蜜	0.10~0.30
	淀粉	0.10~0.30
无机盐	锌盐、硼酸盐、磷酸盐	0.10~0.20

缓凝剂的作用机理主要是缓凝剂分子吸附于水泥表面，延缓水化反应进程。对于羟基、羧基类主要是水泥颗粒中的铝酸三钙成分首先吸附羟基、羧基分子，使它们难以较快生成钙矾石结晶而起到缓凝作用。磷酸盐类缓凝剂溶于水中生成离子，被水泥颗粒吸附生成溶解度很小的磷酸盐薄层，使铝酸三钙的水化和钙矾石形成过程被延缓而起到缓凝作用。有机缓凝剂通常延缓铝酸三钙的水化。

5. 早强剂

能提高混凝土早期强度和缩短凝结时间，并对后期强度无显著影响的外加剂称早强剂。在胶凝充填料中添加早强剂，是为了满足某些需要早强的工艺要求。早强剂分无机盐类、有机物类和复合早强剂三大类。

无机盐类早强剂有：氯化物系列氯化钠（$NaCl$）、氯化钙（$CaCl_2$）、氯化钾（KCl）、氯化铝（$AlCl_3 \cdot 6H_2O$）等；硫酸盐系列硫酸钠（Na_2SO_4）、硫代硫酸钠（$Na_2S_3O_3$）、硫酸钙（$CaSO_4$）、硫酸铝钾［明矾，$Al \cdot K(SO_4)_3 \cdot H_2O$］。

有机物类早强剂有：三乙醇胺［TEA，$N(C_2H_4OH)_3$］、三异丙醇胺［TP，$N(CH_5CHOH)_3$］、乙酸钠（CH_3COONa）、甲酸钙［$Ca(HCOO)_2$］等。

复合早强剂是有机物类、无机盐类早强剂复合，或早强剂与其他外加剂的复合使用，一般可取得比单组分更好的效果。

6. 减水剂

在混凝土坍落度基本相同的条件下，能减少拌和用水量的外加剂称减水剂。在充填料中添加减水剂适用于高浓度充填料的管道输送，明显改善高浓度充填料的液化性能，即管道输送能力，减少输送过程中的离析和阻力。其按化学成分可分为以下 6 类。

①木质素磺酸盐类：主要成分为木质素磺酸盐，由生产纸浆的废料中提取各种木质素衍生物，有木质素磺酸钙、钠、镁等，此外还有碱木素。

②多环芳香族磺酸盐类：此类减水剂大多通过合成途径制取，主要成分为芳香族磺酸盐甲醛缩合物，原是煤焦油中各馏分，有萘、蒽、古玛隆树脂等（以萘用得最多），经磺化、缩合而成。目前国内有数十种。

③糖蜜类：以制糖副产品（废蜜）为原料，用碱中和而成。

④腐殖酸类：以草炭、泥煤，或褐煤为原料，用水洗碱溶液、蒸发浓缩、磺化、喷雾干燥而成，主要成分为腐殖酸钠。

⑤水溶性树脂类：三聚氰胺经磺化缩合而成，又称密胺树脂。

⑥复合减水剂：与其他外加剂复合的减水剂，如早强减水剂、缓凝减水剂、引气减水剂等。

减水剂多数为表面活性剂，吸附于水泥颗粒表面使颗粒带电。颗粒间由于带相同电荷而相互排斥，加速水泥颗粒分散，从而释放颗粒间多余的水分，达到减水目的。另外，加入减水剂，在水泥表面形成吸附膜，影响水泥水化速度，使水泥晶体生长更完善，网络结构更为密实，从而提高固结强度及密实性。在混凝土中掺入水泥质量的 0.2%～0.5% 的普通减水剂，在保持和易性不变的情况下，能减水 8%～20%，提高强度 10%～30%。如掺入水泥质量的 0.5%～1.5% 的高效减水剂，能减水 15%～25%，提高强度 20%～50%。在保持水灰比不变的条件下，掺入减水剂能使混凝土的坍落度增加 50～100 mm。

思考题

1. 选择充填骨料需要考虑的关键因素有哪些？
2. 为什么充填骨料的粒径组成是影响充填体综合性能的核心要素？
3. 常用的胶凝材料有哪些类型？
4. 新型胶凝材料的作用机理是什么？
5. 常见的添加剂类型及作用效果有哪些？

第4章 充填料试验

充填试验是充填系统方案研究与工程设计的重要基础。充填试验的目的是通过充填材料的基本工程特性分析、絮凝沉降、浓缩脱水、充填配比、浆体流变、环境影响评价试验，获取满足充填采矿强度、长距离管道输送和绿色环保要求的低成本、高性能充填料浆。本章以金属矿山常见的充填骨料——尾砂为例，系统地介绍充填所涉及的主要试验类型。

4.1 工程特性分析

充填骨料是充填系统安全高效运行的基础，良好级配的充填骨料，应是孔隙率小，密实性大的集合体，并能保证有良好的承载性和必要的渗透率。同时，骨料的物理化学性质决定了充填料浆的流动性能和充填体的力学性能，也是利用固废作为充填集料的重要基础。

4.1.1 物理力学性质测试

1.尾砂的分类

尾砂作为金属矿山常见的充填骨料，根据选矿工艺的不同类型，可分为：
(1)手选尾砂。可分为粒度为100~500 mm的块状尾砂和20~100 mm的碎石尾砂。
(2)重选尾砂。利用矿岩在密度和粒度上的差异进行选矿产生的尾砂，粒度2 mm左右。
(3)磁选尾砂。粒度范围为0.05~0.5 mm，磁选弱磁性矿物时，需要焙烧处理。
(4)电选及光电选尾砂。用于分选尾砂中的贵重矿物，粒度小于1 mm。
(5)浮选尾砂。含有大量-200目极细粒径尾砂，平均粒径0.05~0.5 mm。
(6)化学选尾砂。矿石与化学选矿药剂反应的产物。
见表4-1，按照尾砂中各粒径成分的比例，可将尾砂分为砂性尾砂、粉性尾砂和黏性尾砂。

表 4-1 尾砂粒径分类

尾砂类别	名称	分类标准
砂性尾砂	尾砾砂	粒径大于 2 mm 的颗粒质量占总质量的 25%~50%
	尾粗砂	粒径大于 0.5 mm 的颗粒质量超过总质量的 50%
	尾中砂	粒径大于 0.25 mm 的颗粒质量超过总质量的 50%
	尾细砂	粒径大于 0.075 mm 的颗粒质量超过总质量的 85%
	尾粉砂	粒径大于 0.075 mm 的颗粒质量超过总质量的 50%
粉性尾砂	尾粉土	大于 0.075 mm 的颗粒质量不超过总质量的 50%,塑性指数小于 10
黏性尾砂	尾粉质黏土	塑性指数大于 10 且小于等于 17
	尾黏土	塑性指数大于 17

2. 物理力学性质测试内容

(1)用比重瓶法测试相对密度。

(2)采用小型相对密度仪测定容重。

(3)依(1)(2)结果计算孔隙率。

(4)采用三联式固结仪测定固结(压缩)性。

(5)用卡明斯基管测定渗透系数。

(6)采用粗筛和比重分析法联合测定物料级配。

(7)采用圆盘休止角仪测定干状样品和水下样品两种状态下的休止角。

3. 相对密度测试

如图 4-1 所示,一般采用比重瓶法测量充填骨料的相对密度,试验步骤如下:

(1)将 250 mL 的比重瓶用洗液洗净、烘干,用感量为万分之一克的天平称量比重瓶的质量 m_1。

(2)取烘干的试样放入瓶中,试样装入量为容积的 1/3 左右,称比重瓶和试样的质量 m_2。

(3)向瓶内注入蒸馏水,达容积的 2/3,在热水浴中煮沸(试验采用晃动容量瓶排除瓶内空气),除去试样上附着的气泡。经静置冷却后,再将蒸馏水注满至瓶口,塞上瓶塞,若水从瓶塞上的毛细管中溢出,说明瓶中已装满水。擦干瓶外的水分,称比重瓶、试样和水的质量为 m_3。

图 4-1 相对密度测试

(4)从瓶中倒出水和试样,洗净后装满蒸馏水,称比重瓶和水的质量 m_4。

计算公式如下:

$$\rho = \frac{(m_2 - m_1)\rho_1}{(m_4 - m_1) - (m_3 - m_2)} \qquad (4-1)$$

式中:ρ 为物料的相对密度,g/cm³;m_1 为比重瓶的质量,g;m_2 为比重瓶和试样的质量,g;m_3 为比重瓶、试样和水的质量,g;m_4 为比重瓶和水的质量,g;ρ_1 为介质的密度,g/cm³。

4. 容重

骨料容重的测量依据《建设用砂》(GB/T 14684—2022)进行,其步骤如下:

(1)装取骨料约 5 kg,放在恒温箱中于(105±5)℃下烘干至恒重。

(2)骨料冷却至室温后,将骨料试样分为均等的两份。

(3)取一个干燥的量筒,放在电子秤上去皮,然后取步骤(2)烘干的试样一份,用漏斗或料勺将试样从容量筒中心上方 5 cm 处缓缓倒入漏斗,让试样以自由落体状态落下,当量筒上部试样呈锥体,且量筒四周溢满时,停止继续加料,然后用钢尺沿筒口中心线轻轻向两边推刮(试验过程应防止触动量筒),称出骨料和量筒的总质量,精度取 0.01 g。

(4)另取一个干燥的量筒,放在电子秤上去皮,然后取步骤(2)烘干的另一份试样,用小勺子将其加入量筒中,然后采用橡胶棒反复敲击,使骨料密实,重复上述操作,直至密实的骨料装满量筒,称出骨料和量筒的总质量,精度取 0.01 g。

骨料的容重计算公式如下:

$$\rho_2 = \frac{M_1 - M_2}{V} \qquad (4-2)$$

式中:ρ_2 为骨料容重,g/cm³;M_1 为量筒质量,g;M_2 为骨料和量筒的容重,g/cm³;V 为量筒容积,mL。

5. 孔隙率

孔隙率依据《建设用砂》(GB/T 14684—2022)标准进行计算:

$$\omega = 1 - \frac{\rho_2}{\rho} \qquad (4-3)$$

式中:ω 为骨料的孔隙率,%;ρ_2 为容重,g/cm³;ρ 为相对密度,g/cm³。

将骨料松散容重、密实容重及相对密度的数据代入到式(4-3)中,可以计算出骨料在松散和密实两种状态下的孔隙率。

6. 固结(压缩)性

采用三联式固结仪测定充填骨料在有侧限与轴向排水条件下的变形和压力或孔隙比和压力关系、变形和时间的关系,以便计算其压缩系数、压缩模量、压缩指数、固结系数等压缩性指标,了解充填骨料的压缩性质。如图 4-2 所示,采用三联式固结仪测定充填骨料固结(压缩)性的试验步骤:

(1)将环刀内侧涂上一层凡士林,刀刃向下放在试样上。

(2)用刮土刀将环刀均匀压入试样,高出环刀上沿 1~2 mm 为宜,然后用钢丝锯和刮土刀将试样两端刮平。

（3）擦干净环刀外层称其质量，取贴近环刀的余样测含水率。

（4）将试样放入固结容器内，试样上依次放置护环、滤纸、透水板、加压盖。

（5）将固结容器放置于固结仪加压框中，安装百分表并施加 1 kPa 预压力后百分表调零。

（6）按照试验方案加初级荷载，加荷后按 5 min读数同时加下一级荷载。

（7）试验结束后，拆除试验，清理试验仪器。

7. 渗透系数

如图 4-3 所示，卡明斯基管为高 23~25 cm、直径 3~4 cm 的玻璃管，自管底向上 20 cm 有刻度，管底蒙有纱布或金属网。

（1）将卡明斯基管直立于水槽中，在管底金属网上铺一层厚约 1 cm 的粗粒砂层，用锤轻轻捣实。

（2）装填具有代表性的试样，试样分层装填，每层厚 2~3 cm，用锤轻轻捣实后，慢慢地将水注入水槽中，使管内试样吸水饱和（槽内水面不应超过试样表面）。

（3）层层装填并浸湿饱和，直至试样总高度达 10 cm。再在试样上铺一层 1~2 cm 厚的细砂层。

（4）向槽内注水，使水面高出管内试样顶面 1~2 cm。

（5）管内与槽中水面齐平时，将水由上部注入管内并使水面高出"0"刻度 1~2 cm，此时立即将管由水槽中提出，并固定在支架上。

（6）测定的试样颗粒较粗，将管自水槽中取出后需迅速放在高约 10 cm 盛满水的玻璃杯中，杯底放一块金属栅格以便管中的水能顺利地排至杯内。

（7）计算开始测试的水头应为从刻度"0"到玻璃杯缘溢流水面的高度。

（8）测试时观察管中水面下降到"0"时开动秒表，记录水面下降至 S 距离所需时间，同时记录水温（准确至 0.5 ℃）。

（9）重复测定 3 次（注意测定过程中防止试样中有空气进入，管中不能断水）。

图 4-2　充填骨料压缩性能测试试验

图 4-3　渗透系数测试试验

8. 物料级配

物料级配也称粒度组成，是指粒状物料中不同粒径颗粒的百分含量，工程中重要的考核参数有不均匀系数和平均粒径。充填骨料的粒度分布情况决定着充填工艺的全过程，对造

浆、输送和充填体质量影响都很大。参考《土工试验方法标准》(GB/T 50123—2019)的规定,常采用筛分法和激光粒度仪分析法等方法测试充填骨料的粒径组成。

(1)筛分法。

筛分法是颗粒粒径测量中最为通用和直观的方法,水筛筛分法试验(图4-4)步骤如下:

①采集约 2 kg 充填骨料湿料置于鼓风干燥箱内烘干,然后再将烘干好的样品均匀摊开,采用四分法取样 200 g 左右,作为粒度分布测试的样品。

②利用适量水对充填骨料进行冲洗,使充填骨料由 100 目到 400 目的各级筛进行筛选。试验中只能依靠水流带动骨料流动来进行筛选,过程中不能施加外力如振动筛网等。过筛完成的标准是水洗每一级的筛网至清澈为止。

③收集并干燥每一级筛出的骨料,然后对骨料量进行计算得出整体骨料分布比例。

(2)激光粒度仪分析法。

激光粒度仪分析法所用主要设备为激光粒度分析仪(图4-5),其通过激光发射单色光照射颗粒,发生衍射和散射,从而在后方产生光强的相应分布,被信息接收器接收并转化为电信号,进而经过复杂的程序处理得出颗粒粒径分布。试验步骤如下:

①对骨料进行均匀取样,一般对每种骨料取 3 组试样。

②对每种骨料所取的 3 组试样进行激光粒度分析。

③根据试验结果,绘制粒级组成曲线。

④观察对比每种骨料所取 3 组试样结果是否一致,若一致,则说明试验取样均匀,试验可靠性高。

图4-4　水筛筛分法试验主要仪器

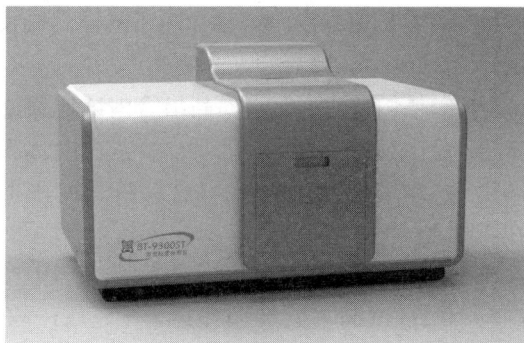

图4-5　激光粒度分析仪

9.休止角

如图4-6所示,采用 $D=20$ cm 的圆盘休止角仪测定干状样品和水下样品两种状态下的休止角。试验步骤如下:

(1)待装置调整好后,取 150 mL 粉末,准备测量。

(2)用手堵住漏斗底部小孔,把称量好的 150 mL 样品倒进漏斗中。

(3)启开漏斗小孔,让粉末自由流过小孔进入杯中,直至完全装满杯子并有粉末溢出时为止。

（4）静置 2 min，测量锥体的高度。

4.1.2　化学成分分析

1.元素分析和化学分析

X 射线荧光光谱仪（X-ray fluorescence spectrometer，简称 XRF 光谱仪），是一种快速的、非破坏式的物质测量仪器，广泛用于元素分析和化学分析，特别是金属、玻璃、陶瓷和建材的调查分析。XRF 光谱仪用 X 射线或其他激发源照射待分析样品，样品中的元素之内层电子被击出后，造成核外电子的跃迁，在被激发的电子返回基态的时候，会放射出特征 X 射线；不同的元素会放射出各自的特征 X 射线，具有不同的能量或波长特性。检测器接受这些 X 射线，仪器软件系统将其转为对应的信号。

图 4-6　圆盘休止角仪

如图 4-7 所示，X 射线荧光光谱仪分析充填骨料的化学成分的操作过程如下：

（1）打开 X 射线荧光光谱仪的电源，并对系统进行预热，通常需要一段时间。

（2）调整 X 射线管电压和电流：根据样品的特性和需求，选择合适的电压和电流。

（3）设置扫描范围和步长：根据需求，设置扫描范围和步长。通常，初次试验时可以设置较大的范围和较小的步长，以获得更详细的数据。

（4）选择适当的滤波器：根据样品和需求，选择合适的滤波器，以去除背景噪声并增强信号。

（5）放置样品：将样品固定在样品台上，并确保样品台的位置和角度正确。

（6）开始扫描：点击开始按钮，开始进行 X 射线衍射扫描。扫描过程中，要保持样品台的稳定性，避免触摸或移动样品。

（7）记录数据：实时监控和记录衍射图样，并根据需要保存图像或数据文件。

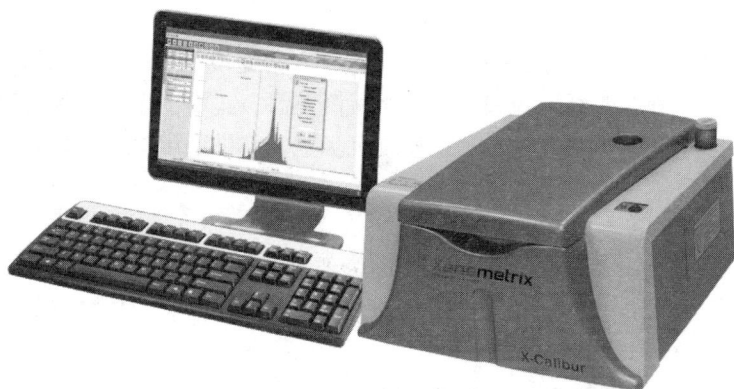

图 4-7　X 射线荧光光谱仪

2.矿物组成分析

XRD 即 X-ray diffraction 的缩写,中文名 X 射线衍射。其原理是通过对材料进行 X 射线衍射,分析其衍射图谱,获得材料的成分、材料内部原子或分子的结构或形态等信息的研究手段。XRD 不仅可以根据 X 射线衍射谱的特点,判断物相是否存在,其可以分为单一物相的鉴定或验证和混合物相的鉴定,还可以根据衍射线的强度分布情况,判断各个物相的相对含量。如图 4-8 所示,X 射线衍射仪分析充填骨料的矿物组成成分的操作过程如下:

(1)打开 X 射线衍射仪电源,并确保仪器连接正常。

(2)准备样品并进行适当的制备,如研磨或溶解。

(3)将样品放置在衍射仪样品台上,并调整样品与探测器之间的距离。

(4)根据样品的性质和要求,选择合适的 X 射线管电压和电流,并启动 X 射线发生器。

(5)调整仪器参数,例如选择合适的扫描范围和步长,确保衍射图谱能够覆盖感兴趣的角度范围。

(6)开始数据采集,记录衍射图谱或进行实时观测,确保足够的数据积分时间以提高信噪比。

图 4-8　X 射线衍射仪

(7)完成数据采集后,关闭 X 射线发生器和仪器电源。

(8)对数据进行分析,根据需要使用适当的软件或方法解析峰位、计算晶格参数等。

4.2　絮凝沉降试验

絮凝沉降和浓缩脱水是由浆体尾砂制备高浓度合格充填料浆的重要流程。絮凝沉降试验一般包括自然沉降、静态絮凝沉降和动态絮凝沉降三种,其中,静态絮凝沉降试验结果一般用于絮凝剂的种类和添加剂量优选,动态絮凝沉降试验结果则用于浓密机等设备的优选。

4.2.1　自然沉降

自然沉降试验是指对充填料浆在自然沉降条件(不添加絮凝剂沉降)下,观察其沉降性能和稳定性的一种试验方法。试验采用的主要仪器包括电子天平、干燥箱、量筒、秒表、烧杯、搅拌棒等,主要步骤如下:

(1)配制浓度为 10.0%尾砂砂浆,将料浆均匀地倒入量筒中,记录初始高度。

(2)用搅拌棒将量筒中的料浆搅拌均匀。

(3)开始自然沉降试验,秒表计时,记录其在不同时刻的沉降高度,沉降结果如图 4-9 所示。

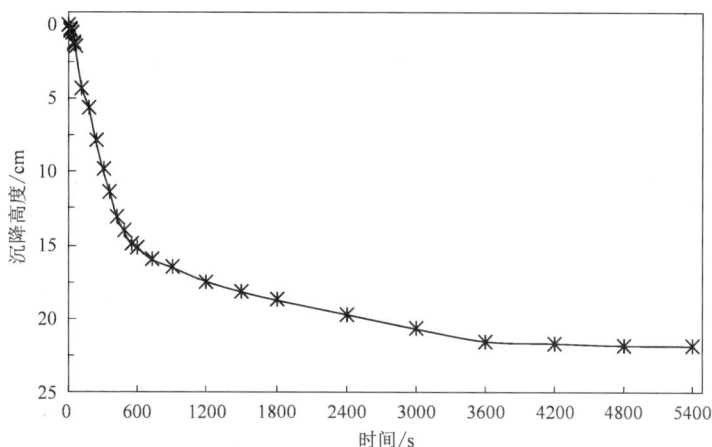

图 4-9　全尾砂自然沉降高度曲线

4.2.2　静态絮凝沉降

静态絮凝沉降试验的目的主要包括确定适合尾砂特性的最佳絮凝剂类型、单耗及最佳矿浆稀释浓度，以便为后续动态絮凝沉降优化试验提供基础。如图 4-10 所示，静态沉降试验采用的主要仪器及试剂包括电子天平、干燥箱、量筒、秒表、移液管、烧杯、电动搅拌机、pH试纸、搅拌棒和絮凝剂等，主要步骤如下：

（1）絮凝剂制备：静态絮凝沉降试验开始前需提前调制和搅拌絮凝剂溶液，一般絮凝剂调制浓度为 1‰~1%，搅拌时间为 40~60 min。

（2）尾砂料浆制备：采用天平称取适量的干尾砂放入到大桶中，加入事先计算好用量的水，使用电动搅拌机高速拌匀，形成所需质量分数（一般 8%~15%）的尾砂砂浆。

（3）分别以絮凝剂的类型（阳离子、阴离子、非离子）、单耗（0~60 g/t）及砂浆稀释浓度（一般 8%~15%）为自变量，向尾砂浆中添加絮凝剂，并均匀搅拌后灌入 1000 mL 量筒内。

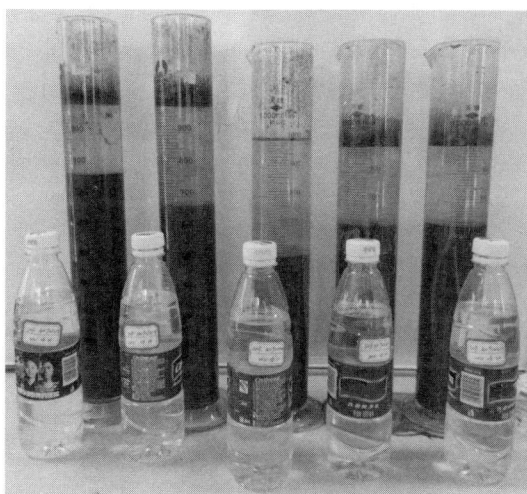

图 4-10　静态絮凝沉降试验

（4）观察尾砂砂浆在量筒内的沉降速度、清液澄清度等沉降效果指标，比较得出适合尾砂特性的最佳絮凝剂类型、单耗及最佳砂浆稀释浓度。

4.2.3 动态絮凝沉降

动态浓密沉降试验模拟尾砂砂浆在容器内边进砂、边浓缩、边放砂的动态沉降过程，确定物料浓缩技术参数，为深锥浓密机选型提供依据。

如图4-11所示，动态絮凝沉降试验一般采用的是100 mm直径浓密机模拟试验装置。动态试验采用4个蠕动泵，分别用于泵送稀释水、絮凝剂、尾砂样进入浓密试验装置的给料系统中，从试验装置底部泵出底流矿样，主要试验步骤如下：

（1）稀释水为自来水；絮凝剂通过两个不同的给药点添加，添加量以静态试验所得数据为参考；砂浆配成的质量分数为10%左右，然后放入100 L的桶内用电动搅拌机充分搅拌均匀，最后泵入管道。

（2）通过计算调整蠕动泵转速，使絮凝剂、尾砂砂浆达到静态试验的最佳添加比并模拟不同情况下的浓密试验结果。

（3）启动4个蠕动泵，分别向动态絮凝沉降试验的100 mm直径浓密机内泵送稀释水、絮凝剂、尾砂砂浆，并从试验装置底部泵出底流。

图4-11　100 mm直径浓密机模拟试验装置

（4）当泥层高度为120 mm时开始取样测溢流水的上升速度和固含量，当泥层高度为240 mm时开始取样测底流参数。

（5）给料砂浆及每次得到的底流固体样品，经过抽滤、水洗、烘干后，记录相关数据再进行浓度分析。溢流样固体含量分析首先用真空过滤装置过滤溢流样，同样经水洗烘干再进行固含量分析。

4.3　充填配比试验

充填材料配比试验的目的是测定不同配比组合胶凝材料、骨料胶结试块的固结特性、强度等指标，以检测充填体是否满足回采工艺要求，据此确定适合采矿工艺要求的充填材料最优配比，为充填系统方案设计提供依据。

4.3.1 充填配比试验流程

1. 充填料浆配比试验原则

充填料的合理配比是决定充填质量的首要因素，虽然不同的采矿方法对胶结充填体的强度要求不同，但总的来说，对于充填料浆配比的选择，须遵循以下基本原则。

（1）选择合理的充填材料。

充填材料的费用是构成充填成本的主要部分。因此在选择充填材料时，首先要保证充填材料来源广、成本低，选用尾砂、磷石膏、井下废石、冶炼弃渣、粉煤灰等固体工业废料做充填骨料，不仅成本低廉，而且可以解决矿山企业的工业排污问题，所以，这类固体工业废料应该是充填材料的首选物料；其次，在尾砂和废石等充填料不能满足充填需要的情况下，可因地制宜采用河砂、风砂、卵石等自然材料。

（2）满足输送工艺要求。

目前大多数胶结充填矿山，充填浆料均采用管道输送方式，所以充填料浆的流动性必须满足管道输送的要求。在充填倍线确定的前提下，保证充填料浆以自流或泵送的方式顺利输送到井下采空区，是实现胶结充填的先决条件。

（3）降低充填成本。

尽可能减少水泥用量，用廉价的胶凝材料全部或部分代替水泥是降低充填成本的重要途径。在浆料中添加粉煤灰等辅助材料、根据充填部位和作用调整料浆配比，可降低充填成本。

（4）配比及制备工艺简单。

矿山生产中，充填材料种类越少，地表储料仓的建设和占地越少，建设投资规模越小，相应的充填制备系统越简单，充填料浆的配比越容易控制；反之，整个制备站工艺复杂、控制烦琐，而且各种物料供料的波动性对制成料浆的质量有较大的影响。所以，在满足其他原则的条件下，应设计简单的料浆配比和制备系统。只有在充填规模大、充填骨料来源丰富和充分考虑了综合技术经济指标的前提下，才可考虑多种物料的组合方式。

（5）充填体强度必须满足采矿工艺的要求。

在控制充填成本的前提下，选择合理的骨料级配，调整各种充填材料的含量，可有效保证充填体强度，满足采矿工艺要求。

2. 配比试验仪器及器材

试验主要是在充填材料物理力学性能测定基础上，选择不同充填配比参数，进行室内充填体试块制作，测定其 1 d、3 d、7 d、14 d、28 d、56 d 和 90 d 等养护期的充填体单轴抗压强度，然后通过多元线性回归和技术经济综合分析，得到充填材料的最优配比参数。同时测定各配比充填体的抗拉强度，并计算黏结力和内摩擦角。

（1）试模：7.07 cm×7.07 cm×7.07 cm 规格三联试模，或 $\phi 5$ cm×h10 cm 的圆柱试模。

（2）天平：电子天平两台（3 kg 量程一台，30 kg 量程一台）。

（3）量杯：500 mL、1000 mL 各两只；量筒：50 mL 一只，20 mL 一只。

（4）温湿度表：直接读数的温湿度表一只。

（5）万能压力测试机（图 4-12）。

（6）养护箱（图 4-13）。

图 4-12　万能压力测试机

图 4-13　养护箱

3.试块制作与养护

根据试验计划,将所需的水泥、充填骨料(含改性材料)、水准备好,将电子秤等各种试验器材调试到最佳状态。

(1)试验准备工作。

由于各物料取样较多,为了使物料混合得更均匀,更接近实际状态,将其中结块的部分人工压碎,然后将各组分再次充分搅拌混合均匀,测定其含水率并进行封装保水备用。

(2)模具准备。

试块制作采用矩形试模或圆柱试模,为便于拆模,事先在模具内涂抹一层润滑油或机油。

(3)物料计量。

根据配比要求采用电子秤称量充填物料和水泥,水用量杯及量筒计量。

(4)制浆。

将称量好的充填物料(水泥及骨料)倒入混合容器,充分搅拌均匀,根据质量分数要求,将所需的水倒入已混合均匀的充填物料中,强力搅拌形成均匀充填料浆。

(5)试块制作。

按试验要求,将搅拌好的料浆注入模具。

(6)试块刮平与脱模。

模具浇注满后,让其自然沉降,待初凝后,将试块刮平,试块初步自立后脱模处理。

(7)试块整理。

将试块编号,整理好模具,以便进行下一组试验。

(8)养护。

脱模后的试块在养护箱内进行养护,养护箱温度 18 ℃、湿度 85%。

4. 强度测试

试块养护达到规定龄期后,测定其单轴抗压强度、抗拉强度。

(1)单轴抗压强度。

如图 4-14 所示,利用万能压力测试机测定其单轴抗压强度,受检试件的单轴抗压强度采用轴心受压形式,计算公式为:

$$\sigma_c = \frac{P}{S} \tag{4-4}$$

式中:P 为破坏载荷,N;S 为承压面积,m^2。

(2)抗拉强度试验。

抗拉强度由试块劈裂试验给出。如图 4-15 所示,利用万能压力测试机测定抗拉强度,劈裂试验采用钢丝轴心受压形式,计算公式为:

$$\sigma_t = -k\frac{2P}{\pi DH} \tag{4-5}$$

式中:k 为方形试块系数,$k = 0.98$;P 为破坏载荷,N;D 为方形试块边长;H 为方形试块高度。

图 4-14　单轴抗压强度测试过程　　　图 4-15　劈裂试验测试过程

4.3.2　充填配比试验优化

充填配比试验一般分为探索试验、扩大试验和验证试验三个阶段。其中,探索试验的目的是确定充填料浆保水性能较佳、有少量泌水、不易分层离析的似膏体质量分数范围;扩大试验是在探索试验的基础上,进一步扩大灰砂比和料浆质量分数的变化范围,综合考量经济、试件强度等多方面因素,通过大批量配比试验优选最佳的充填配比参数;验证试验是指在现场或井下进行充填配比试验,进一步验证室内充填配比试验结果,并优化充填配比参数。

1. 充填配比探索试验

充填料浆质量分数越高，泌水率越小，固结速度越快且强度越高，但是质量分数过高，流变特性变差、管道输送阻力急剧增加，且进入采场后无法展开导致采场充满率降低。因此，在兼顾充填管道输送和充填效果的前提下，保水性能较佳、有少量泌水、不易分层离析的似膏体是目前最经济合理的似膏体充填浓度范围。

充填配比探索试验的目的就是探索和确定充填料浆似膏体质量分数范围，以避免和减少冗余的充填配比试验方案，减少配比试验工作量。试验步骤如下：

(1) 充填骨料含水率测定：如果是干骨料，则直接取少量样品烘干后测试含水率；如果是低浓度的浆体尾砂，则需要先自然静置、泌水、晾干后，再取少量样品烘干后测试含水率。

(2) 充填配比参数计算：取晾干后的充填骨料，根据充填骨料的含水率情况，计算配制质量分数为75%、70%、65%、60%、55%料浆所需添加的水量。

(3) 充填配比调制试验：取适量晾干后的充填骨料，配置质量分数为75%的充填料浆，不断向其中加水稀释，依次调制出质量分数为70%、65%、60%、55%的充填料浆。

(4) 似膏体浓度范围确定：根据调试过程中各质量分数状态下充填料浆的泌水率情况，按照保水性能较佳、有少量泌水、不易分层离析的原则，优选适宜的似膏体浓度范围。

2. 充填配比扩大试验

扩大试验是在探索试验的基础上，进一步扩大灰砂比和料浆质量分数的变化范围，综合考量经济、试件强度等多方面因素，通过大批量配比试验优选最佳的充填配比参数。

(1) 质量分数范围：一般在配比探索试验确定的似膏体浓度范围内±2%。

(2) 灰砂比范围：根据充填目的和采矿方法要求设置，一般需要进行1：4、1：6、1：8、1：10、1：12、1：15、1：20等灰砂比范围的试验。

(3) 强度试验范围：一般情况下，1 d后进行试块刮平，2 d脱模，然后依次测试试块3 d、7 d、28 d和56 d单轴抗压强度。

(4) 体重和泌水率测定：上述充填配比扩大试验过程中，均需要同步测量各配比参数所制备充填料浆的体重和泌水率。体重和泌水率测定可采用200 mL的一次性塑料杯进行，通过称量满杯的质量、空杯的质量及固结后泌出水的质量，可分别计算出浆体的体重和泌水率。为提高测试精度，可测量2~3次，求平均值。

3. 充填配比验证试验

验证试验是指在现场或井下进行充填配比试验，进一步验证室内充填配比试验结果，并优化充填配比参数。如果矿山不具备充填条件，可按照推荐的最优的充填配比参数，在井下配置充填试块，放在井下采空区或巷道内养护，分析各项配比参数与室内测定结果的差异。在矿山具备充填条件时，可按照推荐的最优的充填配比参数，在地表充填站制备出合格的充填料浆充入采空区内，然后通过充填试块取样测试分析，验证和优化充填配比参数。

4. 充填配比参数优化

考虑到充填配比参数波动范围较大、影响因素较多、试验周期较长、试验工作量大，因此,可利用各参数及影响因素间的相互关系,进行充填配比参数的数学优化,以减少冗余充填实验方案,提高试验效率。在充填骨料颗粒级配一定的情况下,充填性能参数主要有充填体抗压强度、料浆流动性、充填成本等,相应的影响因素主要为骨料比例、质量分数、灰砂比等。响应面优化法(response surface methodology, RSM)是一种解决非线性优化问题的数理统计方法,包括试验的设计、模型的建立、模型适用性的检验及最佳组合条件的求解等众多统计及试验技术。Box-Behnken 设计(Box-Behnken design, BBD)是 RSM 常用的试验设计方法之一,是可以评价指标和因素间非线性关系的一种试验设计方法。充填配比试验优化可采用 3 因素 3 水平设计方案,研究骨料比例、质量分数、灰砂比对充填体抗压强度、料浆流动性、充填成本 3 个响应量的影响,其显著优点是不需要连续进行多次试验,并且在因素数量相同的情况下较其他试验设计方法设计出来的试验组合数更少。

4.4 充填料浆流变试验

合格的充填料浆除了要满足采矿作业对充填体的强度要求外,还需要具备尽可能好的流动性,以降低管道输送阻力和堵管可能性,并具备较好的坍落度以提高采场充满率。目前,常见的充填料浆流变试验主要有:剪切流变试验、坍落度稠度试验、L 管及环管试验等。

4.4.1 剪切流变

剪切流变试验一般利用流变仪控制剪切速率法测试充填料浆的屈服应力和塑性黏度。目前,常用的剪切流变试验装置主要有桨式转子流变仪、哈克流变仪和安东帕模块化流变仪。

1.桨式转子流变仪

如图 4-16 所示,桨叶克服浆体的屈服应力转动,使周围一定区域内的浆体发生剪切作用,采用 R/S 桨式转子流变仪测试屈服应力步骤如下:

(1)安装上桨式转子,打开流变仪。

(2)将转子缓慢插入至浆体中央,然后静置 30 s 以消除转子插入过程对浆体的扰动。

(3)打开流变测试程序开始测试,直至测试结束。

(4)流变参数计算:采用适合的流变模型对剪切应力-剪切速率数据进行拟合,从而获取料浆的流变参数(屈服剪切应力和塑性黏度)。

2.哈克流变仪

德国哈克流变仪可精确、快速、方便地测量黏度及液体和半固体样品的流动行为。如图 4-17 所示,可以使用哈克流变仪专用软件 RheoWin 来实现电脑控制及数据打印输出,该仪器能完成控制应力(CS)、控制速率(CR)和控制应变(CD)等多种试验模式,可绘制流动曲线、黏温曲线、时间曲线、触变曲线等,使得黏度计可以非常精确地测量流体的屈服应力值、黏度和剪切应力,特殊的转子类型更使其可以测量高固含量或含大颗粒的样品。相对于传统的旋转黏度计,哈克 VT550 流变仪采用十字形转子,对样品的絮网结构破坏较小,有效地克服了圆柱面的滑移效应,大大提高了测量的精度。其主要技术参数为:扭矩 0.1~30 nNm;转速 0.5~800 r/min；CD 模式电机转速 0.0125 r/min；黏度范围 1~109 MPa·s。

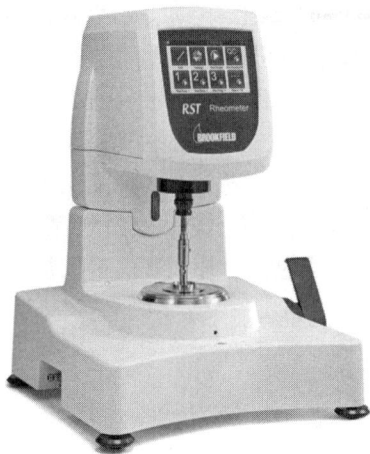

图 4-16　R/S 桨式转子流变仪

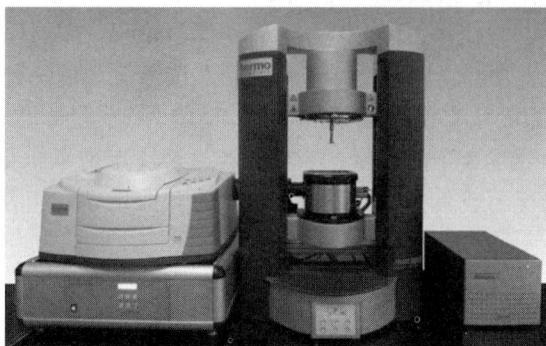

图 4-17　德国哈克流变仪

流变模型试验的测试方式为恒剪切模式，剪切速度控制为 0.053 s^{-1}，主要测试屈服应力、剪切应力和黏度随测试时间的变化曲线，测试转子为 FL10，典型配比的流变参数曲线如图 4-18 所示。

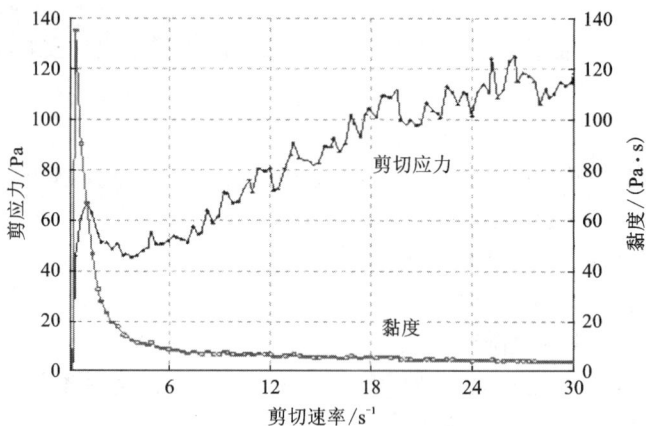

图 4-18　典型充填浆体流变曲线

3.安东帕模块化流变仪

安东帕集团创建于 1922 年，总部位于奥地利格拉兹，其在密度和浓度的测量，溶解二氧化碳的测定，以及在流变学和黏度测量领域处于世界领先地位。新款 MCR Evolutio 系列的两种高端型号 MCR 702e MultiDrive 和 MCR 702e Space MultiDrive 是目前功能最全的流变仪（图 4-19）。除了标配流变测试模式外，它们还可以配备一个额外的下部驱动单元，可以同时使用两个扭矩传感器和驱动单元进行流变测试。对使用的测量模式、测量系统、附件、温控设备等没有任何限制,测量精度也不受限制。

4.4.2　坍落度稠度

坍落度和稠度是评价充填料浆流动性能的重要参数。坍落度稠度试验是测定充填料浆拌和物的稠度大小、评价充填料浆变形性能或抵抗流动变形性能的试验方法。

1. 坍落度、坍落扩散度测试

如图 4-20,坍落度可以使用坍落度筒进行测定,坍落筒筒高 300 mm,上口直径 100 mm,下口直径 200 mm,上、下口

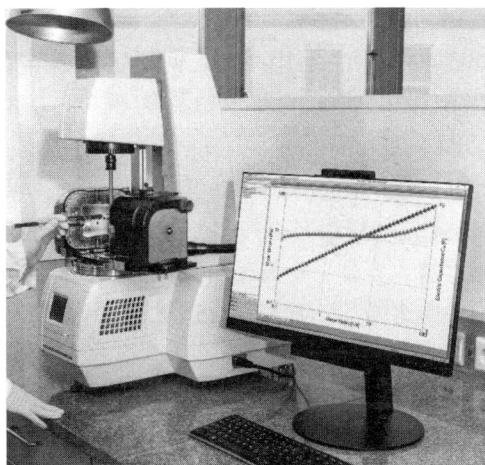

图 4-19　MCR 702e 模块化紧凑型流变仪

要保持平整光滑,以防止漏浆。试验时,将坍落筒放置在平整平面上,用力压紧,将搅拌好的充填料浆倒入筒中,灌满后将坍落度筒小心平稳地垂直向上提起,不得歪斜,提离过程 5~10 s 内完成,将筒放在拌和物试体一旁,量出坍落后拌和物试体最高点与筒的高度差(以 mm 为单位,读数精确至 5 mm),即为该拌和物的坍落度 S。从开始装料到提起坍落度筒的整个过程在 150 s 内完成。

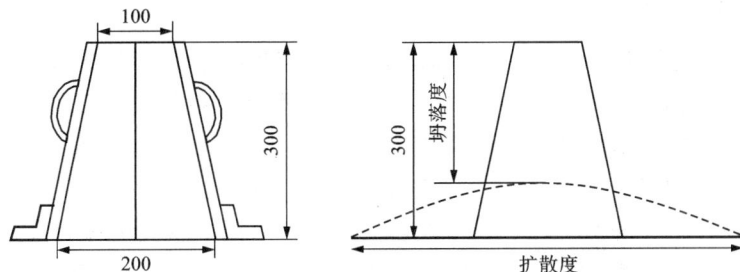

图 4-20　坍落度、坍落扩散度测试示意图

ISO 4109 根据坍落度值对塑性拌和物进行了分级,我国国家标准也根据坍落度值和维勃稠度值对拌和物工作性能进行了分级,根据坍落度从小到大的顺序,将坍落度分为 4 级(T1~T4):T1 低塑性混凝土,$S = 10 \sim 40$ mm;T2 塑性混凝土,$S = 50 \sim 90$ mm;T3 流动性混凝土,$S = 100 \sim 150$ mm;T4 大流动性混凝土,$S \geqslant 160$ mm。

坍落度越大,流动性能越好,但达到规定强度所需要的时间也越长。坍落扩散度试验是适应高流动性拌和物的开发和应用而出现的,是一种能够同时反映拌和物的变形能力和变形速度的试验方法,由于高流动性拌和物通常采用比较小的水灰比,掺入高效减水剂和微粉矿物掺和料,所以坍落度值较大,同时拌和物呈黏性特征。坍落扩散度的测定方法是在测定坍落度的同时,提起坍落度筒后充填料拌和物向下塌陷,向水平方向扩散成圆形,此时测定扩散后圆形试料的长径和短径并求其平均值,作为坍落扩散度值。

2. 稠度测试

如图 4-21 所示，用一定几何形状和标准重量的圆锥体以其自身的重量自由地沉入砂浆混合物中，此时沉入的厘米数即为稠度。室内一般采用 SC145 型砂浆稠度仪，测定步骤如下：

(1)采用少量润滑油轻擦滑杆。

(2)应先采用湿布擦净盛浆容器和试锥表面，再将砂浆拌和物一次装入容器；砂浆表面宜低于容器口 10 mm，用捣棒自容器中心向边缘均匀地插捣 25 次，然后轻轻地将容器摇动或敲击 5~6 下，使砂浆表面平整；再将容器置于稠度测定仪的底座上。

(3)拧开制动螺丝，向下移动滑杆，当试锥尖端与砂浆表面刚接触时，应拧紧制动螺丝，使齿条测杆下端刚接触滑杆上端，并将指针对准零点。

(4)拧开制动螺丝，同时计时间，10 s 时立即拧紧螺丝，将齿条测杆下端接触滑杆上端，从刻度盘上读出下沉深度并精确至毫米，即为砂浆的稠度值。

(5)盛浆容器内的砂浆，只允许测定一次稠度，重复测定时，应重新取样测定。

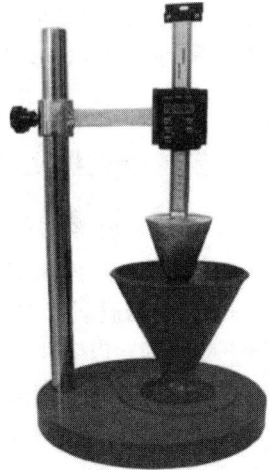

图 4-21 稠度测定仪

4.4.3 L 管试验

L 形管道试验(简称 L 管试验)装置是测定充填料浆流变参数的常用方法之一。L 形管道试验装置由料浆斗、垂直管和水平管组成。通过配置不同材料组成、不同浓度的充填料浆，测定料浆在该装置中的流动参数，如料浆流量、流速和静止状态下垂直管中料柱高度等，并结合试验装置的几何参数，即可以进行理论计算，求出不同配比及不同浓度的充填料浆的初始屈服应力和黏度，进而推导出不同管径的输送阻力，为充填管网的设计提供理论基础。L管尺寸结构如图 4-22 所示，L 管装置中 $h=1260$ mm，$D=60$ mm，$L=2900$ mm。

随着试验过程的进行，料斗内浆体液面不断下降，流速逐渐降低，最终停止流动，此时竖管内浆体高度为 h_0，料浆自重与管道静摩擦阻力平衡，可按式(4-6)计算料浆的屈服应力：

$$\tau_0 = \frac{\gamma h_0 D}{4(h_0 + L)} \tag{4-6}$$

试验过程中，分别配置不同浓度的充填料浆，测定其坍落度和容重，同时测定料浆在管道中的流速 u，则根据式(4-6)即可分别计算相应的 τ_0 和 τ，从而计算出料浆的黏度系数 η：

$$\eta = \frac{(3\tau - 4\tau_0)D}{24u} \tag{4-7}$$

根据不同浓度的尾砂充填料浆流变参数，分别按以下公式计算工业生产时不同充填料浆的浓度、流量及输送管径条件下的输送阻力及可实现顺利输送的充填倍线。

不同流量及输送管径条件下料浆流速 V 的计算公式为：

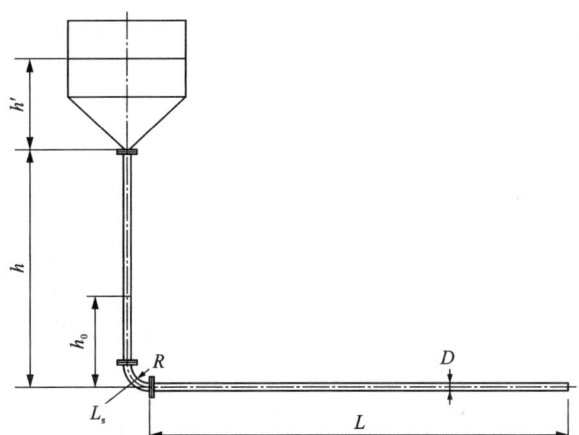

图 4-22　L 管尺寸结构示意图

$$V = \frac{Q}{900\pi D^2} \tag{4-8}$$

式中：Q 为充填料浆流量，m^3/h。

输送管道单位长度浆体输送阻力 i（Pa/m）可按式（4-9）计算：

$$i = \frac{16\tau_0}{3D} + \frac{32\eta V}{D^2} \tag{4-9}$$

对于矿山充填管网而言，在自流输送条件下，若垂直管道的高度为 H，水平管道的长度为 L，取局部阻力及出口损失之和为管道沿程阻力的 15%，则根据能力守恒原理，可得：

$$\gamma H = 1.15i(H + L) \tag{4-10}$$

由式（4-10）可以得出在充填料浆特性、充填系统一定情况下，自流充填系统可能达到的最大充填倍线：

$$N = \frac{H}{H + L} = \frac{\gamma}{1.15i} \tag{4-11}$$

4.4.4　环管试验

由于 L 管试验输送距离较短且测试时料浆不是处于完全剪切状态，因此无法准确测定浆体的流变特性。如图 4-23 所示，环管试验的输送流量和长度更大，与工程实际贴合度更高，可有效克服 L 管试验方法的缺陷。

环管试验需要在实验室搭建一套小型闭路环管试验装置，主要设备包括：$0.8\ m^3$ 搅拌桶、$60\ m^3/h$ 变频渣浆泵、压力表、电磁流量计、气动闸阀、PLC 控制柜和内径为 100 mm 的钢制管道。该环管试验装置能够使料浆在管道中循环流动，其中竖直管段高度为 7 m，可以保证试验过程中水平测试管段为满管流输送，且为其提供一定静压，与矿山实际充填输送的管网布置形式相似，能够有效地模拟浆体管道输送阻力变化的过程。环管试验步骤如下：

（1）装置调试：小型闭路环管试验装置使用前先用清水进行试验，检测试验装置的密封性、渣浆泵对流量的调节能力，并对压力表、流量计进行校核，确保数据记录仪工作正常。

(2)数据采集：根据设计配比将充填料浆所需的骨料、胶凝材料和水加入搅拌桶内混合均匀，然后泵送入环管系统，依次通过 1 号压力表和 2 号压力表、气动闸阀、电磁流量计、3 号压力表和 4 号压力表、磨损测试管段、5 号压力表，最终流入搅拌桶形成闭路循环。电磁流量计可以监测管道中的流量，压力表可以监测不同管道位置的压力，采集频率为每秒记录 1 次，每组工况的有效测试时间不少于 300 s，确保采集到足够的流量和压力数据。

(3)数据分析。

管道输送阻力由相邻压力表数据的差值除以压力表距离得到，调取水平直管段上相邻的 2 号压力表和 3 号压力表数据求取差值，根据式(4-12)计算得出：

$$i_{\mathrm{m}} = \frac{\Delta P}{l} \qquad (4-12)$$

1—搅拌桶；2—渣浆泵；3—PLC 控制柜；4—1 号压力表；
5—2 号压力表；6—气动闸阀；7—电磁流量计；
8—3 号压力表；9—4 号压力表；10—5 号压力表。

图 4-23　小型闭路环管试验装置

式中：i_{m} 为单位长度的管道输送阻力，Pa/m；ΔP 为 2 号压力表和 3 号压力表数据的差值，Pa；l 为 2 号压力表和 3 号压力表间的管道长度，测量为 2 m。

绘制不同流速、质量分数和平均粒径与管道输送阻力的关系曲线。

4.5　环境影响评价

在岩溶发育地区、富水矿山，尾砂充填至采空区，受到井下涌水的淋滤、浸泡可能会导致重金属的浸出，因此，有必要进行充填体的毒性浸出试验和浸泡试验，测定泌水中有毒有害物质成分和充填前后井下水中有毒有害物质含量变化，对充填前后井下水环境进行评价。

1. 浸泡试验

浸泡试验相对简单，是通过将养护 28 d 的充填体试块浸泡于 2000 mL 的自来水玻璃容器内，并对玻璃容器进行密封处理，静态浸泡 20 d 后取出充填体试块；测试充填体浸出水样的主要污染物成分，并与原自来水质中相应成分含量进行对比；同时，还需与国家的工业废水排放标准进行对比。

2. 毒性浸出试验

当采用存在一定污染物成分的固体废弃物作为充填骨料时，例如磷石膏、赤泥等，则需要按照《危险废物鉴别标准 浸出毒性鉴别》(GB 5085.3—2007)，进行毒性浸出试验。

如图 4-24 所示，毒性浸出试验步骤如下：

（1）测定固体废物含水率。酸浸还需选取部分固体废物进行浸提剂选择。

（2）称取适量试样（一般为100 g），置于提取瓶中。

（3）以液固比为10∶1（L/kg）的量加入浸提剂，水浸为纯水，酸浸为步骤（1）选定的浸提剂。

（4）加入浸提剂后放入翻转振荡机中于（23±2）℃温度下翻转振荡（18±2）h，转速为（30±2）r/min。

（5）翻转振荡后使用过滤仪器过滤网，得到过滤液待测。分别记录水浸和酸浸两种条件下的浸出试验结果。

图4-24 毒性浸出试验

思考题

1. 如何进行全尾砂取样？
2. 常见的充填试验类型有哪些？其目的又分别是什么？
3. 絮凝剂的作用机理是什么？絮凝剂残留是否有其他负面作用？
4. 为什么不能采用烘干的全尾砂开展充填配比试验？
5. 论述充填对地下水环境可能产生的不利影响及防范措施。

第 5 章 充填料浆的工程特性及管道输送

本章结合充填工艺流程，详细地介绍了充填骨料的颗粒级配理论、浆体尾砂的絮凝沉降理论、充填料浆的剪切流变理论、两相流体的管道输送理论及胶凝材料的水化反应理论，系统地总结了当代充填理论的发展现状。

5.1 颗粒级配

固体物料的粒级组成也称物料的级配，是指粒状物料中不同粒径颗粒的百分含量，通常用粒级组成曲线来表示。工程中常用均匀系数与平均粒径 d_{cp} 来表示粒状物料的级配情况。粒状物料的均匀系数是反映粒级组成均匀程度的指标，是水力输送计算中常用的参数，工程上通常以 d_{90}/d_{10}、d_{95}/d_{cp}、d_{60}/d_{10} 来表示。d_{95}、d_{90}、d_{60}、d_{10} 分别相当于粒径累计曲线上 95%、90%、60% 和 10% 处各自对应的粒径。d_{90}/d_{10}、d_{95}/d_{cp}、d_{60}/d_{10} 愈大，则表示粒状物料中大小颗粒的粒径相差愈大，粒级组成愈不均匀。Swan 等研究认为，当 $d_{60}/d_{10} = 4 \sim 5$ 时，粒状物料的密实性最好，充填料级配比较合理。充填骨料级配对充填体密实度和充填体强度具有重要的作用。对于混合骨料的级配组成，国内外学者进行了大量的研究，其中比较常见的级配理论有：最大密度曲线理论、粒子干涉理论和 RRB 分布函数。

5.1.1 颗粒的最大密度曲线

最大密度曲线理论是由 Fuller 通过大量试验提出的，该理论认为骨料的级配曲线愈接近抛物线，其颗粒之间空隙最小而密度最大，其主要用于描述连续级配的粒径分布。颗粒的最大密度曲线理论的表达式（Fuller 公式）为：

$$P_i = 100 \left(\frac{d_i}{D_{max}} \right)^{0.5} \tag{5-1}$$

式中：d_i 为第 i 级骨料颗粒的粒径，mm；D_{max} 为骨料颗粒的最大粒径，mm；P_i 为骨料粒径为 d_i 颗粒的通过率，%。

由于 Fuller 理想级配曲线是理想状态下计算理论，而实际工程中的骨料颗粒往往存在一个不连续的波动范围，为此 Talbot 认为 Fuller 的理论表达式中的幂指数应是一个变量，于是对其进行了修正，形成了 Talbot 级配理论（n 法），其数学表达式为：

$$P_i = 100\left(\frac{d_i}{D_{\max}}\right)^n \tag{5-2}$$

式中：n 为级配递减系数，其余符号意义同上。通常情况下 $n \in [0.3, 0.6]$ 时密度最大，$n = 0.5$ 时为 Fuller 理想级配曲线。美国将 $n = 0.45$ 时的 Fuller 理想级配曲线作为标准级配的依据，日本将 n 的取值界定为 $0.35 \sim 0.45$。

Bolomey 通过考虑骨料的类型和浆体的流动特性引入参数 A 对 Fuller 理想级配曲线进行修正，得到 Bolomey 公式：

$$P_i = A + (100 - A)\left(\frac{d_i}{D_{\max}}\right)^{0.5} \tag{5-3}$$

式中：A 为修正参数。A 为 0 时，Bolomey 公式与 Fuller 公式相同。研究表明：参数 A 的大小直接影响着骨料形成混凝土浆体的流动性能，参数 A 从 8 增加到 14，混凝土浆体的输送性能由干硬变化到高流动性，A 增加意味着骨料中细骨料的含量增加。

除上述最大密度曲线级配理论之外，还可利用苏联的伊万诺夫、奥浩饮等提出的 k 法，我国同济大学林绣贤教授通过百分率的递减率 i 提出的 i 法及 SHRP 中的 SuperPave 粒径级配设计系统。姚维信分别利用 Fuller 理想级配曲线、Bolomey 级配法、伊万诺夫和奥浩饮的 k 法，及林绣贤的 i 法对金川 16 mm 以下粒级级配进行分析认为：在 16 mm 粒径下四种级配理论得到的粒径累计分布变化不大，k 法对细粒级的骨料很不敏感，因此 k 法不能用来设计矿山充填的细粒级骨料。

5.1.2　颗粒级配的粒子干涉

Weymouth 以颗粒的填充理论为基础提出了粒子干涉理论，该理论认为在填充颗粒粒径不大于前一级颗粒间隙距离的前提下，骨料的前一级颗粒之间的空隙应由次一级颗粒来填充，即依次逐级填充，否则前一级颗粒与次一级颗粒之间势必发生干涉现象，其数学计算表达式为：

$$t = \left[\left(\frac{\psi_0}{\psi_a}\right)^{\frac{1}{3}} - 1\right]D \tag{5-4}$$

当处于临界干涉状态时，$t = d$，则式（5-4）可写成：

$$\psi_a = \psi_0\left(\frac{d}{D} + 1\right)^{-3} \tag{5-5}$$

式中：t 为前一粒级之的间隙距离，mm；D 为前一级颗粒的粒径，mm；d 为次一级颗粒的粒径，mm；ψ_0 为次一级粒径的堆积密度与表观密度之比，%；ψ_a 为次一级粒径的实际实积率，%。

粒子干涉理论与最大密度曲线理论采用的假设相同，以追求最大密度为目的。该理论只适用于颗粒各级粒径以 1/2 递减的情况，而我国目前的充填骨料通常按级配方孔筛统一划分。

5.1.3　颗粒级配的 RRB 分布函数

对于水泥、超细全尾砂、粉磨后的活性矿渣、粉煤灰等，这些粉体材料在生成时受某种统计规律的支配，其粒度分布规律可以采用数学公式精确表示。通常该类颗粒的粒度分布规律采用 Rosin-Rammler-Bennet 模型(简称 RRB 模型)来描述,其克服了传统的比表面积法、筛析法、D_{10}、D_{50} 及 D_{90} 等方法描述超细颗粒分布的局限性,RRB 模型一般适用于分析经粉磨后超颗粒的分布规律。RRB 分布函数的表达形式有两种:

$$R = 100\exp\left[-\left(\frac{D}{D_e}\right)^n\right] \tag{5-6}$$

$$\ln\left[\ln\left(\frac{100}{R}\right)\right] = n\ln D - n\ln D_e \tag{5-7}$$

式中:R 为 $D(\mu m)$ 的筛上质量分数,%;D_e 为特征粒径,表示颗粒群的粗细程度,其物理意义为 $R=36.8\%$ 时的颗粒粒径,μm;n 为均匀性系数,表示颗粒粒度的宽窄程度,粉磨颗粒 n 越大,粒度分布范围越窄。

特征粒径 D_e 和均匀性系数 n 是表征粉体粒度分布特征的两个重要参数,通过式(5-7)分析颗粒粒度时,在 R 趋于 0% 和 100% 两侧边缘区域产生了很大的误差。赵三银等结合具体实例从离差平方和、剩余标准偏差、特征粒径计算值与实测值间差距的对比等方面综合分析提出了 D_e 和 n 精确计算方法,认为根据非线性最小二乘法原理,当 Δ 取最小值时,对应的 D_e 和 n 值就是 RRB 公式原型计算得到的最优值。

5.1.4 粒级级配的作用

(1)磷石膏颗粒的粒径分布规律。

根据磷石膏的物理性质可知,磷石膏属于超细骨料,因此其级配特性可以采用 Fuller 理想级配曲线和 RRB 分布函数来描述。磷石膏级配与 Fuller 理想级配的比较见表 5-1。由表 5-1 绘制出磷石膏实际粒径频数分布和 Fuller 理想频数分布图,如图 5-1 所示。

表 5-1 磷石膏级配与 Fuller 理想级配的比较

孔径 /mm	中位粒径 /mm	开阳磷石膏/%			六国化工磷石膏/%			汉源磷石膏/%			江安磷石膏/%		
		频数	Fuller 理想频数	差值	频数	Fuller 理想频数	差值	频数	Fuller 理想频数	差值	频数	Fuller 理想频数	差值
2	1.25	0.5	45.23	44.73	—	—	—	2.8	45.23	42.43	0.4	45.23	44.83
0.5	0.375	1.2	18.72	17.52	4	34.17	31.67	6.35	18.72	12.37	0.2	18.72	18.52
0.25	0.1625	18.2	13.69	-4.51	27	25.00	2.50	23.91	13.69	-10.22	0.7	13.69	12.99
0.075	0.0625	11.3	7.53	-3.77	15	13.74	3.74	11.6	7.53	-4.07	0.3	7.53	7.23
0.05	0.0275	63.6	10.36	-53.24	49.5	18.92	-41.58	52.72	10.36	-42.36	81.8	10.36	-71.44
0.005	0.0025	5.2	4.47	-0.73	4.5	8.16	3.66	2.62	4.47	1.85	16.6	4.47	-12.13
0	0	0	0	0	0	0	0	0	0	0	0	0	0

由表 5-1 和图 5-1 可知,磷石膏的级配呈现"细粒径含量偏多,中间粒径和粗粒径含量偏少"的特征。磷石膏粒径为 0.005~0.05 mm 的颗粒含量为 49.5%~81.85%,含量偏大,而粒径为 0~0.005 mm、0.05~0.075 mm、0.075~0.25 mm 和 0.25~0.5 mm 的颗粒含量较小,

与 Fuller 理想频数分布相比偏差最大达仅为 18.52%，表明磷石膏骨料属于超细不良级配骨料。

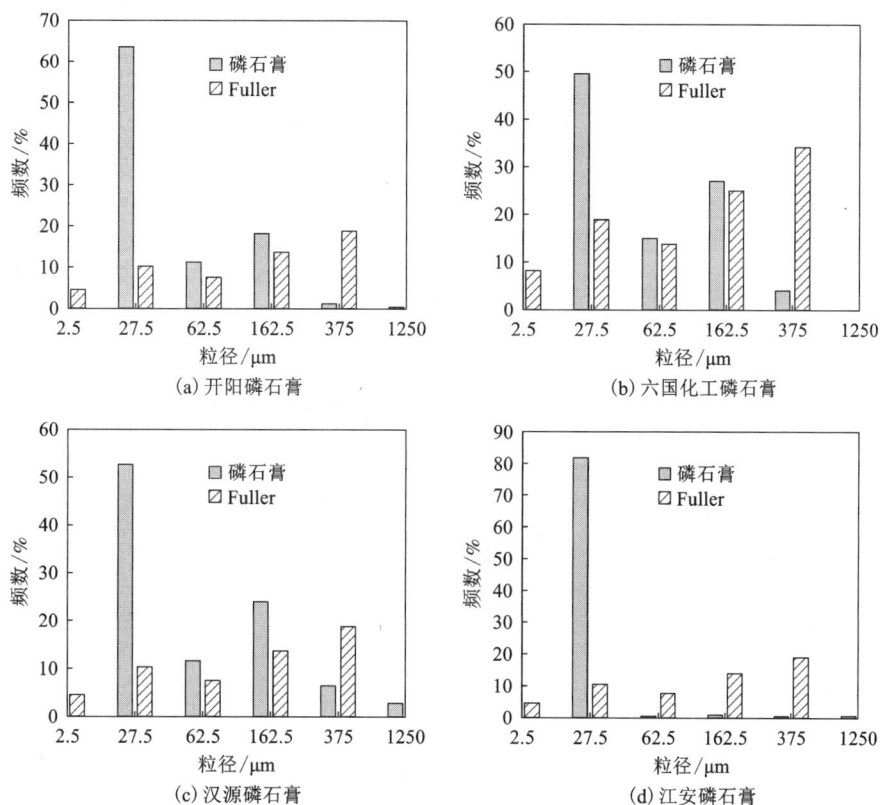

图 5-1　磷石膏粒径频数分布与 Fuller 理想频数分布的比较图

　　总体上看，磷石膏在 0.05 mm 以下的颗粒占比 55% 以上，其中江安磷石膏 0.05 mm 以下的颗粒占比 98.4% 以上，超细粒径含量太大，缺少粗骨料，从而对粗颗粒造成松动，使其处于被悬浮状态，很难形成嵌锁骨架结构。

　　(2)基于 Fuller 理想级配曲线的磷石膏级配质量分析。

　　为定量分析磷石膏的级配质量，利用式(5-1)对磷石膏的筛分结果进行分析，结果如图 5-2 所示。由图 5-2 可知，磷石膏粒径级配曲线均明显偏离 Fuller 理想级配曲线，磷石膏骨料颗粒为不连续分布，呈现细粒径含量多、中间粒径和粗粒径含量较少的特点。利用式(5-2)对磷石膏粒径级配曲线进行拟合，得出各地磷石膏的级配指数 n 分别为 0.0562、0.1623 和 0.1032(对应开阳磷石膏、六国化工磷石膏和汉源磷石膏，其中江安磷石膏粒径级配曲线无法拟合)，均远小于混凝土理想级配指数 0.5 和较优密实度范围(0.3~0.6)，说明磷石膏总体粒径级配质量较差，使得磷石膏作为充填骨料后水泥用量较理想级配偏大。

　　为定量研究磷石膏粒径级配对充填体质量的影响，利用磷石膏粒径级配曲线偏离 Fuller 理想级配曲线区域的面积来表示级配曲线的偏离度，曲线的偏离度用 A 表示：

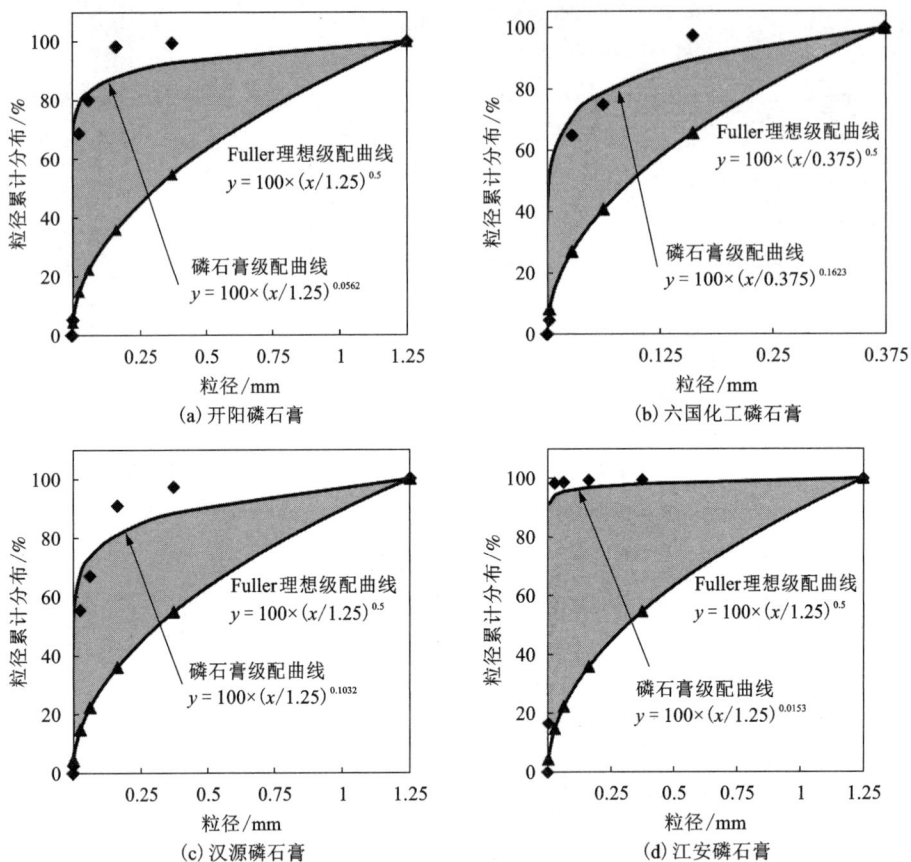

图 5-2　磷石膏粒径级配曲线与 Fuller 理想级配曲线的比较

$$A = 100 \int_a^b \left[\left(\frac{x}{D_{max}} \right)^n - \left(\frac{x}{D_{max}} \right)^{0.5} \right] dx \qquad (5-8)$$

式中：A 为粒径级配曲线偏离 Fuller 理想级配曲线区域的面积；a 为骨料的最小粒径；b 为骨料的最大粒径；其余符号意义同前。

对于式(5-8)，偏离度 A 越大，表明磷石膏的粒径级配越差，对比图 5-2 并利用式(5-8)计算各磷石膏的粒径级配曲线偏离度，得到 $A_a = 33.51$、$A_b = 7.26$、$A_c = 27.96$ 和 $A_d = 39.78$，偏离度由大到小依次为 $A_d > A_a > A_c > A_b$，说明在上述 4 种磷石膏中江安磷石膏的级配最差。因此在实际应用中应通过补充添加 0.05 mm 以上各级配区间粗骨料的办法来减小偏离度，从而减少磷石膏充填中水泥用量，在提高充填质量的同时最大限度地降低充填成本。

5.2　絮凝沉降原理

絮凝作用是非常复杂的物理和化学过程，虽然已有许多研究成果并提出了各种各样的理论、机理、模型，但到目前为止仍然存在若干问题尚待解决，在理论上看法不尽一致，有待进一步探讨和完善。

5.2.1　DLVO 絮凝沉降机理

现在普遍认为絮凝作用机理是由凝聚和絮凝两个过程组成。凝聚是指胶体颗粒脱稳并形成细小的凝聚体的过程；而絮凝是指所形成的细小凝聚体在絮凝剂的架桥作用下生成大体积的絮凝物的过程。实际上，凝聚作用和絮凝作用都是微小的胶体颗粒和悬浮颗粒在极性物质或电解质的作用下，中和颗粒表面电荷，降低或消除颗粒之间的排斥力，使颗粒结合在一起，体积不断变大，当颗粒聚集体的体积达到一定程度（粒径大约为 10^{-2} cm）时，便从水中分离出来形成肉眼可见的絮状沉淀物——絮体。

DLVO 理论是被普遍认可的絮凝理论，它用颗粒间的吸引能和排斥能的相互作用来解释胶体的稳定性和产生絮凝沉淀的原因。根据 DLVO 理论，胶体颗粒的絮凝作用力有：①静电吸引，指胶体的电荷与聚合物带电部分的互相吸引；②氢键结合，氢原子与负电性原子的孤对电子间所构成的氢键；③憎水键合，指由于水分子对非极性的聚合物或聚合物基团的排斥作用，使聚合物附在胶体的表面；④特性反应，指产生共价键、配位键或者氢键的作用。

胶体颗粒的絮凝作用机理有：

（1）压缩双电层。絮凝剂中的离子扩散进双电层，使双电层得到压缩（电荷只是从胶体表面扩散开，并不能大量减少胶体颗粒表面的电荷），比较薄的双电层能够降低体系的排斥能，当体系的能量降低到第二最小吸引能（较弱）时，就产生疏松的絮凝体。因此，此类絮体疏松，不易沉降，易再分散。

（2）电中和作用。当体系的能量因电中和作用降低到第一最小吸引能（较强）时，就产生稳定的絮凝体。电中和作用与双电层的压缩不同，它是第一最小吸引能（较强）作用的结果，因此，产生的絮体坚实，易沉降。

（3）表面吸附：在稳定的胶体溶液中，加入带有极性基团的高分子絮凝剂，极性基团在粒子表面进行无规则的吸附，往往一条大分子链上的极性基团可以同时吸附在多个粒子表面上。尽管用量很少（10^{-6} 级），但能很快形成巨大的絮体。

（4）架桥：在稳定的胶体溶液中，添加高分子絮凝剂，一条长链大分子可以同时吸附两个或多个粒子，或者一个粒子可同时吸附不同的多条高分子链，形成"架桥"结构，把粒子聚集成大的粒子团而絮凝。

上述凝聚机理中，压缩双电层和电中和主要是双电层的作用，称为混凝作用，因此，用于中和电荷，降低 ξ 电位而起到的混凝作用的电解质，称为混凝剂。表面吸附和架桥起到的凝聚作用称为絮凝作用，所用的凝聚剂多为水溶性高分子化合物，统称为絮凝剂。混凝作用和絮凝作用统称为凝聚作用。

早在 20 世纪 50 年代初，鲁尔温（Ruehrwein）和沃德（Ward）就提出了用高分子吸附架桥作用来解释絮凝过程的机理，这一解释逐步得到人们的承认和发展。

过程 1：分散体系中加入高分子絮凝剂，絮凝剂分子与颗粒碰撞，高分子中的某些基团在颗粒上吸附，其余部分伸向溶液，形成不稳定颗粒。

过程 2：不稳定颗粒上的絮凝剂分子在另一个有吸附空位的颗粒上吸附，形成随机絮团，此时的絮凝剂分别在两颗粒间起着架桥作用。

过程 3：不稳定颗粒上的絮凝剂分子伸向溶液的另一部分，没有机会在其他颗粒上吸附，在运动过程中，有可能吸附在该颗粒的其他位置上，重新形成稳定颗粒。

过程 4：如果絮凝剂添加过量，颗粒表面为絮凝剂分子饱和而不再有吸附空位，此时高分子絮凝剂不仅起不了架桥作用，反而因位阻效应使粒子稳定分散。

过程 5、6：在强烈或长时间搅拌作用下，絮团破裂，伸向溶液的絮凝剂分子的另一部分在原吸附颗粒表面的其他部位吸附，使颗粒重新分散。

过程 7：架桥作用的松散絮团，因外部作用力不均匀，从而产生机械脱水并收缩形成稳定的絮团。

5.2.2　第二凝聚作用

目前正在发展的凝聚理论——第二凝聚理论值得进行深入的探讨和研究。第二凝聚理论认为，凝聚是由三个要素构成：

（1）热运动凝聚（periknetic flocculation）或异向凝聚：指胶体颗粒依靠布朗运动而移动并聚合，生成随机微小絮凝体的过程。

（2）体扰动凝聚（orthokinetic flocculation）或同向凝聚：颗粒通过搅拌等随流体而移动，且颗粒之间碰撞结合，使上述的随机微小絮凝体迁移并聚合，生成随机絮凝体。

（3）机械脱水收缩（mechanical syneresis）：在不均等、瞬时的外力作用下，絮凝体的粒子分布位置发生变化，使粒子之间的接触点增多而絮凝体被压密。

通过对大量实验结果的整理和分析研究，可以认为由分散状态至团块凝聚状态的途径基本上有两种（图 5-3）。

图 5-3（a）中微流体扰动凝聚与机械脱水收缩在时间上有先后差异的串联情况，即先通过流体扰动凝聚作用而生成随机絮凝体，然后随机絮凝体通过机械脱水收缩逐渐被压密而成为凝聚团块；图 5-3（b）中流体扰动凝聚与机械脱水收缩在时间上无先后差异的并联情况，即单个粒子或随机微小絮凝体逐渐附于核的表面或已生成的团块的表面上，同时由于机械脱水收缩而被压密，凝聚团块越来越大，使生成的凝聚团块具有年轮构造。

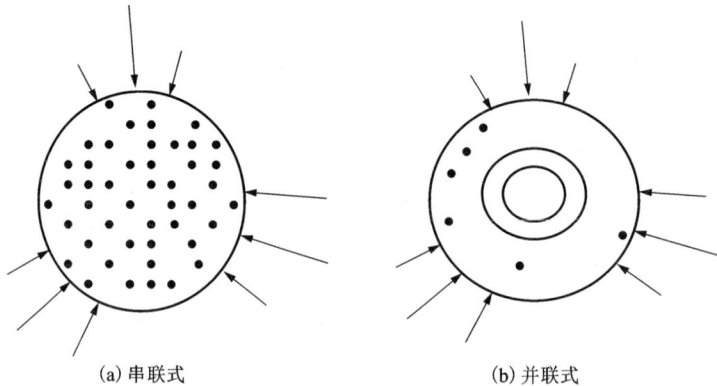

(a) 串联式　　　　　　　(b) 并联式

图 5-3　凝聚团的生成机理

以上两种基本凝聚过程模型组合起来，就构成如图 5-4 所示的正四面体模型。正四面体 *ABCD* 的各顶点分别对应于凝聚过程的四个状态，即 *A*——单一分散粒子，*B*——随机微絮凝体, *C*——随机絮凝体, *D*——密实的粒状絮凝体。$\overline{AB}$ 相当于热运动凝聚, $\overline{BC}$ 相当于流体扰动凝聚, $\overline{CD}$ 相当于机械脱水收缩, $\overline{BD}$ 则相当于流体扰动凝聚与机械脱水收缩的并联过程。因此, $\overline{AB}+\overline{BC}+\overline{CD}$ 的过程与图 5-3(a)串联式相对应, 而 $\overline{AB}+\overline{BD}$ 与图 5-3(b)并联式相对应。

实际上, 在串联过程中, 首先通过流体扰动凝聚作用而形成随机絮凝体或其集合体中大的随机絮凝团块, 然后随机絮凝体再通过机械脱水收缩作用而逐渐被脱水收缩, 使絮凝团块的直径逐渐变小; 但在并联过程中, 由于流体扰动凝聚与机械脱水收缩是同时发生的, 所以凝聚团块逐渐长大, 即凝聚团块的直径逐渐增大。因此, 多数凝聚理论只考虑了正四面体中 ΔABC 的一面, 而忽略了 ΔBCD 一面。

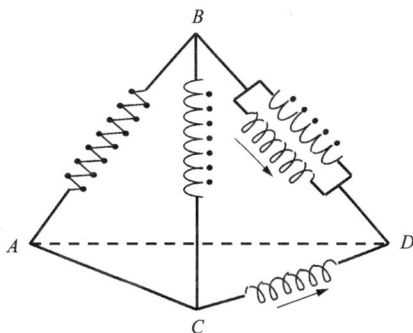

图 5-4　正四面体模型

5.2.3　絮凝剂选型

絮凝剂的品种繁多, 按照其化学成分可分为无机絮凝剂和有机絮凝剂两大类。考虑到无机絮凝剂絮凝效果低、用量大、成本高、腐蚀性强的缺点, 不符合矿山尾砂的大能力、高效率浓缩要求。有机絮凝剂又包括合成有机高分子絮凝剂、天然有机高分子絮凝剂和微生物絮凝剂, 其中, 在矿山应用较多的主要为有机高分子絮凝剂——聚丙烯酰胺系列。聚丙烯酰胺(polyacrylamide, 简写为 PAM), 根据其离子类型可分为阴离子型、阳离子型、非离子型和两性离子型; 根据其分子量的大小可分为超高、高、中和低相对分子量聚丙烯酰胺。其中, 分子量为 100 万~1200 万的高相对分子量聚丙烯酰胺, 常被用于超细粒径尾砂的絮凝沉降。聚丙烯酰胺一般为白色粉末状, 可溶于水, 水溶液为均匀透明的液体, 水溶液黏度随聚合物分子量增加而提高。PAM 是长链(线)状聚合物, 每个分子由十万个以上的单体聚合物构成, 分子链长而细且有许多化学活性基团, 会弯曲或卷曲成不规则的曲线形状, 就像桥梁一样搭在两个或多个细粒径尾砂颗粒上, 并以自己的活性基团与尾砂颗粒表面起作用, 从而将尾砂颗粒连接形成絮凝团, 这种作用称为架桥作用(图 5-5)。

影响超细尾砂絮凝作用的因素相对复杂, 主要包括:

(1)超细尾砂的粒径组成和颗粒级配: 粒径组成和颗粒级配是尾砂最重要的物理特性参数, 对絮凝剂的选型和用量及絮凝沉降效果影响作用也是最大的。一般地, 尾砂中细粒径尤其是小于 800 目的泥质成分越多, 其絮凝用量越大、絮凝沉降速度越慢、浓缩成本越高。

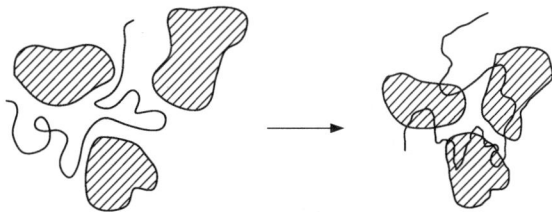

图 5-5　絮凝剂长链(线)状分子的架桥作用

此外, 当全尾砂颗粒级配不均匀系数越高时, 说明某个范围的粒径缺失越严重, 可能会出现粗细分化严重、粗粒径急速沉降、细粒径难以处理等问题。

(2)絮凝剂的分子量、用量和稀释浓度: 一般地, 增大絮凝剂的用量和分子量, 有利于超细粒径颗粒的絮凝沉降、提升絮凝效果，但是过大的絮凝剂添加量不仅不利于提高絮凝效果，大量的絮凝剂残留在尾水中还会对选矿指标产生显著的影响。因此，矿山充填过程中高分子聚丙烯酰胺类絮凝剂的用量一般控制为 5~20 g/t。同时，絮凝剂一般为白色粉末状，必须用水充分溶解和稀释后才能使用，一般絮凝剂需要提前溶解和搅拌 1 h 以上才能使用，且必须将浓度稀释至 5‰ 以下才能较好地发挥絮凝剂的吸附凝聚和絮凝架桥作用。

（3）浆体的 pH 和温度等参数：因 pH 会显著影响和改变超细粒径尾砂颗粒的表面电荷的电位、絮凝剂的性质和作用，使得颗粒的表面斥力增加、絮凝困难，因此，pH 对絮凝作用的影响非常大。同时，尾砂浆体的温度过高或过低，均会对絮凝剂的作用效果产生不利的影响。但是，考虑到尾砂浆体的处理量极大，矿山充填的成本又往往被控制得较低，改变浆体的 pH 和温度等参数在技术上可行但明显经济不合理，因此，可通过改变药剂类型、增加药剂的分子量和用量等措施来改善浆体的絮凝沉降效果。

（4）搅拌速度和时间：絮凝剂添加前需要充分溶解和搅拌 1 h 以上，才能将数百万个长链（线）状聚合物分子充分伸展开来。絮凝沉降过程中，适度的搅拌有利于尾砂和絮凝剂的充分混合与接触，但是过长时间和过快频率的搅拌不仅会使能耗增加，还会破坏已形成的絮团结构。

5.3 剪切流变机理

充填料浆常常被简化为流动特性及与时间无关的宾汉塑性体，并在非时变特性的前提下，进行相应的管输阻力经验公式推导与计算。然而，由于浓度未达到混凝土的膏体状态，充填料浆在自然静置状态下会少量泌水，在流变试验过程中表现为剪切稀化特性；在长距离管道输送过程中也能观测到明显的管输阻力时变特性。因此，有必要深入总结和分析充填料浆的剪切流变理论和模型，为充填系统优化设计和管道输送降黏减阻提供理论依据。

5.3.1 充填料浆的流变模型

通常将浆体在剪切力作用的切应变和切应力间的关系简称为流变模型，两相流根据其流变模型的不同可分为牛顿和非牛顿。如图 5-6 所示，当切应变与切应力呈线性关系时，其流变模型为牛顿体；当浆体浓度较高时，尤其是细颗粒含量较高时，切应变与切应力的关系表现出非线性的特点，其流变模型为非牛顿体。其中，非牛顿又可进一步细分为宾汉塑性体（简称宾汉体）、伪塑性体、膨胀体和具有屈服应力的伪塑性体等。

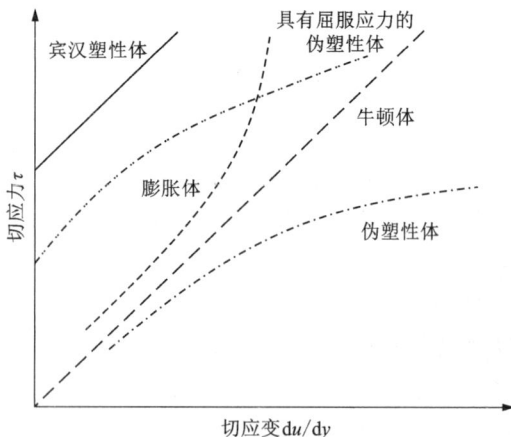

图 5-6 固液两相流的流变模型

（1）宾汉塑性体。

宾汉体是宾汉（Bingham）于 1919 年提出的一种理想流体，即在承受较小外力时流体产生的是塑性流动，当外力超过屈服应力 τ_0 时，就按牛顿体的规律产生黏性流动，其流变模型可表示为：

$$\tau = \tau_0 + \eta \frac{du}{dy} \tag{5-9}$$

式中：τ_0 为屈服应力，Pa；η 为刚度系数或塑性黏度系数，Pa·s。

大量的理论研究和微观机理分析结果表明，充填料浆中往往含有大量的黏性细颗粒成分，在水中受到物理化学作用易互相搭接形成具有一定的抗切能力的絮网结构，导致宾汉体中屈服应力 τ_0 的产生。

（2）伪塑性体。

伪塑性体是指流体的黏度随切应变的增加而减小，其切应力与切应变之间表现出幂律函数的规律，其流变模型可表示为：

$$\tau = k\left(\frac{du}{dy}\right)^n \tag{5-10}$$

式中：k 为稠度或黏度系数，Pa·s；n 为流动指数，$n<1$。

（3）膨胀体。

膨胀体是指流体的黏度随切应变的增加而增加，其切应力与切应变之间表现出幂律函数的规律，其流变模型与伪塑性体一致，但是流动指数 $n>1$。

（4）具有屈服应力的伪塑性体。

具有屈服应力的伪塑性体在承受较小外力时，流体产生塑性流动，当外力超过屈服应力 τ_0 时产生黏性流动，但是其流动规律表现为黏度随切应变的增加而减小，其切应力与切应变之间表现出幂律函数的规律（$n<1$），其流变模型可表示为：

$$\tau = \tau_0 + k\left(\frac{du}{dy}\right)^n \tag{5-11}$$

尾砂质量分数越高，泌水率越小、充填固结体强度越高、充填效果越好，但是制备成本越高、流动性越差、管输能耗越高。因此，在兼顾充填效果和管输流动性的条件下，似膏体技术是目前最经济合理的尾砂充填方式。由于似膏体充填料浆在自然静置状态下会少量泌水，在流变试验过程中表现出剪切稀化特性，其流变模型应为具有屈服应力的伪塑性体。

5.3.2　充填料浆的剪切触变机理

具有屈服应力的伪塑性体的典型工程特征是，在剪切试验过程中表现出明显的剪切稀化特征，在长距离管道输送过程中也能观测到明显的管输阻力时变特性：初始阻力较高并呈逐渐下降趋势，需 20～30 min 才能降至稳定值。究其原因，充填料浆的剪切触变特性与絮凝结构的破坏和修复作用效果密切相关。

1. 絮网结构破坏和修复作用演化过程

如图 5-7 所示，在絮凝剂数百万个长链（线）状聚合物分子的絮凝架桥作用下，尾砂中的细粒径尾砂颗粒（细颗粒）被吸附凝聚形成大的絮体，粗粒径尾砂（粗颗粒）颗粒成分则因很少与絮凝剂发生反应而零散地分布在絮体周边。由于絮凝剂分子链很长,在不断网捕细粒径尾砂颗粒的同时,絮体体积不断增大,最终形成稳定的絮网结构。

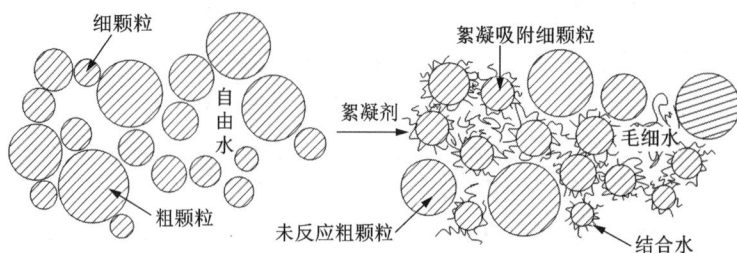

图 5-7　絮网结构在絮凝剂作用下的修复过程示意图

如图 5-8 所示,絮凝架桥和吸附凝聚作用下形成的絮网结构只是一个相对稳定的结构,在外界剪切力的持续作用下,絮网结构会因长链(线)状分子的断裂而分裂成小的絮体,原先凝聚在一起的细粒径尾砂颗粒也会分散开来,形成许多小的絮团。

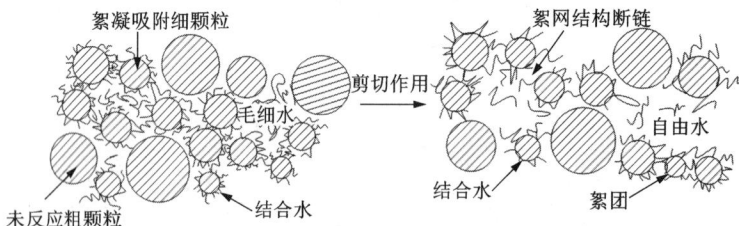

图 5-8　絮网结构在剪切作用下的破坏过程示意图

当不断增大剪切力或持续增加剪切时间的情况下,絮网结构会持续受到破坏,不断分裂成小的絮团和絮体,但最终会达到一个相对稳定的状态,即再继续增大剪切力和增加剪切时间,也不会再分裂生产更多的小的絮团和絮体。当停止剪切作用后,絮凝剂的修复作用将开始发挥主导作用,断裂的长链(线)状分子开始重新搭接和吸附,小的絮团和絮体也开始逐渐重新吸附凝聚形成大的絮体,并最终在形成相对稳定的絮网结构后,不再修复形成更大的絮网结构。这便是絮网结构破坏和修复作用演化过程。

2. 自由水和毛细水动态转化过程

絮凝剂絮凝架桥和吸附凝聚作用下形成的絮网结构十分发育,在网捕细粒径尾砂颗粒生成絮体和絮团的同时,也吸附和包罗了大量的水分子(图 5-9)。基于细粒径尾砂颗粒的双电子层结构,在静电作用下,吸附层内水分子紧密地排列在尾砂颗粒表面并形成结合水,扩散层内的水分子附着力稍弱则形成毛细水。因此,添加絮凝剂后尾砂的黏性和稠度明显增加,这是絮网结构吸附和包罗了大量的水分子所致。在持续施加剪切力的作用下,随着絮网结构持续受到破坏,不断分裂成小的絮团和絮体,原先吸附和包罗大量的水分子也开始被释放出来,使得尾砂的黏性和稠度明显降低。

鉴于结合水和毛细水的活动能力极差,可视为完全失去流动性,因此管道输送的主要载体为自由水。因此，絮网结构破坏和修复作用演化过程，即自由水和毛细水之间的迁移和转化，是引起浆体流变特性变化的根本原因。

如图 5-10 所示，全尾砂中含有大量的细颗粒，单位体积内固体颗粒的表面积较大，极易在残留絮凝剂的作用下，发生电中和、吸附搭桥、卷扫网捕等一系列的物理化学变化，形成稳定的絮网结构。在管道输送过程中，絮网结构又会受到管壁的持续摩擦作用而发生剪切破坏。在一定的剪切速率条件下，絮网结构系数随着剪切时间的增加而逐渐减小，并最终趋于平衡值。此时，絮凝剂修复作用和剪切破坏作用达到动态平衡，自由水和毛细水之间的迁移和转化也达到稳定状态，浆体的流变特性趋于稳定值。

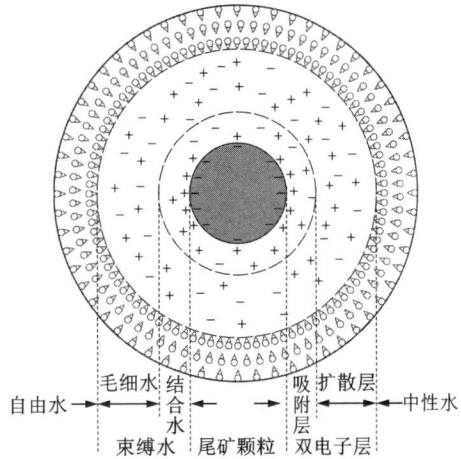

图 5-9　絮网结构中自由水、毛细水、结合水存在方式

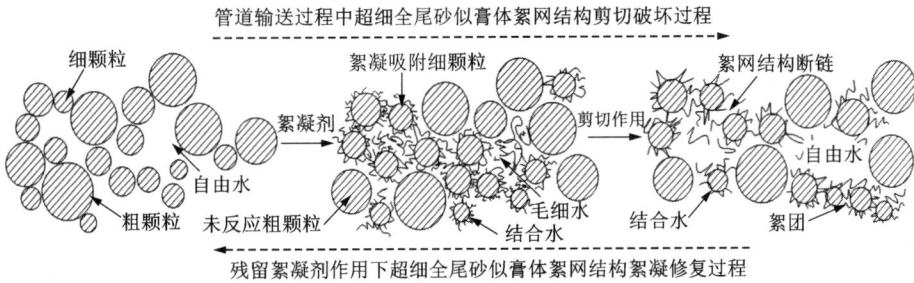

图 5-10　絮凝修复和剪切破坏作用下絮网结构动态变化过程

5.3.3　两相流的流变特性

充填料浆属于典型的固液两相流，在管道输送过程中，往往因为固体颗粒粒径组成的不同造成管流特性的改变。根据料浆颗粒大小和流态的不同，固液两相流可分为均质流、非均质流和非均质-均质复合流三种输送模式。

1.均质流的流变特性

均质流有层流和紊流两种流态，是实际液体由于存在黏滞性而具有的两种流动形态。液体质点做有条不紊的运动，彼此不相混掺的形态称为层流。液体质点做不规则运动、互相混掺、轨迹曲折混乱的形态叫作紊流(湍流或乱流)。它们传递动量、热量和质量的方式不同：层流是通过分子间相互作用，而紊流则主要是通过质点间的混掺，因此紊流的传递速率远大于层流。大量的实验研究发现，由层流转变为紊流的转变过程非常复杂，不仅与流速 v 有关，而且还与流体密度 ρ、黏滞系数 η 和物体的某一特征长度 D(例如管道直径、机翼宽度、处于流体中的球体半径等)有关，综合起来即为一个无量纲的雷诺数 $Re=\rho vD/\eta$。流体的流动状态由雷诺数决定,雷诺数小时做层流运动,雷诺数大时做紊流运动。换言之,流速越大,流过物体表面距离愈长、密度越大,层流边界层便愈容易变成紊流边界层;相反,黏性越大,流动起来便愈稳定,愈不容易变成紊流边界层。流体由层流向紊流过渡的雷诺数,叫作临界雷诺数。对于清水水流,通常以临界雷诺数 $Re = 2100$ 来区分层流与紊流。对于固液两相均质流来说,雷诺数表达式中的黏度会因浓度和流动形态的变化而变化。

如图 5-11 所示,流变指数 n 值对固液两相均质流充填料浆管道中层流流速的分布具有非常显著的影响。对于 $n<1$ 的伪塑性体,其流速分布比 $n=1$ 的牛顿体更加均匀;$n>1$ 的膨胀体则表现出相反的规律。随着 n 值加大,逐渐向三角锥形流速分布逼近,即管中心的流速逐渐增大。对于 n 值较小的伪塑性体,其在管中心附近的流速变化很小,表现出与宾汉体的流还相近的规律。

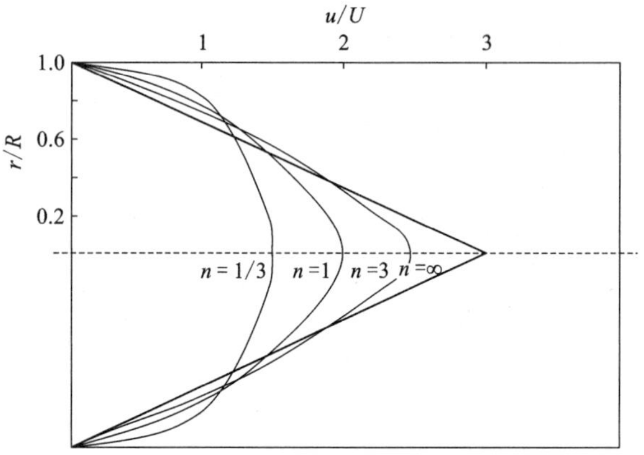

r—管道中某点距管道中心的距离;R—管道管径;
u—管道中某点的流速;U—管道的平均流速。

**图 5-11　伪塑性体、膨胀体及牛顿体
在管流中的层流流速分布**

2. 非均质流的流变特性

由于固体颗粒在管道中运动形式的不同,非均质流和均质流相比,除了垂向浓度分布有明显的梯度以外,在一定流动尺度的水力坡度与流速也有明显的差别。其中,均质流中固体颗粒以悬移形式运动,非均质流中固体颗粒随着流速的变化表现出不同程度的推移运动。对于一定的固体浓度和颗粒大小,从颗粒运动形式的角度出发,非均质流还可随着流速变化划分为几个流区,如图 5-12 所示。

图 5-12 中纵坐标表示固体颗粒的大小,横坐标为水流平均速度。一般情况下存在如下四个典型流区:

(1)当固体颗粒较粗、流速较低时,固体颗粒未开始运动,床面保持固定,即图 5-12 中固定床面区。

(2)当流速增加达到起动流速时,一定大小的床面颗粒起动进入运动状态,颗粒以推移运动为主,也有少量悬移运动,即图 5-12 中可动床面区。由于此状态下的固体颗粒以推移运动为主,输送量少、效率低且管壁易受到严重磨损,在浓度提高后还会造成输送管道的堵塞。

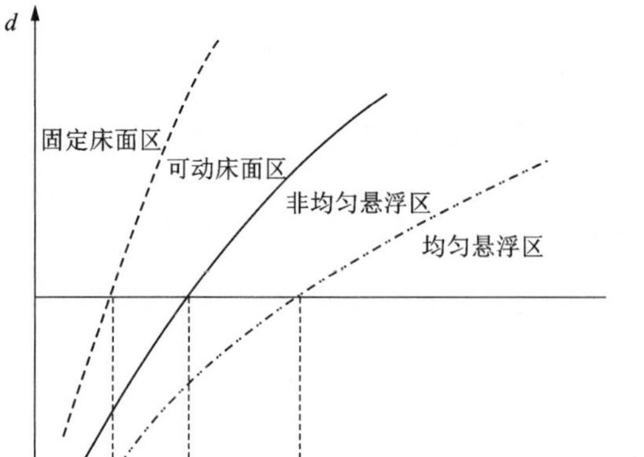

图 5-12　非均质流的流区与界限流速

(3)当流速进一步增大使得颗粒充分悬浮不会堵塞时,此流速称为不淤流速,大部分颗

粒进入悬移运动,但仍有一部分或小部分颗粒为推移运动,图 5-12 中非均匀悬浮区。

(4)当流速很大、超过充分悬浮流速时,全部固体颗粒都属于悬移运动,即图 5-12 中均匀悬浮区,流动特性近似于均质流,固体颗粒在浆液中均匀分布而不出现明显分层。此状态下,虽然颗粒会充分悬浮不产生堵塞,但因流速太大,输送能量消耗过大、管壁磨损亦过大。

因此,无论是充填料浆的管道自流输送还是泵送,较为经济合理的输送流速为不淤流速,此状态下既能使绝大多数颗粒以悬移形式运动,管道输送安全性和可靠性很高,输送流速又不至于过大,可减少管道磨损情况、降低管道输送的能耗。

3.非均质–均质复合流的流变特性

在固液两相流管道输送过程中,如果固体颗粒的粒径分布范围较广,在质量分数达到一定程度后,细颗粒与清水一起组成均质流,粗颗粒则在浆液中自由下沉形成非均质流,并在管道输送过程中表现出明显的流速和水力梯度分层现象,这种管道输送模式称为非均质–均质复合流。

大量的管道输送工程实例表明:复合流中细颗粒的存在使得料浆的黏性提高、粗颗粒沉降速度降低,有利于减小推移损失从而减小管道的水力坡度;但是细颗粒浓度太高,也会使浆体的黏性急剧增加,导致管道输送阻力的急剧增大从而产生严重的管道磨损。因此,矿山高浓度充填料浆复合流中细颗粒的最佳浓度或粗、细颗粒的合理粒径组成,应以复合流的黏滞系数达到最小为原则,可使接近均质流的高浓度复合流的管道水力坡度达到相应的最小值。

如图 5-13 所示,在细颗粒组成 $C_{vmf}=0.45$ 的条件下,粗、细颗粒混合后的极限浓度 C_{vm} 随着 C_{vmf} 值的增大而增大,并且因粗颗粒的质量比 x 值的变化存在一个最大值,即为复合流中粗、细颗粒含量的最佳值。

为获得较高的充填体强度并减少充填泌水,近年来发展起来的全尾砂高浓度充填技术往要求充填料浆的质量分数为 70% 以上,体积浓度为 50% 以上。因此,为降低高浓

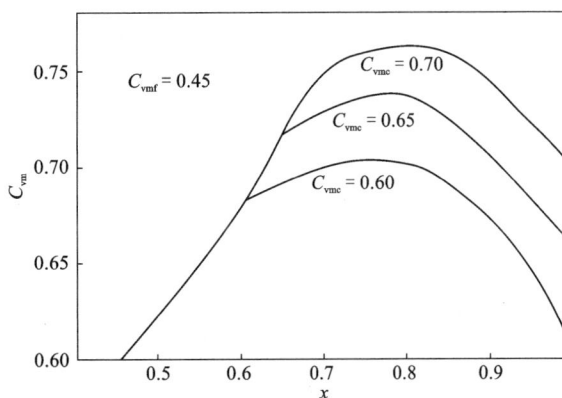

图 5-13　粗颗粒质量比与极限浓度的关系

度充填料浆的管道输送阻力、减少管道磨损,进行粗、细颗粒的合理搭配尤为重要。在已知粗、细颗粒的极限浓度(C_{vmc}、C_{vmf})时,最佳的粗颗粒含量 x^* 可按式(5-12)进行计算:

$$x^* = C_{vmc} + 1 - \sqrt{(C_{vmc}+1)C_{vmf}} \tag{5-12}$$

此状态下的最大极限浓度 C_{vm}^* 可按式(5-13)进行计算:

$$C_{vm}^* = \frac{C_{vmf}}{2\sqrt{(C_{vmc}+1)C_{vmf}} - (C_{vmc}+C_{vmf})} \tag{5-13}$$

考虑到粗、细颗粒的相互充填有一定的随机性,不可能达到十分均匀理想的程度,故实

际能达到的极限浓度往往小于计算值。同时，当粗、细料的比例达到最佳时，并不等于输送阻力最小，还要看物料颗粒的大小及是否能在一定速度下使粗、细颗粒保持均匀的不分层输送。

5.3.4 结构流的流变特性

充填料浆的浓度由低到高，黏度相应增大，有阻止固体颗粒沉降的趋势。充填料浓度经过一个临界点后，料浆的输送特性将由两相流转为结构流。与两相流不同，结构流浆体沿管道的垂直方向不存在可测量的浓度梯度，物料在流动以后像固体那样做整体移动，在管道内以类似"柱塞"的形式流动，"柱塞"与管壁之间则由一层很薄的润滑层分隔开来。结构流在管道横断面上的速度分布相对均匀，颗粒间不发生相对移动，任意断面的 A 点和 B 点经过 Δt 时间后(图 5-14)，其相对位置仍保持不变，表现为非沉降性态。

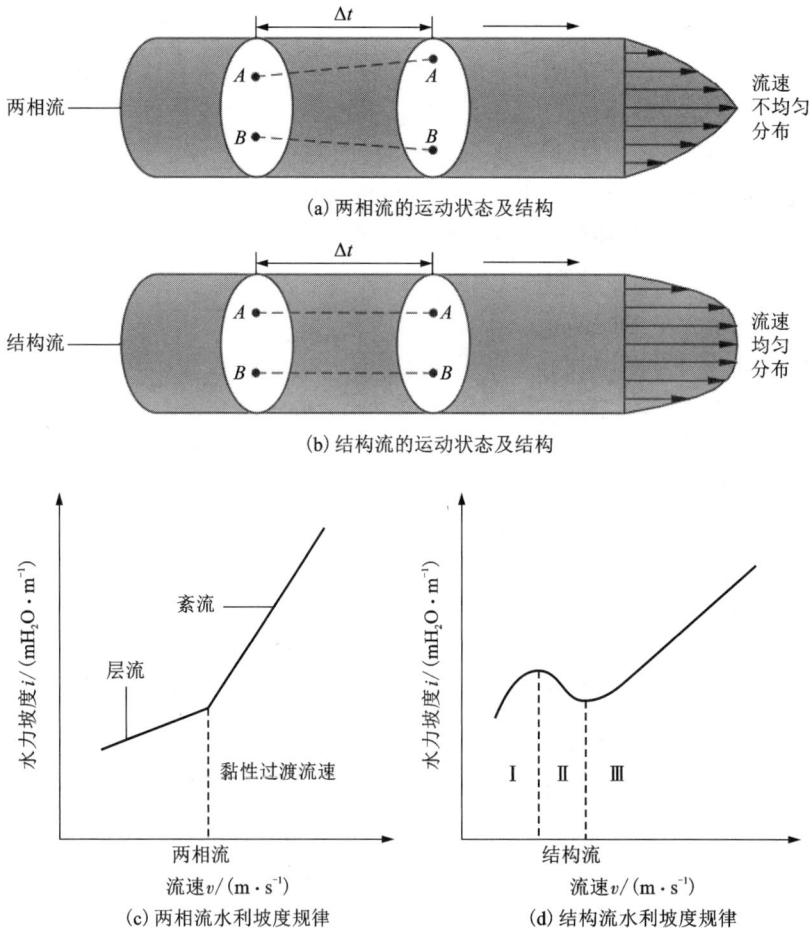

(a) 两相流的运动状态及结构

(b) 结构流的运动状态及结构

(c) 两相流水利坡度规律

(d) 结构流水利坡度规律

图 5-14　两相流和结构流的运动状态及结构、流速与水力坡度关系

固液两相流态充填体的阻力与流速的关系与清水和黏土类似，在流速不断增大的初期表现出层流的特征，其沿程阻力随浆体流速的增大而增大；但是随着流速的不断增大，浆体流动时与边壁相互作用而产生的漩涡程度及紊动的强度都会增加，由此而表现出紊流的特

征，所产生的能量损耗也会相应增加，从而使得阻力损失增大。结构流流态充填体的阻力与流速的关系包括三个阶段：阶段Ⅰ为初始沿程阻力随浆体流速的增大而增大阶段；阶段Ⅱ为结构流体在管壁的剪切作用下，发生触变效应使得浆体的黏度降低，沿程阻力随浆体流速的增大而降低；阶段Ⅲ为浆体的剪切触变效应达到平衡状态，浆体的黏度不再降低，沿程阻力随浆体流速的增大而增大。

目前，充填颗粒级配合理、泌水率低于5%的似膏体充填料浆均可视为结构流，即充填料浆沿管道的垂直方向不存在可测量的浓度梯度，物料在管道内以类似"柱塞"的形式流动。

5.4　充填料浆的管道输送

管道水力输送的根本技术问题是在固体物料输送量、输送距离和高差一定时，依照浆体流动理论，选择适当的管径、浓度、流速和输送量，达到系统运行可靠、经济合理的目的。

5.4.1　充填骨料的悬浮条件

充填材料物理性质，包括粒级组成、密度、孔隙率、渗透系数、压缩系数等，其中粒级组成对充填料浆水力输送有直接影响。固体颗粒粒径大小和粒级组成是决定料浆性质的重要因素，在确定充填材料的这些物理性质时，不仅要满足料浆强度的需要，而且要满足输送阻力损失小的要求。实践证明，对料浆管道输送而言，料浆颗粒组成的调整和输送浓度的提高，可使料浆的输送性和稳定性保持较好的统一。

1.球形固体颗粒的静水沉降速度

颗粒在静水中由于重力作用产生自由沉降，颗粒处于均速下沉时的速度定义为颗粒的沉降速度。沉降速度是固体颗粒的重要水力学特性，它表示固体在液体中相互作用时的综合特征，表示固体颗粒水力输送的难易程度。沉降速度越大，颗粒就越难悬浮，也就越难水力输送，反之亦然，故沉降速度又称水力粗度。颗粒的密度、粒径、形状及雷诺数等对其沉降速度有较大影响。

沉降速度与雷诺数 Re 密切相关，雷诺数是流体流动时的惯性力与摩擦力的比值：

$$Re = \frac{vD}{\mu} \tag{5-14}$$

式中：v 为流体的流速，m/s；D 为管径，mm；μ 为黏性系数。

圆形颗粒沉降速度 v_s 的计算公式为：

（1）当 $Re \leqslant 1$（层流运动）时，用斯托克斯公式：

$$v_s = 54.5 d_s^2 \frac{(\rho_s - \rho_w)}{\mu} \tag{5-15}$$

式中：d_s 为固体颗粒直径；ρ_s 为固体颗粒密度；ρ_w 为水的密度。

（2）当 $Re = 2500$（介流运动）时，用阿连公式：

$$v_s = 25.8 d_s \left\{ \left[\frac{(\rho_s - \rho_w)}{\rho_w} \right]^2 (\rho_w/\mu) \right\}^{1/3} \tag{5-16}$$

（3）当 $Re>1000$（紊流运动）时，用牛顿-雷廷格公式：

$$v_s = 51.1\left[\frac{d_s(\rho_s - \rho_w)}{\rho_w}\right]^{1/2} \qquad (5-17)$$

对非球状颗粒，式（5-17）中的 d_s 应换成当量直径 d_d：

$$d_d = \left(\frac{6G}{\pi v_s^2}\right)^{1/3} \qquad (5-18)$$

冈察洛夫关于砂粒在水中沉降速度的数值列于表 5-2，紊流区沉降速度见表 5-3。

表 5-2 砂粒在水中的沉降速度

粒径/mm	不同温度时的颗粒沉降速度/$(cm \cdot s^{-1})$				计算公式
	5 ℃	10 ℃	15 ℃	20 ℃	
0.010	0.0044	0.0051	0.0059	0.0066	
0.015	0.0099	0.0115	0.0133	0.0149	
0.02	0.0176	0.0205	0.0235	0.0265	
0.03	0.0397	0.0460	0.0530	0.0597	
0.04	0.0705	0.0820	0.0940	0.1060	层流区计算公式：
0.05	0.1100	0.1280	0.1470	0.1660	$v_s = 40.6\dfrac{\rho_g - \rho_0}{\rho_0}d_s^2$
0.06	0.1580	0.1840	0.2120	0.2390	
0.07	0.2160	0.2510	0.2880	0.3250	ρ_g 为固体密度；
0.08	0.2820	0.3280	0.3770	0.4240	ρ_0 为水的密度；
0.09	0.3570	0.4140	0.4770	0.5370	d_s 为颗粒粒径
0.10	0.4410	0.5120	0.5880	0.6630	
0.12	0.6350	0.7370	0.8470	0.9560	
0.15	0.9900	1.1500	1.3250	1.4900	
0.15	0.9850	1.151	1.316	1.482	
0.20	1.545	1.711	1.876	2.042	
0.30	2.665	2.831	2.996	3.162	
0.40	3.785	3.951	4.116	4.282	介流区计算公式：
0.50	4.905	5.071	5.236	5.402	$v_s = 40.6\dfrac{\rho_g - \rho_0}{\rho_0} +$
0.60	6.025	6.191	6.356	6.522	
0.70	7.145	7.311	7.475	7.642	$\dfrac{\rho_g - \rho_0}{1.92\rho_0}\left(\dfrac{t}{26} - 1\right)$
0.80	8.265	8.431	8.596	8.762	
0.90	9.045	9.571	9.736	9.902	t 为温度
1.00	10.505	10.671	10.836	11.002	
1.20	12.745	12.911	13.076	13.242	
1.50	16.105	16.271	16.436	16.602	

表 5-3　紊流区沉降速度

粒径/mm	颗粒沉降速度 /(cm·s^{-1})	粒径/mm	颗粒沉降速度 /(cm·s^{-1})	粒径/mm	颗粒沉降速度 /(cm·s^{-1})	计算公式
1.50	16.44	9.0	40.3	35	79.5	
1.75	17.80	10.0	42.5	40	85.1	
2.00	16.00	12.5	47.3	45	90.3	
2.50	21.25	15.0	52.0	50	95.1	
3.00	23.25	17.5	56.2	55	99.8	紊流区计算公式:
4.00	26.85	20.0	60.2	60	104.2	$v_s = 33.1\sqrt{\dfrac{\rho_g - \rho_0}{\rho_0}}d$
5.00	30.00	22.5	63.7	65	108.2	
6.00	32.90	25.0	67.2	70	112.5	
7.00	35.50	27.5	70.6	75	116.5	
8.00	38.00	30.0	73.6	80	120.4	

矿山管道输送细砂浆体中固体颗粒粒径分布范围较广,不可能用某一个沉降速度公式计算,同时,如果忽略水的黏度对颗粒沉降的影响,颗粒沉降速度 v_s 可用以下简化公式计算:

(1) 当 $d_i \leq 0.3a$ 时,用简化斯托克斯公式:

$$v_s = 5450d_i^2(\rho_g - 1) \tag{5-19}$$

(2) $0.3a < d_i \leq a$ 时,用简化阿连公式:

$$v_s = 123.04d_i^{1.1}(\rho_g - 1)^{0.7} \tag{5-20}$$

(3) $a < d_i \leq 4.5a$ 时,用简化阿连公式:

$$v_s = 102.7d_i(\rho_g - 1)^{2/3} \tag{5-21}$$

(4) $d_i > 4.5a$ 时,用简化牛顿-雷廷格公式:

$$v_s = 51.1\sqrt{d_i(\rho_g - 1)} \tag{5-22}$$

式中: d_i 为 i 级的粒径,mm。

a 为可用下式计算:

$$a = \sqrt[3]{0.0001 + (\rho_g - 1)}$$

2. 固体颗粒沉降阻力系数 Ψ

固体颗粒在水中做等速沉降或被上升水流悬浮时,固体颗粒所受的重力必须与阻力平衡,即重力=阻力+浮力。若颗粒为圆球形,可用下列方程式表示:

在层流区和介流区内: $x = \dfrac{\rho_g - \rho_0}{2.65 - 1}$;

在紊流区内: $x = \sqrt{\dfrac{\rho_g - 1}{2.65 - 1}}$。

$$\rho_g g \frac{\pi d^3}{6} = 6\psi \frac{\rho_0 v_s^2}{\pi d \rho_g} + \rho_g g \frac{\pi d^3}{6}$$

圆球形颗粒沉降阻力系数为：

$$\psi = \frac{\pi}{6} \frac{(\rho_g - \rho_0)gd}{\rho_g v_s^2} \qquad (5\text{-}23)$$

式中：ρ_g 为固体颗粒密度；d 为颗粒直径；ρ_0 为水的密度；v_s 为颗粒的静水沉降速度。

对于球形颗粒，ψ 值通常以雷诺数确定：

当 $25 \leqslant Re < 500$ 时，$\psi = 5\pi/4(Re)^{0.5}$；

当 $500 \leqslant Re < 1000$ 时，$\psi = \pi/16$。

不同流态、不同形状固体颗粒的阻力系数 ψ 与雷诺数 Re 的关系如图 5-15 所示。

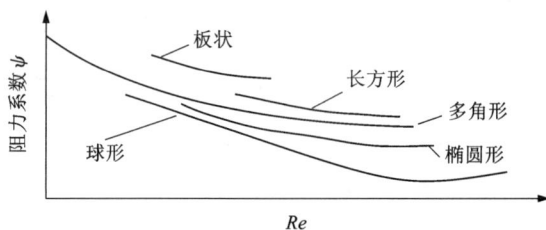

图 5-15 不同形状固体颗粒的 ψ-Re 关系曲线

3. 非球形颗粒的干涉沉降

工程应用中的固体颗粒，其外形是不规则的，表面粗糙、外形不对称，在静水中沉降时，会因受力不均而产生颗粒的转动，同时在颗粒周围产生绕流现象，这导致不规则形状固粒受到的流体阻力比球状颗粒的大、沉降速度比球体的小，因此非球形颗粒的沉降速度计算，首先应算出其当量直径 d_d 的球状颗粒的沉降速度，再以修正系数 α 进行修正。对不同形状的固体颗粒，其修正系数见表 5-4。

表 5-4 非球形颗粒的沉降速度修正系数

固体颗粒形状	修正系数 α	
	一般	平均
椭圆形颗粒	0.8~0.9	0.85
多角形颗粒	0.7~0.8	0.75
长方形颗粒	0.6~0.7	0.65
扁平形颗粒	0.4~0.6	0.50

实际输送中，固体颗粒是成群运动的，固体颗粒之间、固体颗粒与管壁之间难免会发生机械碰撞与摩擦。可以推想，机械碰撞的附加阻力，与沉降环境（空间大小）、颗粒多少（浓度）等有关。固体颗粒之间的机械碰撞与摩擦产生的机会越多，固体颗粒下沉的阻力越大，干涉沉降速度越小，反之亦然。因此固粒的粒度越细、浓度越大、形状越不规则、表面越粗糙，流体对颗粒产生的阻力越大，沉降速度越小，反之则越大。故干涉沉降是十分复杂的，

难以用确定的数学方法描述。实践证明,干涉沉降速度比自由沉降速度小得多。

长沙黑色冶金设计院用各种浓度的金属矿浆进行试验,提出下面干涉沉降速度的计算公式:

$$v_{gc} = v_s k_s \exp\left(-\frac{E_s m_t}{m_{mt} - m_t}\right) \tag{5-24}$$

式中: v_s 为单个球状固体颗粒在静水中的沉降速度; k_s 为与颗粒性质有关的实验系数(实验测定为 0.0315~0.178); E_s 为与颗粒性质有关的指数(实验测定为 0.417~1.997); m_t 为固体物料的体积浓度; m_{mt} 为最大沉降浓度。

4. 充填骨料的悬浮条件

在固体物料在水力输送中,当砂浆处于某一流速时,固体物料能否悬浮,对其顺利输送和系统的正常运行都具有积极意义。反映在矿山充填上,就是对确定配合比的料浆,确定保持骨料悬浮的最低输送速度。目前,固体物料的悬浮条件按式(5-25)进行判定:

$$S_v \geq V_c \tag{5-25}$$

式中: V_c 为固体颗粒的沉降速度; S_v 为垂直脉动速度均方差。

S_v 依下式计算:

$$S_v = 0.13 V \left(\frac{\lambda_0}{k C_{u,v}}\right)^{1/2} \left[1 + 1.72\left(\frac{y}{r}\right)^{1.8}\right]$$

式中: V 为料浆的输送速度; λ_0 为摩擦阻力系数; k 为试验常数,通常取 1.5~2; y 为固体颗粒距管道中心的距离; r 为输送管道的半径。

λ_0 可按尼古拉兹公式计算:

$$\lambda_0 = K_1 K_2 / \left[2 \lg(D/2\Delta) + 1.74\right]^2$$

式中: K_1 为管路敷设质量系数,通常取 1~1.15; K_2 为管路接头系数,通常取 1~1.18; Δ 为管壁绝对粗糙度; $C_{u,v}$ 为 u 与 v 之间的相关系数。

5.4.2　充填料浆的工程特性

充填料浆的工程特性对其水力输送具有重要的影响,在水力计算中,通常所用料浆的特性有:料浆配合比、料浆密度、料浆黏度、料浆体积浓度等。

1. 料浆配合比

充填料浆配合比是影响两相流输送特性的关键指标之一,包括灰砂比、水灰比(或浓度)和化学外加剂添加量。配合比对管道输送性能的影响定性评价如下:

(1)增大料浆灰砂比,即增大料浆的水泥含量,有利于减小水力坡度。这是因为在充填料浆的输送流速下,水泥的粒度很小,可以认为不发生沉降,它与水一起形成了重介质悬浮液,使固体颗粒在其中的沉降速度大大减小,因此固体颗粒在重介质悬浮体中更容易悬浮,从而减小了料浆沿管道流动的水力坡度。反之,减小水泥含量等于降低了固体颗粒所受的悬浮力,使浆体变成沉降型固液两相流,固体颗粒沉降速度的增大,会导致阻力损失的增大。水泥在充填料浆中不仅起胶凝作用,还在管道输送过程中起润滑作用,因此水泥含量的变化必然会影响阻力损失的变化。

(2)水灰比越大，料浆的输送浓度越大，而浓度的增大意味着固体物料比例的增长，为使所有固体物料悬浮，需克服固体颗粒的重力所消耗的能量也相应增加，因而使压头损失增加，水力坡度增大。

(3)高效减水剂可以大幅增大充填料浆的浓度。其原理在充填材料章节中作过介绍，这里不再赘述。其本质是在不减少水量的条件下，改善料浆的输送性，在保证料浆输送性的前提下，减少用水量。

充填料浆配合比的决定因素包括充填材料、系统情况、充填倍线、采矿对充填体质量的具体要求等，通常采用室内试验进行优化设计。充填材料的配合比关系到充填成本和充填质量的具体指标，任何新材料、新工艺的应用首先要经过配合比试验的验证来确定具体参数。目前，室内的料浆配合比试验多采用经验法，工程师根据对系统的了解，依据经验或参考以往资料对水灰比、灰砂比等作出预测，依此确定试验方案，进行强度试验。之后依据初步试验结果，对方案进行部分调整，如此往复，使试验结果不断向真值靠近。这种试验方法具有试验量大、难以找到真值的缺点，因此建议采用正交设计或均匀设计等方法来安排试验，通过对试验结果的回归分析，找到试验目标值(如抗压强度、流动性等)与各材料用量之间的数学关系，之后确定某些变量(如水泥耗量处于最小值)，其余变量可由方程解出，最后对计算结果进行试验验证。这种方法具有试验量小、真值寻找快速、准确等优点。

2. 料浆密度

充填料浆的密度是指单位体积料浆的质量，多采用流量算法测定，也可用定容称重的方法或根据料浆的配合比计算。料浆密度按照配合比计算的公式为：

$$\rho_j = \frac{G_1 + G_2 + G_3}{G_1/\rho_1 + G_2/\rho_2 + G_3/\rho_3} \qquad (5-26)$$

式中：G_i 为充填各材料(如水泥、粉煤灰、骨料)单位体积耗量；ρ_i 为各充填材料的密度。

在充填材料及物料用量比例确定的前提下，充填料浆密度的增加，意味着充填料浆浓度的增加，从而增加沿程阻力损失。

3. 料浆黏度

在充填料浆的水力计算中，由于水泥浆在流动或静停瞬间，可以认为处于完全悬浮的状态，不发生沉降，因此水泥浆就成为重介质流体。输送介质的相对黏度可依据托马斯方程求得：

$$\frac{\mu_m}{\mu_0} = 1 + 2.5m_{tc} + 10.05m_{tc}^2 + ke^{Bm_{tc}} \qquad (5-27)$$

式中：μ_m 为浆体黏度；μ_0 为悬浮介质(水)的黏度；m_{tc} 为水泥浆体积浓度；k、B 为固体物料特性系数，对水泥分别可取 0.00273、16.6。

4. 料浆体积浓度

充填料浆的体积浓度(m_t)是单位砂浆体积内固体物料体积所占的百分含量。在几乎所有的水力坡度计算公式中，料浆的浓度都使用体积浓度，因此有必要对其进行单独说明。体积浓度通常使用以下两种方法计算：

第一种是密度(或相对密度)算法:

$$m_t = \frac{\rho_j - \rho_0}{\rho_g - \rho_0} \qquad (5-28)$$

式中: ρ_j 为砂浆密度; ρ_0 为水的密度; ρ_g 为固体密度。当料浆内有多种固体物料, ρ_g 的计算通常采用平均算法,即

$$\rho_g = \rho_{g1} \cdot N_1\% + \rho_{g2} \cdot N_2\% +$$

第二种是配合比算法:

$$m_t = \frac{G_1/\rho_j + G_2/\rho_0 + \cdots}{G_1/\rho_j + G_2/\rho_0 + \cdots + G_0/\rho_0} \qquad (5-29)$$

式中: G_i 为单位体积物料用量; G_0 为单位体积水的用量;其他符号意义同前。

5.4.3　水力坡度计算

充填料浆水力坡度的计算,在水力输送固体物料工程中占据极其重要的地位。在充填中,它关系到管道直径、输送速度、降压措施及满管输送措施、耐磨管型等关键参数的选取,因此其作用尤为突出。在某一压力作用下,浆体在管道中的流动必须克服与管壁产生的摩擦阻力和产生湍流时的层间阻力,统称摩擦阻力损失,即水力坡度。

1. 水力坡度影响因素

影响水力坡度的因素很多,主要有固体颗粒的粒径组成、不均匀系数、物料密度、浆体流速、浆体浓度、黏度、温度、管道直径、管壁粗糙度及管路的敷设状况等,其中流速的影响程度最大,浓度次之。

(1)流速对水力坡度的影响。

非均质砂浆管道输送中,在其他参数一定的条件下,水头损失与流速的关系如图 5-16 所示。从图 5-16 中可见,一开始,水力坡度随流速的增大而增大,但是当流速达到一定值后,水力坡度反而随流速的增大而减小,一直到达 A 点,之后水力坡度又随流速的增大而增大。通常把 A 点的流速称为淤积临界流速。而当流速大于 B 点的流速时,水力坡度线与流速呈正比关系,此时的浆体呈均匀悬浮状态。工程上两相流的速度选取范围应在 A、B 之间。

(2)颗粒粒径对水力坡度的影响。

在管道直径、灰砂比和砂浆浓度相同的条件下,水力坡度随着颗粒粒径的增大而增大。因为颗粒粒径大,重力也大,克服颗粒沉降所需的能量也大。但是相同浓度的大粒级砂浆在低流速区和高流速区的阻力损失不都比小粒级砂浆的阻力损失大,如图 5-17 所示。

颗粒大、硬度高,且表面呈多棱形多面体的不规则克利比圆球形物料阻力损失大。在水力输送中,总是以加权平均粒径或等值粒径来大致反映全部固体颗粒的粗细,加权平均粒径的变化对似均质浆体阻力损失的影响较大。所以采用管道输送固体物料时,对物料颗粒形状及颗粒粗细的选择应严格。一般认为,只要输送固体物料的粒径不超过管径的 1/3,含量不超过 50%,就可输送。但在实际应用中,为了保持料浆输送稳定可行,固体颗粒最大粒径以不超过管径的 1/6 为宜。

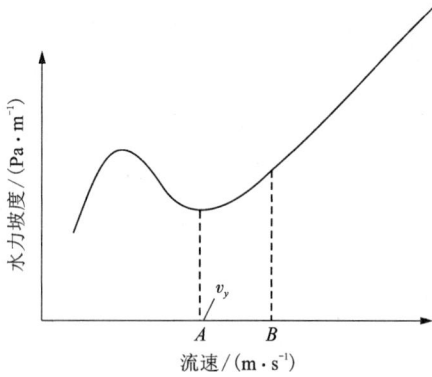

图 5-16　非均质浆体的水头损失与流速的关系曲线

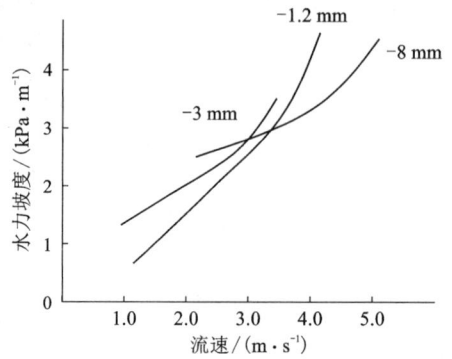

图 5-17　颗粒粒径对水力坡度的影响

（3）管径对水力坡度的影响。

管径对摩擦阻力损失有重要影响。随着管径的增大，其摩擦阻力损失减小，如图 5-18 所示。

（4）管壁粗糙度对水力坡度的影响。

管壁粗糙度与摩擦阻力损失成正比，即管壁越粗糙，摩擦阻力损失越大，反之亦然。在充填料浆中掺入水泥、粉煤灰、全尾砂等超细物料，虽然增加了料浆的黏度，但是却大大改善了管壁边界层的摩擦阻力，因为超细物料在管壁形成了一层润滑膜，有助于减小管道阻力。图 5-19 为管壁粗糙的钢管与管壁光滑的塑料管在相同条件下对水力坡度的影响。

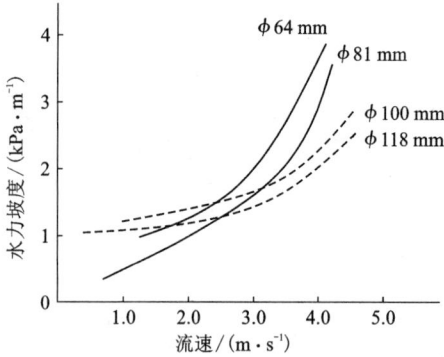

图 5-18　管径对水力坡度的影响

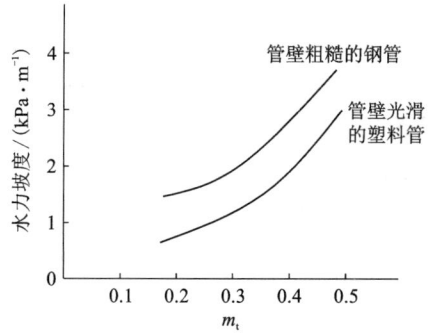

图 5-19　管壁粗糙度对水力坡度的影响

（5）管道其他因素对水力坡度的影响。

管道的材质对水力坡度也有很明显的影响，如高碳钢管路的摩擦损失大于低碳钢，这点已经取得大家的共识。管路的敷设如法兰盘的连接，是否保证管心对准等，会影响料浆的阻力损失。在充填系统中，弯管数量的增加也会增加料浆的水力坡度。

在设计和实际应用过程中，对输送管道必须全面综合考虑以上各因素，不能顾此失彼，在大量的试验研究之后，确定管道输送的最佳参数，以期获得最佳的工艺技术效果和经济效益。

2. 充填料浆水力坡度的计算

（1）公式的选取。

两相流输送理论是在紊流理论的基础上发展起来的，至今还不完善，还没有形成完全阐明两相流本质的完整理论。目前流行的有扩散理论（只适用于 $d_g \leqslant 0.25$ mm 的细颗粒情况）、重力理论和扩散-重力理论（适用于 $d_g > 5$ mm 的情况）。尽管两相流水力计算的公式很多，但都是在这三种理论基础上发展起来的，因此它们均只适合于具体的固体物料或输送情况，存在着一定的局限性。生产实践证明，这些计算公式的计算值往往有较大的差别，很难作为管道输送的依据，因此许多部门在工程应用之前，都要通过专门试验来提供输送参数。

（2）金川公式。

金川公式是在大量棒磨砂胶结充填料浆试验的基础上，通过对试验资料总结、归纳整理及对数变换等，使曲线直线化推导出来的，之后用国内外的一些实测数据和其他公式的比较进行了校验。实际经验证明，金川水力坡度计算的经验公式，相对误差较小，可以作为水力输送固体物料的设计计算公式。金川公式的形式为：

$$i_j = i_0 \left\{ 1 + 108 m_t^2 \left[\frac{gD(\rho_g - 1)}{v^2 \sqrt{C_x}} \right]^{1.12} \right\} \tag{5-30}$$

式中：i_j 为水平直管料浆水力坡度，$\text{mH}_2\text{O/m}$；i_0 为水平直管清水水力坡度，$\text{mH}_2\text{O/m}$；m_t 为料浆的体积浓度，%；g 为重力加速度，m/s^2；D 为管径，m；v 为料浆流速，m/s；C_x 为颗粒沉降阻力系数。

i_0 可用下式计算：

$$i_0 = \lambda \frac{L}{D} \cdot \frac{v^2}{2g}$$

式中：λ 为摩阻系数值，根据对 4 英寸（1 英寸＝2.54 cm）无缝钢管测定结果，可按尼古拉兹公式考虑管道敷设的情况，乘以系数 K，即

$$\lambda = \frac{K_1 \cdot K_2}{\left(2\lg \dfrac{D}{2\Delta} + 1.74 \right)^2}$$

K_1 为管道敷设系数，视管段间中心线的直线性而定，取 1~1.15；K_2 为管道接头系数，视管段法兰盘的焊接、其间的连接质量和接头数的多少而选取，取 1~1.18。

C_x 可用下式计算：

$$C_x = \frac{1308(\rho_g - 1)d_{cp}}{v_s^2}$$

式中：d_{cp} 为物料平均颗粒粒径，cm。

（3）瓦斯普（Wasp）"复合系统"的计算法。

瓦斯普认为复合系统的水头损失是各粒级组成的载体部分与剩余固体颗粒的非均质部分，在管道输送中各自产生的水头损失之和，即

$$i_j = i_w + i_{xp} \tag{5-31}$$

式中：i_w 为"两相载体"运动产生的水头损失；i_{xp} 为剩余固体颗粒形成非均质浆体，运行产生的附加水头损失。

$$i_w = \frac{4fv^2}{2gD} \cdot \frac{\gamma_j}{\gamma_0}$$

$$i_{xp} = 82m_{txp}\left[\left(\frac{gD}{v^2}\right)\left(\frac{\rho_g - \rho_0}{\rho_0}\right)\frac{1}{\sqrt{C_x}}\right]^{1.5} i_0$$

式中：m_{txp} 为非均质部分的体积浓度，即

$$m_{txp} = \left(1 - \frac{m}{m_c}\right)m_t$$

式中：m/m_c 为管顶 $0.08D$ 处与管轴心处固体体积浓度之比。

m/m_c 可按紊流维持颗粒悬浮的扩散机理计算：

$$\frac{m}{m_c} = 10^{-(1.8v_c/K\beta U_1)}$$

式中：K 为卡门常数；β 为伊斯梅尔系数，当粒径为 0.1 mm 时，$\beta = 1.3$，当粒径为 0.16 mm 时，$\beta = 1.5$；U_1 为摩擦流速，m/s。

$$U_1 = v\sqrt{\frac{\lambda}{2}}$$

式中：v 为浆体平均流速，m/s；其他符号意义同前。

实践表明，按瓦斯普"复合系统"计算的水力坡度值偏大，因此对公式应进行修正。修正内容为：

①固粒有抑制紊流的作用，摩擦阻力会减小，因此 f 应乘以 0.85。

②对载体的判别不用 $m/m_c = 1$，而用瓦斯普提出的 $m/m_c \geqslant 0.8$ 来定义均匀悬浮体。

③m/m_c 计算式中的卡门常数 K，取值不是 0.4，而是 0.347。

④从穆笛图查到的范宁摩阻系数 f，应乘以修正系数 0.884。

5.4.4 管道输送参数计算

（1）临界流速。

临界流速的计算，通常采用水力坡度函数对流速进行求导的办法，或者利用经验公式。

当管径 D 小于 200 mm 时，可利用杜拉德公式，求出临界流速 v_1：

$$v_1 = F_1\sqrt{2gD\frac{\rho_g - \rho_1}{\rho_1}} \tag{5-32}$$

式中：F_1 为与粒径、浓度等有关的速度系数；g 为重力加速度，$g = 9.81$ m/s²；ρ_1 为载体密度，在计算时应将颗粒中小于 100 μm 的部分作为运载体的一部分，即载体由液体（水）和粒径小于 100 μm 的颗粒组成。

$$\rho_1 = \frac{G_{100} + G_w}{Q_{100} + Q_w} \tag{5-33}$$

式中：G_{100} 为粒径小于 100 μm 的混合料质量；G_w 为水的质量；Q_{100} 为粒径小于 100 μm 的混合料体积；Q_w 为水的体积。

（2）临界管径。

浆体输送临界管径的计算可按式（5-34）进行：

$$D_1 = 0.384 \sqrt{\frac{A}{m_z \times \rho_j \times v \times b}} \tag{5-34}$$

式中：D_1 为最小输送管径或称临界管径，mm；A 为每年输送总量，万 t/a；m_z 为料浆质量分数，%；ρ_j 为料浆密度，t/m³；v 为浆体输送速度，m/s；b 为每年工作天数，d。

（3）通用管径。

浆体输送通用管径的计算公式：

适用条件：$0.5 \text{ mm} < d_{cp} < 10 \text{ mm}$，$100 \text{ mm} \leqslant D \leqslant 400 \text{ mm}$。

当 $\delta \leqslant 3$ 时，有：

$$D_t = \left[\frac{0.13Q_k}{\mu^{0.25}(\gamma_j - 0.4)} \right]^{0.43} \tag{5-35}$$

当 $\delta > 3$ 时，有：

$$D_t = \left[\frac{0.1132Q_k\delta^{0.125}}{\mu^{0.25}(\gamma_j - 0.4)} \right]^{0.43} \tag{5-36}$$

式中：D_t 为通用管径，m；d_{cp} 为固体颗粒物料加权平均粒径，mm；δ 为固体颗粒的不均匀系数，$\delta = d_{90}/d_{10}$；Q_k 为浆体流量，m³/s；μ 为 d_{cp} 颗粒的静水沉降速度，m/s。

如果计算管径与标准管径不符，可对计算管径适当进行放大或缩小，使用接近于计算管径的标准管径，但确定的标准管径必须小于式（5-34）计算的临界管径。

（4）充填管道壁厚度算。

输送管道管壁厚度的计算公式很多，对于矿山充填，比较普遍采用的一个公式为：

$$t = \frac{k \cdot p \cdot D}{2[\delta] \cdot E \cdot F} + C_1 T + C_2 \tag{5-37}$$

式中：t 为输送管道公称壁厚，mm；p 为钢管允许最大工作压力，MPa；$[\delta]$ 为钢管的抗拉许用应力，MPa，常取最小屈服应力的 80%；E 为焊接系数；F 为地区设计系数；T 为服务年限，a；C_1 为年磨钝余量，mm/a；C_2 为附加厚度，mm；k 为压力系数。

（5）充填垂直钻孔套管壁厚的计算。

充填垂直钻孔套管壁厚可按式（5-38）计算：

$$\delta = \frac{p \cdot \varphi}{2[\delta]} + K \tag{5-38}$$

式中：δ 为管材壁厚公称厚度，mm；p 为管道所承受的最大工作压力，MPa；φ 为管道的外径，mm；$[\delta]$ 为管道材质的抗拉许用应力（焊接钢管，取 $60 \sim 80$ MPa；无缝钢管，取 $80 \sim 100$ MPa；铸铁钢管，取 $20 \sim 40$ MPa，特殊管材依据产品质量检验说明查知），MPa；K 为磨蚀、腐蚀量（钢管，取 $2 \sim 3$ mm；铸铁管，取 $7 \sim 10$ mm），mm。

5.4.5　水力输送计算实例

山东新矿集团孙村煤矿采用煤矸石作为充填骨料回填井下，首期充填开采 1600 kt 的优质保安煤柱。充填系统设计要求满足 400 kt/a 的采矿能力。

（1）充填料浆基本参数。

根据室内试验结果，确定充填材料配比为：水泥∶粉煤灰∶煤矸石 = 1∶4∶15，质量分数 72%~75%，减水剂添加量为水泥与粉煤灰质量和的 1.0%~1.5%。

混合料密度：$\rho_g = 2.62$ t/m^3。

浆体密度：$\rho_j = 1.77$ t/m^3。

物料平均颗粒粒径：$d_{cp} = 0.83$ mm。

中值粒径：$d_{50} = 0.32$ mm。

浆体质量分数：$m_z = 72\%$。

浆体体积浓度：$m_t = m_z \times \dfrac{\rho_j}{\rho_m} = 49.5\%$。

质量水砂比：$X = 1.02$。

几何充填倍线：$N = 3.9$。

（2）充填系统生产能力计算。

充填系统生产能力为：

$$V_a = \frac{T_y}{\gamma_0} \times Z \times K_1 = \frac{400000}{1.34} \times 0.8 \times 1.15 = 275000 \text{ m}^3/\text{a}$$

式中：T_y 为年充填法采煤量，按 $T_y = 400000$ t 计算；γ_0 为矿石体重，$\gamma_0 = 1.34$ t/m^3；Z 为采充比，取 $Z = 0.8$；K_1 为不均衡系数，取 $K_1 = 1.15$。

根据生产能力要求，浆体配比参数和矿山工作制度即可计算得出，充填料浆输送能力必须满足 $Q_j = 84.43$ m^3/h。

（3）管道选择。

根据充填能力，并参考国内外同等能力矿山经验，管道内径暂取 $D = 100$ mm。充填管道壁厚 δ 按式（5-38）计算得 $\delta = 7.19$ mm，取壁厚 8 mm。计算中，管道所受最大压强，取 5 MPa；钢材抗拉许用应力，焊接钢管取 80 MPa；磨损腐蚀量，取 2.5 mm。

据此选取陶瓷复合钢管，外径 121 mm，钢管厚度 7 mm，陶瓷复合层厚度 3 mm，实际管道有效内径 $D = 101$ mm，理论重量 25.53 kg/m。

（4）临界流速 v_l 及工作流速 v。

将管道内径 101 mm、混合料密度及载体密度等数值代入式（5-32），求出临界流速 $v_l = 1.44$ m/s。计算中速度系数根据中值粒径，查得 $F_l \approx 1.15$；计算载体密度 $\rho_l = 1.46$ t/m^3。合理的工作流速 v，应是输送能力大、水砂比小、工作稳定的流速，与管道直径、充填倍线、浆体阻力损失等有关，可按式（5-39）进行估算：

$$v = 3.3\sqrt{gD} \cdot \sqrt[3]{\frac{(1+N)^2}{X \cdot N^2}} \tag{5-39}$$

代入管径 $D = 0.101$ mm、水砂比 $X = 1.02$、充填倍线 $N = 3.9$ 等参数，可得实际工作流速 $v = 3.82$ m/s，实际工作流速是临界流速的 2.7 倍。因而，工作是可靠的。

（5）砂浆水力坡度。

砂浆水力坡度按式（5-30）计算得砂浆水力坡度 $i = 0.274$ mH$_2$O/m。

摩阻系数 $\lambda = 0.0248$（管道敷设系数和接头系数均取 1.1）；

清水水力坡度 $i_0 = 0.1826$（浆体流速 $v = 3.82$ m/s）；

$$A = \sqrt[3]{0.0001/(\gamma_g - 1)} = 0.0395$$

因为 $A = 0.0395 < d_{cp} = 0.083 < 4.5A = 0.178$，所以，$\omega = 102.71 d_{cp}(\rho_g - 1)^{0.7} = 11.95$ cm/s。

颗粒沉降阻力系数 $C_x = 1.23$。

(6)最大允许充填倍线。

充填倍线是管路自流输送中的一个重要参数。它有两个指标,即几何充填管路倍线 N 和可输送倍线(或称最大允许充填倍线)N_{max}。

对于一个既定的充填系统,几何充填管路倍线 N 反映输送系统客观上所具有的输送能力。但是实际上,几何充填管路倍线受许多经常变化的因素所支配,如满水点的位置、砂浆浓度、负压区段的范围、水头损失及垂直管段的满管度等;另外,还受开拓系统、作业方式、充填地点的变化等因素的影响。因此,在实际生产中,几何充填管路倍线是个经常变化的数值。设计中应根据开采要求,按最大允许充填倍线及合理的水砂比考虑输送能力。为保证顺利实现管道自流输送充填料浆,几何充填管路倍线 N 应小于最大允许充填倍线 N_{max}。

最大允许充填倍线 N_{max} 是根据实际压力和浆体密度计算的,实际应用中可按式(5-40)估算:

$$N_{max} = \frac{K_2 \gamma_j}{K_3 i} \tag{5-40}$$

式中: K_2 为垂直管段的满管系数,取 0.9; γ_j 为砂浆密度,$1.77 \ t/m^3$; K_3 为管道局部阻力系数,取 1.1。

将有关参数代入式(5-40),得最大允许充填倍线 $N_{max} = 5.3$。

由此可知: $N = 3.9 < N_{max} = 5.3$,因此,该系统自流可以满足最远点的输送要求。

(7)输送能力的验证。

合理的输送能力是建立在充分利用有效压头的基础上,从而使其充填能力最大,可按下式计算:

$$Q_j = \frac{\pi}{4} D^2 v = \frac{\pi}{4} \times 0.101^2 \times 3.82 \times 3600 = 110.18 \ m^3/h$$

因此,输送能力完全满足充填能力要求。

5.4.6　管道输送数值模拟

矿山充填管道浆体输送工艺及其力学结构的复杂性决定了当前尚无法求得管道输送问题的精确解,以上各节所介绍的两相流输送有关参数计算大多为经验公式。计算机模拟技术的发展为管道两相流各参数的确定,提供了有效的分析和模拟工程方法。应用工程界广泛使用的 ANSYS、FLUENT、FLOW-3D、COMSOL 等工程软件,模拟充填管道两相流输送各有关参数,如流速、黏度和阻力损失等,为两相流输送理论与技术提供了更精确的科学研究方法。

1.数值分析的主要步骤

一个典型的两相流数值模拟分析有 7 个主要步骤,即确定问题的区域、确定流体的状态、生成有限元网格、施加边界条件、设置数值分析参数、求解、结果检验。各步骤间相互关系如图 5-20 所示。

(1)确定问题的区域。

用户必须明确所分析问题的范围,将问题的边界设置在条件已知的地方,如果并不知道精确的边界条件而必须作假定时,不能将分析的边界设在靠近研究区域的地方,也不能将边界设在求解变量变化梯度大的地方。有时，也许用户并不知道自己的问题中哪个地方梯度变化最大，这就要先做一个试探性的分析，然后再根据结果来修改分析区域。

（2）确定流体的状态。

用户须估计流体的特征，如流体性质、几何边界及流场的速度幅值的函数。数值分析软件能求解的流体包括气流和液流，其性质可随温度的变化而发生显著变化，其中的气流只能是理想气体。用户须自己确定温度对流体的密度、黏性和热传导系数的影响是否是重大。在大多数情况下，近似认为流体性质是常数，即不随温度而变化。

通常用雷诺数来判别流体是层流或紊流，雷诺数反映了惯性力和黏性力的相对强度。通常用马赫数来判别流体是否可压缩。流场中任意一点的马赫数是该点流体速度与该点音速之比值。当马赫数大于 0.3 时，就应考虑用可压缩算法来进行求解；当马赫数大于 0.7 时，可压缩算法与不可压缩算法之间就会有极其明显的差异。

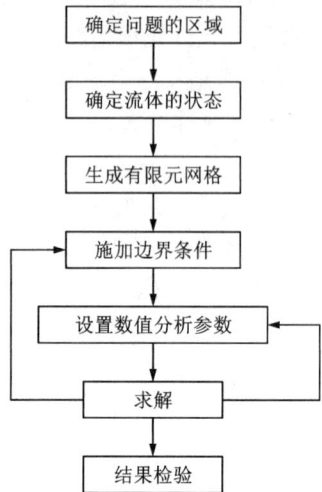

图 5-20　数值分析 7 个主要步骤之间的相互关系

（3）生成有限元网格。

用户必须事先确定流场中哪个地方流体的梯度变化较大，在这些地方，网格必须做适当的调整。例如：如果用了紊流模型，靠近壁面区域的网格密度必须比层流模型密得多，如果太粗，该网格就不能在求解中捕捉到巨大的变化梯度对流动造成的显著影响，相反，那些长边与低梯度方向一致的单元可以有很大的长宽比。

（4）施加边界条件。

可在划分网格之前或之后对模型施加边界条件，此时要将模型所有的边界条件都考虑进去，如果与某个相关变量的条件没有加上去，则该变量沿边界的法向值的梯度将被假定为零。求解中，可在重启动前改变边界条件的值，如果须改变边界条件的值或不小心忽略了某边界条件，则无须作重启动，除非该改变引起了分析的不稳定。

（5）设置数值分析参数。

为了使用诸如紊流模型或求解温度方程等选项，用户必须激活它们。诸如流体性质等特定项目的设置，是与所求解的流体问题的类型相关的。

（6）求解。

通过在观察求解过程中相关变量的改变率，可以监视求解的收敛性及稳定性。这些变量包括速度、压力、温度、动能（ENKE 自由度）和动能耗散率（ENDS 自由度）等紊流量及有效黏性（EVIS）。一个分析通常需要多次重启动，即改变边界条件或分析参数再进行求解，以得出最满意的结果。

（7）结果检验。

用户可对输出结果进行后处理，也可在打印输出文件里对结果进行检查，此时用户应使用自己的工程经验来估计所用的求解手段、所定义的流体性质、所加的边界条件的可信程度。

2. 两相流自流输送数值分析

1）充填管道几何模型的建立

基于流体工程软件的一些局限性和矿山充填管道输送的复杂条件，在定性分析中，充填管道几何模型如图 5-21 所示。管道垂直段长 20 m，水平段长 30 m，几何倍线 2.5，两段成 90°，管道内径为 125 mm，采用直角弯管连接。

2）定性分析的基本假设和前提

（1）黏性浆体具有恒黏性，不随温度、时间的变化而变化。

（2）浆体简化为宾汉体。

（3）不考虑热交换。

（4）不考虑振动、地压波等对管道输送的影响。

3）载荷的施加

在本次数值分析中，对管道施加四种载荷：

（1）给定浆体在管道中的进口速度。

（2）对管道壁施加无滑动位移边界条件。

充填料浆

20 m

30 m

图 5-21　充填管道几何模型示意图

（3）管道出口气压与井上管道进口的大气压相等，即相对气压为零。

（4）重力载荷，即在垂直负方向上的重力加速度。在计算中施加的载荷将不随单元方向变化而改变，始终保持它们最初的方向，表面载荷作用在单元表面的法向。

4）数值分析结果讨论

（1）流速。

管道沿程流速除出入口、弯道处发生变化外，基本稳定为 2.86～3.22 m/s，管道断面流速除靠近管壁部分（25 mm 内）呈现较大梯度外，分布基本均匀，呈现结构流特点。但在弯管处沿管道截面，流速有较明显梯度分布，自弯管外侧向内侧流速逐渐加大。浆体到达出口时，流速放缓。

（2）压力。

由于出口压力值为 0 Pa，故进口的压力即为整个管道输送的阻力损失值。管道进口过直径截面的压力相差较小，最大值为 56593.95 Pa，最小值为 56407.03 Pa，最大值与最小值相差约 190 Pa。

（3）改变载荷或参数后的分析结果比较。

①倍线。

表 5-5 为不同管道长度（垂直管道维持 20 m）阻力损失的变化值。从表 5-5 中可以看出在垂直高差一定的条件下，水平管道越长（即充填倍线越大），阻力损失越大。

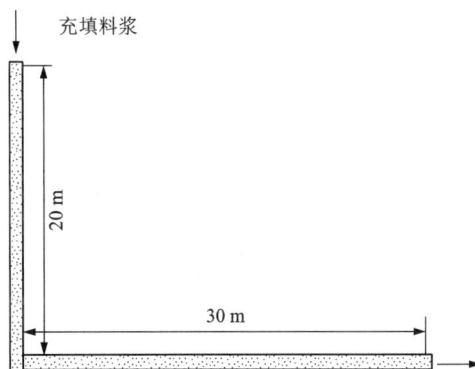

表5-5 管道长度与阻力损失的关系

管道长度/m	管径/mm	进口速度/(m·s⁻¹)	密度/(kg·m⁻³)	浆体黏度	阻力损失/kPa
30	125	2.6	1640	0.118	33.87
40	125	2.6	1640	0.118	45.29
50	125	2.6	1640	0.118	56.59

②管径。

管径对阻力损失影响的数值模拟结果(表5-6)表明,阻力损失随管径增大而减小。

表5-6 管径与阻力损失的关系

管径/mm	管道长度/m	进口速度/(m·s⁻¹)	密度/(kg·m⁻³)	浆体黏度	阻力损失/kPa
125	50	2.6	1640	0.118	56.59
152	50	2.6	1640	0.118	38.66
178	50	2.6	1640	0.118	26.85

③流速。

流速对阻力损失影响的数值模拟结果(表5-7)表明,阻力损失随流速增大而增大。这一结论与瓦斯普公式一致。

表5-7 流速与阻力损失的关系

流速/(m·s⁻¹)	管径/mm	管道长度/m	密度/(kg·m⁻³)	浆体黏度	阻力损失/kPa
1.2	125	50	1640	0.118	15.09
2.0	125	50	1640	0.118	35.74
2.6	125	50	1640	0.118	56.59

④浆体密度。

浆体密度对阻力损失影响的数值模拟结果(表5-8)表明,阻力损失随浆体密度的增大而增大。但浆体密度对阻力损失影响的程度比管道长度、管径和流速对阻力损失影响的程度要低(对比分析表5-5~表5-8)。

表5-8 浆体密度与阻力损失的关系

浆体密度/(kg·m⁻³)	流速/(m·s⁻¹)	管径/mm	管道长度/m	浆体黏度	阻力损失/kPa
1640	2.6	125	50	0.118	56.59
1740	2.6	125	50	0.118	59.05
1840	2.6	125	50	0.118	61.47

⑤浆体黏度。

浆体黏度对阻力损失影响的数值模拟结果(表5-9)表明,阻力损失随浆体黏度的增大而增大。

表 5-9　浆体黏度与阻力损失的关系

浆体黏度	密度/(kg·m⁻³)	进口速度/(m·s⁻¹)	管径/mm	管道长度/m	阻力损失/kPa
0.090	1640	2.6	125	50	52.27
0.118	1640	2.6	125	50	56.59
0.165	1640	2.6	125	50	62.20

5.5　水化反应及固结

开展胶凝材料体系的水化反应、充填体强度形成机理研究,对深入了解和掌握充填体材料的内部微观结构特征及其性能的内在原因和本质规律具有重要的意义。

5.5.1　充填体的强度形成机理

充填体的宏观组织呈堆聚状,它是由形状和大小不同的粗、细骨料颗粒和水泥石所组成的硬化复合材料,其结构如图5-22示,其中起胶凝作用的物质是由胶凝材料水化固结而形成的水泥石。因此它的宏观性能主要取决于水泥石的性能、骨料性能、水泥石-骨料相对含量及其之间的过渡区的性能,过渡区将两种性能完全不同的材料联系在一起,因而对充填体的性能起到决定作用。

图 5-22　充填体材料的宏观组织和水泥石组织结构图

(1)充填体内水泥石的结构及形成过程。

胶凝材料水化反应形成的水泥石是一个极其复杂的非均质多孔的固、液、气三相共存体。磷石膏基充填体中水泥石的固相组成主要由未充分水化的胶凝材料颗粒(包括少量水泥颗粒、石膏、磷渣、粉煤灰颗粒等)和多种形貌的 C-S-H、AFt(钙矾石)晶体、六方板状 $Ca(OH)_2$ 晶体组成;液相主要是毛细管水、吸附水、层间水和化学结合水;气相主要为胶凝孔、毛细孔和气孔中气体组成。充填混合材料中的胶凝材料与水混合后,立即发生物理化学反应,其中水泥颗粒表面各组分开始溶解,当水溶液中离子浓度达到饱和或过饱和时,部分水化产物结晶析出,尚未溶解的活性矿物组分继续溶解、析出,经过一系列反复且复杂的水化过程,浆体中的固相体积不断增加,致使活性颗粒体积不断膨胀增大,相互接触挤压失去流动性,并逐渐硬化形成具有一定强度的水泥石,其变化过程如图 5-23 所示。因此胶凝材料水化反应的全过程反映了水泥石从形成结构到产生强度及其强度变化的规律。

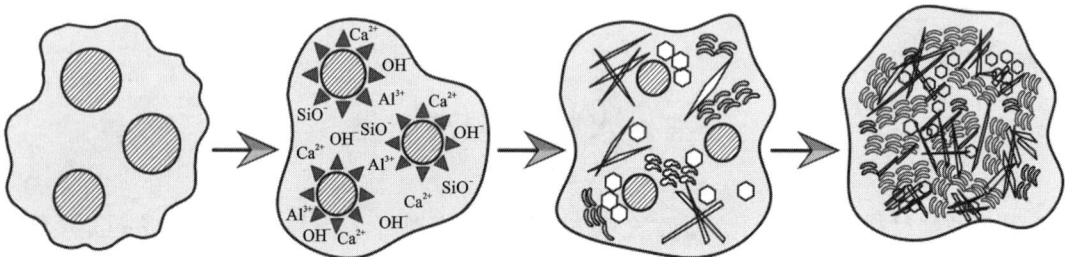

图 5-23 水泥石结构的形成过程示意图

(2)充填体内水泥石产生强度的原因。

在胶凝材料水化初期,水化反应产生了不同的水化产物,且各水化产物之间相互独立,此时浆体尚不具备强度,随着水化程度的加深,胶凝材料开始凝固并产生较低的强度,这是由于水化产生的 C-S-H、AFt 晶体与 $Ca(OH)_2$ 晶体通过化学键和分子之间的范德华力结合在一起,但是由于化学键和分子键(范德华力)形成数目较少,在电镜下观察到明显的针、棒状 AFt 和六方板状的 $Ca(OH)_2$ 晶体,AFt 和 $Ca(OH)_2$ 晶体镶嵌在由化学键和分子键构成的 C-S-H 凝胶网中,随着水化的不断进行,化学键和分子键的数目越来越多,复合体网状结构更加致密,孔隙减少,强度逐渐增高,在电镜下可观察到各种水化产物交织在一起,最后形成 C-S-H 凝胶网构成的水泥石网架,凝胶网不像普通的网络一样致密,内部含有部分缺陷,并夹杂着其他水化产物和水分蒸发形成的孔。

总之,从纳米级的角度来说,水泥石之所以能够产生强度,是由于水泥石中 C-S-H 凝胶内部的化学键和 AFt、$Ca(OH)_2$ 等晶体与凝胶网之间的范德华力,以及各物相之间的机械作用。对于影响水泥石强度的水灰比及孔隙率等,这都是间接的关系,水灰比及空隙率的提高会使其内部的化学键和范德华力的数目减少,导致其强度降低。

(3)充填体材料内的过渡区结构与特征。

充填体中骨料和水泥石通过过渡区相连,充填体中过渡区的结构特征也是影响充填体性能的重要因素。它是由混合浆体中的水在向骨料表面方向迁移形成水灰比的梯度差而产生的。由于水灰比的差别,离骨料表面越近,结晶水化物越容易生成,且尺寸越大。通常水泥石与骨料之间的过渡区厚度为 $0 \sim 100~\mu m$。

水泥石和骨料的弹性模量不同,当温度、湿度发生变化时,水泥石和骨料变形不一致,致使在过渡区处形成细微的裂缝；在充填料浆硬化前，浆体中的水分向亲水的骨料表面不断迁移，在骨料表面形成一层水膜，从而在硬化的充填体中留下细小的缝隙；此外，浆体泌水也会在骨料下表面形成水囊。当充填体承受外部载荷时，这些微裂缝不断扩展并伸向水泥石，水泥石中微裂缝的伸展，最终将导致充填体破坏。因此，过渡区往往是充填体中结构疏松和最薄弱环节，是充填体中固有的原始缺陷，也是充填体破坏的起始点。

（4）充填体的强度形成机理分析。

充填体可以看作是由水泥石、骨料、过渡区三部分构成的宏观堆聚结构复合材料。其中，粗骨料在充填体中杂乱、随机分布，并构成了充填体的骨架结构，细骨料则填充于粗骨料之间的空隙中，使之形成密实的嵌锁骨架结构，胶凝材料浆体再进一步填充于粗、细骨料堆聚体中孔隙中，并通过过渡区将骨料黏结在一起。

在水化初期，水化产生的 C-S-H 凝胶、AFt 晶体与 $Ca(OH)_2$ 晶体数量较少，化学键和分子键（形成范德华力）形成数目较少，因此化学键和分子之间范德华力的作用就较为微弱，过渡区对充填骨料嵌锁骨架结构的黏结作用也很微弱，宏观表现为充填体形成了较低的强度。随着水化反应的不断进行，水化产物的化学键和分子键的数目越来越多，化学键和分子之间范德华力的作用逐渐变强，水化产物组成的复合体网状结构逐渐变密实，过渡区的黏结效应和充填体内各物相之间的机械作用逐渐增强，因此宏观表现为充填体的强度逐渐增强。后期随着时间的推移，充填体内仍需进行大量的水化反应，C-S-H 凝胶内部的化学键和 AFt、$Ca(OH)_2$ 等晶体与凝胶网之间的范德华力对水泥石复合体网状结构的变密仍具有一定的促进作用，与此同时各物相之间在内部的机械作用下孔隙越来越小，充填体的密实程度和宏观力学特性得到进一步提高，形成具有较高强度的硬化体。

5.5.2　磷石膏的固结反应

（1）磷石膏-水泥-水体系充填体材料的水化机理。

在矿山充填中，普通硅酸盐水泥是最常用的胶凝材料，硅酸盐水泥熟料主要的化学成分为 CaO、SiO_2、Al_2O_3 和 Fe_2O_3，这些氧化物在高温煅烧后以两种或两种以上的氧化物反应形成 $3CaO \cdot SiO_2(C_3S)$、$2CaO \cdot SiO_2(\beta\text{-}C_2S)$、$3CaO \cdot Al_2O_3(C_3A)$ 和 $4CaO \cdot Al_2O_3 \cdot Fe_2O_3(C_4AF)$ 四种单矿物，四种熟料的反应程度依次是 $C_3A > C_4AF > C_3S > \beta\text{-}C_2S$。磷石膏中的主要矿物组分为 $CaSO_4 \cdot 2H_2O$，另外还有少量的可溶性 P_2O_5、F^- 等有害杂质，磷石膏参与水泥的水化反应，水化反应开始后，单矿物离子之间，单矿物离子与二水石膏、可溶性 P_2O_5 和 F^- 之间将发生复杂反应，由于磷石膏掺量较大，在整个过程中，混合材料中的 $CaSO_4 \cdot 2H_2O$ 始终处于过剩状态。

在磷石膏水泥混合料中加水后，C_3S 先与水迅速反应，生成 $Ca(OH)_2$ 碱性饱和溶液，为水泥熟料的分散和溶解创造条件。与此同时，磷石膏中的 $CaSO_4 \cdot 2H_2O$、可溶性磷酸盐、NaF 也开始溶解，在溶液中发生如式（5-41）的电离反应。

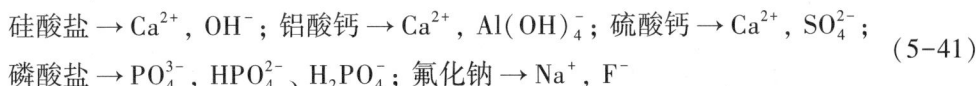

$$硅酸盐 \rightarrow Ca^{2+}, OH^-；铝酸钙 \rightarrow Ca^{2+}, Al(OH)_4^-；硫酸钙 \rightarrow Ca^{2+}, SO_4^{2-}；$$
$$磷酸盐 \rightarrow PO_4^{3-}, HPO_4^{2-}, H_2PO_4^-；氟化钠 \rightarrow Na^+, F^- \tag{5-41}$$

由于四种矿物中 C_3A 的反应速度最快，C_3A 在 $Ca(OH)_2$ 溶液中反应生成六方片状 C_4AH_{13}，C_4AH_{13} 能够稳定存在，随后数量迅速增加，并与磷石膏中的 $CaSO_4 \cdot 2H_2O$ 迅速反应

生成细小的 $C_3A \cdot 3C\bar{S} \cdot H_{32}$(AFt，钙矾石)。$C_3AF$ 在 $Ca(OH)_2$ 溶液中直接与 $CaSO_4 \cdot 2H_2O$ 迅速反应生成细小的 $C_3(A、F) \cdot 3C\bar{S} \cdot H_{32}$(AFt，钙矾石)。同时，溶液中大量的 Ca^{2+} 与电离产生 PO_4^{3-}、HPO_4^{2-}、$H_2PO_4^-$ 和 F^- 快速发生反应生成 $Ca_3(PO_4)_2$ 和 CaF_2 难容物，这些难溶物覆盖在 C_3A 表面，阻碍了 C_3A 的溶解，使得 C_3A 的放热过程峰值往后推移，延缓了 C_4AH_{13} 与 $CaSO_4 \cdot 2H_2O$ 生成 AFt 的过程。

随着反应的进行，生成的 AFt 又覆盖在 C_3A 的表面，阻碍了其进一步反应，随着扩散作用的进行，在 C_3A 的表面又生成新的 AFt，固相体积逐渐增加，AFt 薄膜层胀裂，新生成的 AFt 又将破裂而后重新封闭，如此反复进行，直至 C_3A 水化完全，因此充填体的早期水化产物主要是 AFt，在 C_3A 的水化过程中可能产生的水化反应为式(5-42)~式(5-47)。整个体系的胶凝和结晶模型分别如图 5-24 和图 5-25 所示。

$$3CaO \cdot SiO_2 + nH_2O \longrightarrow xCaO \cdot SiO_2 \cdot yH_2O + (3-x)Ca(OH)_2$$
即
$$C_3S + nH \longrightarrow C\text{-}S\text{-}H + (3-x)CH \tag{5-42}$$
$$3CaO \cdot Al_2O_3 + Ca(OH)_2 + 12H_2O \longrightarrow 4CaO \cdot Al_2O_3 \cdot 13H_2O$$
即
$$C_3A + CH + 12H \longrightarrow C_4AH_{13} \tag{5-43}$$
$$4CaO \cdot Al_2O_3 \cdot 13H_2O + 3(CaSO_4 \cdot 2H_2O) + 14H_2O \longrightarrow$$
$$3CaO \cdot Al_2O_3 \cdot 3CaSO_4 \cdot 32H_2O + Ca(OH)_2$$
即
$$C_4AH_{13} + 3C\bar{S}H_2 + 14H \rightarrow C_3A \cdot 3C\bar{S} \cdot H_{32} + CH' \tag{5-44}$$
$$4CaO \cdot Al_2O_3 \cdot Fe_2O_3 + 6(CaSO_4 \cdot 2H_2O) + 2Ca(OH)_2 + 50H_2O \longrightarrow$$
$$2[3CaO \cdot (Al_2O_3、Fe_2O_3) \cdot 3CaSO_4 \cdot 32H_2O]$$
即
$$C_4AF + 2CH + 6C\bar{S}H_2 + 50H \longrightarrow 2C_3(AF) \cdot 3C\bar{S} \cdot H_{32} \tag{5-45}$$
$$P_2O_5 + 3Ca(OH)_2 \longrightarrow Ca_3(PO_4)_2 \downarrow + 3H_2O \tag{5-46}$$
$$2NaF + Ca(OH)_2 \longrightarrow CaF_2 \downarrow + 2NaOH \tag{5-47}$$

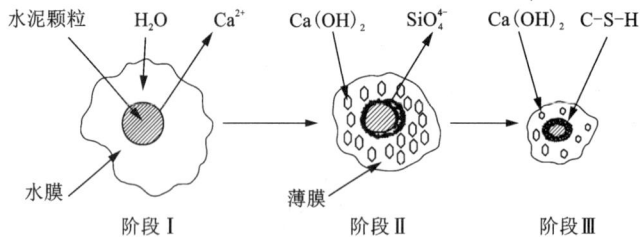

图 5-24 磷石膏-水泥体系水化的胶凝模型

$C_3S\text{-}H_2O$ 体系的水化过程可以分为初始水解期、诱导期、加速期、减速期和稳定期 5 个过程。可溶性磷和氟主要会延长 C_3S 的诱导期和加速期，对其他水化过程几乎无影响。Ca^{2+} 和 OH^- 进入溶液，在 C_3S 表面形成富硅层，Ca^{2+} 吸附在富硅表面形成双电层，Ca^{2+} 和 OH^- 继续

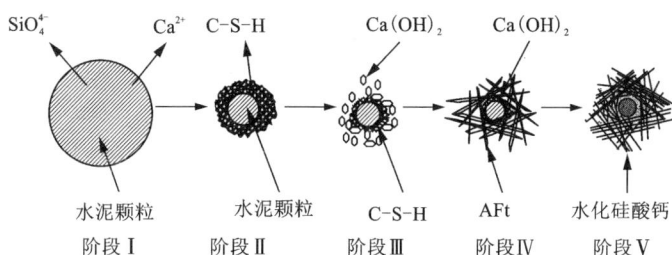

图 5-25　磷石膏-水泥体系水化的结晶模型

进入溶液通过双电层使溶液达到饱和状态，在靠近 C_3S 颗粒表面的离子浓度大的区域，C-S-H 晶核开始在颗粒的表面逐渐生长，与此同时 $Ca(OH)_2$ 晶体也开始在 C_3S 颗粒表面或空隙中逐渐生长，随着 $Ca(OH)_2$ 溶液中离子浓度的降低，C-S-H 晶体和 $Ca(OH)_2$ 晶体的生长速度逐渐变慢，水化产物开始向颗粒原始周围以外的充水空间填充。同时磷石膏内可溶性磷和氟与溶液中的 Ca^{2+} 发生反应生成 $Ca_3(PO_4)_2$ 和 CaF_2 难溶物，这些难溶物晶粒小，比表面积大，直接吸附在 C_3S 晶粒的表面阻碍了 C_3S 的水化进程，使水化产物有足够的时间向充水空间转移，生成的晶粒尺寸偏小，水化产物分布相对更加均匀。

β-C_2S 的水化过程与 C_3S 较为相似，反应速率约为 C_3S 的 $1/20$，β-C_2S 水化时 Ca^+ 的过饱和度已经很低，C-S-H 和 $Ca(OH)_2$ 成核较晚，水化生成的 $Ca(OH)_2$ 晶体较少，β-C_2S 的水化反应式如下：

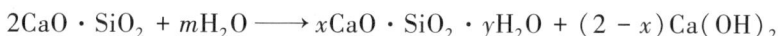

$$2CaO \cdot SiO_2 + mH_2O \longrightarrow xCaO \cdot SiO_2 \cdot yH_2O + (2-x)Ca(OH)_2$$

即

$$C_2S + mH \longrightarrow C-S-H + (2-x)CH \tag{5-48}$$

磷石膏-水泥体系水化的早期强度主要受 AFt 的生成量的影响，而后期强度则主要受 C-S-H 和 $Ca(OH)_2$ 晶体生成量的影响。磷石膏中的可溶性磷和氟会使得 C-S-H 的生长更加充分，变成细长的纤维状，因此有助于提高充填体的后期强度。在该体系的整个水化过程中，磷石膏的缓凝作用是磷石膏中 $CaSO_4 \cdot 2H_2O$ 与可溶性杂质共同作用的结果。

（2）粉煤灰对磷石膏-水泥体系水化过程的影响。

粉煤灰的主要活性成分是 SiO_2、Al_2O_3 和 CaO，而参与火山灰反应的成分是部分可溶性 SiO_2 和 Al_2O_3，由于粉煤灰中可溶性 SiO_2 和 Al_2O_3 含量很低，因此粉煤灰的火山灰反应较弱。磷石膏参与水泥、粉煤灰体系胶凝材料的水化反应，其中的少量 $CaSO_4 \cdot 2H_2O$ 可作为激发剂对粉煤灰的活性起激发作用。

在磷石膏-水泥-粉煤灰体系中加水后，C_3S 与水迅速反应，生成 $Ca(OH)_2$ 碱性饱和溶液，与此同时磷石膏中的 $CaSO_4 \cdot 2H_2O$、可溶性磷酸盐、NaF 也开始溶解，C_3A 在 $Ca(OH)_2$ 碱性溶液与磷石膏中的 $CaSO_4 \cdot 2H_2O$ 迅速反应生成 AFt。在 $Ca(OH)_2$ 碱性溶液环境中，Ca^{2+} 通过扩散到达粉煤灰球形玻璃体的表面，发生化学吸附和浸蚀，使玻璃体溶解，破坏了玻璃体表面的硅氧、铝氧网络结构，将粉煤灰球状玻璃体表面具有活性的 SiO_2 和 Al_2O_3 激发，具有活性的 SiO_2 与 $Ca(OH)_2$ 反应生成 C-S-H，具有活性的 Al_2O_3 与 SO_4^{2-}、$Ca(OH)_2$ 反应生成 AFt，其主要反应方式如下：

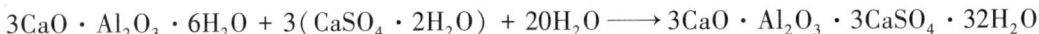

$$SiO_2 + m_1Ca(OH)_2 + nH_2O \longrightarrow m_1CaO \cdot SiO_2 \cdot nH_2O \qquad (5-49)$$

$$Al_2O_3 + m_2Ca(OH)_2 + nH_2O \longrightarrow m_2CaO \cdot Al_2O_3 \cdot nH_2O \qquad (5-50)$$

$$3CaO \cdot Al_2O_3 \cdot 6H_2O + 3(CaSO_4 \cdot 2H_2O) + 20H_2O \longrightarrow 3CaO \cdot Al_2O_3 \cdot 3CaSO_4 \cdot 32H_2O$$

即

$$C_3AH_6 + 3C\bar{S}H_2 + 20H \longrightarrow C_3A \cdot 3C\bar{S} \cdot H_{32} \qquad (5-51)$$

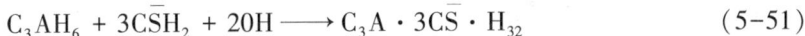

随着 C-S-H 和 AFt 的逐步生成，体系中的 AlO⁺ 浓度降低，这就促进了粉煤灰球形玻璃体表面的 AlO⁺ 继续释放，导致玻璃体逐渐解体，而这些 C-S-H 和 AFt 沉积在玻璃体颗粒表面，形成网络状结构或纤维絮状结构包裹层，由于包裹层紧密度小，Ca^{2+}、OH^-、SO_4^{2-} 等离子通过扩散渗透反复到达玻璃体表面对活性物质进行激发，随着 AFt 等包裹层的变厚，AFt 胀裂出现缝隙，又加快了离子扩散渗透作用，新生成的 AFt 又将破裂并重新封闭，粉煤灰内部玻璃体表面的活性成分继续水化生成 C-S-H 和 AFt 晶体；此后随着龄期增长，这些水化产物不断生长、搭接、交织并与将 $Ca_3(PO_4)_2$ 和 CaF_2 难溶物紧密夹杂并一起包围、填充空隙，使水化产物和杂质难溶物变成结构密实的硬化体。

水泥-粉煤灰-磷石膏浆体水化的整个过程中，$CaSO_4 \cdot 2H_2O$ 始终处于过剩状态，在 C_3S、C_2S 反应过程中，体系内存在大量的 $Ca(OH)_2$ 凝胶和少量的细小晶核。随着时间的推移，在 C_3S 和 C_2S 完全消耗以前，体系内仍存在大量的 Ca^{2+}，对 C_3S、C_2S 的水化起"补钙"的作用，$Ca(OH)_2$ 发生过饱和，致使 $Ca(OH)_2$ 再结晶形成较大的 $Ca(OH)_2$ 晶体。

Langan 等认为粉煤灰作为胶凝材料降低了诱导期和加速期的水化速率，加速了后期的水化速率，且质量分数越小，这种降低作用越明显。粉煤灰的加入改变了水泥水化时的需水量，水化开始时，用于水泥初始水化的水较充足，早期的水化速率较高；在诱导期，粉煤灰吸附溶液中的 Ca^{2+}，使溶液中的 Ca^{2+} 浓度降低，致使 Ca^{2+} 达到过饱和状态的过程延长，于是就延缓了 C-S-H 和 $Ca(OH)_2$ 的形成和结晶。

（3）水化过程的微观结构分析。

以新桥矿六国化工陈化磷石膏充填配比试验为例，将充填试块放入养护箱养护到某龄期，中止水化，制作观察试样，用扫描电镜观察，图 5-26、图 5-27 为磷石膏-水泥体系充填体的 7 d、28 d 电镜扫描图，图 5-28、图 5-29 为磷石膏-水泥-粉煤灰体系充填体的 7 d、28 d 电镜扫描图。

由图 5-26 可知，磷石膏-水泥体系充填试块在水化 7 d 时，棱柱状或板状的磷石膏结晶清晰可见，表面富集物消失，在 $CaSO_4 \cdot 2H_2O$ 晶体颗粒之间的孔隙内产生了一定数量的水化

图 5-26 磷石膏-水泥体系充填体的 7 d 电镜扫描图

产物，这些水化产物为针、棒状或絮状物质，针状或棒状物质为 AFt，呈放射状生长；絮状物质为 C-S-H 凝胶，覆盖在 $CaSO_4 \cdot 2H_2O$ 晶体颗粒表面。总体来看，AFt 的生成量相对较少，发育水平较低，晶体尺寸细小，水化产物之间仍存在较多孔隙，水化产物与 $CaSO_4 \cdot 2H_2O$ 晶体之间较为疏松。

由图 5-27 可知，该体系混合材料水化 28 d 后，水化反应已经比较深入，未参与水化反应的磷石膏晶体基本被水化产物所覆盖，针棒状 AFt 晶体数量增加，发育得更为充分，晶体尺寸较 7 d 更细长。它们共同生长、相互搭接，填充了水化物之间的较大孔隙，覆盖在 $CaSO_4 \cdot 2H_2O$ 晶体表面，形成紧密的网状结构。由于 AFt 针棒状晶体尺寸仍然较短小，表明 AFt 仍在不断发育；AFt 与 C-S-H 凝胶的共同生长、相互结合，使 $CaSO_4 \cdot 2H_2O$ 晶体颗粒与水化产物相互交织，结构的密实度较 7 d 有较大幅度的提高；但被覆盖的 $CaSO_4 \cdot 2H_2O$ 晶体颗粒之间仍能看到一定数量的大孔隙。

图 5-27　磷石膏-水泥体系充填体的 28 d 电镜扫描图

由图 5-28 可以看出，磷石膏-水泥-粉煤灰体系充填试块在水化 7 d 时，棱柱状或板状的磷石膏晶体基本呈原状，粉煤灰颗粒表面轻微絮状化，颗粒表面出现坑槽状溶蚀点，表明体系中的部分粉煤灰已开始参与水化反应。粉煤灰颗粒夹杂在 $CaSO_4 \cdot 2H_2O$ 晶体颗粒之间，颗粒之间的孔隙内可看到少量水化产物为针、棒状 AFt 或絮状 C-S-H 凝胶。总体来看，水化生成物较少，发育水平较低，水化产物之间、水化产物与 $CaSO_4 \cdot 2H_2O$ 晶体之间空隙较多，结构较为疏松。

图 5-28　磷石膏-水泥-粉煤灰体系充填体的 7 d 电镜扫描图

由图 5-29 可看出，磷石膏-水泥-粉煤灰体系充填体试块在水化 28 d 后，未参与水化反应的磷石膏晶体和粉煤灰球形颗粒表面已完全被水化产物覆盖。体系中明显出现了大量的针棒状短小的 AFt 晶体，周围的针棒状 AFt 和絮状 C-S-H 凝胶相互交错搭接生长，与 $CaSO_4 \cdot 2H_2O$ 晶体和粉煤灰球形颗粒的结合较前期更加密实，孔隙较 7 d 时显著减少，形成紧密的网状结构，说明粉煤灰的潜在活性已得到明显激发。

图 5-29　磷石膏-水泥-粉煤灰体系充填体 28 d 电镜扫描图

5.5.3　新型胶凝材料的水化反应原理

1. 新型胶凝材料的原料及分类

由于新型胶凝材料的种类很多，不同的胶凝材料必然要应用不同的原料，因此，用于制作新型胶凝材料的原料也是多种多样的。

（1）天然原料。

①资源性的天然原料：例如，石灰石、黏土、石膏、菱苦土和各类矾土等。

②非资源性的天然原料：例如，火山灰、凝灰岩、砂石、无用的植物和农作物等。

（2）人工原料。

①黑色冶金工业固体废弃物：例如，高炉矿渣、炉底渣和各种炼钢炉渣等。

②有色冶金工业固体废弃物：例如，各种有色金属的冶炼渣和赤泥等。

③化学工业固体废弃物：例如，黄磷渣、电石渣、硅渣和硫铁渣等。

④热电工业固体废弃物：例如，高钙和低钙粉煤灰、脱硝粉煤灰和脱硫石膏等。

⑤煤炭工业固体废弃物：例如，煤矸石等。

⑥采矿工业固体废弃物：例如，各种尾砂等。

（3）按原料的主要化学成分分类。

①硅化合物：天然火山灰、生产硅铁工厂排放出的硅灰和生产硫酸铝工厂排放出的废弃物等，其主要化学成分是 SiO_2。

②含钙化合物：氢氧化钙和电石厂排放出的废渣等。

③碳酸盐：天然产的石灰石、菱镁矿和白云石等。

④硫酸盐：石膏、硬石膏、燃煤电厂为脱除烟气中的硫而生成的脱硫石膏、铸造厂的废

模具石膏等。

⑤铝酸盐：生产氧化铝工厂的排放物等。

⑥含磷物质：生产黄磷工厂排放出的磷矿渣和生产磷酸工厂排放出的磷石膏等。

⑦铝硅酸盐：这是最多的一类原料，有黏土、煤矸石和某些工业排放的废弃物，以及各种采矿场的尾砂等。

（4）按原料的结晶形态和结构分类。

①结晶状态的原料：天然矿物多数是结晶状态较好的原料，例如，石灰石、黏土矿物和各种尾砂等。

②玻璃体状态的原料：多数工业排放的废弃物是在高温熔融状态下经冷却而形成的，因此，常呈结晶较差的状态或玻璃体状态。

2. 新型胶凝材料的制备方法

在自然界并不存在新型胶凝材料，因此，一般都需要取天然的或人工的原料，经过相应的处理得到新型胶凝材料。由于新型胶凝材料的种类很多，应用的场合和环境不同且要求也不同，因而制作时所取的原料不同，处理的方法和措施也就各异。

（1）普通煅烧法。

最为普遍、历史最悠久的方法，就是煅烧——将原料或几种原料的混合物，在一定的温度（往往是较高温度）下进行热处理。以简单热分解热处理单一原料，这是在制备气硬性胶凝材料中最常用的方法。例如，石灰、镁质胶凝材料等是古老的建筑材料，常将块状石灰石砌成堆而置于土窑内煅烧，在处理过程中将会发生相应的热分解反应。此外，还有石膏的脱水及复杂体系（硅酸盐水泥熟料和铝酸盐水泥熟料）的高温煅烧等。

（2）水热合成法与溶胶-凝胶法。

水热合成法就是将原料（或原料混合物）在有水或水蒸气的情况下进行产品的合成。这是地质学家模拟地层下的条件——高温、高压、水热条件，研究某些矿物、岩石形成的原因，在实验室进行仿地水热合成时提出的方法。该方法的实质为：在密闭的容器中，水在一定温度下产生的压强，使原料混合物之间产生反应，一般属于液-固相之间的反应。水或水蒸气的温度和压强是关键的因素。不同的温度和压强，将会形成不同的产物。某些难以在一般条件下形成的物质，借助于水的压强，在相对较低的温度下就可以形成。

水热合成法在水泥制品中是主要的制备方法，其主要流程包括：先将原料混合物在常压或压强不高于 1 MPa 的条件下，水热合成为相应的水化物；再在温度不高于 1000 ℃的条件下煅烧，使水化物脱水和相互进行反应，生成具有胶凝性的物料。

溶胶又称胶体溶液，是在分散体系中保持固体物质不沉淀的胶体；凝胶或称冻胶，是溶胶失去流动性后含有液体的半固态物体，其中液体有时可高达 99.5%。溶胶-凝胶法是制备材料的湿化学方法中的一种新兴方法，其特点是完全在液态下进行反应，而不是采用粉末为原料，反应物在液相中进行反应，生成的反应物是稳定而均匀的溶胶，经适当放置，使其转变为凝胶，再借助液体蒸发，而不是机械脱水，就得到所需的制品坯体。如果需要，还可以在低于传统烧成温度下进行烧结。溶胶-凝胶法特别适用于制备成分复杂、粉料难以混合均匀的制品，可以提高制品的性能。

（3）机械力化学法。

当物质受到机械力作用时（即采用机械处理方法对固体物质的粉碎作用，例如，研磨、冲击、压力等），常因此受到激活作用。若体系的化学组成或结构不发生变化，则称为机械激活；若化学组成或结构发生变化，就称为机械化学激活。机械力对固体物质的作用，可以归纳为以下三种。

物理效应：颗粒和晶粒细化、颗粒尺寸大小均匀化、比表面积和表面能增大、产生弹性应力和裂纹、表观密度和真密度变化、其他物理性能变化结晶状态。

结晶状态：产生颗粒表面和晶格缺陷、晶格发生畸变、结晶程度降低甚至无定形化、晶型转变。

化学变化：含结晶水或—OH羟基物的脱水、降低体系反应活化能、形成新化合物的晶核或细晶、形成合金或固溶体、化学键的断裂体系发生化学变化。

"机械力化学"概念被引入水泥行业，也不过20多年时间，主要是利用粉磨对水泥熟料、辅助性原料（各种工业固体废弃物混合材料）产生作用和影响。例如，对矿物晶体结构和晶型的影响，以及可合成的水泥水化物、水化硅酸钙等的影响，更着重于提高水泥的粉磨细度以改善水泥的性能。提高水泥的细度和比表面积，虽然对水泥的早期强度有利，然而对后期强度的发展却不利。因此，从应用于混凝土的角度，水泥熟料的细度不宜过细。实践证明，若水泥熟料的细度过细，则混凝土的早期强度虽高，但后期强度不仅不高，有时甚至会产生开裂。但是，对于混合水泥、矿渣水泥、粉煤灰水泥等，如果采用水泥熟料与混合材料（即辅助性原料）分别粉磨的措施，保持水泥熟料的比表面积为 $300 \sim 350 \ \mathrm{m^2/kg}$，而将混合材料的比表面积提高，这将对水泥浆体和混凝土的结构有利。

（4）化学激发法。

化学激发法是不用天然资源，以各种含铝硅酸盐玻璃体（或无定形体）的工业固体废弃物为主要原料，采用一些含碱或不含碱的化合物作为激发剂，使原来不具有胶凝性的物质，在碱性物质或化学试剂的激发作用下，产生具有胶凝性的材料。该材料的形成工艺过程简单，不需要高温煅烧，而碱性化合物却是重要的和必不可少的原料之一。

从上述特点可以了解，所谓化学激发法，就是在原材料中掺加某种特定的化学物质，使它与原料中的某些成分（主要是 SiO_2 和 Al_2O_3、Fe_2O_3 等）之间产生化学反应，最终生成具有胶凝性质的材料。

与机械力化学法和水热合成法不同，它不是在粉磨过程或水热蒸压下反应，而是在常温有水的情况下，经反应物相互之间的化学反应，就可以形成具有胶凝性的物质。现研究报道最多的，是利用碱性物质与含铝硅酸盐玻璃体的工业废渣和煅烧高岭土制备碱激发胶凝材料。由于化学激发胶凝材料形成方法的特点，它已经逐渐发展为"可持续发展、绿色、环境友好"的胶凝材料。目前，研究和报道的化学激发胶凝材料的种类很多，也有一定数量的在特殊场合和工程应用的实例。

思考题

1. 如何利用颗粒级配理论改善颗粒不均充填骨料的粒径组成?
2. 论述絮凝剂残留对充填料浆剪切触变特性的作用机理。
3. 什么是两相流和结构流? 分别有哪些典型特性?
4. 管道输送的参数有哪些? 分别怎样计算?
5. 论述充填体强度形成过程中的主要化学反应过程及产物。

第6章　充填装备

随着我国装备制造水平的不断提高，低成本、高效率、大能力的新型充填装备不断涌现，尤其是在粗细分级、高效浓缩、过滤脱水、高速搅拌、高压泵送、耐磨管道及充填挡墙等方面，已经形成了大批量、成套成熟系列产品，显著提高了矿山的充填装备水平。

6.1　分级装置

分级尾砂充填时为保证充入采场后具有一定的脱水或渗透性能，充填前需进行分级脱泥工艺除去部分细粒级，常用的设备有旋流器和振动筛两种。

6.1.1　旋流器

（1）旋流器特点。

水力旋流器是利用离心力和重力来实现粗颗粒沉降分级的设备，在选矿工业中主要用于分级、分选、浓缩和脱泥，也是分级尾砂充填中常用的分级设备之一。当水力旋流器用作分级设备时，主要用来与磨机组成磨矿分级系统；用作脱泥设备时，可用于重选厂脱泥；还常与浓密机组成"水力旋流器-浓密机串联流程"和"水力旋流器-浓密机闭路流程"的联合浓缩工艺，其中旋流器主要用于提高尾砂的浓缩效率，浓密机主要用来获得高浓度的浓缩产物。水力旋流器无运动部件，构造简单；单位容积的生产能力较大，占地面积小；分级效率高（80%~90%），分级粒度细；造价低，材料消耗少。

近年来，随着旋流器在尾砂充填领域应用的不断成熟和发展，由数个或数十个旋流器并联形成的超大能力旋流器组开始出现并应用于矿山的充填系统中。水力旋流器的主要缺点是消耗动力较大，且在高压给矿时磨损严重，但是采用新的耐磨材料，如硬质合金、碳化硅等制作沉砂口和给矿口的耐磨件，可部分地解决这一问题。此外，因其容积小，对矿量波动没有缓冲能力，不如机械分级机工作稳定。

（2）旋流器工作原理。

如图6-1所示，水力旋流器的工作筒体由两部分组成：上部为一个中空的圆柱体，下部为一个与圆柱体相通的倒锥体。除此，水力旋流器还有进料管、溢流管和排砂口。水力旋流器用砂泵（或高差）以一定压力（一般0.05~0.25 MPa）和流速（5~12 m/s）将矿浆沿切线方向旋入圆筒，然后矿浆便以很快的速度沿筒壁旋转而产生离心力，通过离心力和重力的作用，将较粗、较重的矿粒抛出。

悬浮液以较高的速度由进料管沿切线方向进入水力旋流器，由于受到外筒壁的限制，迫使液体做自上而下的旋转运动，通常将这种运动称为外旋流或下降旋流运动。外旋流中的固体颗粒受到离心力作用，如果密度大于四周液体的密度（大多数情况），它所受的离心力就越大，一旦这个力大于因运动所产生的液体阻力，固体颗粒就会克服这一阻力而向器壁方向移动，与悬浮液分离，到达器壁附近的颗粒受到连续的液体推动，沿器壁向下运动，到达底流口附近聚集成为稠化的悬浮液，从底流口排出。分离净化后的液体（其中还有一些细小的泥质颗粒）继续旋转向下运动，进入圆锥段后，因旋液分离器的内径逐渐缩小，液体旋转速度加快。液体产生涡流运动时沿径向方向的压力分布不均，越接近轴线处越小而至轴线时趋近于零，成为低压区甚至为真空区，导致液体趋向于轴线方向移动。同时，旋液分离器底流口大大缩小，液体无法迅速从底流口排出，而旋流腔顶盖中央的溢流口，处于低压区而使一部分液体向其移动，形成向上的旋转运动，并从溢流口排出。

（3）影响水力旋流器工作效率的关键因素。

表 6-1 列出了水力旋流器设备主要技术参数。在充填尾砂分级、尾砂库尾砂筑坝分级等领域，水力旋流器均有着广泛的应用。

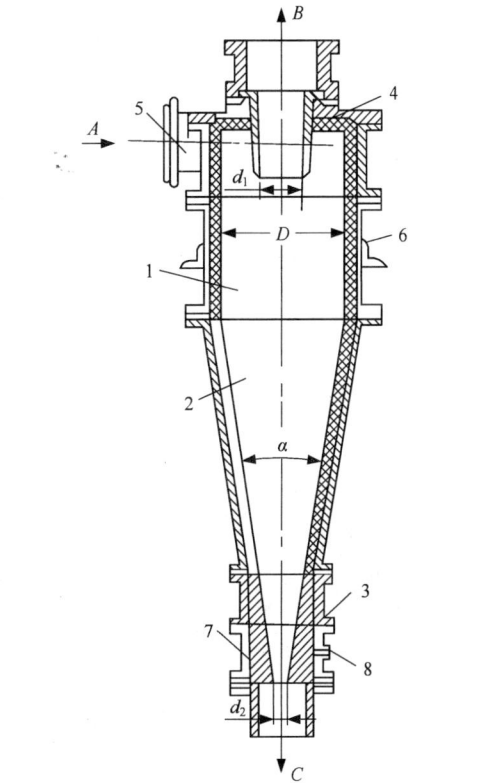

A—进料；B—溢流；C—沉砂；D—内径；1—圆柱体；
2—圆锥体；3—排砂口；4—溢流管；5—进料管；
6—耐磨橡胶内衬；7—金属加强环；8—压气入口。

图 6-1　水力旋流器

表 6-1　水力旋流器设备主要技术参数

内径/mm	溢流管径/mm	底流口径/mm	最大给料粒度/mm	入料压力/MPa	处理能力/($m^3 \cdot h^{-1}$)	分离粒度/μm	外形尺寸/mm			单机质量/kg
							长	宽	高	
850	280~380	130~220	22	0.04~0.15	500~900	74~350	1600	1300	3300	2600
710	220~300	100~180	16	0.04~0.15	400~550	74~250	1255	1185	3040	1250
660	200~280	90~160	16	0.04~0.15	260~450	74~220	1215	1005	2520	1060
610	160~220	70~130	12	0.04~0.15	200~280	74~200	1160	935	2390	910
500	140~200	60~120	10	0.04~0.2	140~220	74~200	2060	830	1610	480
400	80~150	40~90	8	0.06~0.2	100~170	74~150	825	770	1770	320
350	90~135	30~85	6	0.06~0.2	70~160	50~150	820	580	1410	160
300	70~120	25~60	5	0.06~0.2	45~90	50~150	615	520	1400	105

续表6-1

内径 /mm	溢流管径 /mm	底流口径 /mm	最大给料 粒度/mm	入料压力 /MPa	处理能力 /(m³·h⁻¹)	分离粒度 /μm	外形尺寸/mm			单机质量 /kg
							长	宽	高	
250	60~90	20~50	3	0.06~0.3	40~80	40~100	575	540	1160	70
200	50~85	25~40	2	0.06~0.3	25~40	40~100	355	350	1110	35
150	40~50	12~35	1.5	0.08~0.3	14~35	20~74	315	275	735	30
125	25~40	8~18	1	0.1~0.3	8~20	25~50	265	250	620	10
100	20~40	8~25	1	0.1~0.3	8~20	20~50	260	215	415	7
75	15~20	5~14	0.6	0.1~0.4	3~7	10~40	220	190	795	5

一般情况下，影响水力旋流器工作效率的因素主要包括9个方面。

①直径：水力旋流器的直径大小是影响其工作效率的一个重要条件，直径越大的水力旋流器其生产能力和分离粒度也越大。

②圆锥体角度：水力旋流器的工作效率随旋流器锥体角度增大而减少，因为，水流旋流器锥体角度越大其阻力就越大，从而影响其生产能力。

③进料管直径：水力旋流器入料管直径的大小对其处理能力和分级效率都有一定的影响，一般进料管的直径越大，其处理能力也越大。

④溢流管直径和壁厚：在水力旋流器进口压力一定的情况下，溢流管直径大小和壁厚与其生产能力成正比。

⑤进料口的形状和尺寸：一般水力旋流器的进料口的切面形状主要分为圆形和矩形两种。进料口能将直线运动的液流在柱段进口的地方转变为圆周运动。因此旋流器的进料口形状和尺寸直接影响着其生产能力和分离效率。

⑥水力旋流器底流口直径：水力旋流器底流口直径越大，其分级粒度就越细，不过其生产能力随其底流口直径增大而增大。

⑦粗糙度及装配精度：一般情况下，水力旋流器的内表面粗糙度及装配精度对其生产能力和分离效率的影响并不大。不过通过研究和实践发现，如果水力旋流器内衬耐磨橡胶则会增大其流动阻力，增大其分离效率。

⑧进料黏度：水力旋流器的生产能力会因进料黏度的提高而增加。

⑨底流口直径和溢流口直径之比：底流口直径和溢流口直径之比叫作锥比，锥比是旋流器设计的重要参数，一般情况下，水力旋流器的锥比越大，其分级粒度就越小。

6.1.2 振动筛

（1）振动筛特点。

如图6-2所示，振动筛是用于泥浆固相处理的一种过滤性机械分离设备，由筛网和振子组成。筛网的粗细以目表示，一般50目以下的为粗筛网，80目以上的为细筛网。振子是一个偏心轮，在电动机带动下旋转，使筛架发生振动。由于筛架的振动，泥浆流到筛面上时较粗的固体颗粒就留在筛面上，并沿斜面从一端排出，较细的固相颗粒和泥浆液体一起通过筛孔流到泥浆池。振动筛的种类较多,其中,直线振动筛具有稳定可靠、寿命长、振型稳、筛分效率高等优点,广泛用于矿山、煤炭、冶炼、建材、耐火材料、轻工、化工等行业,目前在分级尾砂充填中的应用也日趋广泛。由于需要消耗大量电能驱动振动筛振动,机型耗能相对较高,工作噪声较大。

图6-2 振动筛

(2)振动筛工作原理。

振动筛是通过调节振动筛网大小控制粗细粒径产率,实现固液分离的新型尾砂脱水设备。电机带动筛网的高频振动有助于水从筛面过滤层中迅速下渗,并推动滤饼不断向前移动,因此其对尾砂中的粗粒径颗粒有很高的脱水效率。高频脱水筛筛网利用的是嵌入式耐磨氨酯组合筛网,寿命比传统金属筛网高3~10倍,避免了筛网的金属框架与矿石的直接碰撞,减少噪声,减轻筛网的重量。高频振动脱水筛常与水力旋流器、浓密机及压滤机等配合用于尾砂分级和脱水。振动筛的处理能力和脱水效果不仅与筛网大小有关,还与振动频率和脱水面积有很大的关系。目前,新型的高频振动筛在有效控制振幅的同时,运转频率已提高至1500~7200 r/min,且逐渐形成了单层、双层甚至十叠层的高效、大能力的重叠式高频振动脱水筛系列产品。HFLS系列高频直线振动筛是湖北鑫鹰环保科技股份有限公司自主开发的单层多路高频直线振动筛(表6-2)。

表6-2 湖北鑫鹰环保科技股份有限公司HFLS系列高频直线振动筛

型号	筛分粒度/mm	电机功率/kW	筛分面积/m²	处理量/(t·h⁻¹)	重量/kg	备注
HFLS-11-1207Z Ⅱ	0.054-2	2×1.2	2.625	10~50	2180	一段给料
HFLS-12-1207Z	0.054~2	2×1.2	3.5	20~100	3550	两段给料
HFLS-11-1407Z Ⅱ	0.054~2	2×1.5	3.045	12~60	2910	一段给料
HFLS-12-1407Z	0.054~2	2×1.5	4.06	18~90	3660	两段给料
HFLS-12-1407Z Ⅱ	0.054~2	2×1.5	6.09	24~120	4750	两段给料
HFLS-11-1807Z Ⅱ	0.054~2	2×1.5	3.885	15~80	3800	一段给料
HFLS-12-1807Z	0.054~2	2×1.94	5.18	25~120	4800	两段给料
HFLS-12-1807Z Ⅱ	0.054~2	2×1.94	7.77	30~150	5750	两段给料
HFLS-11-2407Z Ⅱ	0.054~2	2×2.2	5.145	20~100	4800	一段给料
HFLS-12-2407Z	0.054~2	2×2.2	6.86	30~150	5850	两段给料
HFLS-12-2407Z Ⅱ	0.054~2	2×3.0	10.29	20~180	7300	两段给料

(3)分级设备对比优选。

从分级原理和分级效果来看,水力旋流器和振动筛完全不是一类产品,没有明显的可比性。但是,对于尾砂分级而言,旋流器和振动筛则是目前最常用的分级设备,必须对其主要的不同点予以区分,以便于矿山选用。从处理效果上看,振动筛由于采用筛网和筛孔来控制粗细颗粒的筛分粒径,其筛分效果明显比水力旋流器更加理想;而水力旋流器则主要依靠重力和离心力进行粗粒颗粒分级,难以精准控制分级粒径,会不可避免地出现粗中有细、细中掺粗的现象。从处理能力上看,由数个或数十个旋流器并联形成的超大能力旋流器组占地面积会更小、处理能力会更大、能耗也相对较低些。

6.2 浓缩与储料

6.2.1 浓缩与储料装置

常见浓缩与储料装置包括砂仓和浓密机两大类,具体又分为卧式砂仓、立式砂仓和高效浓密机、斜板浓密机、深锥浓密机5种。

1. 卧式砂仓

卧式砂仓是充填制备站内设置的一种储料砂仓,用以调节外部均匀给料和充填工作间断的不平衡。砂仓的有效容积,最好能达到日平均充填量的1.5倍。

松散惰性充填材料一般由车辆运送并卸入卧式砂仓,也有用水力输送尾砂而在砂仓内脱水而成为"干"料的。卧式砂仓依其出料方式可分为以下3种(图6-3)。

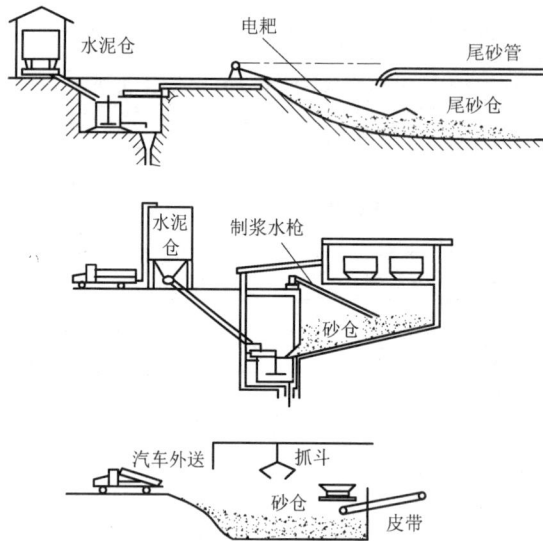

图6-3 卧式砂仓出料方式

(1)电耙出料的卧式砂仓。用电耙将尾砂扒入螺旋输送机,再进入搅拌筒。尾砂的计量依靠调节螺旋机的转速,水从螺旋输送机和搅拌筒两处加入。料浆流量和密度的检测依靠搅拌筒下的流量计和密度计。

(2)水枪出料的卧式砂仓。用水枪将尾砂冲入搅拌筒，尾砂和水均无法计量，料浆流量和密度的检测依靠搅拌筒下的流量计和密度计。

(3)抓斗出料的卧式砂仓。抓斗将尾砂运入供砂漏斗，由圆盘式给料机(或振动给料机)计量后由带式输送机送入搅拌筒。水在搅拌筒处经计量后加入。料浆的流量和密度的调节由搅拌筒下的流量计和密度计将信息反馈给控制系统从而控制圆盘给料机和流量计。水泥的计量采用冲击式流量计。

2. 立式砂仓

作为一种典型的骨料浓缩和储存设备，立式砂仓在2010年以前在金属充填矿山得到广泛应用，技术较成熟，但也存在处理能力小、放砂浓度低且不稳定、仓壁结块突然垮落堵塞放砂口造成断流、溢流水跑浑等诸多问题。如图6-4所示，过去采用的半球形仓底结构放砂浓度低，易板结，故现代立式砂仓一般均改为锥形放砂结构。近年来，国内外学者大多通过优化絮凝剂或助凝剂的种类、添加方式和药剂量来提高立式砂仓的放砂浓度、降低溢流水含固量，并通过改进砂仓底部喷嘴的设计或采用风水联合造浆来改善放砂效果、减少堵塞断流。

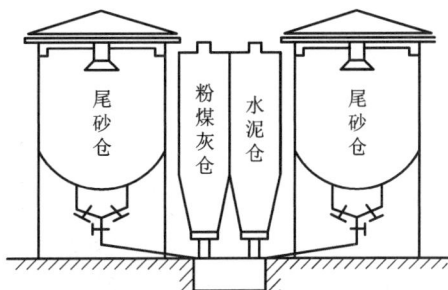

图6-4 凡口铅锌矿半球形仓底结构立式砂仓系统示意图

3. 高效浓密机

高效浓密机是在传统耙式浓密机的基础上增加絮凝剂添加装置(图6-5)，利用絮凝沉降原理使微细颗粒凝聚成团，可使浓密机直径降低50%以上，占地面积减少20%左右，单位面积处理能力提升数倍。高效浓密机技术成熟、应用范围广，但是也存在着占地面积大、处理能力小、浓缩效率低等问题。同时，由于高效浓密机的底流质量分数仅为40%~50%，因此高效浓密机常作为一段尾砂浓缩的设备，还需要增加二段脱水装置，才能获得满足矿山充填要求的高浓度底流。目前，高效浓密机正朝着大型化、高效化和自动化控制的方向发展。

4. 斜板浓密机

斜板浓密机是通过内置斜板来增加沉降面积、缩短沉降距离，提高传统浓缩机浓缩效率的新型设备，可分为箱式斜板浓密机和圆池型斜板浓密机两种。箱式斜板浓密机上部箱体内有斜置的斜板组群(图6-6)，处理物料由斜板单元下端两侧进入，斜板组群上方有一贯通全长的溢流槽，槽底开有节流孔。沿斜板下滑的处理物料进入下部锥体后，压缩脱水，并靠重力或机械排出。圆池型斜板浓密机配有中心传动式耙泥装置，置入若干斜板组架，采用耙式结构强制排出。由于系统投资较大，目前斜板浓密机在矿山充填中的应用较少，应用效果还有待进一步验证。

图6-5 高效浓缩机

图6-6 斜板浓密机

5.深锥浓密机

如图6-7所示，深锥浓密机是在高效浓密机增加絮凝剂添加装置的基础上，进一步增大墙高、扩大直径来增大尾砂储存量和处理效率，提高底流浓度并降低溢流水含固量的。首先，絮凝剂供给采用了独特的进料自稀释系统，促进尾砂浆与絮凝剂的均匀混合；同时尾砂料浆采用中心供料的形式来缩短尾砂浆沉降距离，增加溢流水中固体颗粒上浮阻力，最大限度地保证了絮凝剂的絮凝效果。其次，深

图6-7 深锥浓密机

锥浓密机中锥形浓缩池的高度大于直径，可充分利用深锥的自然压力获得较清的溢流和高浓度的底流。最后，深锥高效浓密机在刮泥耙上设计了可以破坏压缩区内尾砂颗粒间固液平衡的导水杆，在使尾砂进一步压实的同时，还可使砂浆中的水分沿着导水杆流到砂浆压缩层上部，并随着砂浆中溢流水溢出。鉴于深锥浓密机具有处理能力大、底流浓度高且稳定、溢流水澄清等显著优点，国内外中大型矿山新建的充填系统已普遍采用深锥浓密机作为核心设备。

6.2.2 立式砂仓工作原理

1.立式砂仓结构

如图6-8所示，立式砂仓一般采用圆柱形筒体加锥形体结构，由仓顶、溢流槽、仓体、仓底及风水联合造浆管置等组成。通常矿山使用立式砂仓采用一储一备2个砂仓，当A仓放砂时，B仓开始储料。其结构的主要特点如下。

（1）仓顶：包括仓顶房、进砂管、料位计、人行栈桥等主要结构，当采用分级尾砂充填时，仓顶一般会架设水力旋流器组；当采用全尾砂充填时，则会在充填站内设置絮凝剂制备系统，在仓顶架设尾砂自稀释装置及絮凝剂添加管路。

（2）溢流槽：位于仓口内壁或外壁，槽底有朝向溢流管接口汇集的坡度，溢流槽的作用是降低溢流速度，并提高尾砂利用率。

（3）仓体：是贮砂的主要组

图6-8 立式砂仓充填系统结构配置图

成部分，一般用钢筋混凝土构筑或钢板直接焊接而成。立式砂仓的仓体直径一般为9~10 m，仓体+锥体高度一般为仓体直径的2~3倍（一般23~27 m），整个仓体的总容积1100~1600 m^3、储料的有效容积800~1200 m^3。

（4）仓底：由于半球形仓底结构放砂浓度低、易板结，现代立式砂仓一般均采用锥形放砂结构，半锥角一般为30°左右，锥体高度一般7~9 m，锥体容积150~200 m^3。

（5）风水联合造浆装置：立式砂仓一般采用中心点放砂，在锥底内装2~3排松动喷嘴，通入压缩空气或高压水，可使已沉淀的尾砂松动；排砂口四周装有造浆喷嘴，通入高压水可使已松动的尾砂流态化；流态化的尾砂经底部的排砂管放出。

2.立式砂仓浓缩与储料原理

（1）全尾砂浓缩原理。

当采用全尾砂充填时，一般需要在充填站内设置絮凝剂制备系统、在立式砂仓顶部设置絮凝剂添加系统，将全尾砂稀释至适宜的浓度后，与絮凝剂均匀混合供入立式砂仓顶部。由于设置了絮凝剂制备和添加系统，全尾砂可在絮凝剂的作用下快速絮凝沉降，从而获得澄清的溢流水。全尾砂颗粒在立式砂仓中的沉降过程可分为絮凝沉降、干涉沉降和压缩沉降三种类型，最终进入稳定状态。

①絮凝沉降：全尾砂进入立式砂仓初始阶段，全尾砂颗粒在絮凝剂架桥和网捕的作用下，迅速形成大颗粒絮团，在重力作用下快速沉降，在沉降曲线图上接近一条斜直线，如图6-9中 *AB* 段。

②干涉沉降：絮凝沉降结束后，全尾砂颗粒或絮团浓度提高，在继续沉降的过程中相互碰撞、挤压，进入干涉沉降阶段。此时沉降速度逐渐下降，但仍可清晰观察到沉降界面的下降，在沉降曲线图上表现为向下凹的曲线，如图6-9中BC段。

③压缩沉降：当全尾砂颗粒或絮凝团达到一定浓度后，进入近饱和阶段，此时全尾砂的浓缩依靠上层颗粒的重力和水压对下部的全尾砂进行压缩，将水挤压而出，从而进一步提高浓度。在压缩沉降阶段，沉降界面变化缓慢，如图6-9中CS段。

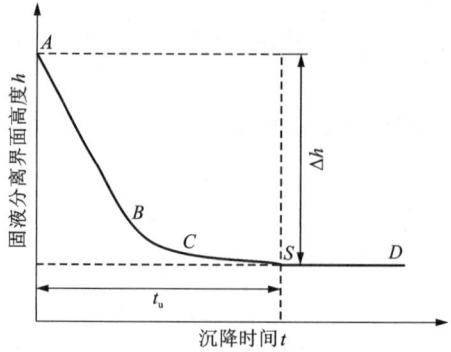

图6-9　全尾砂沉降曲线示意图

④稳定状态：此后全尾砂将继续沉降进入稳定状态，此时浆体沉降界面几乎不发生变化，浆体浓度也基本保持稳定，在沉降曲线图上表现为一条水平直线，如图6-9中SD段。

(2) 全尾砂储料原理。

全尾砂颗粒在立式砂仓中的沉降过程分为絮凝沉降、干涉沉降和压缩沉降三个阶段，因此全尾砂经过絮凝沉降达到稳定状态时，立式砂仓内沿竖直方向按固体的浓度分布，亦可大致分为：溢流层、沉降层、压缩层和稳定层4个层域(图6-10)。

①溢流层：溢流层的高度一般要求保证溢流水的连续稳定达标排放，避免因生产过程中可能产生的不稳定因素造成泥线波动，即砂浆短距离逆流影响溢流水排放效果。根据矿浆性质、生产量的大小及操作控制质量(包括自动化程度)高低，一般取值1.5~2.0 m。

②沉降层：矿浆浓度接近临界压缩点浓度的位置到溢流层之间为沉降区，该层中主要发生絮凝沉降和干涉沉降，由于沉降速度较快，且供砂时一般采用导流桶深入沉降层，该层高度一般取1.0~1.5 m(细颗粒较多时，取大值)。

③压缩层：高浓度全尾砂浆体由压缩层放出，处于压缩层中的颗粒，由于它们在压缩层中的位置不同，所以所受的压力也不同。在压力的作用下，颗粒之间的连接强度将受到破坏从而产生位移，使得颗粒相互挤压，造成颗粒间及絮团内部的孔隙也越来越小，水分被挤出。该层高度一般取2.0 m。

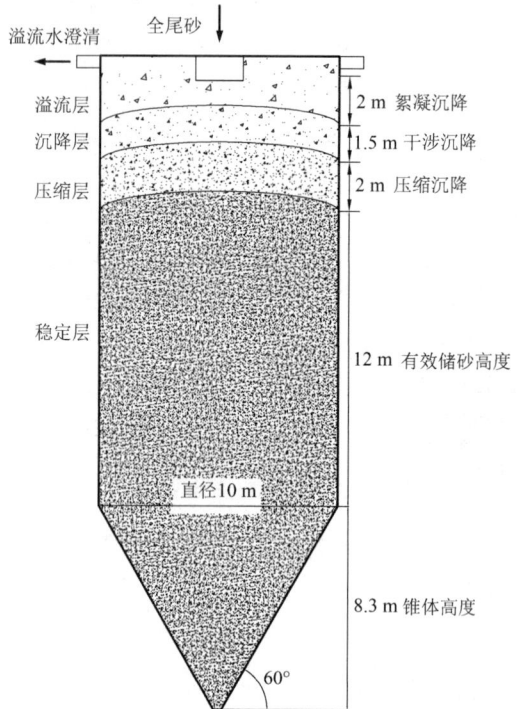

图6-10　立式砂仓浓缩与储料原理

④稳定层：当立式砂仓高浓度砂浆低于一定高度时，底部放砂浓度明显降低，无法实现高浓度放砂，这是由于尾砂颗粒间及其与仓壁间存在黏结力，在水的穿透作用下，造成水从

中央渗透，降低放砂浓度。因此，为保证立式砂仓稳定放砂，稳定层内有效储砂的高度一般要求在 10 m 以上。

因此，立式砂仓总高度由溢流层、沉降层、压缩层、稳定层和锥体高度组成，以白象山铁矿直径为 10 m、仓体总高度为 25.8 m 的立式砂仓为例，全尾砂供砂质量分数为 23.5%、供砂流量约 405 m³/h、絮凝剂添加量为 20 g/t，现场检测获得溢流层高度为 2.0 m、溢流水含固量低于 200×10⁻⁶；沉降层高度为 1.5 m、压缩层高度为 2.0 m、稳定层高度为 12.0 m、锥体高度为 8.3 m；立式砂仓充填能力为 100 m³/h、底流放砂浓度可达 65%。

（3）分级尾砂浓缩与储料原理。

当采用分级尾砂充填时，一般需要预先用旋流器将全尾砂进行分级处理，分级后的粗粒径尾砂供入立式砂仓顶部。分级尾砂浓缩与储料原理与全尾砂基本一致，主要的区别在于由于未设置絮凝剂制备和添加系统，分级粗尾砂仅能依靠重力在立式砂仓内自然沉降，不可避免地引发溢流水大量跑混。同时，分级尾砂自然沉降速率明显低于全尾砂的絮凝沉降，也会导致分级尾砂浓缩与储料周期变长。

3. 立式砂仓放砂原理

（1）高压风水联动造浆。

如图 6-11 所示，立式砂仓一般在锥底采用高压水造浆的方式使其在放砂口附近形成局部流态化，从而使尾砂浆通过放砂管顺利排出。一般在砂仓底部有几圈环形的喷嘴，当喷嘴喷出的高压水的压力能使饱和尾砂失重、液化时，尾砂浆即可顺利排出。但如果使用的高压水量过多，则会使放砂浓度降低，因而一般考虑配套使用高压风，并提高造浆风水压力，这样既能保证很好的造浆效果，又能保证最终的放砂浓度。

（2）立式砂仓放砂浓度波动。

某钨矿立式砂仓全尾砂充填系统运行过程中，每隔 30 min 用浓度壶测一次放砂浓度，从开机到停机过程中其放砂浓度的变化趋势如图 6-12 所示，立式砂仓放砂浓度波动机理如图 6-13 所示。

图 6-11 立式砂仓锥底高压风水联动造浆装置

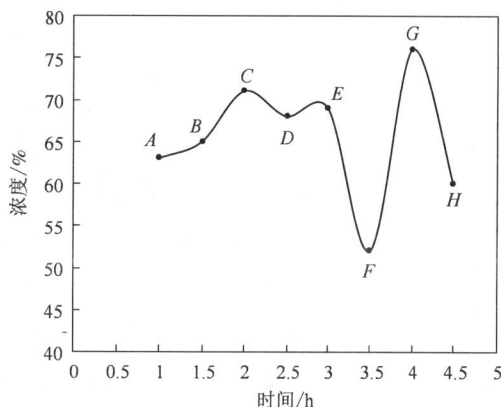

图 6-12 立式砂仓放砂浓度波动曲线

①AB 段：立式砂仓经过一段时间沉砂之后，形成底部浓度高、上部浓度较低的情况。放砂伊始，启动立式砂仓风水联动造浆系统，一般持续 10 min 左右。反冲的高压水使砂仓底部及砂仓中心轴线附近的高浓度饱和尾砂流态化，但这个过程同时使尾砂浆的浓度降低，这也是图 6-12 中起点 A 即开机时放砂浓度较低的原因，对应图 6-13 中的 AB 段至 BCDE 段。

②BCDE 段：随着砂仓放砂的进行，上部还未被流态化造浆的高浓度尾砂不断下移，并与低浓度的尾砂浆混合，使放砂浓度逐渐增大，表现为图 6-12 中 BC 段；并在浓度增大到一定值时，会保持一段时间的高浓度放砂状态。由于砂仓两侧和中部高浓度尾砂下降速度的不同，导致放砂浓度会出现一定波动，在图 6-12 中为 CDE 段，对应图 6-13 中的 BCDE 段。

③EF 段：由于储存在立式砂仓锥底两侧的尾砂具有很强的板结性，仓壁周围没有被高压风水流态化的尾砂团结构很稳固，其在下移过程中形成比较稳固的结构状态，不容易坍塌。此时放砂口与上部低浓度区域直接相通，放砂浓度骤降，在图 6-12 中为 EF 段，对应图 6-13 中的 EF 段。

④FG 段：低浓度区域尾砂浆在向下流动的过程中不断侵蚀结构稳定的高浓度板结区域，此过程中放砂浓度不断提升，表现为图 6-12 中 FG 段。发展到一定阶段时，由于底部结构被侵蚀，稳定的板结尾砂团出现崩塌，放砂浓度几乎瞬间增大到最大值，表现为曲线上的 G 点，对应图 6-13 中的 FG 段。此时稍有不慎将会导致堵管，需特别注意。

⑤GH 段：G 点之后放砂浓度会保持一段较短时间，随着放砂口与低浓度区域再次相通，如图 6-12 和图 6-13 中 GH 段，放砂浓度将逐步降低，最终充填系统会因浓度过低而停机。

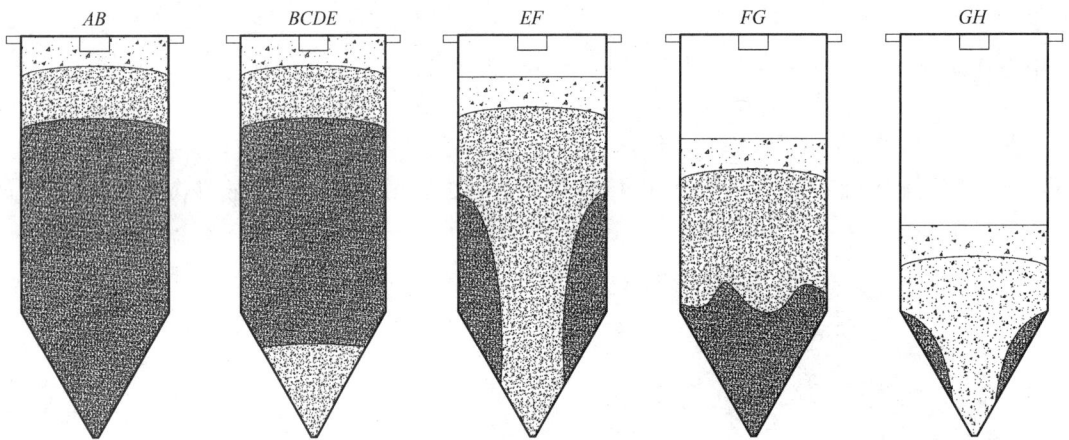

图 6-13　立式砂仓放砂浓度波动原理图

6.2.3　深锥浓密机工作原理

1.深锥浓密机结构

如图 6-14 所示，深锥浓密机一般采用圆柱形筒体加锥形体结构，由仓顶、溢流槽、仓体、仓底、机械耙架装置及底流循环装置等组成，各部分结构的主要特点如下：

(1)仓顶结构：包括仓顶房、进砂管、料位计、人行栈桥等主要结构，还会在充填站内设

图 6-14 深锥浓密机充填系统结构配置图

置絮凝剂制备系统,在仓顶架设尾砂自稀释装置及絮凝剂添加管路。

(2)溢流槽:位于仓口内壁或外壁,槽底有朝向溢流管接口汇集的坡度,溢流槽的作用是降低溢流速度,并提高尾砂利用率。

(3)仓体:是贮砂的主要组成部分,一般用钢板直接焊接而成。深锥浓密机的仓体直径一般为 10~20 m,圆柱仓体高度一般为 10~15 m,整个仓体的总容积为 2000~5000 m³。

(4)仓底:深锥浓密机一般均采用锥形放砂结构,半锥角一般 60°左右,锥体高度一般4~6 m。

(5)机械耙架装置:深锥浓密机一般采用中心点放砂,设置机械耙架装置助流放砂。机械耙架一般由驱动电机、传动轴、横梁、刮泥耙、耙刀和导水杆组成。

(6)底流循环装置:一般布置在锥底,通过三通与放砂口直接相连,并配置剪切泵;待充填系统故障停机时,启动剪切泵将深锥浓密机底流循环打入深锥浓密机内,避免长时间停机过程中因底流浓度过高导致的压耙事故。

2. 深锥浓密机浓缩与储料原理

(1)深锥浓密机内全尾砂静态絮凝沉降原理。

与立式砂仓的结构类似,一般需要在充填站内设置絮凝剂制备系统、在深锥浓密机顶部设置絮凝剂添加系统,将全尾砂稀释至适宜的浓度后,与絮凝剂均匀混合供入深锥浓密机顶部。由于设置了絮凝剂制备和添加系统,全尾砂可在絮凝剂的作用下快速絮凝沉降,从而获得澄清的溢流水。全尾砂颗粒在深锥浓密机中的沉降过程可分为絮凝沉降、干涉沉降和压缩沉降三种类型,深锥浓密机内沿竖直方向按固体的浓度分布,亦可大致分为溢流层、沉降层、压缩层和稳定层 4 个层域(图 6-15)。

以湖南黄金洞金矿深锥浓密充填系统为例,深锥浓密机直径 12 m、圆柱仓体总高度13.2 m,锥形放砂结构的半锥角为 60°,锥体高度 3.2 m;仓体中溢流层、沉降层和压缩层的高度约为 3.0 m,有效储砂高度为 7.0 m,仓体容积达 1250 m³。

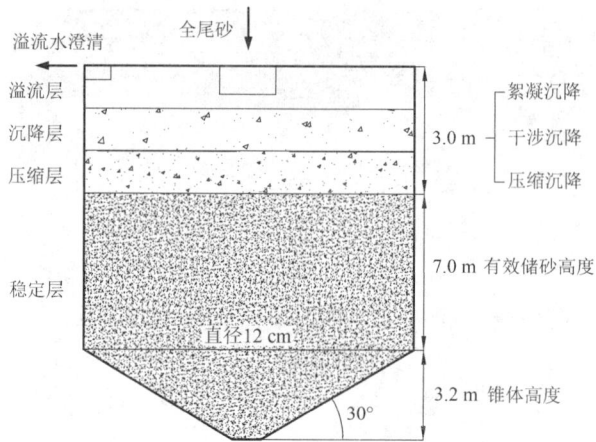

图 6-15 深锥浓密机内全尾砂静态絮凝沉降分区示意图

（2）深锥浓密机动态絮凝浓缩原理。

如图 6-16 所示，立式砂仓由于没有耙架结构，静态絮凝沉降压密时絮凝结构疏松，水分无法排出，絮团尺寸和间隙较大。而深锥浓密机具有耙架结构，在动态压密过程中，可以通过对平衡状态的料浆进行有效搅动，使絮团或尾砂颗粒受力平衡被破坏，动态压密时水分被排出后，体重增大、结构变形、絮团尺寸和间隙变小。究其原因，尾砂经静态浓缩后排列方式有松散和紧密两种状态。松散排列时，颗粒与颗粒相互接触，孔隙比较大，故处于松散的

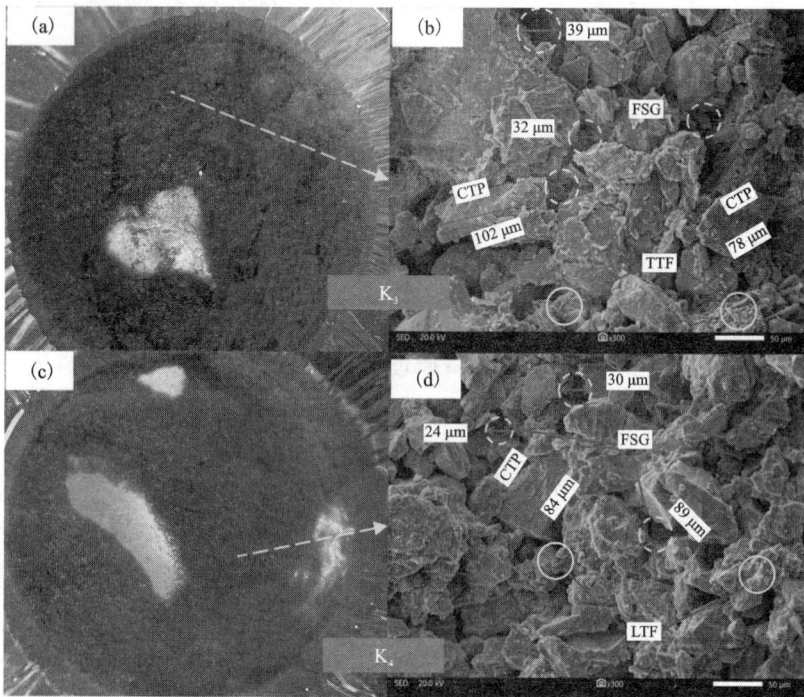

图 6-16 立式砂仓和深锥浓密机絮团结构对比图

状态。在耙架外力扰动时，松散排列就会失去稳定，颗粒在重力和泥层压力作用下重新排列，周围微细颗粒将落入孔隙内，浆体结构将产生不可恢复的变形，使得料浆得到压实，浓度升高。

（3）深锥浓密机储料原理。

与立式砂仓结构相比，由于有机械耙架的高效助流作用，深锥浓密机的特征是高径比小，可低至 0.5~1，远小于立式砂仓的 2~3，即深锥浓密机是通过增大横向的尺度增大面积，来提高处理能力和浓缩效率，进而增大储料量的。例如，在仓体高度为 10 m 的情况下，当深锥浓密机直径由 10 m 增大至 12 m 时，圆柱仓体体积由 785 m³ 增大至 1130 m³，提高 44%；深锥浓密机直径由 10 m 增大至 15 m 时，圆柱仓体体积由 785 m³ 增大至 1760 m³，提高 124%。

3. 深锥浓密机放砂原理

（1）机械耙架作用原理。

如图 6-17 所示，深锥浓密机通过设置机械耙架装置助流放砂，实现中心点均匀放砂。机械耙架一般由驱动电机、传动轴、横梁、刮泥耙、耙刀和导水杆组成，其中作用原理包括：

①挤压脱水：深锥浓密机耙架运行过程中，可对上部絮凝沉降后的絮团产生剪切和挤压作用，进而破坏原絮团平衡结构，将絮团内包裹的部分自由水挤出，通过导水杆汇入溢流层内，从而使絮团结构内尺寸和间隙变小、浓密效果更好。

②剪切助流：耙架在缓慢转动的过程中，会对整个浓密机内的浆体产生搅拌作用，不仅会使浆体更加均匀，而且耙刀可以有效破坏仓壁及仓底尾砂的结块和粘连，从而提高放砂的稳定性和通畅性。

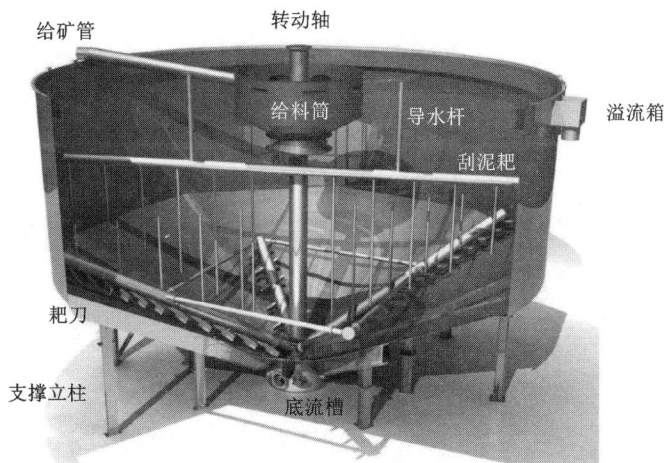

图 6-17　深锥浓密机机械耙架作用原理

（2）泥层高度与放砂浓度。

利用 COMSOL Multiphysics 仿真软件模拟仿真了泥层高度为 4.6 m、6.6 m、8.6 m、10.6 m 下浓密机底部出口处随时间变化的体积分数。结果表明：泥层高度为 4.6 m 时，出口处体积分数为 39.65%~41.99%；泥层高度为 6.6 m 时，出口处体积分数为 40.70%~43.00%；

泥层高度为 8.6 m 时，出口处体积分数为 40.45%~42.81%；分层高度为 10.6 m 时，出口处体积分数为 42.34%~42.98%。可以看出，底部出口处出料的平均体积分数浓度随着泥层高度的增加先是逐渐增大，在泥层高度达到 10 m 以后，逐渐趋于稳定。因此，在深锥浓密机设计和运行过程中，应尽量控制泥层高度在 10 m 以上，以保障底流浓度较高且稳定。

（3）耙架扭矩计算。

耙架的剪切搅拌作用是排水的主要动力，耙架的正常运转是保证高浓度底流获得的前提。本节以黄金洞金矿直径为 12 m 的深锥浓密机为例，进行深锥浓密机耙架扭矩计算。为简化计算，将刮泥耙与耙刀视为整体，即深锥浓密机扭矩可分为三个部分进行受力分析与计算，耙架剪切应力分布如图 6-18 所示。

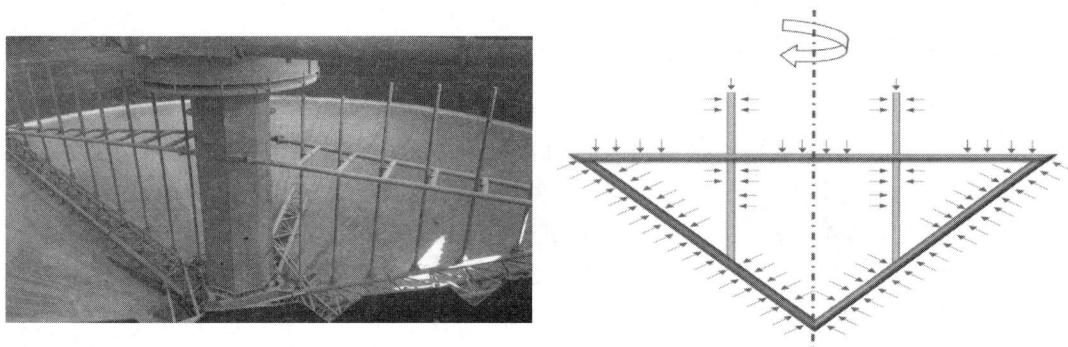

图 6-18　深锥浓密机耙架剪切受力分布图

水平横梁扭矩：

$$T_1 = \tau_s \pi D^2 \left(\frac{H}{2} + \frac{D}{3} \right) \tag{6-1}$$

导水杆扭矩：

$$T_2 = \sum_0^i \left\{ \tau_s \pi \left[D h_i r_i + \frac{d_i^2}{2} \left(\frac{d_i}{8} + r_i \right) \right] \right\} \tag{6-2}$$

刮泥耙的扭矩：

$$T_3 = \tau_s \frac{\pi D L^2}{3} \sin \theta \tag{6-3}$$

深锥浓密机的扭矩：

$$T_m = T_1 + T_2 + T_3 \tag{6-4}$$

式中：T_m 为浓密机扭矩，N·m；T_1 为横梁所受扭矩，N·m；T_2 为导水杆所受扭矩，N·m；T_3 为刮泥耙所受扭矩，N·m；D 为剪切圆柱体直径，m；H 为剪切圆柱体高度，m；τ_s 为浆体屈服应力，Pa；i 为导水杆数量，个；h_i 为导水杆高度，m。

黄金洞金矿深锥浓密机耙架尺寸见表 6-3，将相关参数代入式（6-4），经计算，本项目深锥浓密机的最大扭矩 1035000 N·m。因此，深锥浓密机设计配置 1 套 FBD2003 液压驱动装置，最大工作扭矩（额定扭矩）为 1125000 N·m，满足深锥浓密机最大需求。

表6-3　黄金洞金矿深锥浓密机耙架尺寸

D/m	H/m	L/m	θ/(°)	$d_1 \sim d_8$/m	H_s/m	h_1/m	h_2/m	h_3/m	h_4/m	h_5/m
11743	14704	6317	30	108	1000~10000	6026	6726	7526	8326	8326

h_6/m	h_7/m	h_8/m	r_1/m	r_2/m	r_3/m	r_4/m	r_5/m	r_6/m	r_7/m	r_8/m
7526	6726	6026	5649	4437	2878	1493	1493	2878	4437	5649

　　黄金洞金矿深锥浓密机实际运行过程中，扭矩在纯进料时间内(0:00~8:00)扭矩逐渐增加，随着充填作业的开始，深锥浓密机扭矩逐渐减低。国内外厂家深锥浓密机额定扭矩一般为正常工作扭矩的3~5倍，当扭矩达到50%时启动扭矩保护措施，本项目监测周期内工作扭矩最大值为315000 N·m，扭矩百分比为28%，符合一般深锥浓密机设计的要求。

6.2.4　立式砂仓和深锥浓密机对比优选

1.技术指标对比

(1)处理能力。

　　立式砂仓与深锥浓密机技术经济对比见表6-4，立式砂仓仓体直径一般9~10 m，高径比一般2~3，仓体容积1100~1600 m³，储料的有效容积800~1200 m³，国内立式砂仓充填系统的能力普遍为60~120 m³/h。深锥浓密机的仓体直径一般10~20 m，高径比一般0.5~1，整个仓体的总容积为2000~5000 m³、储料的有效容积1600~4000 m³，单充填系统的能力可达到或超过200 m³/h。

表6-4　立式砂仓与深锥浓密机技术经济对比

项目	指标	立式砂仓方案	深锥浓密机方案
技术	安装维护	较难	较易
	工艺成熟性	高	较高
	处理能力	单系统体积在1600 m³以内、处理能力小、效率低	单系统体积可达5000 m³、处理能力极大、效率极高
	溢流水	浑浊、含固量超300×10⁻⁶	清澈、含固量低于300×10⁻⁶
	供砂浓度	高压水造浆，放砂浓度不稳、底流浓度一般<65%	机械耙架作用，放砂均匀稳定、底流浓度较高，一般>68%
经济	工程投资	较高	高
	运行成本	较低	低
环境	结构参数	2座：高度高、占地面积较小	1座：面积大，高度低
	环境污染	底流较低，井下脱水量大	底流较高，井下脱水量小

（2）处理效果。

如果采用分级尾砂充填，立式砂仓的溢流水会严重跑混，尾砂中的细粒径颗粒几乎全部溢流排出，溢流水含固量为 10%~20%；如果采用全尾砂充填，因在立式砂仓内添加絮凝剂，溢流水几乎不跑混，溢流水含固量可控制在 $300×10^{-6}$ 以内。深锥浓密机的溢流水则可一直保持澄清状态，溢流水含固量低于 $300×10^{-6}$。

立式砂仓放砂浓度极不稳定，表现为初始放砂浓度低、缓慢增加后又急剧降低、短暂升高后又急剧降低等几个阶段，一般放砂浓度为 50%~70%。而深锥浓密机在机械耙架挤压脱水和剪切助流的作用下，放砂浓度则极为均匀和稳定，波动范围可控制在 ±2% 以内。

（3）系统可靠性。

深锥浓密机由于机械耙架的存在，充填间断或暂停期间可能出现的压耙是危害性最大的事故，也是影响系统可靠性的主要因素。深锥浓密机的防压耙措施包括：

①国内外厂家深锥浓密机额定扭矩一般为正常工作扭矩的 3~5 倍，当扭矩达到 50% 时即启动扭矩保护措施。

②利用剪切泵实现内部高浓度料浆循环，有效避免因储料过多造成的压耙事故。

③放砂口设置高压水反冲装置，一旦发生压耙事故，可打开底流锥上的冲洗口，在冲洗口处接高压水进行冲洗处理。

④深锥浓密机满仓情况下，如出现充填意外停止，则应立刻停止供砂，尾砂启动外排程序，同时开启深锥浓密机本身防压耙措施。

立式砂仓虽然结构简单，不存在压耙故障，但是也存在仓壁尾砂易板结粘连、溢流水易跑混、放砂浓度波动大质量分数低等缺陷，系统能力小，充填效果差。

2. 经济指标对比

（1）系统投资。

由于立式砂仓有效储砂容积较小、处理能力较低，且无法实现进砂和放砂的骨料通量平衡，因此往往需要建设两套立式砂仓系统交替使用，一个放砂、另一个储砂，单套立式砂仓设备及安装费用为 500 万~1000 万元。

深锥浓密机通过扩大横向尺寸即直径，使得有效储砂容积和处理能力大大增加，完全可以实现进砂和放砂的骨料通量平衡，仅需要建设一套系统即可满足连续充填的要求。目前，国内深锥浓密机的价格一般为 500 万~1500 万元，进口深锥浓密机的价格一般为 1000 万~2000 万元。

虽然深锥浓密机的造价要比立式砂仓高一倍左右，但是由于深锥浓密机不需要像立式砂仓那样一储一用，因此，深锥浓密机和立式砂仓充填系统的投资相差不大。

（2）运行成本。

深锥浓密机的运行成本主要为电耗，其中，耙架的驱动电机功率一般为 30~45 kW，能耗相对较低。而立式砂仓虽然没有驱动耙架的电耗，但是需要使用高压风和高压水在仓底联动造浆，整体运行能耗反而较高。

3. 综合评价

（1）充填效果。

在系统投资和运行能耗相差不大的情况下，深锥浓密机可以实现尾砂进料和放砂的固体通量平衡（即可实现连续充填），而且溢流水澄清度高、底流浓度高且稳定，充填料浆进入采场后泌水率小、充填效果好、充填质量高。

立式砂仓充填系统则需要放砂和储砂两套系统，无法实现连续充填，而且溢流水易跑混、底流浓度波动范围极大，充填料浆进入采场后泌水多、充填效果差、充填质量一般。

（2）适用范围。

在矿山生产能力较小或全尾砂粒径过细的情况下，采用立式砂仓分级尾砂充填可以节约部分系统投资、改善颗粒级配和充填效果，但是分级后的细粒径尾砂无法筑坝，其堆存和处置问题较为突出。

在矿山生产能力较大或采用全尾砂充填的情况下，采用深锥浓密比立式砂仓具有显著的优势，不仅可以减少系统投资和运行成本，还可以有效提高充填效果和质量。

6.3　脱水装备

尾砂浆脱水的基本原理是通过机械作用实现尾砂浆固液分离，可根据不同性质的动力来源，将常用的尾砂浆脱水方式分为：真空脱水——通过在滤布两侧形成压力差的方式，使尾砂浆中的自由水通过滤布渗出，尾砂滤饼则沉积在过滤介质上；加压脱水——通过加压使尾砂浆中的自由水排出，常用于难以处理的细粒径或极细粒径尾砂浆体。

6.3.1　过滤机

过滤机和压滤机是尾砂二段脱水中最常用的装备，根据脱水原理的不同，过滤机可分为：真空过滤机和陶瓷过滤机两种。

（1）盘式真空过滤机。

盘式真空过滤机的核心是由若干单独的扇片组成的圆盘（图 6-19），圆盘在充满矿浆的槽体中转动，经过过滤吸附区时，在真空泵的作用下使过滤介质两侧形成压力差，固体颗粒即可在滤布表面形成滤饼。盘式真空过滤机具有占地面积小、处理能力大等优点，但是滤布易堵塞、更换滤布劳动强度大。

（2）水平带式真空过滤机。

水平带式真空过滤机是一种自动化程度较高的新型过滤设备。该机以

图 6-19　盘式真空过滤机

循环移动的环形履带作为过滤介质，使矿浆水平置于过滤介质上，充分利用矿浆重力和真空负压实现固液分离(图6-20)，因而具有过滤效率高、生产能力大等诸多优点，但是占地面积较大、对细粒径颗粒脱水效果一般，这限制了其推广应用。

图6-20 水平带式真空过滤机

(3)陶瓷过滤机。

陶瓷过滤机采用以亲水材料烧结而成的陶瓷过滤板来代替滤布(图6-21)，由于滤板上存在直径为 $1.5 \sim 2.0\ \mu m$ 的微孔，其毛细效应可产生高达 140 kPa 的压力差。通过其在肃北七角井铁矿和凡口铅锌矿的应用实践，在有效提高脱水效率、大幅降低能耗的情况下，陶瓷过滤机可将尾砂的含水率降至 15% 以下。鉴于其具有性能优良、自动化程度高、适用范围广、节能高效等诸多优点，陶瓷过滤机已经替代真空过滤机成为一种新型的尾砂脱水设备，在尾砂全脱水综合利用和尾砂充填领域应用越来越广泛。

图6-21 陶瓷过滤机

陶瓷过滤机的结构主要包括：装有若干组陶瓷过滤板圆盘而形成的转子，产生自耦切换现象的抽吸和冲洗作用的分配头、防止固体沉淀的搅拌器、消除过滤板吸附固体所需的刮刀，对过滤板腹腔内部向外冲洗及超声波振荡的清洗系统，保持一定浆料液位的槽体和运行程序控制系统。过滤机运转时，由于抽真空的作用，过滤板转动浸没在槽内的浆料液面下，使过滤板表面形成一层固体颗粒堆积层，液体通过过滤板由分配头切换进入真空桶。当吸有堆积层的过滤板离开浆料液面，形成滤饼，由于真空的作用继续脱水，可使滤饼进一步干燥。

转子继续转动至装有刮刀的部位,使滤饼卸下,由皮带传输机送至所需的地方。卸下滤饼后,过滤板运转位置到达自耦,切换成与抽真空流向相反的冲洗位置,形成从过滤板内部向外的冲洗作用,清除堵塞在陶瓷微孔内的颗粒,然后重新浸入料浆。当过滤机运行较长时间时,可进行对过滤板的全面冲洗,可在所使用的反向冲洗液中加入化学剂,并协同超声波振荡,以保持过滤机的高效运行,如图6-22所示。

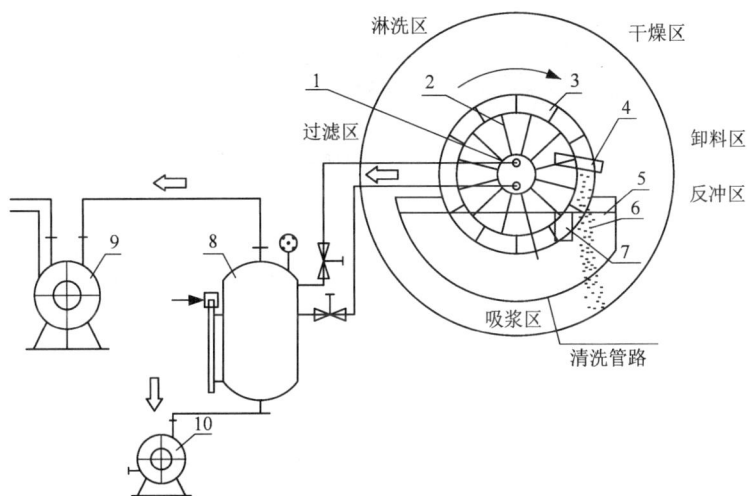

1—转子;2—滤室;3—陶瓷过滤板;4—刮板;5—料浆槽;6—滤饼;
7—超声波装置;8—真空桶;9—真空机;10—排渣机。

图6-22 陶瓷过滤机工作原理

其特点主要有:真空度为-0.098~-0.095 MPa,滤饼水分低,一般为8%~12%,处理能力高,为1000~1700 kg/m² · h;真空损失少,节能显著;陶瓷过滤板的微孔一般为0.5~2 μm,滤液清澈,无环境污染,水资源循环利用;设备的自动化程度高,劳动强度低,维护简便,工作量小。

6.3.2 压滤机

压滤机是通过在过滤介质一侧施加机械压力来实现固液分离的一种尾砂脱水设备(图6-23)。通过对矿浆进行机械挤压及脱水风干,压滤机脱水产品含水量很低,目前在尾砂干堆脱水中应用较广泛的压滤机有带式、箱式压滤机、立式压滤机和板框压滤机等。与陶瓷过滤机相比,压滤机的能耗更高且需要经常更换滤布,因此压滤机在矿山充填领域的应用较少。

尾砂浆脱水设备选型首先要考虑所处理尾砂的基本性质,还要考虑技术可靠、操作简单、维护方便、运行成本低、处理效率高等因素。现阶段,常用尾砂浆脱水设备的适用范围及相对成本对比如图6-24所示。从图6-24中可以看出,过滤机和压滤机对细粒径尾砂的适应性均较好、均可达到含水率低于20%的处理要求,但是陶瓷过滤机的处理成本更低、不需要频繁更换滤布、自动化程度更高、工人劳动强度更低,尤其对10 μm以下超细粒径泥质颗粒,脱水效果更好。

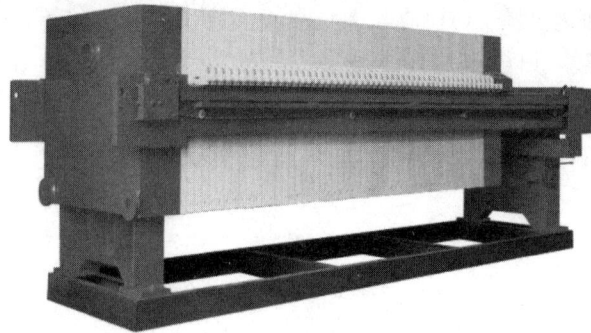

图6-23　压滤机

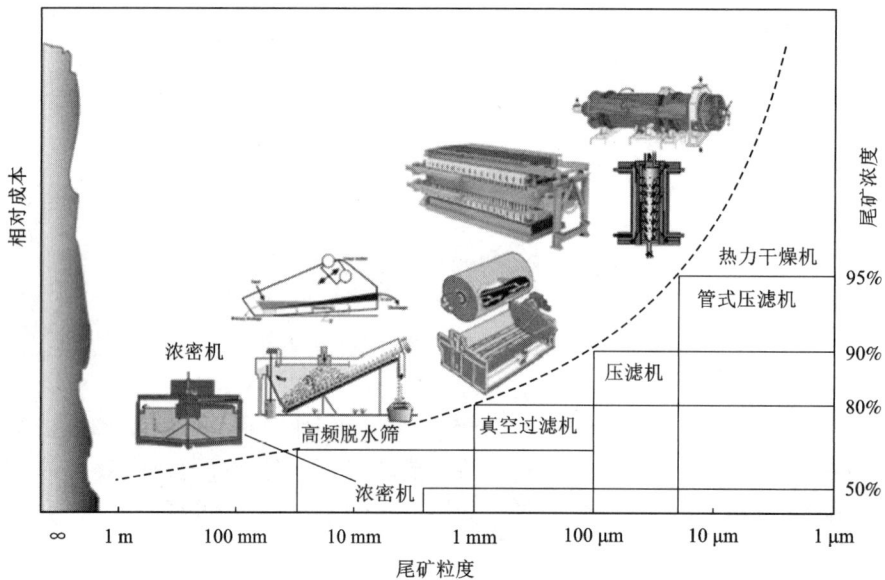

图6-24　尾砂浆脱水设备适用范围及相对成本

6.3.3　浓缩与脱水设备组合

国外有用全尾砂不经浓密而直接过滤的实例。德国格隆德铅锌矿用水平带式过滤机将全尾砂浆脱水作充填料。原设计全尾砂的来料经水力旋流器分级，其沉砂送过滤机、溢流经倾斜浓密箱处理，底流送过滤机、溢流排放。由于全尾砂较粗，带式过滤机的效率较高，在生产中取代了水力旋流器和倾斜浓密箱，直接将质量分数20%的全尾砂料浆送入带式过滤机过滤。过滤机滤带宽2.4 m，真空段长14.5 m，过滤面积32.5 m²，滤饼厚度5~10 mm，含水18%~20%。国内金川二选厂用15 m²的胶带式水平真空过滤机进行了先经浓密和不经浓密而直接过滤的对比试验，试验结果见表6-5。从表6-5中可以看出，全尾砂的粒级组成及是否经过浓密，对带式过滤机的效率影响很大。

表 6-5 浓密过滤和直接过滤的对比

脱水工艺	矿山名称	过滤面积 /m²	全尾砂粒级			给料质量浓度	滤饼水分 /%	单位面积产量 /(t·m⁻²·h⁻¹)
			d_{50} /mm	+0.064 mm /%	−0.020 mm /%			
浓密过滤	金川二选厂	15	0.028	24	14.6	0.37	22	0.69
直接过滤	金川二选厂	15	0.028	24	14.6	0.21	26	0.253
	格隆德矿	32.5	0.080	60	25 (−0.025 mm)	0.20	18~20	1.23

一般而论,全尾砂粒径愈细、相对密度愈小,则脱水愈加困难。欲达到 95% 的全尾砂利用率,最好采用浓密+过滤的脱水工艺。高效浓密机由于使用了絮凝剂,其溢流的浓度相当低,应优先采用。至于几种过滤机的选择,则应根据全尾砂的粒径和处理量而定。原则上,粒径较粗、处理量较大,应采用水平带式过滤机;粒径较细,处理量较小,可考虑采用陶瓷过滤机。

6.4 搅拌工艺

制备出高质量、高浓度充填用料浆是充填技术的关键,而高效率、高速度搅拌机则是制备高浓度充填用料浆最重要的设备。

6.4.1 立式搅拌桶

搅拌桶是由电动机三角带传动带动叶轮旋转将不同骨料充分混合均匀,具有投资小、成本低、对不同粒径骨料适用性好等优点,是矿山充填最常用的搅拌设备。根据国家标准,搅拌桶直径系列为 φ1000 mm,φ1120 mm,φ1250 mm,φ1400 mm,φ1800 mm,φ2000 mm,φ2240 mm 和 φ2500 mm。

尾砂胶结充填料中含有水泥,叶片高速转动所引起的湍流应使水泥颗粒尽可能彻底地水化,水泥水化吸收了部分水量和所生成的凝胶体使料浆的黏度增加。此外,尾砂料浆中含有选矿药剂,具有一定腐蚀性;尾砂料浆中有时还混有大块物料。可见充填作业所用的搅拌筒不单具有浓度高的问题。考虑到在实际使用中,由于所制备的充填料中固体颗粒和水的相互作用,容易形成聚团效应(聚团作用),进而使核心脆弱的聚团体外围黏附一层水泥浆而不易被捣碎。在不显著提高搅拌桶功率的前提下,不断提高螺旋桨叶片的转速是解决此类问题的有效手段,目前矿山常用功率为 55 kW 的立式搅拌桶(转速为 200~300 r/min)。因此,大容量、高转速且低能耗将是矿用充填新型搅拌桶的发展方向。图 6-25 为金川二矿区扩能改建新设计的直径 2.6 m、高度 3 m 立式搅拌桶,料浆制备能力为 150~200 m³/h。

6.4.2 卧式双轴搅拌机

对于多种混合物料,尤其是含有碎石的骨料,卧式双轴搅拌机具有较好的混合和搅拌效

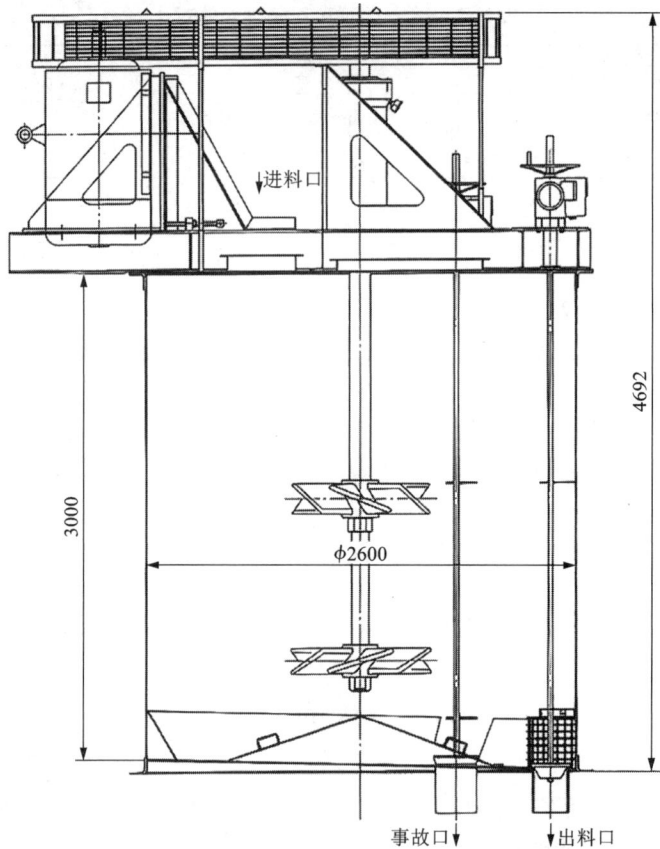

图 6-25　金川公司直径 2.6 m、高度 3 m 立式搅拌桶(单位：mm)

果,其主要零部件包括:搅拌转子杆、主轴、外壳体、电机、联轴器、设备机架等(图 6-26)。双轴搅拌机在工作时,充填料通过进料口进入搅拌槽体,两根搅拌轴在电机驱动下反向旋转,搅拌轴上装有搅拌刀片,搅拌刀片在搅拌轴上呈螺旋线状分布,充填料受搅拌刀片旋转推动而随之同向位移,相互混合完成搅拌作业。双轴搅拌机的两根搅拌轴之间的重叠区域,因旋转方向不同的充填料相互挤压搓揉,提高了充填料混合的效果。但是,由于卧式双轴搅拌机的转速受限(<100 r/min),黏性或结块物料制备过程中结块现象比较明显。因此,大容量、高转速且低能耗也是矿用新型卧式双轴搅拌机的发展方向。

图 6-26　卧式双轴搅拌机

6.5　泵送装备

作为泵送充填的核心装备，充填工业泵是近十多年快速发展起来的专门针对矿山尾砂、废石等单一或组合骨料充填的专用设备。从最早的采用混凝土行业的拖式混凝土泵，到德国Putzmeister公司S管阀系列工业泵一枝独秀，再到国内三一重工、飞翼股份等公司百花齐放，充填工业泵的泵送流量和泵送压力越来越大，充填料浆的泵送距离越来越远，泵送充填系统的稳定性和可靠性也越来越高。

6.5.1　拖式混凝土泵

随着现代工业的兴起，以混凝土为主材的建设方式已经成为建筑业施工的主要类型。拖式混凝土泵简称拖泵，是一种混凝土大型输送装备，主要用于高楼、高速、立交桥等大型混凝土工程的混凝土输送工作。拖泵由泵体和输送管组成，按结构形式分为活塞式、挤压式、水压隔膜式。泵体装在汽车底盘上，再装备可伸缩或屈折的布料杆就组成泵车。

在充填工业泵广泛应用之前，矿山大多采用混凝土行业的拖泵来进行泵送充填（图6-27）。目前，鉴于拖泵低廉的价格和稳定的性能，拖泵在充填能力较小的矿山或仅有少部分区域需要泵送充填的情况下，仍有广阔的应用市场。但是拖泵毕竟来源于混凝土行业，矿山高浓度尾砂充填料浆与混凝土在物料组成、颗粒极配、流变参数和泵送特性等方面存在明显的不同，因此将拖泵直接引入矿山泵送充

图6-27　矿山充填采用的小型拖泵

填也会存在诸多的问题，主要表现在以下方面：

（1）拖泵使用寿命较短，与矿山高强度连续泵送充填工艺要求不匹配。矿山充填系统的能力一般为 $60 \sim 150$ m³/h，工作制度一般为 300 d/a、$8 \sim 10$ h/班，服务年限一般为 $5 \sim 10$ 年。因此，单套充填系统每年的充填量为 15 万 ~ 50 万 m³，如此大流量、高频率的充填料浆输送对泵送设备的稳定性和可靠性要求极高，混凝土行业的拖泵明显达不到如此高强度、连续充填的工况要求，运行过程中极易出现故障停机和设备损坏。

（2）大流量拖泵型号匮乏，与矿山大流量充填系统不配比。目前，矿山新建充填系统的投资一般为 1000 万 ~ 5000 万元，规模较大的矿山往往会选择建设一套大能力的充填系统而非两套小能力的充填系统。因此，矿山充填系统的能力将越来越大，泵送设备的流量也要越来越大才能与之相匹配。混凝土行业的拖泵虽然市场成熟度较高、产品型号较广，但是泵送流量往往较小，难以满足大流量充填系统的发展要求。

（3）泵送物料性质的差异，导致拖泵泵送系统的可靠性较低。首先，矿山高浓度尾砂充填料浆与混凝土在物料组成、颗粒级配、流变参数和泵送特性等方面存在明显的不同，混凝

土是典型的处于不饱和状态的膏体，而高浓度充填料浆往往处于过饱和的状态，仅能达到似膏体或者过饱和膏体的状态。其次，混凝土泵送一般是向上输送，仅有少量的水平输送，而矿山充填则是以长距离水平输送为主。最后，泵送充填料浆的流速要求一般控制为 1.5～2 m/s，高于混凝土的泵送流速要求。

6.5.2 充填工业泵

作为矿山泵送充填的专用装备，充填工业泵最早始于德国 Putzmeister 公司，目前国内的三一重工等所生产的充填工业泵的稳定性和可靠性也越来越高，凭借其较低的价格和良好的售后服务，迅速占据了国内市场。充填工业泵是一种典型的柱塞泵，主要由泵缸、活塞、活塞杆、吸入阀及排出阀构成。它是利用活塞自左向右移动时，泵缸内形成负压，储料箱内的物料经吸入阀进入泵缸内。当活塞自右向左移动时，缸内物料受到挤压，压力增大，由排出阀排出实现物料输送。由于具有效率高、活塞冲程长、可靠性高等优点，充填工业泵的出现使得高含固量介质，尤其是高浓度充填料浆的快速连续输送成为可能，最具代表性的是德国 Putzmeister 公司生产的充填工业泵。

德国 Putzmeister 公司成立于 1956 年，是一家专门提供混凝土泵、隧道施工设备、工业泵、砂浆泵和高压清洗设备的大型公司，一直是世界高压泵送行业的主要领导者之一。按照输送物料性质的不同，Putzmeister 公司系列充填工业泵可分为 KOS(S 摆管) 系列、HSP 系列、KOV 系列及 EKO 系列(表 6-6)。针对充填工业泵长时间工作的特点，分配阀采用先进的 S 管阀系统充填工业泵原理(图 6-28)，可自动补偿间隙，密封性能好，结构简单，大大提高了整机泵送性能和易损件使用寿命。安徽周油坊铁矿生产能力为 450 万 t/a，矿体平均埋深仅 130 m，充填料浆最远输送距离达 3000 m，无法实现自流输送。选用 Putzmeister 公司生产的 2 台 HSP 25100 系列充填工业泵进行泵送充填，最大处理量可达 100 m³/h，泵送最大压力可达 10 MPa。

表 6-6 Putzmeister 公司系列充填工业泵的特点对比

系列	输送介质浓度/%	最大处理量/(m³·h⁻¹)	最大泵送压力/MPa	最大粒度/mm
KOS	50~85	400	15	50
HSP	40~70	400	15	10
KOV	40~50	40	15	1
EKO	60~90	14	6	100

泵送压力的计算按照输送膏体和细石混凝土的泵送压力公式计算：

$$P_b = P_0 + (1 + k)Li_m + \gamma_j g\Delta H/1000 \tag{6-5}$$

式中：P_0 为泵的启动压力，MPa，无实测数据时取 2 MPa；L 为管路总长度，包含水平段和垂直段，m；k 为局部阻力系数，取 0.1~0.3；i_m 为水力坡度，按照经验公式计算；ΔH 为输送起始点的高差，m。

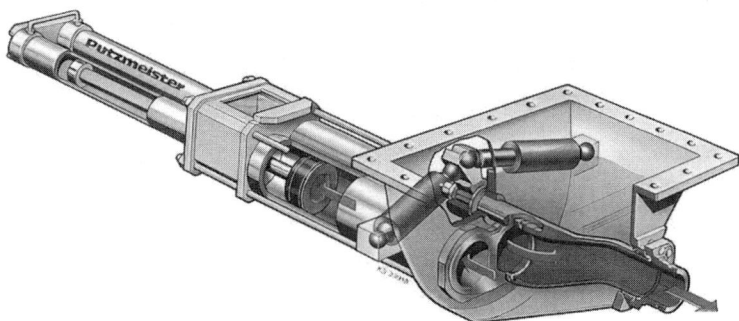

图 6-28 S 管阀系列充填工业泵原理图

6.6 充填管路

6.6.1 耐磨管道

随着充填采矿技术的不断普及，充填系统的钻孔充填量也在逐渐增大，对耐磨充填管道的需求越来越大。目前，国内外矿山充填采用的管道种类繁多，既有采用单一材料的管道，又有采用复合材料的管道。其中，单一材料管道主要包括铸钢、铸铁、高分子耐磨管道等；复合材料管道主要包括双金属复合管道、堆焊复合管道、陶瓷复合管道、橡塑复合管道、超高分子量复合耐磨管道、铸石复合管道等。

1. 单一材料管道

目前，国内矿山充填最常用的充填管道为 16Mn 钢管，普通 Mn 钢管造价较低、管道型号齐全，购置和更换均较方便，但是其耐磨性能不高、使用寿命较短。铸钢、铸铁管道也存在同样的问题。高分子耐磨管道虽然具有较好的耐磨性，但是其管道承压能力普遍不足，往往达不到中压管道(1.6~10 MPa)和高压管道(10~100 MPa)的输送要求。

2. 陶瓷复合管道

在充填过程中，物料对管壁的冲击力极大，而陶瓷材料则脆性大，陶瓷复合管道的陶瓷层易在冲击作用下脱层，进而严重影响陶瓷复合管的使用寿命。同时，受到充填钻孔孔径和充填管径的制约，一般充填管道的壁厚不能超过 15 mm，因此壁厚较大且异常沉重的铸钢管道、铸石复合管道并非理想的充填管道。此外，由于充填料浆中往往含有许多的粗颗粒骨料，极易对管道产生严重的切削磨损，抗切削磨损能力较差的高分子管道、橡塑复合管道也非理想的充填管道。

3.双金属复合耐磨管

双金属复合耐磨管道综合了抗磨、抗冲击、抗切削磨损、抗腐蚀等性能的优点，近年来在国内的许多矿山充填中得到了广泛的应用。双金属复合耐磨管采用消失模真空吸铸复合工艺或离心浇铸复合工艺生产，厚度一般为 10~50 mm。其主要性能特点表现为：

（1）消失模真空吸铸复合工艺采用聚苯乙烯塑料泡沫制作成内衬模型并装入钢管内，经涂料、烘干、造型，在抽真空状态下高温浇注高合金耐磨材料；塑料泡沫受高温作用分解气化消失被合金液原位取代，冷却凝固后形成外层为钢管、内层为高耐磨合金的双金属复合耐磨管。

（2）自动离心浇铸复合工艺。将钢管固定于特制的管模内，在高速旋转状态下，利用扇形包和长流槽等流量浇注原理，通过控制浇注速度和浇注温度，将高耐磨合金液浇入钢管内，使其在离心力作用下，均匀分布在钢管内壁，最后冷却凝固形成一个整体。复合管外层采用普通钢管，内层采用 KMTBG126 高铬耐磨合金，在高温热铸状态下复合成型，并具备较好的冶金结合效果，既发挥了高铬合金的耐磨、耐腐性能，又保留了普通钢管固有的机械性能，解决了单一材质难以调和的可焊性与耐磨性，综合性能显著提高。在高应力磨料磨损过程中，高硬度的硬质相碳化物，发挥了优越的抗磨削作用，也保护了基体，基体表面变形层内产生的相变和增加的位错密度等，也提高了材料的抗冲蚀磨损能力。硬质相碳化物与奥氏体基体互相支撑、相互促进，从而表现出优良的抗磨料磨损能力。

4.超高分子量聚乙烯管

超高分子量聚乙烯管是近年来国内推广应用速度最快的耐磨管道，产品综合性能优越，具有耐磨损、耐低温、耐腐蚀、自润滑、抗冲击等特点，能满足水质流体、固体颗粒、粉体、浆体等材料的输送要求，其中以耐磨性最为突出，摩擦因数小，加之超高分子链特别长，使得超高分子量聚乙烯管的耐磨性在输送各种浆体时比钢管、不锈钢管高 4~7 倍。但是超高的分子量使其成型加工极为困难，导致力学性能下降，很难与其他材料融合，综合因素导致超高分子量聚乙烯管的压力等级较低。目前，新型的超高分子量聚乙烯管通过采用丝束缠绕、带式缠绕、丝束编制等复合加工技术，将钢丝、玻纤丝、涤纶丝、芳纶丝、碳纤维丝等丝束材料作为增强材料，制成的新型耐磨复合管抗拉强度最大可达到 30 MPa，断裂拉伸率为 250%，砂浆磨耗率为 3.7%，通常采用低压-耐磨电热熔连接、中低压-耐热电熔弯头三通连接、中高压-翻边扣押法兰连接、高压-金属耐磨弯头三通连接等方式。总体而言，相比于传统充填管道，超高分子量聚乙烯管在矿山充填领域具有广泛的推广应用前景。

6.6.2 管路布设

1.充填管道布置方式

考虑到在充填系统运行过程中，需要对充填管路进行巡检，在充填管道磨损严重时需要及时更换，因此，充填管道不宜布置在竖井内（检修不便），禁止布置在主提升斜井内（堵管爆管对提升系统会产生影响）和回风井内（影响巡检工人的安全）。如图 6-29 所示，根据充填管道布设所经历的主要生产系统巷道，充填管道的布置方式主要包括如下三种。

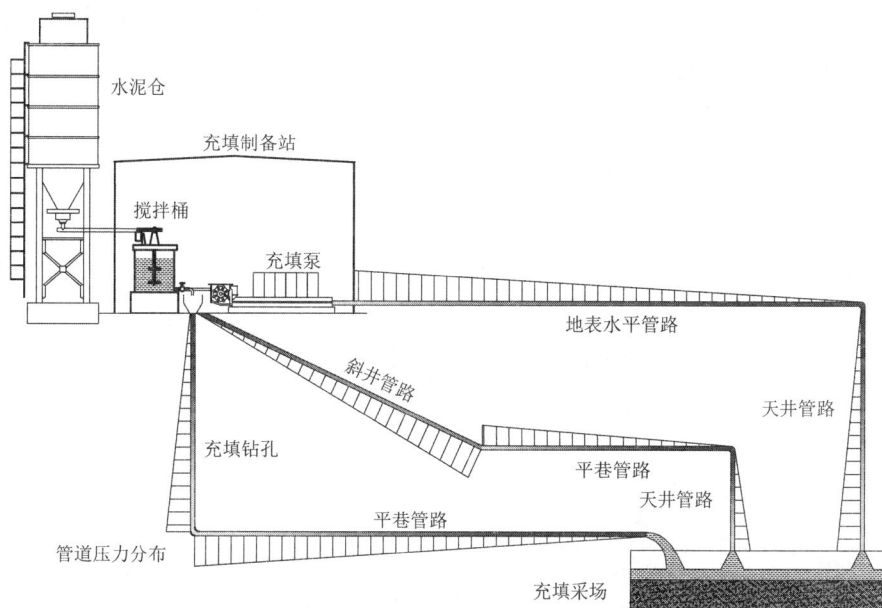

图 6-29 充填管路常见的布置方案

（1）充填钻孔+平巷管路自流输送方案。

充填钻孔+平巷管路自流输送方案是目前最简单、也是矿山最常用的充填管道布置方式。在井下距离充填站较近的位置施工充填联络平巷，将主要生产巷道与充填钻孔贯通，则充填料浆可由地表充填制备站经充填钻孔进入主要生产平巷内，再采用软管转接至采空区顶部的充填天井，进行采空区充填。

（2）斜井管路+平巷管路+天井管路自流输送方案。

在国内诸多的中小型矿山中，有相当一部分是采用斜井开拓，通常会选择直接在斜井内布设充填管道，沿井下主要平巷和天井直达采空区进行充填的自流输送方案。

（3）地表管路+天井管路加压泵送方案。

与充填钻孔+平巷管路自流输送方案不同，地表管路+天井管路加压泵送方案是通过在地表铺设充填管道至待充填采空区上方，然后施工充填钻孔直达采场进行充填的方式，适用于矿体分布相对集中、地表地形简单、容易征地布设管道的情况。由于在地表铺设充填管道往往需要征地且在堵管爆管的情况下，容易引发环保事故，因此，地表管路+天井管路加压泵送方案在国内矿山应用相对较少。同时，充填料浆在进入钻孔之前的沿地表输送段，必须配置充填泵提供额外的输送动力，因此，无法实现全流程自流输送，这也是此方案应用较少的另一主要原因。

2. 自流输送及管道磨损

除传统的干式充填外，现代的充填工艺技术均是以水作为主要输送载体，将充填骨料和胶凝材料通过管道输送至采空区内。充填料浆采用管路输送具有连续性好、输送能力大、能耗低且自动化程度高等诸多优点。根据充填动力来源的不同，充填料浆的管道输送方式可分为自流、泵送两种形式。自流充填是利用垂直管道内的浆体柱压力克服水平管道阻力，将充填料浆输送至待充地点。该输送方式工艺简单，无须人工动力，投资少，但因其动力是浆体柱压力，对充填倍线有较高要求。根据国内外充填矿山经验，管道自流输送一般要求管路系统几何充填倍线小于5~6。几何充填管路倍线 N 按式(6-6)计算：

$$N = \frac{\sum L}{\sum H} \tag{6-6}$$

式中：$\sum H$ 为管道起点和终点的高差，m；$\sum L$ 为包括弯头、接头等管件在内的管路总长度，m。

如图6-30所示，大部分矿山是通过在充填站地表附近施工垂直的充填钻孔(偏斜率控制在±5‰以内)与井下主要井巷贯通，采用自流充填的方式进行采场充填。

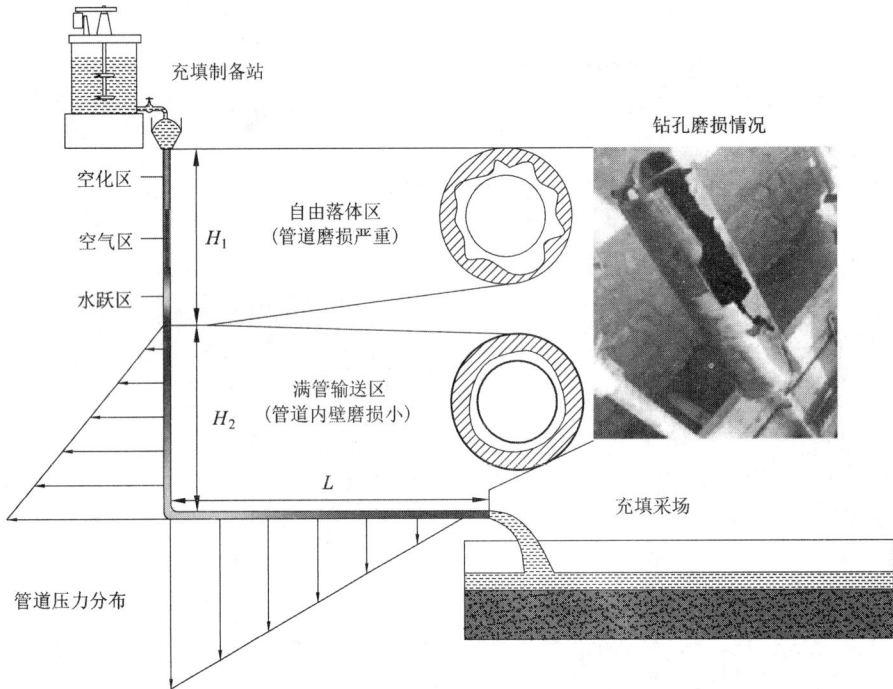

图6-30 充填料浆管道自流输送方式及管道磨损分析

充填料浆在垂直的钻孔内首先做自由落体运动，依次形成空化区、空气区和水跃区。在空化区内，液流会汽化，出现空穴或空洞，形成不连续流；空气区是水蒸气和空气的混合区，流体脱离管道边界，在重力作用下流速越来越快；水跃区是充填料浆自由落体速度达到最大后，在管道中发生翻滚和强烈振动的现象的区域。由于充填料浆输送速度和压力均较大，必然对输送管道内壁产生法向及斜向冲击力，管壁磨损由此产生。充填钻孔磨损较严重的原因，除了钻孔施工质量、套管材质、充填料浆组成、充填工作参数等因素外，还有自由落体区域内的充填料浆处于不满管的输送状态，高速流动的充填料浆会引发强烈的冲刷、空穴和翻滚现象，使得管路的磨损极为严重；而满管输送区域的管路则处于相对平稳的流动状态，管道内壁的磨损比较均匀,磨损率也较低。

3. 泵送系统及泄压装置

加压泵送是在高差不足、充填倍线过大的情况下,采用充填工业泵提供额外动力,将充填料浆加压输送至待充地点。该输送方式可以不受充填倍线限制,使用范围广。针对地表管路+天井管路加压泵送方案,由于充填料浆在进入钻孔之前的沿地表输送段(泵送流速一般在 1.5 m/s 左右),必须配置充填泵提供额外的输送动力,但是后半程进入天井后,充填料浆可依靠自身重力势能克服管道输送阻力自流至采空区内(自流流速 3 m/s 以上)。如果仍采用目前常用的全程封闭泵送的输送方式,那么进入天井后的充填料浆会在自身势能的作用下不断加速,进而由低速满管流转变为加速非满管流,产生液流空化、负压、空穴和气蚀等现象,不仅会急剧加大管道的磨蚀速度,还会引起真空弥合水击和管路强烈振动等问题,危及整个充填管道输送的安全与稳定。

如图 6-31 所示,通过在泵送与自流管道之间设置专门的卸压装置,将全程封闭的泵送管道转换为开放且相对独立的泵送和自流两套管路,可以有效解决封闭泵送管路系统能耗较高、液流空化现象明显、气蚀和振动严重、局部地段磨损加速、系统整体稳定性差等问题。

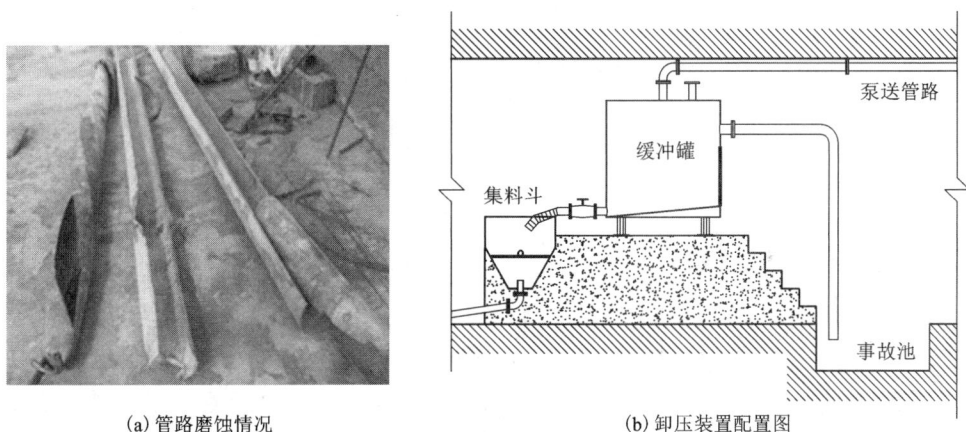

(a) 管路磨蚀情况　　　　　　　　(b) 卸压装置配置图

图 6-31　泵送充填管道卸压装置

4. 井下充填管道事故应急处理

井下充填管道安装布设时,为减少充填引流水和洗管水用量,减轻井下充填料浆排水压力,同时为堵管时提供处理措施,可在垂直管道与水平管道连接处添置三通管,用于引入高压风和高压水。在正常情况下,水平巷道中的管路布设应有一定的下向坡度,不宜出现反向输送充填;尽量减少弯道、接头,避免因流速放缓导致局部阻力增大,造成堵管事故;尽量避免直管连接,绝对避免锐角弯道的存在。如图 6-32 所示,由于垂直管道和水平管道连接处为易堵管部位,应设立事故处理阀门和事故池。同时,管道的起伏度应严格控制,以减少管道磨损和堵管事故的发生,延长管道的使用寿命。

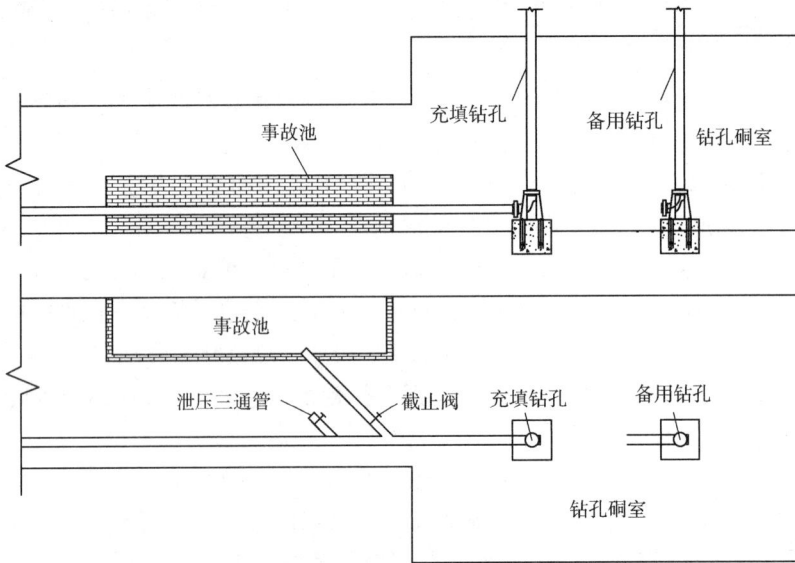

图 6-32 充填钻孔与水平管道连接事故处理阀门和事故池布置图

6.7 充填挡墙

6.7.1 传统充填挡墙

采空区充填的关键工序之一是构筑充填挡墙封闭待充采空区与外界联系的通道，充填挡墙不仅要承受采空区内充填浆体压力，而且要具有良好的脱滤水性能。与水平分层充填相比，嗣后充填的采空区一次充填体积大、高度高，且工人无法进入空区，因此对充填挡墙构筑提出了更高的要求。目前，矿山常用以下 3 种充填挡墙构筑工艺。

1.钢筋网柔性充填挡墙构筑工艺

钢筋网柔性充填挡墙采用圆钢+工字钢（或废旧钢轨）、钢丝网、双层土工布和钢丝网 4 层结构，如图 6-33 所示，其构筑工艺如下：

（1）第 1 层框架横向采用 I12a 工字钢（或废旧钢轨），纵向采用 $\phi50$ mm 圆钢，互为井字形结构，相互间距为 650 mm，工字钢横、纵均与圆钢焊接，圆钢穿过翻边的土工布埋入周边岩体事先打好的孔内并用水泥砂浆封填，埋深不应小于 250 mm。

（2）钢丝网采用 8#钢丝网，第 2 层钢丝网夹在土工布和钢结构之间，第 4 层钢丝网在最内侧，绑扎在工字钢上。

（3）第 3 层土工布采用双层布置，夹在两层铁丝网中间，将土工布翻边后，经圆钢穿过锚固后，采用喷浆机喷浆固定在巷道上，土工布层应拉紧铺平，使其能够承受一定压力，但要避免拉拽过紧，以防大面积脱落和撕裂。

（4）充填挡墙外侧采用木斜撑支撑，上端按图 6-33 捆绑牢固，下端置于梁窝内，梁窝深度不应小于 200 mm。

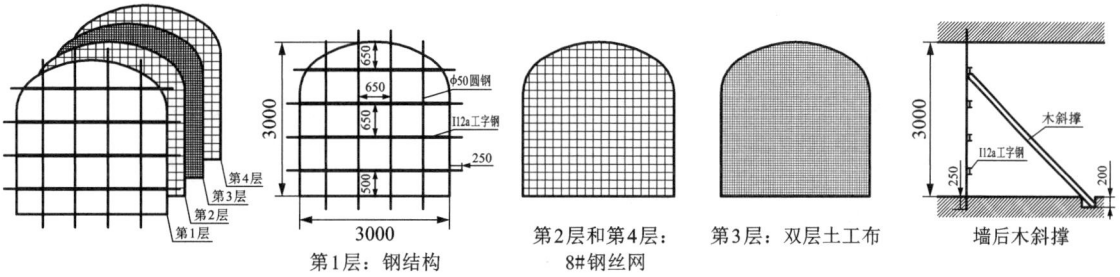

图 6-33 钢筋网柔性充填挡墙构筑工艺示意图（单位：mm）

2. 混凝土充填挡墙构筑工艺

混凝土充填挡墙采用混凝土结构，如图 6-34 所示，其构筑工艺如下：

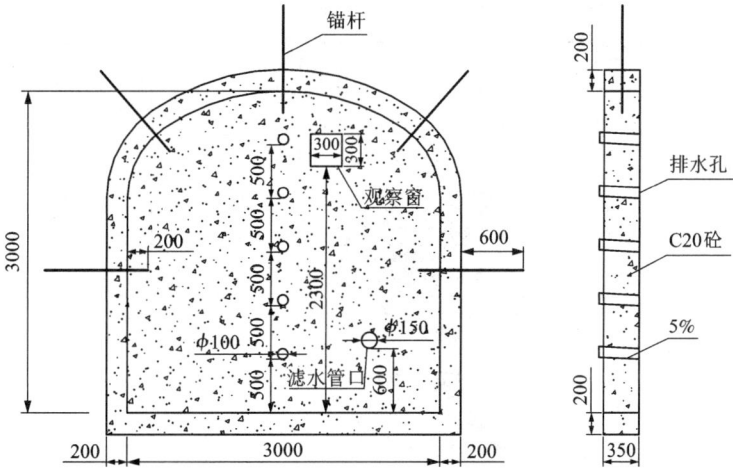

图 6-34 混凝土充填挡墙构筑工艺示意图（单位：mm）

（1）清理周边浮石，基础挖掘至基岩，深度不小于 200 mm；周边打眼并锚固，锚眼深度、间距、数量、锚固质量应符合以下要求：锚杆直径为 φ32 mm，孔深度≥700 mm，锚杆间距≤1000 mm，锚杆深度不小于 600 mm，墙体周边岩体必须清洗干净砂尘，有光滑的岩壁时须敲花以便更好地与混凝土相咬合。充填挡墙内部（近空区一侧）应布设一层土工布，翻边后，采用喷浆机（或抹灰）固定在巷道上，待验收达标后方可浇筑混凝土。

（2）混凝土配合比按 C20 强度（水泥：水：砂：石＝1：0.47：1.32：3.129）等级进行配制，粗骨料现场选择但必须是坚硬岩石，严禁使用泥岩、风化砂岩等松散石料，使用前必须冲洗，含泥量按重量计（不得大于 2%），浇灌时不得将大于 10 cm 的大块填入，并用机械振捣器捣固密实，分层浇灌，每层浇灌混凝土高不得超过 900 m，并充分接顶。

（3）混凝土挡墙设 1 竖排排水孔，从地表向上每 500 mm 设置 1 个，共计 5 个。当充填挡墙前有水时，最低一排排水孔应高于挡墙前水位。排水孔采用 φ100 mm 的 PVC 管，墙内进水口一侧采用钢丝网加土工布封口，并用钢丝绑扎牢固。排水孔应向外做 5% 的坡度，以利于水的迅速下泄。此外，充填挡墙应该留出滤水管口，用于布置自采空区中接出的滤水管，滤水管的布设应根据充填采空区体积和实际情况确定。

（4）每个采空区可于不同位置的两堵挡墙上预留观察窗（尺寸为 300 mm×300 mm），以便于观察掌握充填的状况及效果。第一次充填作业不应超过观察窗下缘高度，然后采用砖砼结构对观察窗进行封堵，待养护结束后即可进行后续的充填工作。

3. 砖砌筑充填挡墙构筑工艺

砖砌筑充填挡墙与混凝土挡墙结构相同，仅需将浇筑混凝土替换为砖+水泥砂浆砌筑，并将墙体加厚至 500 mm 即可，如图 6-35 所示。

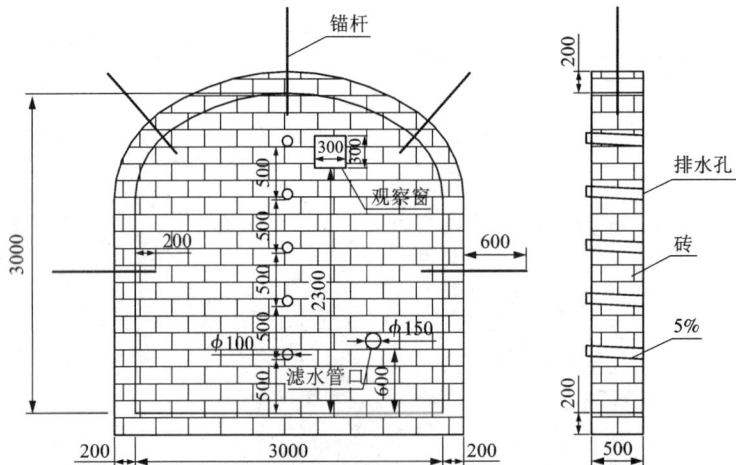

图 6-35　砖砌筑充填挡墙构筑工艺示意图（单位：mm）

6.7.2　新型充填挡墙

目前，地下矿山常用的挡墙普遍存在构筑工艺烦琐、工人劳动强度大、挡墙承载力受限、局部封堵不严、浆体容易泄漏等问题，且木材、砖混结构与钢丝网等一次性耗材消耗量大、回收利用困难，导致挡墙构筑效率低、成本高。

如图 6-36、图 6-37 所示，作者团队发明了一种基于伸缩支架的挡墙装置，包括以下步骤：

步骤一，设置包括行走装置、驱动装置和支架的挡墙装置，所述的驱动装置设置于行走装置上，所述的支架设置于行走装置的端部，支架包括互相交叉设置的横杆与竖杆，所述的横杆与竖杆均包括外杆体和锚固管，所述的外杆体为中空且端部开口，所述的锚固管设置于外杆体内并由驱动装置驱动从外杆体端部开口伸出或缩回。

步骤二，将挡墙装置移动至拟充填采空区封堵口附近，并在封堵口四周岩壁上钻出用于容纳锚固管的钻孔。

步骤三，设置反滤层：在封堵口的四周岩壁上固定反滤材料的边缘以堵住整个封堵口，然后再在反滤材料后铺设承压网以支撑反滤材料。

步骤四，将支架移动至封堵口，启动挡墙装置的驱动装置，使支架的锚固管伸入钻孔内以形成可循环利用的充填挡墙。

步骤五，待采场内充填作业完成，封闭与隔离充填料浆凝固后，将锚固管收回支架内，移走挡墙装置至下一采空区封堵口循环利用。

步骤一还包括：设置翻转装置，所述的翻转装置包括转轴和伸缩杆，

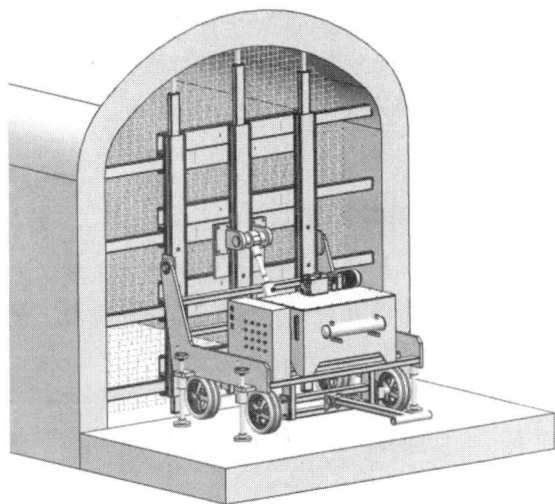

图 6-36 液压伸缩支架的示意图

所述的转轴设置于支架上，伸缩杆一端连接转轴，另一端连接驱动装置以进行伸缩，并使支架由伸缩杆控制绕转轴转动，从而使支架在竖直和水平状态间翻转切换。步骤四中，在将支架移动至封堵口之后，还包括将水平状态的支架翻转为竖直状态的步骤。步骤五中，在将锚固管收回支架内之后，还包括将竖直状态的支架翻转为水平状态的步骤。所述的转轴至少包括两个，且转轴均设置于支架上，伸缩杆连接其中一个转轴，其他转轴连接行走装置，且连接伸缩杆的转轴和连接行走装置的转轴在支架处于竖直状态时不在同一高度。

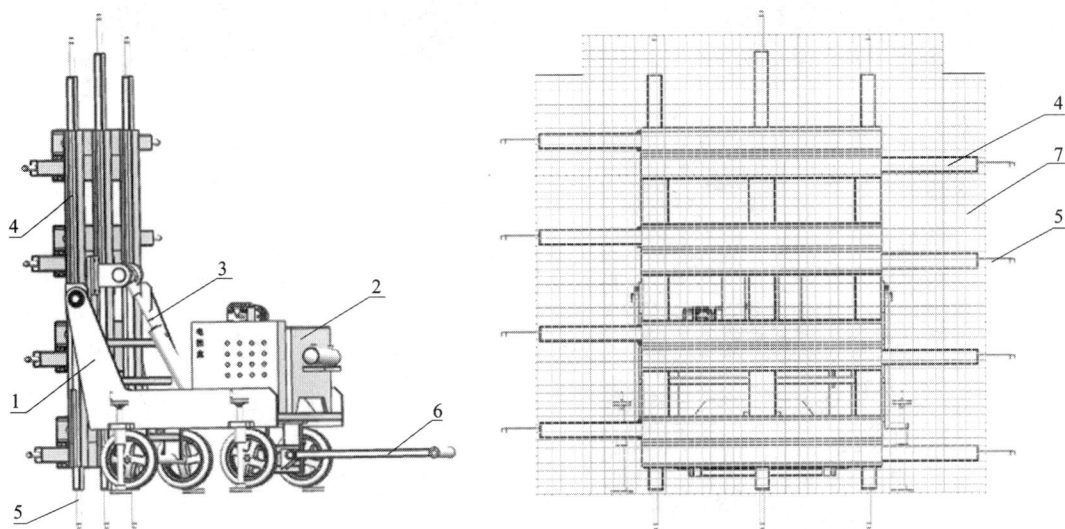

1—移动小车；2—液压站；3—液压缸；4—钢制支架；5—锚固管；6—牵引轴；7—反滤层。

图 6-37 液压伸缩支架结构图

本发明利用伸缩支架构筑的可循环利用充填挡墙具有挡墙构筑工艺简单、一次性耗材少、密封性好、承载力强的特点；同时，采用液压控制系统，挡墙构筑效率高、速度快、工人劳动强度低，而且伸缩支架自带四轮行走装置，便于在采场内转运和反复循环利用，进而使充填挡墙的综合构筑成本大大降低。此外，采用伸缩支架这一新型的充填挡墙构筑方法，充填料浆泄滤水面积大、脱水快，有利于充填料浆快速凝固，防止充填料浆泄漏对井下的污染。

6.7.3 采场泄滤水设施

如图 6-38 所示，采场的泄滤水方式主要有：土工布泄水、泄水孔泄水、泄水井泄水和新型抽排泄滤水等多种方式。传统的采场泄滤水工艺是通过在采场底部的充填挡墙中增设滤布，以便于充填泌水由充填挡墙自然渗透脱出。但是充填挡墙的面积往往较小、充填料浆与充填挡墙的接触面积有限，使得充填料浆泌水泄出速度极慢、效率极低，导致充填体的初凝速度变缓、早期强度降低、水泥单耗增加，进而使充填体养护周期变长、充填效果变差、充填成本上升。

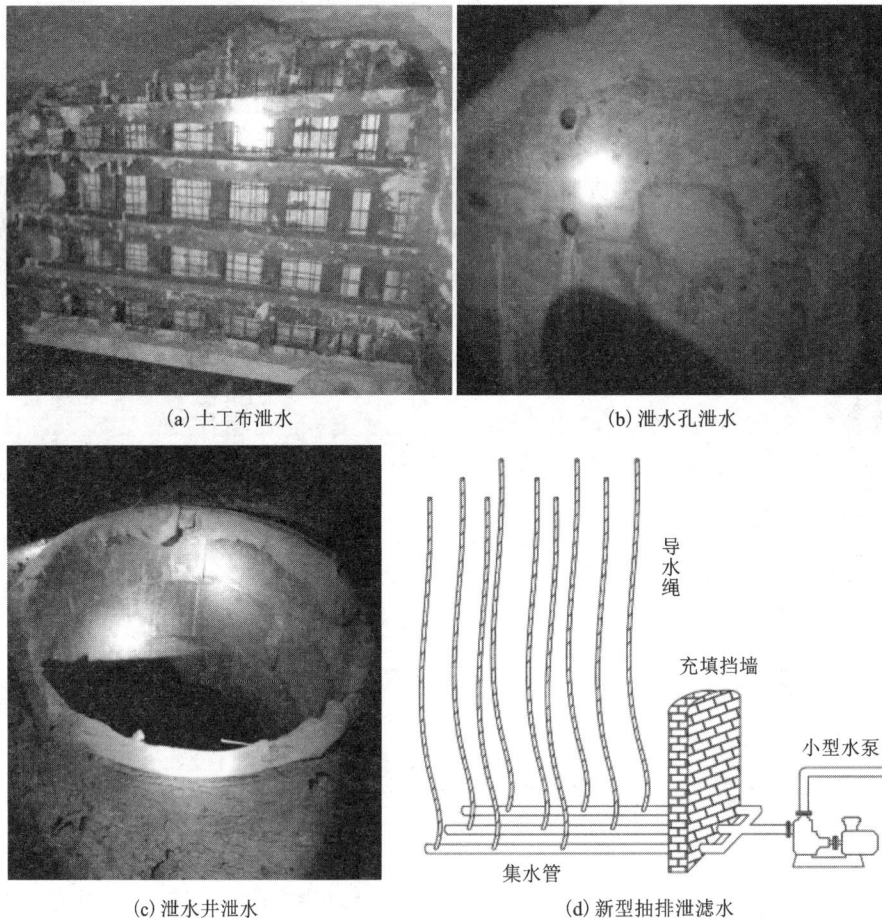

(a) 土工布泄水

(b) 泄水孔泄水

(c) 泄水井泄水

(d) 新型抽排泄滤水

图 6-38 常用充填料浆泄滤装置

作者团队发明的新型泄滤水装置包括导水绳、集水管和小型水泵三部分，通过在采空区内间隔布设导水绳增大充填料浆的渗透泄滤面积，在充填挡墙外布设小型水泵形成负压进一步加速充填泄滤水的泌出速度，解决了传统充填挡墙内滤布自然渗透泌水速度慢、效率低的问题，大大提高了充填体的初凝速度和早期强度，可有效降低水泥单耗、缩短养护周期、提高充填效果，具有工艺简单、实用性强、投资小、脱水速度快、脱水效果好的优点。

思考题

1. 常见的尾砂分级装置有哪些？如何进行分级装置的选型？
2. 立式砂仓的工作原理是什么？放砂的浓度波动可分为哪些过程？
3. 深锥浓密机的工作原理是什么？与立式砂仓相比有哪些优点？
4. 过滤机和压滤机的区别有哪些？如何进行脱水装置选型？
5. 立式搅拌桶和卧式双轴搅拌机有哪些不同之处？
6. 论述如何降低充填挡墙的构筑成本。

第7章　充填系统设计

　　充填系统是矿山的主要生产系统之一，也是矿山重要的工程建设投资项目。新建设的充填系统应兼顾充填采矿、采空区治理、尾砂处理三方面的需求，满足"运行可靠，能力匹配，运营成本低，投资可控"的高标准要求。本章以目前主流的全尾砂深锥浓密充填系统为例，结合黄金洞金矿的具体情况，介绍充填系统的设计原理与方法。

7.1　充填平衡计算

　　全尾砂深锥浓密充填系统的充填骨料是选厂所产生的全尾砂，而充填服务的对象又是井下开采所产生的空区，因此，充填是与采矿及选矿作业密切相关的重要工序。由于采矿、选矿与充填3个工序作业制度不同，相对独立性较大，必须通过周密的平衡计算，才能实现3大工序之间的协调推进，保证矿山的稳定生产。

7.1.1　充填能力计算

1. 矿山年平均充填量 V，m^3/a

$$V = Z \times K_1 \times K_2 \times K_3 \times Q \div \gamma \tag{7-1}$$

式中：Q 为矿山的年充填采矿生产能力，t/a；γ 为矿石体重，t/m^3；Z 为采充比，$0.8 \sim 1$；K_1 为不均衡系数，$1 \sim 1.2$；K_2 为压缩沉降系数，$1 \sim 1.1$；K_3 为流失系数，$1 \sim 1.1$。

2. 工作制度

（1）矿山年充填天数 T_1 一般为 330 d，少部分矿山为 280 d。

（2）大型矿山每个充填日的充填班次 T_2 一般为 3 班，中小型矿山为 $1 \sim 2$ 班。

（3）矿山每个充填班次的时间一般为 8 h，其中 2 h 为准备时间，纯充填时间 $T_3 = 6$ h。

3. 矿山充填系统能力 V_0，m^3/h

$$V_0 = (V \div T_1 \div T_2 \div T_3) \times K_4 \tag{7-2}$$

式中：K_4 为富余系数，$1.2 \sim 2$。

以生产能力为 40 万 t/a 的黄金洞金矿为例，矿石体重为 2.65 t/m³、采充比取 0.825、不均衡系数取 1.1、压缩沉降系数取 1.02、流失系数取 1.03，计算矿山年平均充填量为 14.39 万 m³/a。充填系统工作制度按照年充填天数 300 d、充填班次每天 2 班、每班纯充填时间 6 h 计算，充填系统能力应大于 39.98 m³/h，遵循可靠、先进、积极、稳妥的原则，富余系数取 1.5，本次充填系统设计能力为 60 m³/h。目前，国内小型矿山一般充填系统能力为 30~60 m³/h，中型矿山一般为 60~100 m³/h；大型矿山一般在 100 m³/h 以上。

7.1.2 采选充排平衡计算

1. 采充平衡

一般需要针对单个采场进行采充平衡计算，即核算单个采场充满所需要的时间，进而对充填的工作制度和纯充填时间进行优化。以上向水平分层进路充填法标准采场为例，最大进路采场尺寸为 3 m×3 m×40 m，地表建设的全尾砂深锥浓密充填系统能力为 60 m³/h，相应的采充平衡计算见表 7-1。

表 7-1 黄金洞金矿单个采场采充平衡计算

序号	指标		单位	上向水平分层进路充填法
1	充填空区尺寸	长	m	40
		宽	m	3
		高	m	3
2	一次充填空区		m³	360
3	一次充填浆体		m³	359.3
	流失系数			1.03
	沉降系数			1.02
	充满率		%	95
4	充填系统能力		m³/h	60
	充填班次		班/天	2
	每班纯充填时间		h	6
5	每天可充填采场数量		个	2

由表 7-1 计算结果可知，黄金洞金矿全尾砂深锥浓密充填系统的充填班次为每天 2 班、每班纯充填时间 6 h，可以满足 2 个上向水平分层进路充填法 3 m×3 m×40 m 的最大进路采场充填要求。当矿山生产任务调整同时有多条进路需要充填时，可考虑将充填班次增加为 3 班或连续充填。

2. 选充平衡计算

当矿山采用选厂尾砂作为充填骨料时，则需要进行选充平衡计算，以校核选厂供砂量能否满足连续充填的要求。仍以黄金洞金矿能力为 60 m³/h 的全尾砂深锥浓密充填系统为例，介绍选充平衡计算过程。

1）全尾砂充填利用率

由于需要兼顾周边矿山的选矿要求，黄金洞金矿选厂生产规模为 2000 t/d、工作制度为 330 d/a、尾砂产出率为 97.5%，则全尾砂的排放总量为 0.2×330×97.5% = 64.35 万 t/a。

黄金洞金矿年平均充填量为 14.39 万 m³/a，其中一步骤进路充填占比 50%、灰砂比为 1:6、质量分数 62%、浆体体重 1.74 t/m³；二步骤进路充填占比 50%、灰砂比为 1:20、质量分数 60%、浆体体重 1.70 t/m³，则全尾砂的消耗量为 14.39×50%×1.74×62%×6÷7 + 14.39×50%×1.70×60%×20÷21) = 13.64 万 t/a。

因此，黄金洞金矿全尾砂总产出量完全能够满足矿山充填的需求，全尾砂利用率约为 21.2%，多余部分全尾砂需要排放至尾砂库内堆存。

2）尾砂供应和消耗平衡

黄金洞金矿全尾砂深锥浓密充填系统能力为 60 m³/h，一步骤进路充填（灰砂比为 1:6、质量分数 62%、浆体体重 1.74 t/m³）过程中，全尾砂的平均消耗速度为 60×1.74×62%×6÷7 = 55.5 t/h；二步骤进路充填（灰砂比为 1:20、质量分数 60%、浆体体重 1.70 t/m³）过程中，全尾砂的平均消耗速度为 60×1.70×60%×20÷21 = 58.3 t/h。

当选厂产生的全尾砂全部供入充填站深锥浓密机时，全尾砂供应速度为 2000÷24×97.5% = 81.25 t/h，满足一步骤和二步骤进路充填的小时用砂量要求。

3）深锥浓密机能力校核

当选厂产生的全尾砂全部供入充填站深锥浓密机时，全尾砂供应速度为 81.25 t/h，虽然满足一步骤和二步骤进路充填的小时用砂量要求，但是由于深锥浓密机的单位面积处理量为 0.37~0.52 t/(m²·h)，故需选购直径为 17 m 的深锥浓密机才能满足全尾砂全处理的要求，这不仅会增加充填系统总投资，而且实际充填尾砂用量较少，深锥浓密机压耙风险高。

当选厂产生的全尾砂仅一半供入充填站深锥浓密机时，全尾砂供应速度减半为 40.63 t/h，虽然全尾砂供应速度小于充填小时用砂量，但是深锥浓密机本身具有较大的储砂能力，而且充填系统每天的有效充填时间仅 12 h（每天 2 班、每班 6 h），因此，可以利用充填间隙，提前将砂储在深锥浓密机内，以满足当天的充填采矿需求。

充填系统每天的最大连续充填时间为 12 h，单次充填最大尾砂用量为 58.3×12 ≈ 700 t。在充填过程中，选厂对深锥浓密机不间断供砂，12 h 供砂量为 40.63×12 ≈ 488 t（按选厂产生的全尾砂一半供入充填站深锥浓密机计算）。为实现选充平衡，深锥浓密机至少需预留的储砂空间为 700-488 = 212 t。按全尾砂浆浓缩至 62% 质量分数计算（此时所需储砂空间最大，浆体容重为 1.75 t/m³），深锥浓密机在设计过程中至少预留 212÷62%÷1.75 ≈ 195 m³ 的储砂体积。黄金洞金矿实际采用直径 12 m、墙高 10 m 的深锥浓密机储砂，泥层总容积可达 1070 m³（泥层高度按 8 m 计算），完全可以满足最大连续充填的储砂需求。

因此，当选厂产生的全尾砂仅一半供入充填站深锥浓密机时，可以满足连续充填的要求。

4）充排平衡

选厂应提前向深锥浓密机供应砂浆，深锥浓密机泥层高度达到放砂要求后，充填系统开始作业，在此过程中，选厂将所产生的全尾砂总量的一半用于向深锥浓密机供应砂浆，剩余一半向尾砂库内排放。充填结束后停止供砂，尾砂选厂产生的全尾砂全部向尾砂库内排放。

7.2 充填站选址

充填站选址是充填系统设计的首要任务。充填站选址需要考虑诸多因素，包括充填能力的需求，充填系统的构成，充填系统的数量，充填倍线的构成，地表地形及环境条件，充填站与选矿厂、尾砂库的关系，外部材料运输等。充填站站址方案选择涉及许多技术和经济问题，合理的充填站站址对整个充填系统的经济、稳定、高效运转具有决定性的作用。

7.2.1 充填站站址选择

1. 选址原则

(1) 站址不受地下开采活动影响。考虑到充填站为永久性建筑，属二类保护等级，应尽量布置在地表岩石移动范围之外；当矿山采用充填法开采且矿体埋藏较深或地表地形和征地范围受限时，也可考虑在地表岩石移动范围之内布设充填站，但应深入分析和评价地下开采活动对充填站的影响，确保充填站的安全。

(2) 各种物料的输送能耗相对较小。充填站的服务对象为井下采空区，充填骨料大多来源于选厂，充填溢流水需要返回选厂循环利用，无法利用的尾砂则需要排往尾砂库。因此，充填站站址的选择应充分考虑选厂、尾砂库、充填站的相对关系，在满足供砂、回水、排尾、充填的物料输送要求的同时，尽可能缩短输送距离，以减少系统投资和运行能耗。

(3) 尽量不新征土地。由于矿山充填站的用地面积普遍在 2000 m² 以上，应尽可能利用矿山已有工业用地，避免或减少新征土地，以减少征地投资和建设周期。

(4) 场地便利性。充填站站址附近应具备便利的交通运输和水电供应条件，以便于各物料的内外部运输。

(5) 土建工程量相对较少。由于充填站需要施工地基、建设厂房、设置诸多子系统以满足各项功能要求，因此充填站站址应尽量选择在地质结构和地形地貌简单之处，以尽可能地减少挖填方量和土建工程量，保障充填厂房、浓密机等设施的安全。

(6) 远离居民区、风景保护区及其他需要保护的区域。由于充填站运行过程中会产生一定的噪声、污水，应尽量选择与外界相对独立的区域，避免扰民。

(7) 优先考虑建设自流充填系统。管路和设备问题是造成充填系统故障停车的主要原因，而管道输送系统则是充填系统最薄弱的环节，应优先考虑能够实现充填料浆自流输送的站址，以提高充填系统的运行稳定性、减少泵送设备投资和运行能耗。

2. 充填站站址选择实例

以黄金洞金矿为例，综合考虑各矿区充填系统服务范围及地表地形条件，初步拟定 2 个站址方案：方案 I，华家湾 3 号斜井口附近平地(图 7-1)；方案 II，华家湾 3 号坑口附近缓坡山地(图 7-2)。两方案对比如表 7-2 所示，相比方案 I，方案 II 有以下突出优点：场地可充分利用山坡地形，不需架高深锥浓密机；深锥浓密机坐落在原始地形上，基础工程量小；山坡挖方工程可用来填方地沟，便于场地平整。

图 7-1 华家湾 3 号斜井口附近平地

图 7-2 华家湾 3 号坑口附近缓坡山地

表 7-2 充填站站址方案比较

项目	方案 I	方案 II
站址位置	华家湾 3 号斜井口附近平地	华家湾 3 号坑口附近缓坡山地
地表情况	地势平坦，充填站可用面积约 2000 m², 标高+210 m	平地地势平坦，可用面积广，标高约+210 m，有山坡地形可利用，山坡平台标高+215～+225 m
交通情况	有简易道路，交通便利	有简易道路，交通便利
构筑物	有大量临时用房需要拆除	无
平场	平场工作量小	平场工作量小
尾砂来源	从选厂从地表，经管道输送至砂仓	
尾砂输送距离	1350 m	1380 m
供电条件	由附近 110 kV 变电站提供	
充填用水	为实现水循环利用，将砂仓溢流水作为充填用水	
充填浆体下井方式	充填钻孔	充填钻孔
征地情况	需要征地	

7.2.2 利用斜陡坡地形的充填站

目前，矿山大多选择在平坦场地(5°以下)或缓坡(5°～15°)上建设充填站，以减少平场工作量，但是矿山地表平缓工业场地普遍狭窄，不仅难以满足尾砂充填系统 2000～5000 m² 的用地需求，而且挖填方工程量大，以及须架高高位水池、浓密机等设备，下挖溢流水池、钻孔地坑等，进而产生厂区用水向上泵送、脱滤尾砂反向供料、充填料浆低压泵送至钻孔的情况，这将导致充填站建设投资大、运行能耗高、系统可靠性降低等问题。

为了解决矿山地表平缓工业场地狭窄、充填站选址困难、平场挖填方工程量大、反向供水输砂的技术问题，作者团队研发了一种基于矿山斜陡坡地形的尾砂充填系统及建造方法，具有充填站选址容易、挖填方工程量少、系统投资小、运行能耗低、可靠性高的特点，如图 7-3 所示。

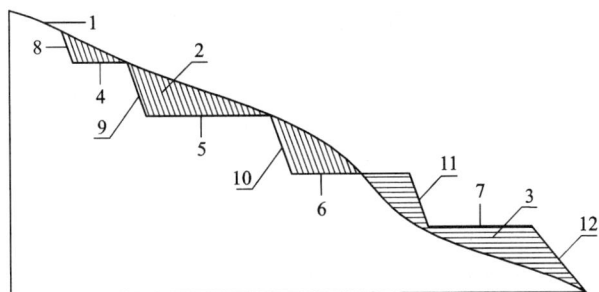

图 7-3 矿山斜陡坡挖填方工程及挡土墙布置示意图

为了更清楚地说明本发明的具体实施方式，下面将对具体实施方式中所需要使用的图 7-3~图 7-5 作简单介绍：1—矿山斜陡坡；2—挖方工程；3—填方工程；4——阶平台；5—二阶平台；6—三阶平台；7—四阶平台；8——阶挡土墙；9—二阶挡土墙；10—三阶挡土墙；11—四阶挡土墙；12—五阶挡土墙；13—高位水池；14—浓密机；15—脱水厂房；16—脱滤尾砂；17—尾砂堆场；18—充填厂房；19—钻孔地坑；20—厂区公路；21—边坡。

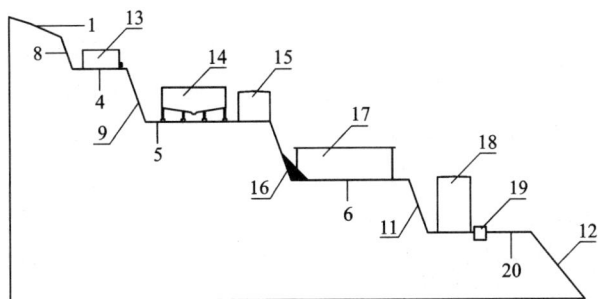

图 7-4 斜陡坡多级平台上充填站建筑设备设施布局剖面图

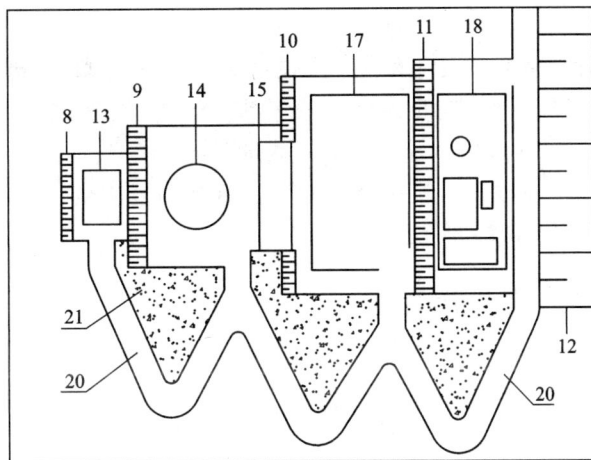

图 7-5 斜陡坡多级平台上充填站建筑设备设施布局平面图

以河南柿树底金矿为例，矿区地处秦岭伏牛山深处，地表山地波澜起伏，可利用平缓工业场地狭小，充填站选址困难。下面用本发明方法选择在斜陡坡地形建造节能环保尾砂充填站。

首先，充填站选址：在矿区+974 m 海拔选择坡度稳定在 25°左右的斜陡坡，顶部无急险坡和危岩体、底部不受开采扰动和断裂构造影响，交通运输方便、供水供电便利，工程地质和水文地质条件简单，供砂回水线路短、管路布设方便。

其次，站址三通一平和桩基挡土墙施工：施工坡度为 15%的盘山厂区公路通至+980 m 一阶平台、+974 m 二阶平台、+964 m 三阶平台和+954 m 四阶平台。进行各阶平台挖填方工程施工，总挖填方量基本相等，架设供排水管、电缆至各级平台，施工现场达到水通、电通、道路通和场地平整条件；根据岩土工程勘察报告和各级平台承载状况，进行充填站主要设备设施和厂房桩基工程设计与施工；根据墙体形态和基底承载情况，分别进行一阶至五阶挡土墙工程的设计与施工。

然后，设备设施安装和厂房建造：在一阶平台上安装容积为 200 m³ 高位水池，二阶平台上施工安装一座直径为 12 m 的高效浓密机、两台过滤面积为 80 m² 的陶瓷过滤机并建造过滤厂房，三阶平台上建造容积为 1350 m³ 尾砂堆场，四阶平台上施工安装悬挂式振动给料机、长度为 16 m 皮带运输机、容积 60 t 水泥仓、直径 ϕ2000 mm 搅拌桶等设备并建造充填厂房、施工钻孔地坑。

最后，公用及辅助设施施工：在主体设备设施安装及厂房建造完成后，进行截洪排水沟修筑、边坡覆土复绿、辅助用房建造、动力配线及照明施工、仪器仪表安装、机械设备调试、自动化集成控制及充填系统联合试运行。

经调试正常运行后，充填系统能力为 60 m³/h，生产和消防用水可从一阶平台自流向下部平台供给，低浓度尾砂浆体自二阶平台浓缩脱水、三阶平台堆放储存、四阶平台搅拌制浆后，可自流至钻孔地坑进入采空区，充填系统总投资仅 1200 万元且运行能耗极低。

7.3　充填系统工程设计

充填系统工程设计包括初步设计和施工图设计两部分，一般首先进行初步设计，经矿方审查通过后再进行施工图设计。初步设计一般包括：概述、充填试验、充填系统工艺设计、总图运输、给排水、电气及自动化、土建、节能减排、环境保护、职业卫生与消防、劳动组织与施工进度、项目投资与效益分析等内容。本节以黄金洞金矿全尾砂深锥浓密充填系统为例，对初步设计的主体内容做简要介绍。

7.3.1　充填系统工艺设计

1.充填工艺流程

黄金洞金矿全尾砂深锥浓密充填系统的充填工艺流程为：选厂排出的全尾砂浆经渣浆泵泵送至充填站内的深锥浓密机中，在向深锥浓密机供砂的同时，通过药剂添加系统加入絮凝剂和助凝剂，以提高全尾砂的沉降速度，降低溢流水含固量。全尾砂浓缩沉降后排出的溢流水自流至深锥浓密机旁的溢流水池，用作充填生产用水，多余部分自流至选厂使用，实现废水循环利用；充填时，深锥浓密机底流料浆自流输送至搅拌桶，与来自胶凝材料仓的胶凝材料充分搅拌，制备成符合要求的充填料浆，通过充填工业泵经平硐和斜井充填管道泵送至井下各中段待充空区。

2. 供砂系统方案

选矿排出的全尾砂浆(质量分数 20%~30%)直接通过渣浆泵泵送至深锥浓密机进行浓缩沉降。在选厂设置尾砂分流系统，将选厂产生的尾砂量的一半(约 1000 t/d)供入充填站深锥浓密机内(供砂流量在 110~177 m³/h 范围波动，选用规格为 φ180 mm×11 mm 超高分子聚乙烯管，管道有效内径为 158 mm，最低流速为 1.56 m/s)，剩余部分直排尾砂库内。

选厂产生的全尾砂浆体自地表→180 平巷→钻孔硐室→充填钻孔→地表充填站→深锥浓密机供料，管路总长度 1296 m，采用 2 台柱塞式渣浆泵输砂，额定流量 200 m³/h、扬程 150 m。

3. 充填系统主要工艺设施

1) 深锥浓密机

浓密机选型最主要参数为浓密机直径和单位面积处理能力。根据黄金洞金矿全尾砂浓密沉降试验结果，推荐浓密机单位面积处理量为 0.37~0.52 t/(m²·h)，设计取 0.4 t/(m²·h)，根据需要处理的全尾砂量平均为 1000÷24×97.5% ≈ 40.6 t/h，计算的浓密机面积不小于 101.6 m²，即深锥浓密机直径不小于 11.4 m，设计选择 1 台直径 12 m 的深锥浓密机。为保证底流放砂浓度要求，深锥浓密机边墙高度一般需 8~12 m，设计取值为 10 m，其上部 2 m 为清水溢流层。池底板锥角 30°，泥层总体积 1070 m³，满足充填平衡要求。

推荐选用 NGT12 深锥浓密机，深锥浓密机放料口底部连接管道选用 φ140 mm×6 mm 无缝钢管，内径 128 mm，钢管壁厚 6 mm。深锥浓密机配备 1 套 FPP4000 的絮凝剂制备添加系统，1 套 XZT360 的聚合剂制备添加系统，干粉制备能力≥150 kg/h。

2) 胶凝材料储存与输送系统

按胶凝材料用量最大的灰砂比 1∶4(胶凝材料耗量 0.26 t/m³)，最大连续充填作业 12 h 计算，则最大充填胶凝材料消耗量为 0.26×60×12≈187 t。设计采购一个圆柱-圆锥立式密闭的 300 t 成品水泥仓，仓体为钢板结构，圆柱直径 φ6 m，罐体高度 15.2 m，理论装载胶凝材料 300 t，可满足 1.6 d 充填系统胶凝材料最大用量要求。为了防止放料过程中结拱，在仓底部周围安装了高压风喷嘴用于破拱。在气力输送胶凝材料时，为防止仓内粉尘溢出影响附近环境，在水泥仓顶部安装了 HD 单机除尘器，配套风机功率 3.0 kW，配套电机功率 0.55 kW。

胶凝材料采用螺旋输送机加螺旋称重给料机给料，由螺旋称重给料机计量后给料至搅拌机。按最大灰砂比 1∶4 计算，要求设备给料能力为 15.6 t/h。水泥仓配置 GLS200-2 型双管螺旋输送机 1 台和 GXC300 型螺旋称重给料机 1 台。

3) 搅拌系统

黄金洞全尾砂粒径超细，适宜采用立式搅拌桶进行充填料浆的搅拌制备。在充填厂房内设一套搅拌系统，深锥浓密机通过独立管路与搅拌桶连接，搅拌桶规格为 φ2000 mm×h2500 mm，电机功率 45 kW。有效容积为 7.1 m³(有效系数 0.9)，根据充填能力(60 m³/h)要求，料浆在搅拌桶内的最大停留时间为 7.1 min，完全满足搅拌质量要求。

搅拌桶上方设 1 台 5 t 电动葫芦，$N=8.3$ kW，380 V。搅拌桶顶部安装 UF 单机袋式除尘器，配套风机功率 4.0 kW，星形卸灰阀功率 0.75 kW，电机功率 0.55 kW。深锥浓密机放砂管和搅拌桶出料管安装有流量计和浓度计，在线监测料浆流动参数，并根据流量和浓度变化情况，自动调节安装在深锥浓密机放砂管道、搅拌桶出料管道上的相关电动阀门。深锥浓密机和搅拌桶装设有料位计量仪表。供水管也可通过电动闸阀对流量进行控制。

搅拌桶进砂管为 $\phi140$ mm×6 mm 无缝钢管，内径 128 mm，钢管壁厚 6 mm（接深锥浓密机放砂管）；充填调浆用水管选用 DN100 的聚乙烯软管。搅拌桶底部设置 3 个出料口，2 个用于正常放浆，另一个用作事故出口。搅拌桶底部放砂管为 $\phi140$ mm×6 mm 无缝钢管，内径 128 mm。

充填调浆用水管（一般不用）为 $\phi114$ mm×5 mm 的 PE 软管，内径 104 mm。搅拌桶底部设置两个出料口，一个用于正常放浆，另一个用作事故出口。搅拌桶底部放砂管为 $\phi159$ mm×(7+4) mm 的聚氨酯耐磨钢管，内径 137 mm。

充填事故发生时，搅拌桶中的充填浆体通过事故出料口排到充填主厂房边的事故槽（长×宽×最深=9.0 m×3.0 m×1.0 m，长边向内设置 18°斜坡）进行处理。

4）充填管路

制备好的充填料浆沿搅拌桶充填料浆→地表充填钻孔→充填联络巷道→井下待充空区，充填管路总长度 7957 m。其中，充填站至华家湾主采区充填管路长度 1243 m，至金塘 2 采区管线长度 1774 m，至金塘 3 采区管线长度 541 m，至杨山庄采区管线长度 4399 m，充填倍线均大于 6，无法实现自流输送。全尾砂泵送充填输送经济流速一般在 1.5～1.8 m/s，设计主充填管道选用 $\phi133$ mm×9 mm 无缝钢管，管道内径 115 mm，此时工作流速为 1.61 m/s，符合经济流速要求。进入采场的支线管路采用钢编复合管。

5）充填钻孔系统

在地表充填站内设置一个长 8 m、宽 4 m、深 1.5 m 的充填地坑，依次施工 8 个充填钻孔。其中：1#、2#、3#、4#、7#、8#充填钻孔直径为 $\phi250$ mm，充填套管选用 $\phi178$ mm×8 mm API 石油套管，内径为 162 mm，套管采用丝扣螺纹方式连接；5#、6#充填钻孔直径为 $\phi300$ mm，充填套管选用 $\phi219$ mm×9 mm API 石油套管，内径为 201 mm，套管采用丝扣螺纹方式连接。

1#、2#钻孔为金塘矿区充填钻孔和备用钻孔，3#、4#钻孔为杨山庄矿区充填钻孔和备用钻孔，标高+179～+209 m，孔深 30 m，选用 $\phi133$ mm×9 mm 无缝钢管，管道内径 115 mm，管路之间用管箍连接。5#钻孔为选厂供砂钻孔、6#钻孔为深锥浓密机溢流回水钻孔，标高+179～+209 m，孔深 30 m，选用规格为 $\phi180$ mm×11 mm 的超高分子聚乙烯管，管路之间热熔连接。7#、8#钻孔为华家湾矿区充填钻孔和备用钻孔，标高-20～+209 m，孔深 230 m，选用 $\phi108$ mm×(4+6) mm 钢衬聚氨酯耐磨管，耐磨层厚度为 4 mm，基体层厚度为 6 mm，垂直管之间用管箍连接。

在地表充填地坑正下方+180 m 中段和-20 m 中段分别施工钻孔硐室，其中 1～6#钻孔与+180 m 中段钻孔硐室贯通，7～8#钻孔与-20 m 中段钻孔硐室贯通。充填管路每隔一定距离设置一个盲板三通，用于事故处理。

6）泵送系统

根据充填系统服务范围，输送最困难区域为杨山庄矿区−260 m中段附近充填区域，最远输送距离为4399 m，高差−470 m，设计采用HGBZ70.10.220型充填工业泵，正常输送方量为60 m³/h，最大泵送压力10 MPa满足系统要求。

4.药剂调制系统

絮凝剂制备车间布置在+216 m平台深锥浓密机放砂口一侧（长18 m、宽5 m），充填所需的粉状絮凝剂存储于储料器中。配制溶液时，粉状絮凝剂通过螺旋推料器计量并输送至絮凝剂搅拌槽，加水搅拌。粉状絮凝剂与水溶液依次经过搅拌槽充分搅拌混合，配制成一定浓度的絮凝剂溶液。为提高絮凝剂的沉降效果，使之与水溶液充分反应接触，设计采用二次稀释。槽中的絮凝剂溶液及清水计量后通过在线混合器的二次稀释，最终制成所需的絮凝剂溶液（浓度0.1%），将其泵送至深锥浓密机中与全尾砂充分反应，提高全尾砂的絮凝沉降效果。确定最优组别为：矿浆稀释浓度12%（原矿浆浓度20%~30%）；絮凝剂型号BSF5250，絮凝剂添加量40 g/t，一次制备稀释浓度0.2%~0.5%（制备系统），二次制备稀释浓度0.1%（管路稀释）。

5.通风除尘系统

在水泥仓气力输送胶凝材料时，为防止仓内粉尘溢出影响附近环境，在水泥仓顶设置袋式除尘器。本类型除尘器既满足散装车风送要求，又能保证在粉末物质使用时，仓内无负压，具有体积小、结构紧凑等优点。在搅拌机扬尘处设置抽风罩，用单机除尘器收尘，采用压缩空气喷吹清灰。除尘器收集的粉尘直接返回至搅拌机循环利用。

6.压风系统

虽然目前水泥罐车均自带压风装置，无须另外提供高压风源，但为防止水泥仓放料过程中结拱，保障胶凝材料稳定供料，需在仓底周围安装破拱装置。因此，仍需配置小型压风系统。该系统除为处理水泥仓结拱提供压风外，也可为除尘器等其他用风点提供风源。设计选用1台螺杆式压缩机，风量1.0 m³/h，压力0.85 MPa，电机功率7.5 kW，配套1.0 m³储气罐。

7.应急事故处理系统

为了保障充填系统工作的可靠性，除采用稳定可靠的工艺和先进的设备、仪表外，还应设计必要的事故应急系统。

1）深锥浓密机应急事故系统

深锥浓密机是充填系统的核心设施，充填间断或暂停期间可能出现的压耙是危害性最大的事故。深锥浓密机的防压耙措施包括：

①按照1.5倍最大工作扭矩负荷设计耙架，确保具有足够大的扭矩来克服泥层的阻力，防止耙架压死。

②利用剪切泵实现内部高浓度料浆循环，有效避免因深锥浓密机储料过多造成的压耙事故。

③放砂口设置高压水反冲装置,万一发生压耙事故,可打开底流锥上的冲洗口,在冲洗口处接高压水进行冲洗处理。

④深锥浓密机满仓情况下,如出现充填意外停止,则应立刻停止供砂,尾砂启动外排程序,同时开启深锥浓密机本身防压耙措施。

2)搅拌装置应急事故系统

搅拌机发生事故时,立即停止供料(尾砂、胶凝材料),开启洗管水系统,将充填管路内的充填料浆排出。同时,开启搅拌机底部事故排砂口,将充填料浆排至事故槽。事故槽中充填料浆处理方式:若充填料浆中添加了胶凝材料,且在胶结料浆初凝前充填工作恢复,则启动排污泵将事故池内胶结料浆送回搅拌机;事故池中胶结料浆凝固后,则需人工清理。

3)浓度波动过大时的处置措施

灰砂比和充填料浆质量分数是影响充填质量和充填成本的关键因素,尤其是浆体浓度,由于受尾砂来料浓度、特性与流量、絮凝剂添加量、环境温度等因素变动的影响,可能发生较大波动。当波动幅度超过规定值的±2%时,必须采取相应的处置措施,调整浓度维持在适宜的范围之内,以保证充填质量、控制充填成本。

浓度偏高不仅会影响泵送充填可靠性,而且充入采场后的料浆流动性能变差,不利于充填接顶。此时,可启动深锥浓密机底部压力水系统,适当降低深锥浓密机放砂浓度。与浓度偏高相比,浓度偏低时更容易发生,也更不利于充填质量控制,可能会使充填达不到预期效果。浓度偏低主要是充填流量大于尾砂沉降浓缩速度所致,此时可以通过调整充填工业泵功率,减小充填流量,使充填流量与尾砂沉降浓缩速度重新达到平衡。

4)泵送装置应急事故系统

充填料浆在充填站制备好后,通过充填工业泵输送至井下采空区,充填工业泵采用一用一备。当一台发生故障时,及时启动备用泵排出充填管道内的充填料浆,防止堵管事故发生。

5)输送管道事故预防措施

管道输送系统主要的事故类型是漏浆和爆管,据此应采取如下事故预防措施:

①充填过程中,派出专人巡视管路,并密切监控充填工业泵压力数据,若出现压力突然急剧增加或降低,则可能发生堵管或漏浆事故,应及时停机处理。

②定期对管道进行巡检,至少每月或每充填 10 万 m^3 进行一次管道全程巡检,发现问题及时更换。

③定期对充填管道进行翻转,每 2 年或每充填 40 万 m^3,管道翻转 1/4。

7.3.2 总图运输

1. 区域概况

一般介绍矿山的地理位置及交通条件、自然条件。

2. 总平面布置

总平面布置应尽量采用集中布置的方式,以便于集中管理、降低投资成本。黄金洞金矿充填站内各工业设施情况见表 7-3。充填站总用地面积 4425 m^2,建(构)筑物总面积

$650.3\ m^2$，绿化面积 $796.5\ m^2$，新建道路及硬化场地面积 $1710\ m^2$，空地面积 $1268.2\ m^2$。

表 7-3　总图主要技术经济指标

序号	设施名称	规格	单位	数值
一	充填站总用地面积		m^2	4425
1	建筑物占地面积		m^2	477
1.1	主厂房	20 m×12 m	m^2	240
1.2	事故槽	9 m×3 m	m^2	27
1.3	沉淀池	5 m×4 m	m^2	20
1.4	清水池	5 m×4 m	m^2	20
1.5	水泵房	8 m×5 m	m^2	40
1.6	消防水池	8 m×5 m	m^2	40
1.7	絮凝剂制备车间	18 m×5 m	m^2	90
2	深锥浓密机占地面积	ϕ12 m	m^2	113.04
3	胶凝材料仓占地面积	ϕ6 m	m^2	28.26
4	钻孔占地面积	8 m×4 m	m^2	32
5	新建道路及硬化场地面积		m^2	1710
6	绿化面积(绿化系数18%)		m^2	796.5
7	空地面积		m^2	1268.2
二	建(构)筑物总面积		m^2	650.3
三	建筑系数		%	14.70
四	场地标高		m	+209/+216
五	新增2.2 m高实体围墙		m	90
六	新建门洞宽5 m大门		座	1

3. 外部运输

黄金洞金矿充填站的外部年运输总量为 37439 t，其中运入量为 37429 t/a，以胶凝材料和絮凝药剂为主；运出量按 10 t/a 计算，主要为废弃耗材、工业废料等，见表 7-4。项目所用水泥罐车均外委解决，其余材料的运输均为汽车运输。厂区新建道路采用的是郊区型混凝土路面，路面宽 4 m，最小转弯半径为 9.0 m。

表 7-4　外部运输量计算表

序号	货物名称	单位	运输量	起点	终点	运输方式
1	胶凝材料	t/a	37414	外部	水泥仓	外委运输
2	絮凝药剂	t/a	10	外部	充填厂房	汽车运输
3	检修材料等	t/a	5.0	外部	充填厂房	汽车运输
5	运出量	t/a	10	内部		汽车运输
	合计	t/a	37439			

7.3.3　给排水

给排水工程主要包括充填站溢流水输送，充填站用水（生产用水、生活用水和消防用水），雨水及生活污水排水 3 部分。

1. 充填站溢流水

1）溢流水回水工艺

深锥浓密机溢流水自流至旁边的溢流水池中，用作充填工业用水，多余部分通过回水管道（线路与输砂管路平行）自流输送回选厂。选厂泵送至深锥浓密机的全尾砂浆质量分数为 20%～30%、固料量为 $1000 \div 24 \times 97.5\% \approx 40.6$ t/h，浓密机放砂质量分数按 62% 计（此时回水量最大），全尾砂浆体经过浓缩之后产生的溢流水量为 $40.6 \div 20\% - 40.6 \div 62\% \approx 137.5$ t/h。

2）沉砂池和清水池

考虑到存在溢流水跑浑的意外情况，设计一座沉砂池和一座清水池。考虑管道冲洗用水、调浆用水和事故应急用水量，设计沉砂池规格为长×宽×高 = 5.0 m×4.0 m×2.5 m、清水池规格为长×宽×高 = 5.0 m×4.0 m×2.5 m。

3）回水管路

回水管道采用 $\phi 180$ mm×11 mm 的超高分子聚乙烯管，沿输砂管路平行铺设。溢流水回水流量为最大值 137.5 m³/h 时，管中流速为 2 m/s，满足输送流速要求（不大于 2.6 m/s）。回水管路沿输砂管路平行铺设，自流至选厂循环利用，管路总长度 1296 m。

2. 生产用水

1）输送管路系统冲洗用水

负责向深锥浓密机供料的尾砂输送渣浆泵和供砂管路，在充填暂停时应进行清洗。为避免洗管用水流量不足产生气蚀现象而损害渣浆泵叶轮，缩短其使用寿命，要求洗管用水流量与供砂流量匹配，不小于 177 m³/h。充填系统供砂管路洗管用水由选厂提供，从磨浮车间供水总管分一支支管至渣浆泵作为生产用水。

2）充填站用水

充填系统生产用水包括 4 个部分：浓密机造浆用水、充填制浆调浓用水、管道冲洗用水及充填站其他生产用水。

①浓密机造浆用水。

按照深锥浓密机絮凝试验结果,质量分数 20%~30% 的全尾砂进入深锥浓密机后需稀释成 12% 的低浓度矿浆,稀释所用水采用深锥浓密机存量溢流水。

②充填制浆调浓用水。

浓缩后全尾砂直接进入搅拌机,添加胶凝材料制成满足要求的充填料浆,正常情况下无须另行加水,只是在浓度过高时少量加水调制。在充填过程中,充填制浆调浓用水为溢流水池中的溢流水。

③管道冲洗用水。

由于充填过程中溢流水量较大,管道冲洗用水仅需考虑每次充填结束时的用水要求。每次管道冲洗用水按照最远距离 3000 m、管道内径 100 mm、富余系数 1.1 考虑,用水量为 25.90 m^3/d。

本工程总生产用水量不大,溢流水池总容积为 100 m^3,满足生产用水需求。

3)生产用水供水设备

由于清水池标高低于充填主厂房,无法通过自流输送实现对各用水点的稳定供水,必须通过清水泵加压泵送。选用 2 台 IS80-50-200A 清水泵,一用一备,流量 46.8 m^3/h,对应扬程 70 m,配套电机功率 15 kW。在清水池侧布置 1 座水泵房(紧邻消防泵房),水泵房设计规格为 5 m×4 m×3 m。

4)絮凝剂制备系统用水

絮凝剂制备系统用水采用生活用水(自来水),用水量最大为 60 m^3/h。

3. 生活用水

生活用水按 2 m^3/d 考虑。生活污水和用于冲刷设备、清洗场地和道路降尘的污水可通过排水沟排入现有的污水排放管路进行处理。

4. 消防用水及泵房

充填站工业场地的火灾次数为一次,室外消防用水量为 15 L/s(建筑耐火等级二级的丁戊类厂房),延续时间为 2 h,一次消防用水量 108 m^3。本工程室外消防和室外生活用水的管道系统是分开设置的,消防用水由消防水池(有效容积 108 m^3)提供。室外消防系统采用临时高压消防给水系统,采用水池-水泵-稳压设备联合供水方式。

在室外消防加压管网上设置地上式室外消火栓(SS100/65-1.0),室外消火栓沿道路均匀布置,并保证室外消火栓之间的间距不大于 120 m,其保护半径不大于 150 m。室外给水管采用钢丝网骨架塑料(聚乙烯)复合管,电熔连接,管道、管件及阀门压力等级为 1.6 MPa。建筑单体室内设置消防软管卷盘,保证任何部位都有一股水柱可到达,箱体为暗装,采用铝合金制品。根据《建筑灭火器配置设计规范》(GB 50140—2023)的要求,单体各建筑室内在适当位置设置灭火器。

消防水池设置在与充填主厂房同一标高场地内,设计采用钢制水罐,规格为长 8 m、宽 5 m、高 3.5 m,有效容积 120 m^3,要求在水池内设置有保证 108 m^3 消防用水不被挪用的措施,保证水池内水量时刻满足消防用水要求。消防水池配套的水泵房与清水池配套的水泵房合并布置在一起,采用钢筋混凝土结构,规格为长 8 m、宽 5 m、高 3 m。泵房内设室外消防泵两台($Q=15$ L/s, $H=30$ m, $N=7.5$ kW)及稳压设备一套。

7.3.4　电力、电信及自动化

本次设计范围为充填系统工程及其辅助设施的供电，主要包括充填站厂房、深锥浓密机、水泥仓、水泵房等各生产环节的高低压配电、电气传动、自动控制、电气照明、自动化仪表和通信等。

1.电力系统

1)用电负荷

本矿区建有110/10 kV总降变电站，且在距离本次设计充填站200 m的华家湾3号卷扬机房旁建有配电室，变压器型号为KS11-1000/10-0.9和S9-800/10。本设计充填站厂房、深锥浓密机、水泥仓、水泵房相应设备的供电，均由华家湾3号卷扬机房旁已有配电室供给，不需新建变配电房。选厂渣浆泵房的用电由选厂提供，不需新建变配电房。

根据《矿山电力设计标准》(GB 50070—2020)，充填站厂房、深锥浓密机、水泥仓、水泵房等动力配电由充填站厂房内新建的配电房提供，选厂渣浆泵房的用电由选厂提供，以上负荷都属于二级负荷。根据各专业提供的用电设备负荷资料，本次设计范围内总装机容量为968.85 kW，总工作容量为726.85 kW，计算有功功率为577.95 kW(含照明)、无功补偿339 kvar、视在功率为639.17 kVA。

2)一般电气传动与控制

根据工艺对生产机械调速的要求，对需要调速的电机选用调速装置，构建电气传动系统。一般交流鼠笼电机采用交流变频器调速；对于110 kW及以上的非调速交流电机，一般采用数字式可控硅软启动器启动。主厂房二楼设置电气控制室或与仪表专业合设电仪控制室，电控设备都集中安装于控制室内，控制室安装空调。

根据生产工艺要求构建电气控制系统。一般采用可编程控制器(PLC)或可编程逻辑控制模块作为核心器件构建智能化控制系统，以简化外部线路，而把控制功能放到软件中去，以提高控制系统的灵活性和可靠性，方便施工安装和运行维护。各设备机旁安装现场控制箱，可解除远方(联锁)控制和实现就地控制。

各配电室进线回路一般设置电源电压、电流、功率因数、有功电度的测量，对大电流馈线回路设置电流、有功功率的测量，对需要监视其运行情况的大中型用电设备配置电流表。根据国家有关规程规范配置电气消防系统。

3)电缆线路

电力电缆采用ZA-YJV铜型交联聚乙烯绝缘钢聚氯乙烯护套电力电缆。地面电缆采用YJLV$_{32}$铝型交联聚乙烯绝缘细钢丝铠装聚氯乙烯护套电力电缆，其沿电缆沟敷设或穿管埋地敷设。电缆防火延燃措施，按《电力工程电缆设计标准》(GB 50217—2018)中的电缆防火和阻止延燃措施设计。

4)电气照明

根据不同场所要求设置正常照明、应急照明，有特别照度要求的场所设置局部照明。主厂房采用混光灯具，一般场所采用普通工厂灯具，配电室、控制室、值班室等采用荧光灯具。照明灯具都采用节能低耗型产品。照明线路一般采用BV铜芯塑料绝缘导线穿PVC电线管沿墙明敷设，但各控制室、值班室、配电室、休息室等专用房间内的线路须暗敷设。照明箱一般采用嵌入式配电箱。一般照明控制采用分组手动控制方式。

5）防雷与接地

地面低压配电系统采用 TN-C-S 接地形式。一般电气设备通过专用 PE 线保护接地，对插座、手持设备等的配电线路采用带剩余电流保护动作的开关电器。各接地装置的接地电阻按有关规范要求执行，PLC 控制系统根据产品技术要求设置接地装置。

本工程中需要防雷的建(构)筑物一般属于第三类防雷建筑物，防雷措施一般采用避雷带作为接闪器，利用建筑物柱内钢筋作为自然引下线，利用建筑物基础内钢筋网作为自然接地装置。避雷带、人工引下线、人工接地装置须做防腐蚀处理。

微机综合自动化系统采用"一点接地"方式；各车间变电所就地设置接地网，接地电阻不大于 4 Ω；低压配电点、连接电力电缆的接线盒等地点均应设置局部接地装置，局部接地装置应与主接网相连；所有电力设备的接地装置和局部接地装置，应与主接地极连接组成接地网。各中段电气设备的接地装置，也应与主接地极相连。

2. 通信部分

设计在地面及井下充填采场处设置电话分机，电话容量约 20 门。本工程通信系统利用公司已有程控电话交换机，在各建筑物内设置交接箱和分线箱。从交接箱或分线箱到各电话分机的线路，一般采用沿墙穿管明敷设方式，至井下通信线路采用铠装电缆沿井筒壁或巷道壁敷设。

3. 自动化仪表

1）控制系统

现场 PLC 控制系统硬件采用西门子 S7-1500 可编程控制器，实现数字量与模拟量的 I/O 处理，具备信号采集、回路调节、逻辑联锁、顺序控制等功能。控制系统综合了计算机技术、通信技术，与过去传统的充填工艺控制相比，优化了充填物料的科学配比，稳定了充填料浆浓度和液位、流量控制，实现了自动生成报表和统计数据，提高了充填作业效率及充填质量、降低了充填成本。

2）尾砂输送系统仪表检测控制

①供砂控制：根据充填站深锥浓密机传来的料位信号，控制选厂供砂阀门（渣浆泵）和排砂阀门的开闭。

②洗管控制：根据供砂阀门（渣浆泵）的开或闭，连锁对应控制水路阀门的闭或开，清洗砂浆输送管路。

③供砂流量监测：检测供砂流量，反馈至充填站药剂制备系统，调整絮凝剂添加量。

3）充填料浆制备系统仪表检测控制

①深锥浓密机料位测控：低浓度尾砂进入深锥浓密机，通过絮凝沉降成为高浓度尾砂，需对沉积界面进行监测，作为供砂系统开闭的信号。

②深锥浓密机放砂浓度流量监测及调节：根据深锥浓密机放砂口浆体的浓度及流量大小，反馈调节其数值的大小，对进入搅拌机的全尾砂进行干矿量计算。

③深锥浓密机防堵控制：定时或与搅拌机料位信号联锁，开闭深锥浓密机下的冲洗水管

上的阀门。

④絮凝剂浓度、流量调节：根据尾砂输送系统反馈的供砂量，实时按照絮凝剂添加比例及添加量，监测和调整絮凝剂浓度、流量。

⑤水泥仓料位检测：实时检测水泥仓料位信号，高低料位报警。

⑥水泥流量的监测与控制：通过螺旋电子秤监测水泥的瞬间流量，并累计总流量；通过调节螺旋输送机的电机转速，控制水泥的流量。

⑦水泥仓防堵控制：定时或与计量秤信号联锁，水泥下料不畅时，打开水泥压缩空气管上的阀门，启动气化阀。

⑧充填用水流量的检测和控制：深锥浓密机放砂浓度过高而未调节时，通过改变调节阀门控制充填用水添加量，调节充填浆体浓度。

⑨灰砂比调节：依据不同灰砂比要求，通过控制深锥浓密机放砂浓度和流量、水泥仓水泥供应量，按比例向搅拌机供料，实现调节灰砂比的目的。

⑩搅拌机料位测控：通过调节放砂管上的阀门开度控制搅拌机料位。

⑪充填料浆浓度、流量的检测：检测充填料浆流量与浓度。

4）仪表选型

仪表的性能指标决定了控制系统的可靠性，因此，仪表选型应充分考虑仪表的精度、可靠性等技术性能。重要参数的检测控制，原则上选用进口仪表。部分仪表如计量秤等，可采用国产先进的仪器设备。例如，对于一般矿浆、砂浆、水的流量测量选用电磁流量计；搅拌机、工业泵缓存料斗液位采用雷达料位计，水池采用超声波液位计；矿浆浓度仪表采用 IPB-1K 型非接触式放射性密度计。

5）仪表控制室

控制室设置在充填工业厂房内部，必须有良好的空调、照明、隔热、防尘和防噪声措施，并设消防设施。仪表气源质量要求按规定，露点低于环境温度 10 ℃，含尘微粒不大于 3 μm，含油不超过 8×10^{-6}。仪表供电电源来自车间配电室，电压等级为 380/220 VAC。

4. 工艺监控画面功能开发

电视监控系统由网络摄像机、视频存储管理一体化服务器、数字视频解码矩阵及液晶电视组成。通过遍布于充填站各关键区域的网络摄像机对重要工作场地进行实时视频监视。

上位操作软件是控制室中控员与整个集中控制系统交互的界面，是控制中心，负责显示参控设备的运行状态，控制程序的流程，配置系统模拟量的定标值和显示其当前值和趋势图，捕捉并记录设备运行故障。操作系统是微软的 Win10 系统，监控软件采用组态王，两台上位机互为备用。中控员可以监视全站设备的运行状况和控制设备启动、停止。上位操作软件画面美观、形象、逼真，内容丰富，功能完善，操作简单。

7.3.5　土建

由于充填系统工程中特殊建筑结构较多，各类建筑结构要求严格，要求Ⅱ级以上的施工队伍承担施工任务。

1. 建筑设计

1) 建筑概况

本工程采用钢筋混凝土框架结构，充填厂房结构为两层，深锥浓密机、絮凝剂制备车间结构为一层。建筑设计使用年限为 50 a，建筑生产的火灾危险性等级为丙级，建筑耐火等级为二级，变压器室耐火等级为一级，屋面防水等级为二级，抗震设防烈度为 6 度。建(构)筑物总面积为 890.26 m²。

2) 建筑装修与构造

厂房天然采光等级一般为Ⅳ、Ⅴ级。各类建筑安全出口的数目，应符合国家规定要求。各类建筑主要采用自然通风，局部根据要求设置通风设施。有隔声要求的房间根据工艺要求设置隔声障壁。

3) 建筑装修与构造

配电室地面为细石混凝土地面(防潮)，其余楼面为水泥砂浆楼面；屋面为卷材防水屋面；电气控制室内墙面为白色合成树脂乳液型涂料，内墙面基层为水泥砂浆墙面；其他为大白浆，内墙面基层为水泥砂浆墙面。外墙 1 m 以下部分面砖墙面，颜色为深灰色；外墙 1 m 以上部分水泥砂浆墙面上喷(刷)外墙涂料，颜色为淡蓝色。顶棚面基层为混合砂浆顶棚。采用钢制大门。各种门窗的强度、抗风性、水密性、气密性、平整度等技术要求均应符合国家规定。门窗一般平墙中安装，大门平开启方向安装。窗台低于 900 mm 的，窗内侧均加保护栏杆。

建筑以满足功能为前提，选择合理的结构形式，配合简洁、舒畅的建筑造型，采用与风机房统一的明快外墙色彩，以充分体现现代工业厂房的时代特点和企业风貌。

主要建(构)筑物面积见表 7-5。

表 7-5　主要建(构)筑物一览表

序号	工程名称	性质	单位	数值	备注
1	主厂房	新建	m²	492.88	钢砼框架结构，2层
2	水泥仓	新建	m²	28.26	钢砼基础
3	充填地坑	新建	m²	32.00	钢砼基础
4	事故槽	新建	m²	27.00	钢砼基础
5	深锥浓密机	新建	m²	113.04	钢砼基础
6	沉淀池	新建	m²	20.00	钢砼基础
7	清水池	新建	m²	20.00	钢砼基础
8	消防水池	新建	m²	40.00	钢砼基础
9	水泵房	新建	m²	40.00	钢砼框架结构，1层
10	絮凝剂制备车间	新建	m²	90.00	钢砼框架结构，1层

2. 结构设计

1）设计依据

建筑结构安全等级为二级；本工程设计使用年限为 50 a。基本风压 $W_0 = 0.30$ kN/m²（$N = 50$，地面粗糙度为 B 类）；基本雪压 $S_0 = 0.35$ kN/m²（$N = 50$）；工程抗震设防基本烈度为 6 度。

按建筑结构重要性分类，本项目主要建（构）筑物安全等级为二级；根据地基复杂程度、建筑物规模、功能特征及由于地基问题可能造成建筑破坏或影响正常使用的程度，地基基础设计等级为丙级；建筑抗震设防类别，均为丙类（标准设防类）；按结构抗震等级分类，主厂房为现浇钢筋混凝土框架结构，框架抗震等级为四级；建筑防火耐火等级为二级。

2）基础及主要结构材料

拟建充填厂房、深锥浓密机、水泥仓、沉砂池和清水池基础形式设计采用机械钻孔灌注桩，设备基础一般采用钢筋混凝土或素混凝土基础。钢筋混凝土框架梁及现浇楼板混凝土强度等级均采用 C30，框架柱混凝土强度等级采用 C30，填充墙圈梁、构造柱混凝土强度等级采用 C25，地梁、独立基础、桩基承台及桩混凝土强度等级采用 C30。

外墙、其他和土壤直接接触的构件、水池、集水坑的露天环境处于二 a 类环境，其余部分处于一类环境。钢筋：直径≤12 mm，HPB235 钢；直径>12 mm，HRB400 钢。型钢、钢板等：Q235B 钢。HPB235 钢筋、Q235B 钢筋焊接：E43 系列。HRB335 钢筋焊接：E50 系列。HRB400 钢筋焊接：E55 系列。墙体为 240 mm 厚砖墙。柱为钢筋混凝土柱，框架部分为现浇。

7.3.6 节能减排

设计应遵循《中华人民共和国节约能源法》中关于国家节约能源的方针；应将节约能源与综合利用资源、保护生态环境、提高经济效益统筹兼顾；采用先进的节能工艺、技术、设备、材料和自动控制系统，优化工艺流程结构和参数，严禁采用国家明令淘汰的用能设备，凡属落后或限制的低效设备以及耗能高的落后工艺均不予采用；总体布置和物料运输均注重节约能耗。为节约能源，设计在工艺、设备选型等方面均采用节能设备。

1. 工艺、技术、装备节能措施

（1）依据行业发展趋势，推广先进的工艺技术和装备：采用智能化、连续化、自动化、高效化的工艺技术和装备，缩短工艺流程，提高劳动生产率。

（2）项目各工序产能合理匹配，在实际生产过程中，充分提高各环节的产能，降低单位综合能耗。

（3）积极推广应用先进的节能降耗技术。

（4）设计流程做到近期有优势，长期更合理，着眼于长远发展。

（5）充填工业泵变量节能技术，液压系统采用多项变量技术，电反馈电液比例恒功率控制，功率大却能按需要输出，高效节能。

2. 供配电节能措施

（1）电力电缆的经济选型。按经济电流选择电缆截面，对电力电缆进行"经济选型"可节约电力运行费用和总费用，能节约能源、改善环境，提高电力运行的可靠性。

（2）选用高效电动机，变频调速和就地补偿措施。目前国内电动机的用电量平均占社会总用电量的50%，占工业用电量的70%，电动机效率的提高，对节约电能意义重大。采用高效节能电动机，可提高效率4%~5%，节约电能15%左右。同时，积极推广应用变频技术及功率因数补偿，可提高电能利用率。

（3）用电负荷中，电动机功率较大的设备采用降压及软启动控制，以减少起动时的冲击性能耗。

（4）架空线路和电缆线路按经济电流密度选取。

3. 给排水节能措施

（1）认真贯彻国家有关规定，坚持"开源与节流并重、节流优先、治污为本、科学开源、综合利用"的原则，合理配置水资源。

（2）系统配管均按经济流速选取管径，以减少运行能耗和运行费用。

（3）使用节水型设施或器具，加强用水设备的维护保养，防止水资源跑、冒、滴、漏。

（4）利用矿方现有供水网路，避免新建和重复建设，提高资源利用率，减少浪费。

（5）水泵根据水池水位信号自动控制水泵启停。

（6）排水先做好堵（填）、截、引等防水治水措施，以减少流入跑水量。

（7）部分溢流水经清水池澄清后作为充填生产用水，多余部分返回尾砂库污水处理站处理后作为选矿生产用水。废水循环使用，节约水资源。

（8）深锥浓密机溢流水、事故浆液充分利用高差，自流返回选厂相应系统，实现了排水系统的最大限度节能。

（9）根据不同用水高度和用水频率，分别选取生产用水水泵，实现了供水系统的最大限度节能。

（10）深锥浓密机至搅拌机之间的充填料浆输送，可充分利用深锥浓密机液位高差，自流输送，避免连续启用深锥浓密机底流循环泵，节能效果明显。

4. 总图与建筑设计节能措施

（1）尾砂充填系统配电室、水泵房等动力设施，总图布置在靠近负荷中心，以降低能耗。

（2）合理布置车间设备、理顺工艺流程，使物流便捷，有效降低生产中不必要的能耗和费用。

（3）优化输送管路走向，提高系统输送效率，降低设备能耗。

（4）建筑设计尽量采用自然采光和自然通风，积极推广高效、长寿节能光源和灯具。

（5）积极推广使用新型建筑材料。

（6）因地制宜推广使用保温性能好的维护结构，采用合理的窗墙比，使用节能门窗。

5. 照明节能措施

1）合理设置车间照明
车间照明设有局部照明和一般照明，应根据实际情况，减少一般照明，相应增加局部照明，即采用混合照明方式。该种混合照明方式不但能满足各种照明度要求，而且能较大程度节约照明功率。

2）优先使用自然光

优先使用自然光不但可减少人工照明，节约用电，而且对人们的身心健康有益。

3）选择节能灯具

选择有 3C 标准和节能标准的节能灯。

6. 能源管理方面的节能措施

（1）开展节能教育，组织人员参加节能培训，建立节能工作制度。
（2）进行耗能分析，并根据需要开展能源平衡工作。
（3）建立能源使用责任制，将各项能源消耗定额分解落实到班组。
（4）积极开展节能技术改造工作。

7. 减排措施

（1）选厂尾砂用于充填，既减轻了现有尾砂库的库容压力，又降低了对环境的污染。
（2）深锥浓密机溢流水返回选厂循环利用，避免了原尾砂浆中水资源的浪费。
（3）事故废浆排至事故槽，集中统一处理，解决了随意处置带来的地表环境污染问题。

7.3.7 环境保护

充填系统污染物主要为废气、废水、废料和噪声。

1. 废气的产生、治理与排放

本充填系统工程主要的废气污染源包括水泥运输和贮存，排放的污染物类型主要是工业粉尘。本工程设置了两套除尘系统，均采用袋式除尘器，分别对水泥输送、搅拌车间生产时进行通风除尘处理，处理后废气排放浓度<120 mg/m³。

2. 废水的产生与治理

工程用于冲刷设备、清洗场地和道路降尘的用水为主要污染物，在各厂房设置排水地沟，利用地势高差自流返回选厂。

3. 废料的产生与治理

系统产生的废料主要是发生堵管事故时被清除的料浆。因管路堵塞等原因，相关设备及管路内的料浆需排出系统，大部分事故料浆系统恢复后返回使用或直接返回选厂排往尾砂库。仅有搅拌桶事故发生时，排出的胶结料浆凝固后需人工清理出来运输到废料场进行处理。

4. 噪声的产生与治理

1）噪声源

充填系统噪声主要来源于搅拌机的搅拌电机、水泥输送螺旋给料机和螺旋电子秤、絮凝剂添加泵、水泵、移动式空压机、充填工业泵等动力设备。

2）噪声控制

为做到噪声达标，各种噪声设备均采取基础防震，安装隔震器和隔震垫，建设隔声厂房。同时通过厂区的植树绿化，布设隔声绿化带，以实现隔声降噪。

7.3.8　职业安全卫生与消防

1.主要危险因素

1）机械伤害

机械伤害是矿山生产过程中最常见的伤害之一，主要是指对人体的伤害。全尾砂充填系统各种机械设备都可能造成该伤害，其伤害途径和方式主要包括绞（夹）、碾、碰、割、戳等。项目完成后，在进行生产过程中，使用的机械设备主要有充填工业泵、深锥浓密机、搅拌机等，其特点是设备较多且使用频率较高，运转负荷大。其外露传动部分和往复运动部分都有可能对人体造成机械伤害。如果这些机械设备存在缺陷、防护不当或设备安装不牢固、设备布置不合理、工作空间狭小、工作场所照明设施不良、作业人员水平较低、违章操作等均有可能造成机械伤害。

2）火灾

火灾主要是易燃品被意外的火源点燃造成的。易燃品有水泵、充填工业泵等设备用的润滑油、工作用的棉布、管路阀门橡胶内衬备件和电缆等，同时，设备、设施等维修需要进行焊接作业时也有可能引起火灾。因此，火灾类型包括：明火引起的火灾、爆炸；焊接作业引起的火灾；电气原因引起的火灾。

3）淹溺

生产过程中可能发生淹溺的场所主要有深锥浓密机、水池和沉淀池。如没有护栏或警示标志，人员误入可能发生淹溺伤害。

4）物料溅出

地面充填制备系统的主要功能是充填物料（尾砂、水泥、水）通过各自输送系统进入搅拌机，强力搅拌制成浓度、流量和配比稳定的混合浆体。充填料浆搅拌过程中，可能存在因充填物料添加量控制不严，而造成充填料浆溢出或溅出伤人的事故。

5）高处坠落

建设项目生产过程中可能发生高处坠落的部位主要存在于平台登高梯台场所，设备安装、检修、维护等高处作业、检修、维护过程也可能发生高处坠落。存在的主要问题有：固定式钢斜梯、固定式工业防护栏杆、扶手不符合安全标准要求，安装不稳固，未定期进行检查；平台钢梯无扶手、护栏等安全防护装置。

6）物体打击

建设项目施工过程及作业场所的检修作业过程中均有发生物体打击事故的危险性。

7）触电

充填系统动力、照明等用电，由于工艺特点及具有潮湿多水的特点，电气设备、电气线路出现故障和漏电概率较高，因而触电的概率也大。

2. 安全措施

1) 防止机械伤害安全措施

全尾砂充填系统设备设施之间的安全距离均能满足《机械安全 防止人体部位挤压的最小间距》(GB/T 12265—2021)的要求,并留有相应宽度和高度的安全过道,防止夹伤、挤伤、碰伤和撞伤。深锥浓密机、充填工业泵、搅拌机和电机设备的运转、传动部位均设置可靠的安全防护装置或防护栏杆。

2) 防火安全措施

①本工程建筑物耐火等级按二级考虑,根据《建筑灭火器配置设计规范》(GB 50140—2005)要求,配置建筑灭火器,室内(外)有醒目的防火标志和防火注意事项。

②对所有的电气设备的选择、安装、使用与维护必须严格遵守有关规定,正确选择、安装和维护电气设备,保证线路完好。防止因短路、过流、过负荷而产生的火花。

③废弃的油、棉纱、布头、纸和油毡等易燃品,应集中放置,并及时处理。

④焊接作业时,应根据规定,周围不得有易燃品。

⑤地面防火按照国家颁布的有关防火规定和消防机关的要求,建立防火制度,重点位置备足消防器材。

3) 防触电安全措施

保障电气线路敷设和电气设备安全的"三大保护",即接地保护、漏电保护和过电流保护,设备设施维护管理是保障用电安全的主要措施,配电室内各种电气设备的控制装置,必须注明编号和用途,并有停送电标志。入口必须悬挂"非工作人员禁止入内"的标志牌。

4) 充填料浆溅出危害预防措施

为防止充填料浆溅出对人员造成伤害,搅拌机内设置料位计,监控搅拌机最低和最高料位,并与控制系统联锁,及时调整物料添加量;搅拌过程中,搅拌机盖必须处于关闭状态,运行过程中不得随意打开搅拌机盖观察搅拌机内料位情况;搅拌过程中,除工作人员外,其余人员不得进入搅拌机周围 2 m 范围内。

5) 水泥仓堵塞处理安全技术措施

严格检查水泥质量,保证水泥质量,防止结块、变质水泥进入水泥仓;水泥仓必须保持密闭,避免水分进入水泥仓,造成水泥仓内结块;水泥仓平时尽量保持空置状态,充填 2~3 d 前方可打入水泥,避免水泥长期堆压造成结块与悬拱;仓壁布置破拱装置,出现堵塞事故时,开启破拱装置进行疏通,严禁人员在仓底人工疏通;堵塞事故处理时,周围 10 m 内严禁无关人员停留。

6) 其他作业安全措施

①作业前,必须对工作区域进行安全检查,清除危险物体,作业中应随时注意观察检查,当发现工作区域存在安全隐患时,必须迅速处理。

②任何进入作业现场的人,都必须佩戴安全帽,在距地面超过 2 m 或坡度超过 30°的台阶坡面角上作业的人员,必须使用安全绳。安全绳应拴在牢固地点,在使用前必须认真检查,其安全系数不得小于 5,尾绳长度不得大于 1 m,禁止两人同时使用一条绳。

③可能发生高处坠落的工作场所,设置便于操作、巡检和维修作业的扶梯、工作平台、防护栏杆、安全盖板等安全措施;梯子、平台和易滑倒操作通道的地面设防滑措施;设置安

全阀、安全距离、安全信号和标志、安全屏护和佩戴个体防护用品(安全带、安全帽、安全鞋、防护眼镜等)。栏杆应用坚固、耐久的材料制作,并能承受荷载规范规定的水平荷载,栏杆具有足够的高度。高处作业场所和需经常登高检修的设备、设施,装设钢梯。高空或高处作业(2 m 以上)必须系安全带,并将钩子拴在牢固地方。

④浓密机顶部通廊、沉淀池、水池等,均设栅栏,并设明显标志和照明。

3. 职业危害防护措施

1) 粉尘防护措施

系统建设施工过程中,以及生产过程卸料处均会产生粉尘,对作业人员造成职业伤害。充填站粉尘污染地点主要是水泥输送系统和搅拌系统,水泥仓仓顶、搅拌机口安装袋式除尘器;加强人员个体防护,在有粉尘产生的地点的工作人员,佩戴防尘口罩,定期对员工进行健康检查,对职工进行职业安全健康教育与培训;道路使用洒水车洒水降尘。

2) 噪声

噪声和振动主要来源生产过程中的泵、输送机、浓密机和搅拌机。噪声会引起职业性噪声耳聋、神经衰弱、心血管疾病及消化系统疾病等的发生。对这些高噪声设备,除设置减振措施外,对于噪声较大的设备可采用建筑隔声减轻噪声对工人的影响。此外,上述岗位的操作人员还需要佩戴个人劳动保护用品(如耳塞等听力保护用品)。

4. 消防设计说明

厂区内车间均为工业建筑,均属于轻危险级别,各建筑物按《建筑灭火器配置设计规范》(GB 50140—2005)设置消防和灭火装置。

厂区电气消防严格按国家有关防火规范执行。厂内电缆敷设,在电缆进出建筑物处,用沥青或其他防火材料封牢。电缆集中及高温环境,采取防火措施。

7.3.9 劳动组织与施工进度

1) 劳动定员

充填站按每天 2 班、每班 8 h 工作制度进行人员配置,不再另行考虑在册系数,技术人员及维修辅助人员按白班配置。按照上述原则,同时考虑黄金洞充填采区和中段较多,确定充填工区定员 21 人,其中管理人员 3 人,生产人员 14 人,服务人员 4 人,如表 7-6 所示。

表 7-6 劳动定员表

序号	工种	定员分类	1班	2班	在册人数/人
1	站长	管理		1	1
2	技术人员兼实验员	管理	1	1	2
3	中控工	生产	1	1	2
4	地面系统巡视工	生产	1	1	2
5	井下充填工	生产	3	3	6

续表7-6

序号	工种	定员分类	1班	2班	在册人数/人
6	井下管路巡视工	生产	2	2	4
7	管道工	服务		1	1
8	电工	服务		1	1
9	机械维修工	服务		1	1
10	物资保管员	服务	兼职	兼职	兼职
11	门卫	服务		1	1
	合计			15	21

2)项目建设进度

自初步设计评审通过日起算,本项目建设周期6个月。项目施工进度计划见表7-7。

表7-7 充填站建设进度表

序号	实施项目	时间	主要内容
1	初步设计提交		
2	平基、工勘任务书	初步设计评审通过后半个月内	
	施工图设计	初步设计评审通过后3个月内	随工程进度分批提交
3	招投标(设备采购)	初步设计评审通过后2个月内	土建、设备招标
4	平基	工勘报告后2个月内	充填站总图平基
5	主体施工期	施工图完成后3个月内	施工、设备安装、验收
6	系统调试	项目建成后1个月内	系统联合试运行

7.3.10 项目投资与效益分析

1.投资分析

1)投资范围

本设计投资概算内容包括:建筑工程、机械设备、仪器仪表工程、给排水工程、动力配线及照明工程、通信工程、总图运输等工程。

2)项目总投资

本项目建设总投资3599.34万元,其中工程费用2811.09万元,占总投资78.10%;工程建设其他费用547.10万元,占总投资15.20%;工程预备费241.16万元,占总投资6.70%。

详细概算分析表见表7-8~表7-17。

表 7-8　按费用性质划分的投资分析表

序号	名称	金额/万元	占比/%
1	建筑	415.83	11.55
2	设备	2128.53	59.14
3	安装	266.73	7.41
4	其他	547.10	15.20
5	预备费	241.16	6.70
	合计	3599.35	100.00

表 7-9　按生产用途划分的投资分析表

序号	名称	金额/万元	占比/%
1	直属生产工程	2811.09	78.10
2	其他	547.10	15.20
3	预备费	241.16	6.70
	合计	3599.35	100.00

表 7-10　按建设专业划分的投资分析表

序号	名称	金额/万元	占比/%
1	选厂供砂回水系统	136.24	3.79
2	深锥浓密系统	686.66	19.08
3	胶凝材料储存输送系统	94.12	2.61
4	充填料浆制备与泵送系统	673.27	18.71
5	充填钻孔巷道工程	185.32	5.15
6	井下充填管路系统	647.77	18.00
7	总图工程	114.04	3.17
8	电气与控制系统	228.25	6.34
9	给排水系统	45.42	1.26
10	其他	547.10	15.20
11	预备费	241.16	6.70
	合计	3599.35	100.00

表 7-11　全尾砂充填系统总概算表

序号	工程或费用名称	概算价值/万元					占比/%
		土建	设备	安装	其他	总价值	
1	直接工程费	415.84	2128.54	266.71	0.00	2811.09	78.10
1.1	选厂供砂回水系统	2.00	124.30	9.94		136.24	
1.2	深锥浓密系统	98.00	545.06	43.60		686.66	
1.3	胶凝材料储存输送系统	10.00	77.89	6.23		94.12	
1.4	充填料浆制备与泵送系统	109.20	523.40	40.67		673.27	
1.5	充填钻孔巷道工程	58.60	126.72			185.32	
1.6	井下充填管路系统		507.81	139.96		647.77	
1.7	总图工程	114.04				114.04	
1.8	电气与控制系统		205.04	23.21		228.25	
1.9	给排水系统	24.00	18.32	3.10		45.42	
2	其他				547.10	547.10	15.20
2.1	建设单位管理费				62.10	62.10	
2.2	工程监理费				42.00	42.00	
2.3	工程保险费				10.00	10.00	
2.4	工程勘察费				20.00	20.00	
2.5	研究试验费				68.00	68.00	
2.6	招标及编标费				60.00	60.00	
2.7	联合试运转费				50.00	50.00	
2.8	工程设计费				180.00	180.00	
2.9	施工图预编制费				30.00	30.00	
2.10	竣工图编制费				25.00	25.00	
3	预备费				241.16	241.16	6.70
4	建设投资概算值	415.84	2128.54	266.71	788.26	3599.35	
	占比/%	11.55	59.14	7.41	21.90	100.00	

表 7-12　建筑工程概算表

序号	工程	结构形式		单位	数量	单位价值/元			总价值/元		
		框架	砖混			合计	其中		总计	其中	
							人工费	机械费		人工费	机械费
1	充填制备站厂房土建（含事故槽）	√		m²	520	2100			1092000		

续表7-12

序号	工程	结构形式		单位	数量	单位价值/元			总价值/元		
		框架	砖混			合计	人工费	机械费	总计	人工费	机械费
2	充填地坑			座	1	20000			20000		
3	絮凝剂制备车间	√		m²	90	2000			180000		
4	水泵房(含清水池沉淀池、消防水池)	√		m²	120	2000			240000		
5	浓密机基础			个	1	800000			800000		
6	水泥仓基础			个	1	100000			100000		
	合计								2432000		

表7-13 充填钻孔、充填巷道工程概算表

序号	工程	规格型号	单位	数量	单位价值/元			总价值/元		
					合计	人工费	机械费	总计	人工费	机械费
1	充填钻孔	φ250 mm/φ300 mm	m	640	1500			960000		
2	充填套管	API 石油套管	m	640	480			307200		
3	充填硐室与巷道	180 与−20 硐室与联络道	m³	1542	380			585960		
	合计							1853160		

表7-14 总图工程概算表

序号	工程或费用名称	结构形式		单位	数量	单位价值/元			总价值/元		
		框架	砖混			合计	人工费	机械费	总计	人工费	机械费
1	道路及铺砌			m²	1710.0	245			418950		
2	填方			m³	5350.2	10			53502		
3	挖方			m³	12870.4	26			334630		
4	绿化			m²	750.0	90			67500		
5	大门			m	5.0	600			3000		
6	M7.5 水泥砂浆砌筑毛石			m³	820.0	180			147600		
7	M7.5 浆砌片石边坡			m³	500.0	180			90000		
8	2.2 m 高实体围墙			m	90.0	280			25200		
9	单位工程概算价值								1140382		

表 7-15 矿机设备及安装工程概算表

序号	设备	规格型号	单位	数量	单位安装价值/元		总安装价值/元	
					设备	安装	设备总价	安装总价
一	全尾砂充填系统							
1	选厂供砂回水系统						1243000	99024
1.1	柱塞式渣浆泵	新购置(计入选厂改造)	台	2	0	0	0	0
1.2	供砂管路	φ180 mm×11 mm 超高分子聚乙烯管	m	1300	452	36	587600	46800
1.3	回水管路		m	1300	452	36	587600	46800
1.4	三通球阀	承压 2 MPa	个	1	16950	1356	16950	1356
1.5	电磁流量计	E+H	个	2	25425	2034	50850	4068
2	深锥浓密系统						5450577	436046
2.1	深锥浓密机	NGT12	座	1	3616000	289280	3616000	289280
2.2	底流循环及输送装置		套	1	593250	47460	593250	47460
2.3	清水供给系统		套	1	25425	2034	25425	2034
2.4	絮凝剂制备添加系统	FPP4000	套	1	452000	36160	452000	36160
2.5	聚合剂制备添加系统	XZT360	套	1	452000	36160	452000	36160
2.6	电磁流量计	DN125, E+H	个	1	16747	1340	16747	1340
2.7	核子浓度计	DN125, Na22 放射源	个	1	249730	19978	249730	19978
2.8	电动夹管阀	GJ941X-16L-125	个	1	25425	2034	25425	2034
2.9	底流尾砂浆输送管等附件	φ140 mm×6 mm Q345B(16Mn)	套	50	400	32	20000	1600
3	胶凝材料储存输送系统						778853	62309
3.1	水泥仓	300 t	座	1	435615	34849	435615	34849
3.2	双管螺旋输送机	GLS200-2	台	1	152550	12204	152550	12204
3.3	螺旋称重给料机	GXC300	台	1	94920	7594	94920	7594
3.4	导料槽及连接件		套	1	5085	407	5085	407
3.5	水泥仓底破拱系统		套	1	5085	407	5085	407
3.6	螺杆式空压机	SA08	台	1	59325	4746	59325	4746
3.7	储气罐	C-1.0/0.8	个	1	3673	294	3673	294
3.8	气路系统附件		套	1	22600	1808	22600	1808
4	充填料浆制备与泵送系统						5073202	385122
4.1	强力搅拌桶	φ2000 mm×h2500 mm	座	1	300000	24000	300000	24000
4.2	三通分料装置		套	1	55822	4466	55822	4466

续表7-15

序号	设备	规格型号	单位	数量	单位安装价值/元 设备	单位安装价值/元 安装	总安装价值/元 设备总价	总安装价值/元 安装总价
4.3	除尘装置	CH4M47	套	1	71190	5695	71190	5695
4.4	排污泵	32QW12-12-1.1	台	1	3390	271	3390	271
4.5	充填工业泵	HGBZ70.10.220	台	2	2260000	180800	4520000	361600
4.6	集料斗		个	2	7345	588	14690	1176
4.7	雷达料位计	ZYLD22	个	2	14470	1158	28940	2316
4.8	三通换向阀	DN100，承压15 MPa	个	1	77970	6238	77970	6238
4.9	电动葫芦	CD1-5-12D 型	个	1	12000	960	12000	960
5	井下充填管路系统						5078100	1399628
5.1	$\phi133$ mm×9 mm 泵送充填管道	Q345B，16Mn	m	3757	480	144	1803360	541008
5.2	$\phi108$ mm×10 mm 自流充填管道	钢衬聚氨酯耐磨管	m	4520	600	180	2712000	813600
5.3	液控截止阀	FYJZF100，承压15 MPa	个	6	33900	2712	203400	16272
5.4	截止阀液压站		套	3	67800	5424	203400	16272
5.5	三通换向阀	DN100，承压15 MPa	个	2	77970	6238	155940	12476
	小计						17623732	2382129
	设备运杂费6%						1067072	
	单位工程概算价值						18690804	2382129

表7-16　电气与控制系统工程概算表

序号	分类	设备	重量/吨 单重	重量/吨 总重	单位	数量	单位价值/元 设备	单位价值/元 安装	单位价值/元 其他	总价值/元 设备	总价值/元 安装	总价值/元 其他
1	低压配电系统	进线柜			台	1	142380	17086		142380	17086	
2		补偿柜			台	1	85880	10306		85880	10306	
3		出线柜			台	3	98310	11797		294930	35391	
	低压配电系统概算									523190	62783	

续表7-16

序号	分类	设备	重量/吨		单位	数量	单位价值/元			总价值/元		
			单重	总重			设备	安装	其他	设备	安装	其他
1	中控系统	中控 PLC 控制柜			台	1	197750	23730		197750	23730	
2		检修电源箱			台	6	5650	678		33900	4068	
3		工控机			台	2	11300	1356		22600	2712	
4		显示器			台	2	3673	441		7346	882	
5		UPS 电源			个	1	10170	1220		10170	1220	
6		操作台			个	2	13560	1627		27120	3254	
		中控系统概算								299426	35866	
1	视频监控系统	摄像头			个	10	2825	339		28250	3390	
2		防水电源			个	10	1695	203		16950	2030	
3		显示器			台	1	3673	441		3673	441	
4		硬盘刻录机			台	1	3390	407		3390	407	
5		硬盘 2 T			个	1	735	88		735	88	
6		视频电缆及附件等			套	1	22600	2712		22600	2712	
		视频监控系统概算								75589	9068	
1	组态系统	组态软件			套	2	22600	2712		45200	5424	
2		系统软件			套	2	16950	2034		33900	4068	
3		编程软件			套	2	33900	4068		67800	8136	
4		程序设计			套	2	101700	12204		203400	24408	
		组态系统概算								350300	42036	
1	拼接屏系统	46 寸液晶拼接单元			套	9	11300	1356		101700	12204	
2		图像处理器			套	9	5085	610		45765	5490	
3		多屏处理器			套	1	50850	6102		50850	6102	
4		落地式柜子			套	9	3390	407		30510	3663	
5		大屏幕拼接墙控制软件			套	1	73450	8814		73450	8814	
6		连接线			套	1	44070	5288		44070	5288	
		拼接屏系统概算								346345	41561	
1		电缆电线照明等附件				1	340000	40800		340000	40800	
		小计								1934859	232114	
		设备运杂费6%								116059		
		单位工程概算价值								2050918	232114	

表 7-17 给排水设备及安装工程概算表

序号	设备	规格型号	单位	数量	单位安装价值/元			总安装价值/元		
					设备	安装	其他	设备	安装	其中人工
1	单级离心式水泵	IS80-50-200A	台	2	19493	2924		38986	5848	
2	潜污泵	QW50	台	2	7000	1050		14000	2100	
3	超声波液位计	ZYHLT6	个	1	6238	936		6238	936	
4	手动球阀	Q41H-16C-80	个	2	1525.5	229		3051	458	
5	电动球阀	Q941H-16C-50	个	2	9831	1475		19662	2950	
6	止回阀	H41H-16-50	个	2	847.5	127		1695	254	
7	压力变送器		台	1	6780	1017		6780	1017	
8	电磁流量计	ZYLDB-80S	个	1	11865	1780		11865	1780	
9	电动调节阀	ZDLP-16C-80	个	1	16611	2492		16611	2492	
10	供水管路	DN80	套	1	33900	10170		33900	10170	
11	消防水池		座	1	20000	3000		20000	3000	
	小计							172788	31005	
	设备运杂费 6%							10367		
	单位工程概算价值							183155	31005	

3) 运营成本

本充填系统运营成本主要包括充填材料、动力(电费)、人工、设备折旧成本。如表 7-18 所示,计算 1:6 灰砂比充填成本为 129.06 元/m³,合吨矿成本 49.05 元/t(矿石密度 2.65 t/m³);1:20 灰砂比充填成本为 49.46 元/m³,合吨矿成本 18.66 元/t。按照灰砂比为 1:6、1:20 充填比例 1:1,综合充填成本为 33.86 元/t。

表 7-18 黄金洞金矿全尾砂充填系统运营成本分析

序号	项目	灰砂比 1:6		灰砂比 1:20		备注
		消耗量(人数)	成本/(元·m⁻³)	消耗量	成本/(元·m⁻³)	
1	材料费		109.70		30.10	
1.1	胶凝材料	0.26 t/m³	104.00	0.061 t/m³	24.40	胶凝材料 400 元/t
1.2	尾砂	1.224 t/m³	0.00	1.212 t/m³	0.00	尾砂成本不计
1.3	絮凝剂	61.2 g/m³	1.20	60.6 g/m³	1.20	20000 元/t
1.4	助凝剂	3 kg/m³	4.50	3 kg/m³	4.50	1500 元/t
2	电费	667.4 kW	5.84	667.4 kW	5.84	0.7 元/(kW·h)
3	人工工资	21 人	6.17		6.17	50000 元/(人·年)

续表7-18

序号	项目	灰砂比 1:6		灰砂比 1:20		备注
		消耗量（人数）	成本/(元·m⁻³)	消耗量	成本/(元·m⁻³)	
4	设备折旧		7.35		7.35	折旧年限 10 a
	合计		129.06		49.46	
合吨矿成本/(元·t⁻¹)			49.05		18.66	矿石密度 2.65 t/m³

2. 效益分析

1）直接经济效益

充填系统建成后，保守估计矿石的回采率可由 80% 提高至 90% 以上，按生产能力 40 万 t/a 计算，每年可减少采损矿石量约 5.5 万 t/a，按吨矿利润 150 元/t 计算，此部分减少的采损矿石量可创造利润 825 万元/a。

采用全尾砂充填技术后，综合充填成本增加 33.86 元/t，但减少尾砂排放 13.64 万 t/a，按照尾砂排放、管理成本 25 元/t 及环境保护税 15 元/t 计算，实际增加成本为 33.86 元/t×33 万 t/a−(25+15)元/t×13.64 万 t/a =571.78 万元/a。

因此，充填系统建成后，即使不考虑因贫化率降低而节约的提升费用、选矿费用，也可增加直接利润 825−571.78=253.22 万元/a。

2）间接经济效益

充填系统建成后，可以最大程度回收宝贵的矿石资源，提高企业可持续发展水平；减少了尾砂地面排放量，可大大减少尾砂库库容，节约大笔尾砂库建设费用。

3）社会效益和环境效益

①采用全尾砂充填能够彻底消除采空区隐患，提高井下作业安全性，对保障矿山安全生产，避免安全事故具有重要的现实意义。

②全尾砂充填不仅可以有效解决采空区问题，而且大部分尾砂可用于回填井下，从而实现地表尾砂最大程度减量排放，控制地质环境恶化，保护周边人民的生存和生活环境，有利于当地社会稳定，具有重大社会意义。

③采用全尾砂充填能最大限度地回收矿产资源，提高资源回收率，改变过去的粗放式开采现状，既能有效利用资源，延长矿山服务年限，又可带来较好的经济效益和社会效益。

思考题

1. 充填平衡计算包括哪些内容？如何进行充填平衡计算？

2. 充填站站址选择需要考虑的核心因素有哪些？

3. 充填系统设计的步骤和主要内容有哪些？

4. 充填系统的给排水设计主要包括哪些内容？

5. 充填系统项目的建设投资主要包括哪些内容？

第 8 章 充填系统可靠性对策

充填系统由很多子系统组成，这些子系统都处于比较复杂的运行环境之下，受到许多随机事件的影响，如操作失误、磨蚀破坏、参数失控、料浆泄漏、材料变质等，存在很大的不确定性。研究充填子系统在运行过程中的不确定性有助于更好地分析充填系统的不稳定性，找出充填系统失效的因素，提出控制系统失效的方法。

8.1 充填系统构成

8.1.1 充填系统的组成

1.原料供给及浆体制备系统

原料供给及浆体制备系统大都位于地表，主要由原料存贮、浆体制备和计量控制 3 个部分组成。

充填骨料主要采用砂仓贮存，主要有立式砂仓和深锥浓密机两大类。立式砂仓(或深锥浓密机)多用于贮存浆料，主要为底部锥形的圆筒式结构，由于立式砂仓占地面积小，容量大，可以直接贮存从选矿厂输送来的尾砂浆，放砂浓度较高，流量大，自动化和可靠性程度高。

胶凝材料的贮存多为底部带锥的圆筒式水泥仓。出料由叶轮给料机从底部放出，经单管(或双管)螺旋输送机均匀给料，冲板流量计计量后进搅拌筒。造浆和充填用水除专用供水管道外，一般还设有专用高位水仓或带有水泵的贮水池，以防停水引起堵管事故。

浆体充填料的制备，主要是通过强力搅拌筒来完成砂浆和胶凝材料的混合搅拌。充分搅拌，不仅可提高充填体质量，而且还会提高充填料浆输送可靠性，减少输送事故。目前国内的搅拌设备主要有浆体普通强力搅拌机、水泥浆强力乳化搅拌机、浆体强力活化搅拌机等。

计量控制系统可保证系统按设计要求实现准确给料和充填生产过程的稳定运行。流量计、浓度计、料位计和液位计是矿山充填系统中常用的计量仪表。控制元件主要用于执行系统的各项指令，根据充填指令任务和质量要求对充填材料质量、物料配比、浆体制备及各类设备进行调控。主要设备有控制造浆水量的电动执行器，控制放砂大小的各类闸阀，控制胶凝材料给料的电磁阀、调速电机等。

2.浆体输送系统

浆体输送系统一般由竖直管(钻孔或管道)、水平管及各种弯头、变径管、接头和三通组成。竖直管一般为管径较大的无缝钢管、陶瓷或金属复合管,水平管的主管路多为管径稍小的无缝钢管,采区分支管路多为高强塑料管。钢管间的连接方式为法兰、焊接或快速接头,塑料管间的连接方式一般为哈夫接头或卡弧式快速接头。

3.采区系统

采区系统主要有待充填采区的大小和形状,密闭墙、脱水设施、通信联络设施等。

8.1.2 充填系统工作流程

充填系统工作流程主要包括系统检测、管道清洗、制浆及采场脱水与充填控制,如图 8-1 所示。

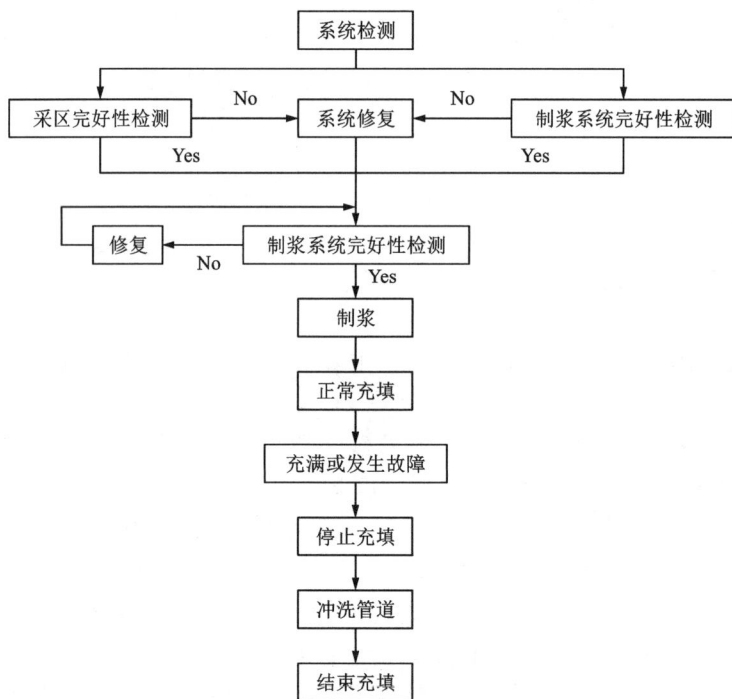

图 8-1 充填系统工艺流程图

(1)系统检测。接到充填指令后,检测砂仓、水泥仓和水仓的料位情况,设备完好情况。同时采场工作人员连接管道,查看挡墙等辅助设施,建立通信连接。

(2)管道清洗。充填前,先用清水或高压风对充填管道进行清洗检查,以确保管路的畅通及管路联络的正确,采场见水(风)且确定管道无泄露后,通知充填制备站,开始充填。充填结束后,用清水或高压风冲洗管路。

(3)制浆。按配比设定控制参数后,将骨料和胶结材料放入搅拌筒内制浆并使其达到搅拌筒设定液位,随后打开阀门并将砂浆、水泥浓度、流量、液位转入自动控制状态,进入正常充填。充填过程中,各给定参数的波动状况可由仪表控制系统进行自动调节。

(4)采场脱水及充填控制。根据所确定的脱水方式,及时排出采区内的多余清水,当达到预定的充填量后,由采场充填作业人员通知充填制备站停止充填。随后清洗管道或转入下一采区的充填。

8.1.3　充填系统的层次结构

工程系统具有很强的目的性、约束性和时间性。系统中的所有元素均按一定的方式关联而形成一个整体,这些组成部分之间关联方式的总和,称为系统的结构。当系统的元素很多,彼此之间的差异不可忽略时,不能用单一模式对元素进行整合,需要划分不同的部分,分别按照各自的模式组合起来,形成多个子系统,再将这些子系统组织整合成系统,产生系统与子系统组的概念。

层次分析是认识系统结构的重要工具,是结构分析的重要方面。充填系统是一个复杂的系统,从元器件级到充填系统整体是由低级到高级逐层整合而成的,具有多个层次,其作用与特性也不同。充填系统的故障模式,在系统的不同层次会出现低一级层次不可能有的故障模式。常见系统包括串联系统、冗余系统和复杂系统,其中冗余系统又包括并联系统、混联系统和旁联系统。根据上述系统的定义和特性,为了方便分析问题,建立了图 8-2 所示充填系统层次结构示意图。

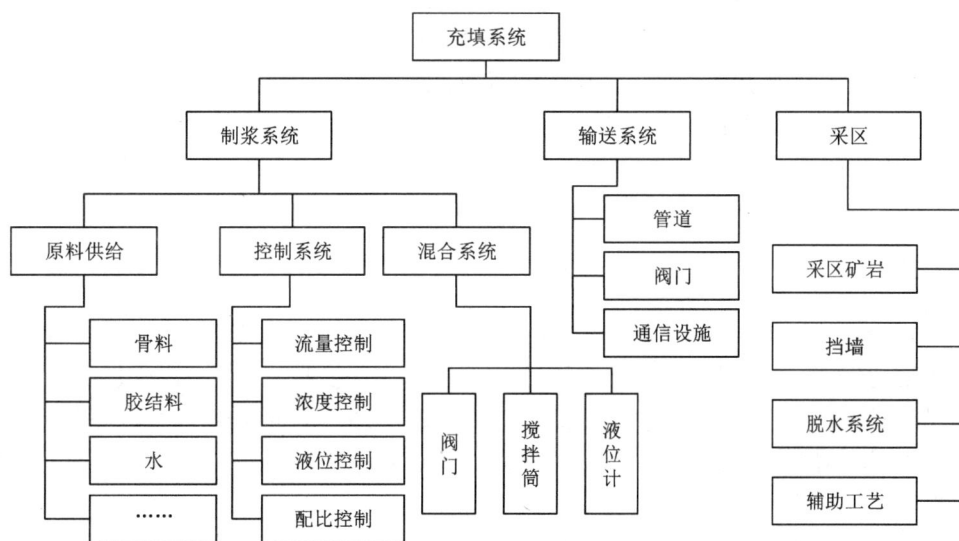

图 8-2　充填系统层次结构示意图

8.2　充填系统的特性

与管道自流输送充填系统的广泛应用相比,目前充填系统的安全评价还相当滞后,没有形成被广大工程技术人员充分接受和应用的事故判断尺度和运行数据收集规范。研究充填系统的特点和运行方式可以发现，充填系统运行中存在大量的不确定性事件，这些基本事件的不确定性会对安全评价结果产生本质影响。研究结果表明，在充填系统的评价中主要存在4组基本的不确定性问题：原料及供给的不确定性、制备和输送系统的不确定性、充填效果的不确定性、充填系统失效模式的不确定性。

8.2.1　原料及供给的不确定性

1. 常用充填材料及其性质的不确定性

充填材料包括胶结剂、骨料、化学添加剂等，随着充填技术的发展，充填材料的品种也越来越多，下面针对几种主要充填材料进行分析。

1）胶凝材料

适用于矿山胶结充填的胶凝材料除了普通硅酸盐水泥外，高水速凝材料、大掺量矿渣水泥和粉煤灰水泥等近年也有较多的应用实例。即使是性能相对稳定的普通硅酸盐水泥，在运输和储存过程中也会降低活性。统计表明，储存 1 个月之内的水泥，强度降低不大，储存 2 个月的强度降低 10%，储存 3 个月的强度降低 15%，储存 6 个月的强度降低 25%，这充分说明了在实际应用中水泥强度具有不确定性。其他用于矿山的新型胶凝材料性能更不稳定。

2）分级尾砂和全尾砂

充填材料的粒度对强度的影响，并非充填材料颗粒越细，强度一定增加或减小，必须从级配上探讨充填体强度的内在规律。粒度组成合理的充填料，粒径范围大，大颗粒之间的孔隙被小颗粒充填，减小了孔隙分形维数，有利于提高充填体强度。

对于分级尾砂，由于旋流分级效果受给矿浓度、流量、压力、粒级组成的影响较大，而上述参数在日常生产过程中有较大波动性，因此造成沉砂级配和产率的不稳定。试验表明，同一矿山，在不同时间段，系统正常工作时，其分级尾砂产率波动范围为 40%~75%，相应的沉砂的级配变化也较大。

2. 充填材料给料的不确定性

1）骨料给料的不确定性

立式砂仓（或深锥浓密机）充填过程中，砂仓的料位高度是波动的，既受供砂量的限制，也受使用时间和充填流量的影响。充填时放砂的稳定性受砂仓的料位和水位高度的影响较大，料位高，则给砂浓度稳定，料位低、水位高，则放砂浓度低、波动大，加剧了放砂参数的不确定性。

2）胶凝材料给料的不确定性

胶凝材料料仓的结构和给料条件不确定性类似于砂仓。首先，由于料仓容积和放料流量相比并非足够大，因此料仓随充填时间的增加下降较明显，而且其供料方式一般为间歇随机补给，给料过程的风力输送对放料影响也较大，常造成流量的瞬间剧烈波动，引起充填浓度和配比的波动；其次，胶凝材料易受潮，在充填过程中经常要用风力或机械松动，故导致了放料的不确定性；然后，以干灰形式进入搅拌筒的水泥，在下灰口受潮，慢慢结块，使下灰口逐渐变小，产生断灰；最后，供灰设备系统存在缺陷或给料叶轮磨损严重，产生供灰失调。这些不确定性的存在不仅易造成充填事故，直接影响输送的稳定性，且很大程度上影响着充填体的最终质量。

可见在充填料浆的制备过程中,由于充填材料、充填配比、料浆浓度、给矿均衡性等因素存在波动现象,必然会引起充填体强度的不确定性。

8.2.2　制备和输送系统的不确定性

1. 充填料浆制备过程的不确定性

充填料浆制备系统主要用于制备浓度、流量和配比稳定的混合浆体,各参数主要靠仪表检测然后反馈数据给控制部分执行调整,虽然检测仪表大都采用双回路控制,但由于仪表的校正曲线都是在给定介质条件下得到的,而浓度和流量改变引起的偶然误差很大,因此仪表经常不能准确反映系统真实的运行参数,造成参数的不确定性。实践表明,随着使用时间的增加,仪表的零点漂移相当严重,重新标定和校正曲线需专业人员进行,费时费力,因此一般的处理方式是实测各主要参数,并和仪表相对照,确定其系统误差。另一方面,检测系统反馈给控制系统后,在短时间内难以使参数达到要求。如要提高给砂浓度,先要减少造浆水量,而水量调节只能凭经验,有一定的滞后时间,所以充填参数的随机波动是目前管道自流输送充填制备系统很难解决的难题。同时充填配比、浓度、流量之间相互制约和相互影响,具有相关性,如给料浓度超过设计值,为安全输送,通常会在钻孔口加水降低浓度,这样就会引起流量和配比的随机变化。

2. 管道输送系统的不确定性

从理论上讲,充填管道状态参数并不是完全随机的,通过足够的检测工作是可以确定的。但在实践中,无论是检测工作还是试验工作都有限,管道的状态往往不会引起足够的重视。如对于因腐蚀和磨损引起的缺陷,不同批次管道的耐压值和抗磨蚀能力等状态与参数并不能随时掌握,对工作环境变化时管道的应变处理往往并不及时,对于不同采区充填时的水力参数缺少相应的经验数据积累。因此,管道运行可靠性只能根据有限的资料,借助统计理论进行推断,使得结果不可避免地带有不确定性。

(1)受条件限制,巷道并不规整,井下管道的安装并不规范,管道不可能以某一相对固定的坡度和方向布置。

(2)地下水的性质和不同区段的温度、湿度也不一样,因此管道的受力状态、损伤程度很难度量,以某一段少量实验点的状态来推断整个管道的状态,并不能真实反映整个管线的运行实际情况。

(3)取样和测试环境条件的变化及测试方法的不一致,都会使结果有差异,这方面虽然可通过测量设备精密化、测量方法规范化来解决,但是随着测试手段的不断精密和完善,测试费用也不断增加,因而不可能进行大量的实测,特别是在役检测。

(4)给料流量和浓度的随机变化,导致管道系统水力参数、管道所受动载和静载的随机波动,也会造成运行状态的不确定性。

8.2.3　充填效果的不确定性

对于使用胶结充填采矿法的矿山,管道卸流后整个充填过程并未结束,进入目标采区的浆体要达到设计的充填体强度，必须防止充填浆体的跑浆和泄漏，尽快排出多余的清水，保证充填体均匀沉降，减小沉积面的坡度和分层。一个特定矿山使用某种胶结充填采矿法进行矿体回采时，充填体的设计强度是一个确定的值，但在生产现场，充填体的实际强度并非定值，而是受充填材料的性质、充填料浆浓度、脱水方式和脱水效果、连续充填时间、管道出口位置和方向、井下养护条件等各个随机不确定性因素的影响，因而必然导致充填效果具有明显的不确定性。

1. 充填体不确定性分析

组合料胶结充填体为组合骨料和胶凝剂组成的多相复合材料，其内部包含有各种微裂纹、微孔隙、气泡等，有不同于岩石和混凝土的独特力学特性。与岩石相比，充填体介质相对较软，其变形模量比岩石小 10^2 数量级以上，而且充填体内的损伤缺陷（裂缝、孔隙等）比岩石严重，因此其强度远低于岩石。与混凝土相比，充填体介质的变形表现为柔性变形，组合料充填料浆自流输送到井下的浓度大都较低，必须经过脱水工艺，充填料浆在采场内沉降与脱水的过程中，不可避免地会产生离析现象。矿山工程实践表明，组合料胶结充填体的变形与破坏表现出复杂的力学特性，是一种有高度非线性力学特征的介质。

充填体稳定性研究通常采用确定性方法（即定值法），通过该方法得到的安全系数指标是体现充填体稳定性的一个重要方面。但充填体是一种复杂的力学介质，特别在深部采矿过程中，组合料胶结充填体强度受很多因素影响。实践表明，采场原位充填体力学特性与实验室试验结果之间存在一定的差异，充填体力学参数存在不确定性与随机性，因此用可靠性理论进行充填体配比设计和稳定性研究更符合客观实际。

矿山胶结充填试验表明，充填体的不确定性还表现在同样配比下室内试验和工业试验的差异，以及不同脱水条件下强度上的差异。导致充填体性能不确定性的因素主要有：

1) 多余清水对充填效果的影响

充填浓度除制备系统会导致误差外，采区内的清水和不均匀沉降还会加剧浓度的变化，使井下的实际充填料浆浓度偏离设计值，对于目前常用的各种充填胶凝材料，在单耗一定的前提下，浆体浓度对充填体强度起着至关重要的作用，充填料浆浓度每提高一个百分点，其单轴抗压强度可提高 20%~30%。表 8-1 是金川矿区"全尾砂+棒磨砂+水泥"料浆的配合比参数，图 8-3 是全尾砂和棒磨砂配比为 1：0.5 时，不同料浆浓度充填体在不同养护期下抗压强度的关系曲线。从表 8-1 和图 8-3 可以看出，浓度变化对充填效果影响较大。

表 8-1 金川矿区"全尾砂+棒磨砂+水泥"料浆的配合比参数

质量分数/%	水泥耗量/(kg·m⁻³)	全尾砂：棒磨砂	各龄期抗压强度/MPa		
			R_3	R_7	R_{28}
76	214	1：0.50	0.362	0.612	2.284
77	219	1：0.50	0.536	0.959	3.066
78	236	1：0.50	0.857	1.561	4.406
76	213	1：0.75	0.301	0.562	2.171

续表8-1

质量分数/%	水泥耗量/(kg·m⁻³)	全尾砂:棒磨砂	各龄期抗压强度/MPa		
			R_3	R_7	R_{28}
77	219	1:0.75	0.500	0.918	2.745
78	236	1:0.75	0.757	1.397	4.382
76	213	1:10	0.335	0.582	2.201
77	218	1:10	0.454	0.884	2.538
78	236	1:10	0.953	1.616	4.504

采区内的清水主要来源有三个方面，即渗流水、引流水和冲洗水。渗流水作用于充填的整个过程，其作用强度随采空区而异；引流水是充填作业开始前，为了检查管路和润湿管道所放入的清水，每次一般为5~8 m³；冲洗水是充填结束时为清除管道内的残余骨料放入的清水，每次一般为8~10 m³。对于大部分充填矿山，这些清水都不做特别处理，从而使采场料浆浓度下降，离析和分层加剧，胶结剂流失严重，造成局部区域充填体强度不均匀下降。金川矿区采用高压风洗管的方式，能在一定程度上减轻冲洗水对充填体强度的影响。

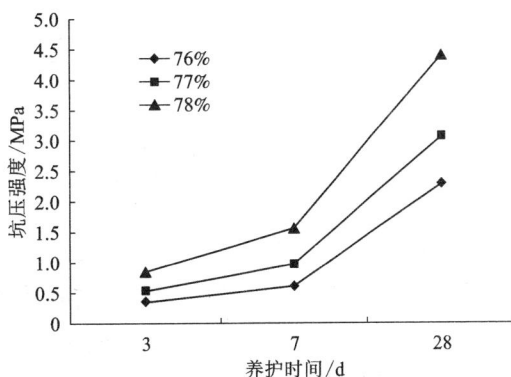

图8-3 浓度与充填体抗压强度的关系

2）间隔充填对充填效果的影响

每个充填采场，受砂仓容积、采场脱水、沉积坡度和各种故障影响，一般要经多次充填才能完成，而且每次充填持续时间和充填间隔时间很难事先确定，国外进行的研究表明，当充填间歇超过20 min时，在充填体表面将形成结构面，沿此表面下部充填体与随后充填所形成的上部充填体之间存在不整合面。这些结构面的存在，破坏了充填体的整体性，降低了充填体的承载特性。

3）沉降不均匀性及其影响

充填浆料进入采空区后，受各种因素影响，所形成的充填体在采区的横向和纵向上均呈现不规则的条带状分布，上层是细颗粒，下层是粗颗粒。距充填料浆下料口越近，粗颗粒所占比重越大，距下料口越远，粗颗粒所占比重越小，充填料浆中粒级组成的不均匀性，必然造成充填体整体强度的不均匀。

图8-4是根据现场观测，模拟的充填体沿高度和长度方向多次充填形成的沉积形态图，从图8-4中可以清楚地看到充填体内有多条分界面，其中既有沉降界面，也有多次充填引起的分界面。在采区内，除强烈扰动的下料点外，充填体内部呈自然沉积的层状分布，即粗颗粒在下料点附近含量较高，细颗粒随浆体流向采区的端部的较多，并沿途自然沉降分级沉积。这使充填体呈似层状，沉积层坡度一般为5%~7%，充填体表面分次充填层面坡度为

2%~4%。充填一定时间后，在采区内会形成浓度梯度明显的沉积层、沉降层和清水层。不同的充填区面积、长度、卸料管口高度、充填时间、充填浓度、充填流量条件下，充填体分层程度不同。

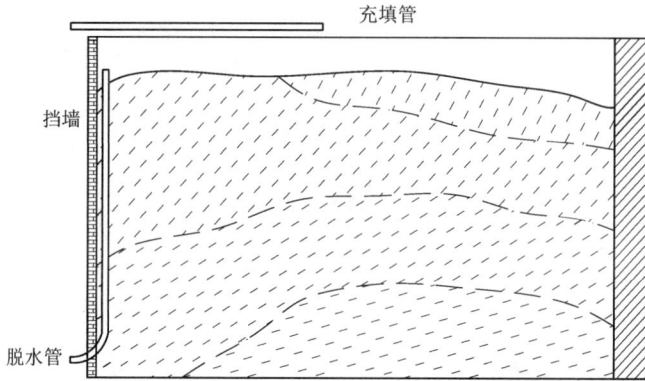

图8-4 分次充填采场充填体沉积示意图

2. 采区环境的不确定性

采区环境包括采区结构、采区规格、环境温度、环境湿度、地下水性质和渗流量等。其不确定性主要表现在：

(1)受工程地质、矿体赋存形态、回采工艺、施工作业人员素质等各因素的影响，待充采区结构尺寸是不确定的，特别是对于一些超采的采场，其规格尺寸很难度量。

(2)采区四周受岩体结构不确定性和施工的影响，其节理裂隙程度随机性很大，很难估计其渗流强度和稳定性，因此增加了充填脱水的不确定性和跑浆的可能性。

(3)充填区域内温度、湿度和风速受通风不确定性的影响和充填胶凝材料化学反应与环境热交换的影响，也在一定范围内随机波动，影响胶结充填体的凝固时间、强度和含水率。

(4)充填管道随回采作业中段和采场移动较频繁，造成充填倍线、水力坡度和阻力系数等参数的频繁变化。

不同的采矿和充填方式，所采用的脱水工艺不同，但一般都采用溢流和过滤脱水，脱水材料的选取和布置方式根据各自的情况选用，脱水效果并不理想，特别是一次充填量较大的采场或较长的回采进路，脱水效果较差，成为影响充填效率和充填效果的重要因素。

8.2.4 充填系统失效模式的不确定性

地下充填系统管道工程和采区大都处于复杂的岩体环境和动态开挖井巷之中，由于回采作业是在既定条件下进行的复杂结构群体网络系统工程，绝大多数工程并非永久性工程，因此为其服务的充填系统中的大部分管道也非永久性工程，故一般只要求其在生产期内或相应的服务年限内稳定。受成本制约，对于每一具体工程而言，目标失效概率或可靠度和系统失效产生的社会、经济后果有关，同时也与国家经济发展水平和安全政策有关，因此系统允许适度范围内的失效可能性存在。

由于充填系统各个单元的相关性，很难将其划分为若干独立部件来分析，导致系统关系的不明确性，系统失效的模式是多种多样的，在众多相关参数不确定的前提下，确定系统失效模式十分困难。对于充填系统，其设计和施工只能依靠假定一种或多种破坏模式来进行验算。

8.3 充填系统故障模式与影响分析(FMEA)

FMEA 是通过系统地分析零部件、元器件、设备或子系统等所有可能的故障模式、故障原因及后果，发现设计中的薄弱环节，并按每一个故障模式的严重程度及其发生概率予以分类的一种归纳分析方法。其分析结果可为设计综合评定、维修、安全等工作提供信息。FMEA 最根本的特点是自下而上，全面分析各层次产品的故障模式及其对上一层次和最终产品层次故障的影响，即系统性、层次性地分析故障的逻辑关系。特别是由于系统性特征而引起的故障模式及其故障影响的逻辑关系，在 FMEA 中也得以分析与描述。

8.3.1 FMEA 原理及方法

目前 FMEA 已经被广泛使用于太空、航空、国防、汽车、电子、机械、造船等产业，甚至也被应用到服务业。例如，利用 FMEA 方法进行银行规避风险决策分析、对新产品制造的潜在环境风险的分析，以及结合 FMEA 与布林代数法进行系统安全设计研究、医疗器材、资源回收系统等的风险分析等。

1. 设计 FMEA 和过程 FMEA

将 FMEA 技术应用在研发新产品或零部件等系统的可靠性分析中，称为设计 FMEA (DFMEA)。设计 FMEA 是指从概念定义到设计确定的整个研发过程中的一项分析方法，目的是预先找出潜在的失效模式，再检讨、评估不同的失效模式对产品功能的影响程度，来决定改进设计的优先顺序，并有效防止失效发生。设计 FMEA 必须配合设计流程反复进行，通过严谨的分析作业，确认所有失效模式在系统设计中会造成严重损失的原因和可能性，尽早提出设计变更或修改，使产品设计最佳化。

将 FMEA 技术应用到制造或组装过程的分析中，称为过程 FMEA(PFMEA)。过程 FMEA 应以新的或经过修改后的制造过程为对象，并在正式生产开工之前，在品质规划阶段实施。主要目的在于利用 FMEA 技术分析系统运行过程的每一个步骤中可能存在的潜在失效模式及影响程度，并找出失效模式发生的原因与发生的概率，寻找各种可能的方法以避免失效模式发生或降低其发生率，减少其影响程度。

2. FMEA 的建立流程

1) 确认系统的任务

工作分析是 FMEA 作业成功的第一步，因为 FMEA 是以完成设计及生产为评估标准，因此 FMEA 工作小组应从基本功能、设计要求或设计规格书等方面，详细确认拟实施 FMEA 的系统、分系统及分解任务。

2) 决定分解程度

FMEA 实施是否有效，取决于工作的分解程度。所谓分解程度是指将系统细化的程度，如果将系统细化到零部件，则过于烦琐，易造成任务完成时间的延误；但如果分析标准层次过高，则难以确认真正的失效原因，导致无法采取适当的改进措施，所以恰当地分解才能达到预期的目的。

3) 绘制功能方块图并编号

功能方块图是指生命周期内系统各单元间在可靠性计算上的串、并联关系。辅助 FMEA 的实施，并对不同层次的功能级别加以编码，结合信息管理，以建立各展开层次的依据标准，对 FMEA 的后续实施有很大帮助。

4) 列举潜在的失效模式

根据工程资料和以往的经验，对无法达到预定功能要求的所有可能失效问题进行一一列举。在列举时，需考虑如下因素：

①参照类似的设备或零部件。

②参照类似的搬运工作或输送方法。

③检查因环境条件等所引起的失效或不良模式。

④检查人为的工作失误。

⑤设备与产品之间的干扰等。

5) 建立 FMEA 分析表

FMEA 分析表是对失效模式内容的整理和记录。该表的记述应简单明了，易于了解。

6) 推测造成失效模式的原因

每一个失效模式的原因一般都不止一种，在分析时，需要把相关的原因一一列出。失效产生的原因一般分为 6 类，即人员、设备、方法、材料、测量、环境等。确定失效原因的同时，还应根据事先确定的标准确定失效等级。

7) 改进措施的拟定与实施

FMEA 分析表完成后，先按照失效严重程度确定需优先处理的失效项目，根据具体情况确定其改进措施。有些改进措施会涉及设计变更、技术实验等有关系统品质的因素，有些则只需应用并联系统就可以解决。一般影响改进措施确定的因素包括成本、可行程度等。

3. FMEA 中的失效风险评价与决策

FMEA 中进行失效风险评价与决策的方法有很多种，这里主要介绍风险优先数法与评点法。

1) 风险优先数法

该方法又称风险系数法或风险概率数法，它是采用风险优先数（RPN）对潜在的失效模式进行风险评估，以确定影响程度。其方法是采用风险优先数（RPN）的数据，进行风险评估。其风险因子有：

S_f：发生度——失效发生的机会；

S_d：难检度——失效不被工作人员觉察出来的机会或检测的难易程度；

S：严重度——失效产生的后果。

以上因子按程度大小，用 $1 \sim 10$ 分进行衡量打分，即为因子的程度等级与分数对照表

（表 8-2~表 8-4）。风险优先数（RPN）由发生度、难检度、严重度三者相乘而得：

$$RPN = S_f \times S_d \times S \tag{8-1}$$

表 8-2 发生度的程度等级与分数对照

发生的机会	分数/分	发生概率
几乎不可能	1	0
很低	2	1/20000
	3	1/10000
中等	4	1/2000
	5	1/1000
	6	1/200
高	7	1/100
	8	1/20
很高	9	1/10
	10	1/2

表 8-3 难检度的程度等级与分数对照

失效难检等级	分数/分	缺陷最终发生的概率/%
几乎不可能	1	0~5
很低	2	8~15
	3	18~25
中等	4	28~35
	5	38~45
	6	48~55
高	7	58~65
	8	68~75
很高	9	78~85
	10	88~100

表 8-4 严重度的程度等级与分数对照

严重等级	分数/分
失效可能没有影响	1
失效造成轻微影响	2
	3

续表8-4

严重等级	分数/分
失效造成一般影响	4
	5
	6
失效造成很大影响	7
	8
失效造成巨大影响	9
	10

2)评点法

评点法是由日本学者铃木顺二郎等提出的失效影响分析方法,具体又可以分为失效评点法与致命度评点法两种。

①失效评点法。

将失效所造成的影响或危害进行综合的判断与分级,以此作为改善顺序及范围的依据,其评价值 C_S 用下式求解:

$$C_S = \sqrt[i]{C_1 \times C_2 \times \cdots \times C_{10}} \quad (1 \leqslant C_i \leqslant 10) \tag{8-2}$$

式中评点要素(因子)与系数 C_i 的关系见表8-5。表8-6将大小转换成4个程度的失效等级,以决定是否变更或改善工作。

表 8-5　评点要素与系数 C_i 的关系

评点要素	系数 C_i
失效影响的重要度	
影响系统的范围	
失效发生的频率	$C_i = 1 \sim 10$
预防失效的可能性	
重新进行设计的可能程度	

表 8-6　评价值 C_S 与失效等级的关系

失效等级	C_S
Ⅰ:致命性	7~10
Ⅱ:重大	4~7
Ⅲ:轻微	2~4
Ⅳ:微小	0~2

②致命度评点法。

致命度评点法是将影响致命度的各因子相乘，得出致命度 C_E：

$$C_E = F_1 \times F_2 \times F_3 \times F_4 \tag{8-3}$$

式中：F_1 为失效影响的大小；F_2 为系统造成影响的范围；F_3 为失效发生的频率；F_4 为是否重新设计的必要性。

求出致命度 C_E 后，再依据表 8-7 将失效等级分成 4 级。

表 8-7　C_E 与失效等级的关系

失效等级	C_E
I	5 以上
II	3 以上，5 以下
III	1.5 以上，3 以下
IV	1.5 以下

8.3.2　深井充填系统 FMEA 分析实例

1. FMEA 分析表的初步建立

根据图 8-2 中充填系统的层次结构体系，结合金川矿区充填系统的生产现场实际，并参考国内外有关充填系统失效问题的研究成果，按照 FMEA 的建立流程，通过逐步分析可得到表 8-8 的充填系统失效模式及影响分析表。在充填系统的失效原因中，虽然也有设计不满足规范、材料性能不合格、施工质量不高及操作管理不当等原因，但这些因素受人为影响干涉比较大，故在表 8-8 中没有列出。通过系统的主要部件失效模式及影响分析，可找出充填系统所有的可能失效模式、原因、失效时局部影响、对上一层次和最终的影响。

2. FMEA 的失效风险评价

建立 FMEA 进行失效风险评价的目的是，对不同环节失效所造成的影响、所造成的危害进行综合判断与分级，找出整个系统中最薄弱的环节，以便相关人员有针对性地采取防护措施。根据充填系统的特点，采用风险优先数法来进行风险评估，图 8-5 是充填系统功能方块图。发生度(S_f)、难检度(S_d)、严重度(S)的值，按照表 8-2~表 8-4 所列的程度等级的大小，给予 1~10 分的分数。改善顺序以风险优先数(RPN)的大小排列，若 RPN 相同，则以 S_f、S_d、S 中的分数高者为优先，取前 5 位按顺序建立改善方案。表 8-9 是充填系统各个子系统的风险评价结果。

表8-8 充填系统失效模式及影响分析

编号	部件	功能	失效模式	失效原因	任务阶段与工作方式	失效影响			失效检测方法	补偿措施
						局部影响	高一层次影响	最终影响		
1	制备站	制备充填浆体	断流；浓度过高(低), 流量过高(低)；配比失调	原料供给不稳定, 控制故障, 异物堵塞	在充填过程中制浆、冲洗管道、贮存原料	不能正常制浆、停产	管道堵塞、振动、爆管, 造成人员伤亡, 设备损毁, 井巷破坏	充填质量差	浓度计、流量计、料位计、配比	提高控制及设备可靠性
1.1	立式砂仓	供给砂浆	浓度过高(低), 流量过高(低)	造浆不充分, 料位低, 结拱	正常放砂、贮存尾砂	中断放砂	中断制浆	充填中断、充填质量差	浓度计、量计、料位计	更换阀门、喷嘴, 改进造浆方式
1.2	胶结材料仓	提供胶结材料	灰量过大(小)	受潮、控制失灵、输送故障	正常供灰, 保证配比, 贮存灰	中断供灰, 环境污染	配比失调	充填质量差、中断充填	冲量流量计、浓度计	改进给料方式
1.3	高压风水系统	冲洗充填管道	压力过高(低)	风压不足, 局部漏风, 风机故障	提供高压风	冲洗不彻底	堵管	充填中断	压力表	维修管道、风机
1.4	供水系统	提供冲洗水, 应急用水	水量不足	水仓水位低, 堵塞, 阀门故障	随时提供水	影响浓度、流量调节	堵管	充填中断	检测水仓	维修管道、阀门
1.5	搅拌系统	混合制浆, 稳定流量、浓度	搅拌不均	液位低, 浓度高	形成合格浆体	影响给料和监测	管道输送故障	充填中断、充填质量	液位计、流量计、浓度计	叶轮清洗, 调整液位控制器
1.6	控制系统	在线监测, 参数设定, 参数调整	无显示、控制失灵、无反馈	线路、仪表故障, 检测控制仪器损坏	监视系统运行, 及时调整参数	影响参数, 中断制浆	造成输送故障	充填质量, 充填时间	专用仪表	加强维护和调试

续表8-8

编号	部件	功能	失效模式	失效原因	任务阶段与工作方式	失效影响				失效检测方法	补偿措施
						局部影响	高一层次影响	最终影响			
2	管道输送系统	输送浆体至目标区	管道堵塞、漏浆、爆裂	磨蚀严重，浓度，流量不稳	在充填期间将浆体平稳送达采场	输送中断	造成人员伤亡，设备损坏，井巷破坏	影响充填质量，充填进度，生产计划		管道损伤检测，连接件检测	对管道的使用时间和输送量进行合理配置
2.1	竖直管道	使浆体由制备站到达井下，提供输送动力	堵塞、浆体有效段较低	掉入大块，下游堵塞，流量不足	提供足够的位能使浆体以相对稳定的流速自流至采场	输送中断，管道报废	下游管道流动不稳定，管道堵塞，振动	充填进度，生产计划		清水检测	控制输送流量和调整管道
2.2	水平管道	将浆体由直管输送至采场	管道堵塞、漏浆、爆裂	磨蚀严重，压力大，有大块物料进入	提供灵活的对不同采场的浆体输送	输送中断，管道报废	造成人员伤亡，设备损毁，井巷破坏，竖直管堵塞	充填进度，生产计划		管道损伤检测，连接件检测	对管道的输送时间和输送量进行合理配置
2.3	事故阀门	防止竖直管堵管	打不开	生锈，胶结物凝固	在输送含胶结料的浆体直管堵塞时放浆	无法及时排出浆体	竖直管道堵塞，水平管道破坏加剧	充填中断，财产损失		原位测试开关	经常检修，及时更换
2.4	三通	改变输送浆体流向	无法开关	阀门锈蚀，管道堵塞	避免冲洗管道和处理事故时的多余清水进入采场	无法转换输送管道	跑浆，浓度减小	降低充填质量，增加充填事故		原位测试开关	经常检修，及时更换
2.5	消能装置	增加沿程阻力	不起作用	磨损	消除深井高位能对管道的破坏，保证管道的运行平稳	不能增加阻力	管道输送动压增大，管道磨损加剧，浆体输送稳定性恶化	增加堵管、爆管和接头脱开的可能		在线压力测试和出口浆体稳定性观测	定期检修

续表8-8

编号	部件	功能	失效模式	失效原因	任务阶段与工作方式	失效影响			失效检测方法	补偿措施
						局部影响	高一层次影响	最终影响		
2.6	通信设施	充填过程的信息沟通	线路不通	线路中断，话机故障	保持联系，处理突发事故	一	信息无法沟通	引起或扩大事故	经常保持联络	提高线路架设质量
2.7	管道固定物	保持管道在一定的方向和位置，减少管道振动	脱落	固定端强度不足，管道振动过大	使管道达到规定要求，减少因振动引起的事故	管道变形	浆体输送水力参数改变	管道疲劳破坏，接头脱开跑浆	观察	提高固定质量
3	采空区	接受充填浆体	跑浆，漏浆	矿岩有裂隙，浆体压力大大，挡墙不合格	接受浆体，使浆体在采空区内沉积	充填中断造成人员伤亡，设备损毁，井巷破坏	充填中断	充填中断造成人员伤亡，设备损毁，井巷破坏	人员观察	加强充填验收，固定有经验的观察人员
3.1	挡墙	限制浆体在规定的区域	变形，漏浆，跑浆	耐压不够，密封不严	保证浆体在规定的空间内流动，减少压力，兼作事故处理的出入口	充填中断造成人员伤亡，设备损毁，井巷破坏	充填中断	充填中断造成人员伤亡，设备损毁，井巷破坏	人员观察	提高架设质量，固定有经验的观察人员
3.2	脱水设施	排出多余的清水	排水量小，漏浆	滤水材料堵塞，破损，位置不合理	及时排出上部的清水，减少压力，保证充填浓度	脱水不及时	降低充填浓度	增加充填次数，影响充填质量	人员观察，取样检测	合理选择脱水装置和材料，位置
3.3	排气管	完全封闭后排出采空区内的空气，检测浆体充填水平	不通，跑浆	堵塞，固定装置损坏	观察封闭采区内浆体位置，排出空气	无法确知充填情况	易造成充填过量	挡墙压力增加，跑浆	封闭前用清水检测	合理选择部位置和高度

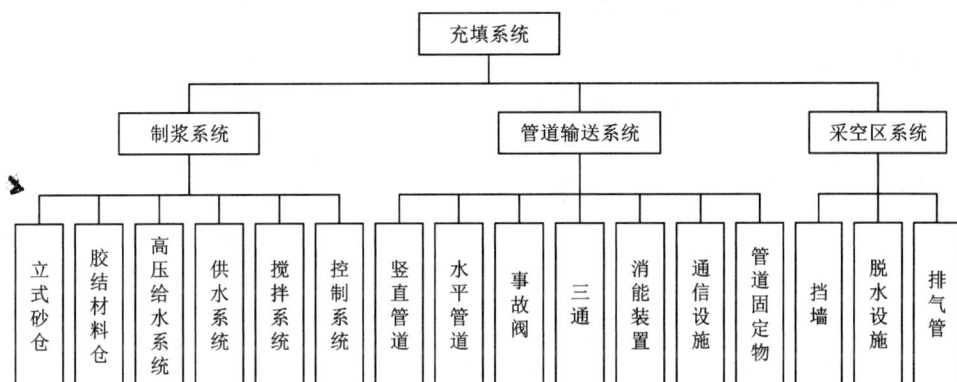

图 8-5　充填系统功能方块图

表 8-9　充填系统的风险评价表

失效环节	失效点	S_f	S_d	SRPN	改善顺序	风险值排序
制浆系统	立式砂仓	4	3	5	60	
	胶结材料仓	4	4	5	80	5
	高压给水系统	2	5	6	60	
	供水系统	3	6	3	54	
	搅拌系统	3	6	6	108	4
	控制系统	3	6	7	126	3
管道输送系统	竖直管道	6	8	9	432	1
	水平管道	5	6	8	240	2
	事故阀	4	4	3	48	
	三通	3	5	3	45	
	消能装置	3	3	4	36	
	通信设施	3	5	2	30	
	管道固定物	3	2	4	24	
采空区系统	挡墙	2	3	8	40	
	脱水设施	3	3	4	36	
	排气管	2	3	3	18	

从表 8-9 可以看出，按风险优先数大小排列，排在前 5 位的依次是竖直管道、水平管道、控制系统、搅拌系统与胶结材料仓。

3.金川矿区充填系统不确定性分析

金川矿区充填系统 FMEA 分析结果表明，充填系统最易失效的环节是管道输送系统的竖直管道和水平管道，以及制浆系统中控制系统、搅拌系统与胶结材料仓。金川矿区地表充填站制备的充填料浆是通过地表的一级充填钻孔和井下二、三级钻孔及相应的水平管道输送至各充填采场。充填钻孔是充填料浆从地表输送到井下采场的咽喉工程。由于充填料浆对充填钻孔的冲刷、磨蚀等作用，金川矿区充填钻孔的使用寿命一般在 40 万～60 万 m^3，最长使用寿命有超过 100 万 m^3 的个例，但最短使用寿命则不到 20 万 m^3。矿区年充填能力近 200 万 m^3，且充填量呈现逐年递增趋势。全矿区每年都有大量钻孔因为破损堵塞而报废。因此，充填钻孔失效是影响金川矿区充填系统可靠性的最主要因素。

8.4　充填管道输送系统的可靠性对策

8.4.1　充填料浆运动形式

管道自流输送的运动能量全部来自位能。充填浆体进入竖直管路或钻孔后，在重力作用下自由下落，直至到达空气与砂浆的交界面。在竖直管道中有两种流动：上部为自由下落区、下部为满流输送区，管道系统输送模型如图 8-6。

实验研究表明，垂直管道自由下落区(H_1 和 H_2)内的浆体，由于加速度的存在，浆体流速达到某一值后，浆体断面发生收缩，形成脱离管壁的收缩流；当流速继续加大，流体的运动状态再次发生变化，变为散射流，其宏观运动状态如图 8-7。

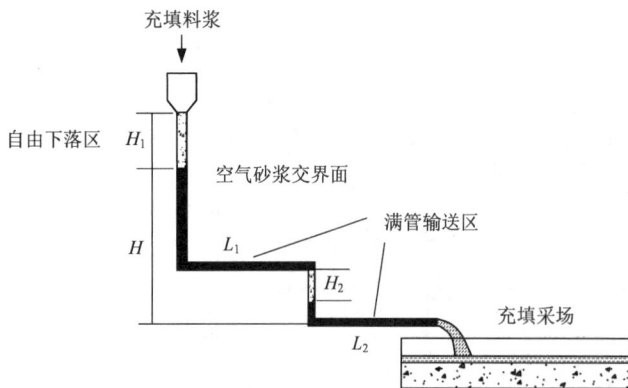

图 8-6　深井充填管道自流输送模型图

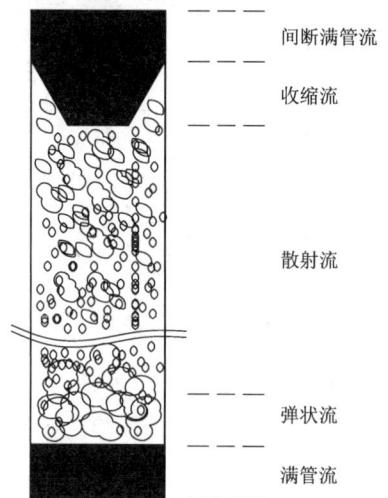

图 8-7　自由下落区浆体流动示意图

水平管道(L_1 和 L_2)满管流浆体流动状态具体情况：当浆体流速很小时，固体骨料颗粒沉在管底不动；当浆体速度逐渐增大到某一数值时，骨料颗粒开始沿管底滑动、滚动或不连续跳跃运动；当浆体流速继续增大时，骨料颗粒处于快速跳跃或间歇性悬浮状态；当浆体流速进一步增大时，骨料颗粒就处于完全悬浮状态。

8.4.2　深井充填管道的失效机理

金川二矿管路和设备问题是造成故障停车的主要原因(累计占比为71.3%)，而管道输送系统是充填系统最薄弱的环节，在上面建立的自流输送充填管道系统故障树中，已知充填管道的主要失效模式是堵塞、磨损漏浆和破裂。因此，有必要对深井充填管道的失效机理进行理论研究，为提高深井充填系统的可靠性采取相应对策提供参考。

1.充填管道爆裂机理

多个充填系统爆管事故分析和深入研究结果表明，输送过程中料浆流态不稳定引起的水击是引发爆管的主要原因。可分为两种情况：其一为出流端或管路某一部位瞬时淤塞，引发上游管道浆体产生压力波水击；其二为竖直管道和水平管道连接处因速度变化形成负压后，产生的真空弥合水击，形成很大的水击附加压强，且在此部位因反复的真空作用，产生气蚀，使其成为薄弱段。

1)浆体的压力波水击

浆体产生的压力波水击的物理模型如图8-8所示。图8-8中流速为v_0、水头为h_0、流量为Q的浆体在断面1-1处因故淤积堵塞，流速变为零，而上游来的浆体，由于惯性作用，继续以原来的流速v_0流向1-1处，使其受到压缩，压强升高并以弹性波的形式，以波速C由堵塞段传向上游管道，由于弹性波波速远大于水流流速，弹性波所到之处，压强由P增至$P+\Delta P$，密度由ρ增至$\rho+\Delta\rho$，断面面积由A增至$A+\Delta A$，在Δt时段内，经过长度为ΔS的距离，忽略摩擦阻力，应用动量定律有：

$$(A + \Delta A)(\rho + \Delta\rho)\Delta S \times (v - v_0) = \left[P(A + \Delta A) - (P - \Delta P)(A + \Delta A) \right]\Delta t \quad (8-4)$$

由于管路破坏大多发生在压力最大处，因此，仅需要关心最大压力产生的条件，即$v = 0$时，浆体产生的最大水击压强：

$$\Delta P_{max} = \rho c v_0 \quad (8-5)$$

其中，水击波波速公式为：

$$c = \sqrt{\dfrac{\dfrac{E_v}{\rho_m}}{1 - c_v + \dfrac{E_v}{E_s}c_v + \dfrac{E_v D}{E_p \delta}C_1}}$$

$$(8-6)$$

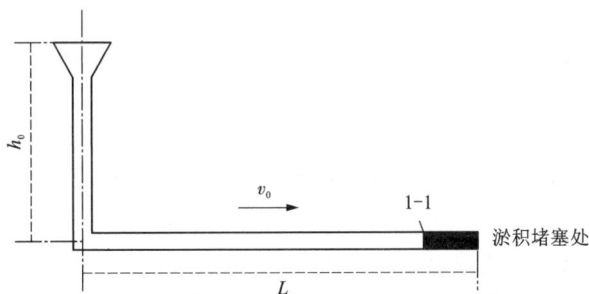

图8-8　压力波水击物理模型

式中：E_v 为浆体的体积压缩弹性模量，Pa；ρ_m 为浆体密度，g/cm³；c_v 为浆体体积浓度，%；E_s 为骨料弹性模量，Pa；E_p 为管壁弹性模量，Pa；δ 为管壁厚度，mm；D 为管道内径，mm；C_1 为管路纵向变形系数。对于管道可近似认为只在上游末端以固定的充填管道方式布置，其 $C_1 = 1 - \mu/2$，$\mu = 0.3$ 为泊松比。

从式(8-6)可以看出,对于无缝钢管,因 E_v/E_p、E_v/E_s 的值都较小,故 c 值较大,接近于声波在液体中的波速,因此最大水击压强峰值较大,一旦管道因故淤积堵塞,就易发生爆管事故。

2)浆体的真空弥合水击

浆体的真空弥合水击物理模型如图8-9所示,管路经过垂直下降段后,自然落差形成的剩余位能,使浆体在管道内自然加速,产生负压,形成不连续流,进而引起水击。从断面 a-a 至 b-b 列出的伯努利方程为:

$$\frac{v_1^2}{2g} + \frac{P_1}{\gamma_m} + Z_1 = \frac{v_2^2}{2g} + \frac{P_2}{\rho_m} + Z_2 + i_m L + \frac{1}{g}\int_1^2 \frac{\partial v}{\partial t}\mathrm{d}s \tag{8-7}$$

式中:v_1、v_2,P_1、P_2,Z_1、Z_2 分别为 a、b 的流速,压强和水头;$i_m L$ 为水头损失;$\frac{1}{g}\int_1^2 \frac{\partial v}{\partial t}\mathrm{d}s$ 为惯性水头。

在浆体未发生不满流之前,一般有 $v_1 = v_2$,$\partial v/\partial t = 0$,则:

$$\frac{\Delta P}{\rho_m} = i_m L - (Z_1 - Z_2) \tag{8-8}$$

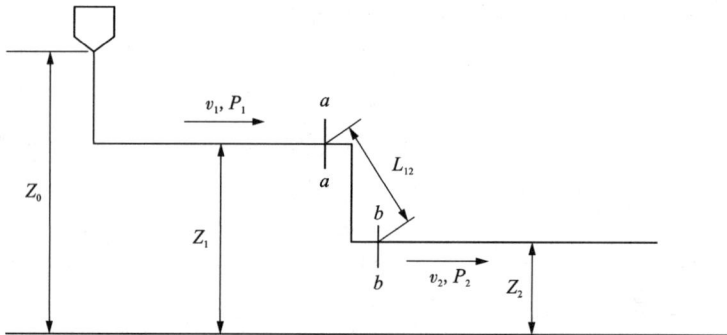

图8-9 真空弥合水击物理模型

从式(8-8)可以看出,如果位能大于阻力损失水头,则在 a-a 至 b-b 断面间的流体会通过局部流速的增大来消耗剩余的能量。如果流速继续加大,断面间的流体可能被拉断,出现真空腔。加速后的加速流在加剧管壁磨蚀(管壁磨蚀与流速的二次方成正比)的同时,有可能在管路的其他段形成真空弥合水击,造成管道强烈振动,产生纵向拉应力,严重时甚至可能导致管道接头脱落,引起跑浆。流速较高时,随浆体流向下游的气泡可能溃灭,从而产生很大的正压强脉冲,造成管壁的气蚀,使管道的强度快速下降。

2. 充填管道磨损机理

冲击磨损是充填管道的主要磨损形式。可以通过建立图8-10所示物理模型,从动量与能量的角度分析充填料浆对空气与砂浆交界面以上管道的冲击情况来研究其磨损机理。分析中假设充填料浆的初始速度为 v_1(通过料浆流量和管道断面面积计算),到达空气砂浆交界面的速度为 v_2,管口到交界面的高度为 H。

1）充填料浆的速度变化

充填料浆在自由下落段的运动形式可以看作是一初始速度为 v_1，加速度为 g，运动位移为 H 的匀加速直线运动。根据匀加速运动的特点，可以得到以下计算式：

$$H = v_1 t + \frac{1}{2} g t^2 \qquad (8-9)$$

$$v_2 = v_1 + gt \qquad (8-10)$$

式中：t 为料浆从管口运动到空气砂浆交界面所需时间，s。

整理式（8-9）与式（8-10）可得：

$$v_2 = \sqrt{v_1^2 + 2gH} \qquad (8-11)$$

$$H = \frac{1}{2g}(v_2^2 - v_1^2) \qquad (8-12)$$

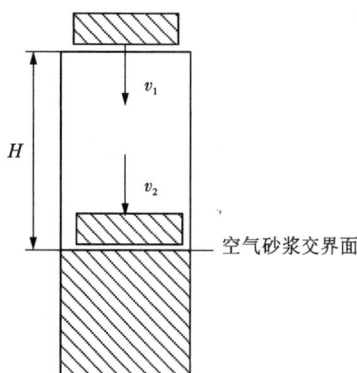

图 8-10　垂直充填管道冲击磨损物理模型

实际计算中，因为充填料浆的运动不可能完全符合理论上的匀加速运动形式，所以在式（8-11）中还要加一速度修正系数 c，该系数依据管道的直径和粗糙度等因素决定，通常小于1（一般取 0.7~0.8），可用实验的方法来确定。修正后计算式为：

$$v_2 = c\sqrt{v_1^2 + 2gH} \qquad (8-13)$$

从式（8-13）可以看出充填料浆到空气砂浆交界面的速度 v_2 随自由下落段高度 H 的增大而增大，与 H 在几何图形上成一抛物线的关系，如图 8-11 所示。

如果 $v_1 = 0$，料浆在自由下落段的运动形式就为自由落体运动，分析时只要将上面公式中的 v_1 用零替代即可。

2）充填料浆的动量变化

充填料浆的动量会随着速度的变化而发生变化，速度越快，动量越大。当料浆下落到空气砂浆交界面的时候，速度达到最大，此时动量也达到了最大值。由于料浆在空气砂浆交界面发生碰撞，动量在短时间内（$\Delta t = 0.01 \sim 0.1$ s）减小到几乎接近零。动量的急剧减小，会产

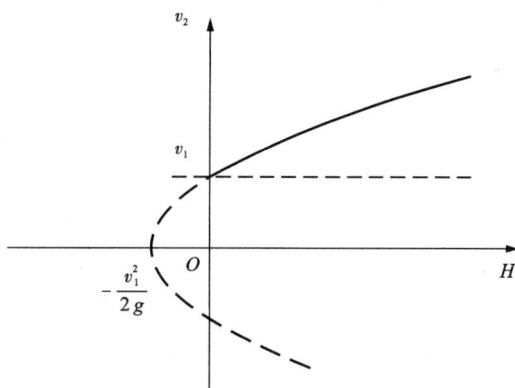

图 8-11　料浆终端速度与下落高度之间的关系

生巨大的冲击力，加速管道的局部磨损，甚至可导致管道破裂。

若充填料浆的密度为 ρ，料浆到达空气砂浆交界面的终端速度为 v_2，则冲击时间 Δt 内，撞击到交界面的料浆总质量 Δm 为：

$$\Delta m = \rho \cdot v_2 \cdot \Delta t \cdot S \qquad (8-14)$$

式中：S 为充填管道的横截面面积，m^2。

因为动量 $P = \Delta m \cdot v_2$，而冲击力的物理表述为单位时间内动量的变化量，即 $F = P / \Delta t$，故充填料浆对交界面的冲击力可以用下面公式计算：

$$F = \Delta m \cdot v_2 / \Delta t \qquad (8-15)$$

将式(8-14)代入式(8-15)，整理可得料浆的冲击力为：

$$F = a \cdot \rho \cdot v_2^2 \cdot S \qquad (8-16)$$

式中：a 为试验修正系数。

从式(8-16)可以看出料浆对交界面的冲击力 F 与速度 v_2 的二次方成正比，可见充填料浆的速度对冲击力的影响巨大，这也说明自由下落段高度越大，料浆对管壁的冲击磨损将会越严重。

3) 充填料浆的能量分析

充填料浆从管口运动到空气砂浆交界面消耗的总能量为进入管口的初始动能加上重力所做的功。假设单位时间 Δt 内进入管道的料浆的单位质量为 Δm，则这部分料浆从管口运动到空气砂浆交界面这一过程消耗的能量 E 为：

$$E = \frac{1}{2}\Delta m \cdot v^2 + \Delta m \cdot g \cdot H \qquad (8-17)$$

式中：v 为料浆流速，m/s；其他符号同前。

因为 $\Delta m = \rho \cdot v_2 \cdot \Delta t \cdot S = \rho \cdot Q \cdot \Delta t$，故式(8-17)可表示为：

$$E = \frac{1}{2}\rho \cdot Q \cdot v^2 \cdot \Delta t + \rho \cdot Q \cdot g \cdot H \cdot \Delta t \qquad (8-18)$$

式中：Q 为料浆流量，m³/s。

料浆的这部分能量主要消耗在对管壁的做功上，也就是说料浆在对管壁的磨损过程中消耗了这部分能量。因此，管壁单位面积的耗能量 E_w 反映了料浆对管壁磨损的大小程度：单位面积管壁的耗能量越大，料浆对管壁的磨损越严重。E_w 按下式计算：

$$E_w = \frac{E}{S_w \cdot \sigma} \qquad (8-19)$$

式中：σ 为不同条件下有效接触面积的修正参数($0 < \sigma \leqslant 1$)，料浆满管流输送时，$\sigma = 1$，料浆自由下落输送时，σ 受管道的内径、偏斜率等因素的影响；S_w 为料浆跟管壁的有效磨损接触面积。

单位质量的料浆，与管壁的有效磨损接触面积越小，消耗在单位面积上的能量就越多，对管壁的磨损也就越严重；与管壁的有效磨损接触面积越大，则情况正好相反。这能很好地说明管道在自由下落段的磨损要比满管流段严重的原因。

假如单位质量的料浆做满管流运动的话，其有效磨损接触面积就是整段管道的管壁面积；而料浆在自由下落段做自由落体运动时接触到的只是管道的部分管壁，所以料浆做自由落体运动时，有效磨损接触面积要远远小于满管流时的接触面积，以至局部管壁上的单位面积耗能量远远大于满管流时的管壁单位面积耗能量，故自由下落段的局部管壁磨损速度也就要比满管流时管壁磨损速度大得多。

利用自由下落段的料浆有效磨损接触面积，也能很好地解释偏斜率对管道磨损的影响。管道偏斜率越高，料浆在自由下落段跟管壁的有效磨损接触面积就会越小，从而管壁单位面积的耗能量越大，局部磨损越严重。

由于 $S_w = \pi DH$(D 为管道内径)，故式(8-19)又可表示为：

$$E_w = \frac{0.5\rho \cdot Q \cdot v^2 \cdot \Delta t + \rho \cdot Q \cdot g \cdot H \cdot \Delta t}{\pi \cdot D \cdot H \cdot \sigma} \qquad (8-20)$$

从式(8-20)可以看出,充填管道的内径 D 越大,管壁单位面积的耗能量就越小,从而管壁磨损速度也就变小。另外,充填料浆的密度 ρ、料浆流量 Q 及料浆流速 v 越大,管壁单位面积的耗能量就越大,管道磨损也就越严重。

8.4.3　充填管道系统可靠性对策

深井矿山垂直高度大,料浆过大的压力会加速充填管道的磨损,甚至引起管道爆裂等事故,降低充填系统的使用寿命,因此必须对输送系统进行减压。减压输送系统的核心技术问题是解决高差引起的高压问题,因此解决途径只能从系统入手。如果从料浆本身入手,要解决高压问题就只能减小充填料浆的浓度,这种技术措施除了在废石胶结充填系统中可以考虑外,在其他自流系统中都是一个不能接受的选择。在生产实践中,各个矿山根据自己的实际经验,总结出了不少减压降低管道磨损的具体措施,取到了良好的效果,保证了矿山正常、稳定生产。下面将通过介绍一些减压技术和工程措施,为降低管道磨损,提高充填系统稳定性提供参考。

1. 变径满管流输送减压系统

满管流输送技术原理是将垂直管道中的一部分静压头消耗在垂直小管径管道的摩擦阻力损失方面,从而降低料浆到达垂直管底部时的压力。

为了耗散垂直管道产生的剩余静压头,可应用变径满管流输送系统。其目的是将垂直或水平管道的直径减小,以增大料浆通过此部分的摩擦阻力。如果将水平管道的直径减小,就可获得高压满流输送系统;如果将垂直管道的直径减小,就可获得低压满流输送系统。变径满管流输送原理如下:

对于水平管道,不同管径随流速的压头损失见图 8-12 中的系统曲线。对一定的流速 v 而言,小直径管或长管道会形成较陡的系统曲线,因此要求垂直管道提供较高的静压头,从而形成较高的压力;大直径管或短管道会形成较缓的系统曲线,因此垂直管道只要提供较低的静压头就足以克服阻力,故形成较低的压力。

垂直管道提供的静压头相当于离心泵的作用,其作用曲线如图 8-13 所示。随着垂直管道流速的逐步提高,消耗于垂直管道的压头也在逐渐增大,

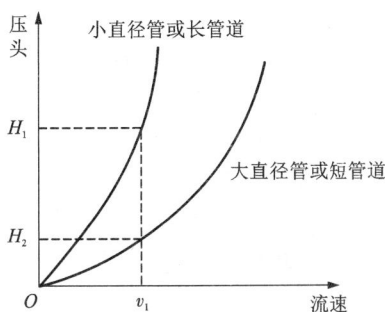

图 8-12　不同直径水平管道系统曲线

导致分配到水平管道的压头逐步减小;如果流速升高到极限流速(图 8-13 中的 v_1、v_2),垂直管道产生的静压头全部被本部分管道的摩擦阻力所消耗。垂直管道直径越小,极限流速越小,反之则越大。

将垂直管道的泵曲线和水平管道的系统曲线结合起来,就形成了一个组合系统,如图 8-14 所示。

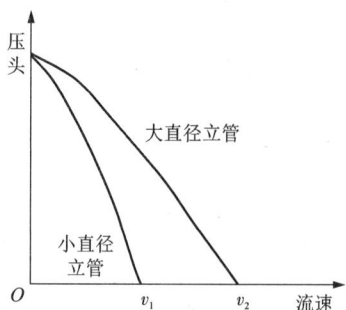

图 8-13　不同直径垂直管道的泵曲线

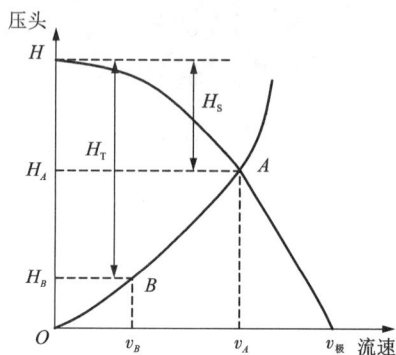

图 8-14　垂直管道、水平管道组成的管网曲线

图 8-14 中两条曲线的交点 A 代表系统处于平衡的点，此时全部可用的压头(即垂直管道中的料浆产生的静压头)全部消耗于垂直管道和水平管道，即可用静压头等于消耗于井筒垂直管道或钻孔的压头与消耗于水平管道的压头(系统的最高压力在井筒垂直管道与水平管道的连接点上，即最高压力 $=\rho g H_A$)之和，此时，系统处于流速为 v_A 的满流状态，即以最高的流速流动。当流速低于 v_A，即在平衡点 A 的左边时，系统处于非平衡状态，为自由下落输送系统；而当流速为 v_B 时，存在以下物理状态：

①水平管道内的摩擦会引起充填料浆的空气砂浆交界面回行到 H_B 的高度。

②最高压力为 H_T。

③因为存在自由下落状态时，充填料浆的流动不再是连续的，一般的摩擦流动关系就不成立。可将压头的其余部分消耗于垂直管道自由落体部分的湍流方面，因此导致磨损形式不同，磨损速率很高。

④如改变垂直管道或水平管道直径，则起离心泵作用的泵曲线和系统曲线的斜度都会发生变化，如图 8-15 所示。由图 8-15 可见，两种不同的管道系统(小直径垂直管道和大直径水平管道、大直径垂直管道和小直径水平管道)在满流状态下的流速 v_1 相同。但在由小直径垂直管道和大直径水平管道组成的系统中，大部分可利用的静压头都消耗在垂直管道的摩擦阻力损失方面(在平衡点 A)，消耗在水平管道方面的压头很小(H_A)，因而水平管道方面的系统压力低，流速适当；而在由大直径垂直管道和小直径水平管道组成的系统中，料浆的静压头几乎没有消耗在垂直管道上面(在平衡点 B)，消耗在水平管道的压头很大(H_B)，因而导致在水平管道的系统压力和流速都很高。

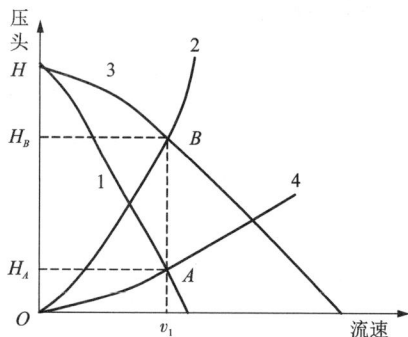

1—小直径垂直管道；2—小直径水平管道；
3—大直径垂直管道；4—大直径水平管道。

图 8-15　不同管径垂直管道、
水平管道组成的管网曲线

2. 变径满管流输送的方案建议

变径满管流输送系统如图 8-16 所示。

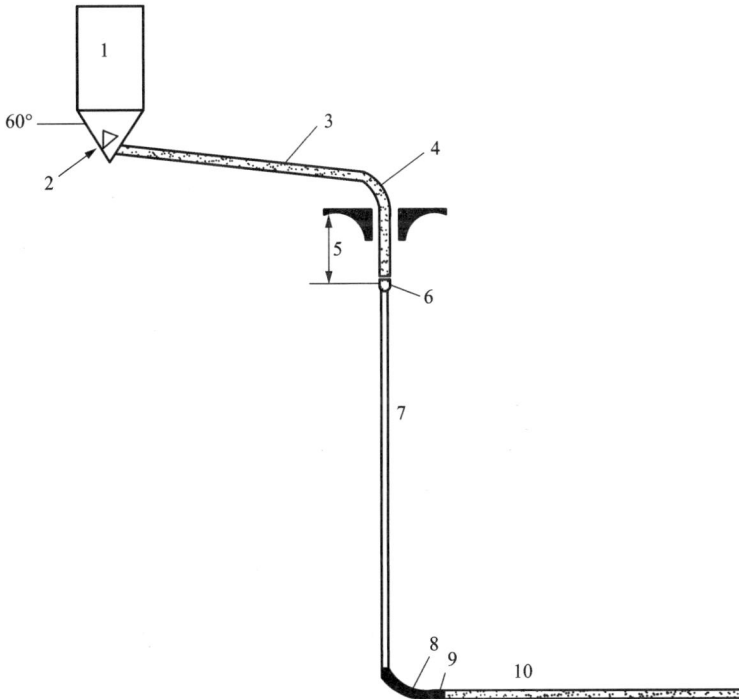

1—直径为 7 m 的地表储料槽；2—压气搅拌；3—内径为 2D 的管道；4—大半径弯管；5——根管段长的 2D 立管；
6—70° 渐缩管；7—内径为 D 的垂直管道；8—大半径弯管；9—鹅颈管；10—内径为 2D 的水平管道。

图 8-16　变径满管流输送系统示意图

在地表垂直管道(或钻孔)附近设置一个地表储料槽，主要目的是向垂直管道供应过量的充填料，因而确保垂直管道中的满管流条件，使输送的流速可抵消管内摩擦损失，同时可以防止由于垂直管道的静压头不足而产生堵管现象。如果地表的充填料分配装置的设计抑制了充填料的供应，则会形成自由下落系统。

从地表储料槽到主垂直管道之间安装大直径输送管，内径一般为主垂直管道内径的两倍，大直径管直接与储料槽相接，该大直径管用大半径弯管(70°变径接头)与井筒中主垂直管道连接，大直径管要敷设到井筒或钻孔内，其长度至少为一节立管的长度。

上述系统可以最大限度地利用储料槽内充填料浆的可用压头，使储料槽与井筒间管段的摩擦损失减到最小，确保在立管或钻孔中形成充填料浆的正压，即要向垂直管道(或钻孔)供应过量的充填料浆。储料槽位置都应当尽可能升高，并应靠近井筒立管或钻孔，以便优化给料条件。在理论上，地表管道应该从储料槽向井筒立管或钻孔方向倾斜。对于节流管道的长度选取及具体安放，矿山应根据系统倍线、垂高、充填料浆配比及其摩擦阻力损失等具体情况，做出合理的布置和设计。

1)储砂池(减压池)降压系统

储砂池降压方法如图 8-17 所示。储砂池降压是通过对垂直管道高度的限制，利用储砂池将料浆的输送速度降为零，使料浆在离开储砂池时消耗完前段垂直管道中产生的能量而达到降压的目的。充填料浆首先经过一段垂直管道，进入地下储砂池，压力缓解后，再自流输送至充填采场。采用地下储砂池减压，具有下列优点：可以增大垂直管道管径，有利于保证矿山的充填量，减少管线数量；管路堵塞时，产生的最大静压头较小。

减压池的位置选择应以达到系统满管流输送为主，若由于矿山条件所限，其位置不能和垂直管道之间的水平

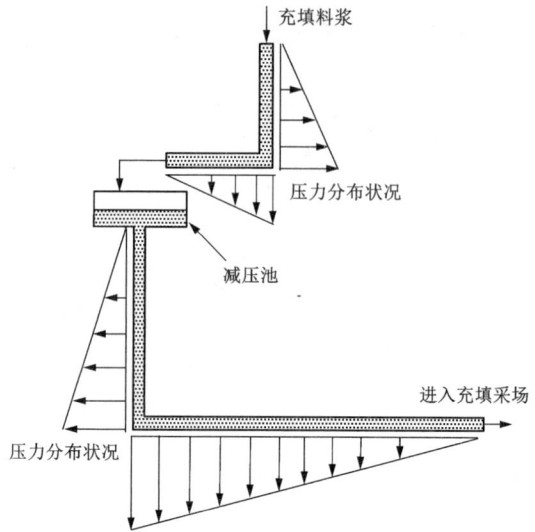

图 8-17　减压池降压充填输送系统

距离相距太远，则为了保证垂直管道中的满管流输送，需要较高的均匀砂浆流速来平衡由于料浆流动造成的摩擦阻力，但高流速会导致管路的高磨损率。因此，应优先采用较低的均匀砂浆流速和耗散过剩的能量等措施来维持垂直管道的满管流。

减压池减压的方法，在倍线较小的深井矿山，应与局域增阻满管流输送合理结合，才能达到既降低管道压力又减小管道磨损的目的。在垂直高度较大的深井矿山，如果一段减压池减压不够，可以使用多段减压池减压。

2)管道折返式降压系统

管道折返式降压方法如图 8-18 所示。

管道折返式降压是通过限制垂直管道的长度、添加水平管道长度来达到降压的目的。由于料浆在离开中段水平管道时，还有一定的速度，具备一定的能量，因此其降压效果不如储砂池降压方法。如果将中段水平管道的长度加长，虽然能够达到减压的目的，但是会增加系统的基建费用，同时也不利于系统的稳定性。因此，在矿山中段没有废旧巷道可以使用的条件下，特别是新建矿山，不主张使用这种降压系统。

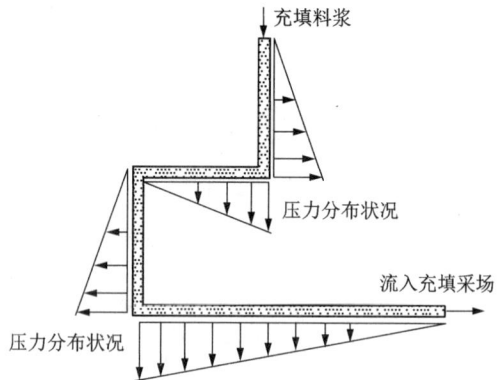

图 8-18　管道折返式降压输送系统

3)阻尼节流孔减压系统

阻尼孔装置是一种对浆体流动产生约束的装置。其中可以采用的型号为厚板阻尼孔、薄板阻尼孔、喷嘴、文式管喷嘴和文式管等。浆体通过阻尼孔装置后压力明显降低(图 8-19)。

在恒定的流速下，对于某一给定流速的限制，其压差是由压力计根据各测压孔的位置而

定的。如果管道内径为 D，则通过测压
孔 2.5D(上流点)和 8D(下流点)的压
力差的测量，显示恒定的或系统的压力
损失。测压孔 D(上流点)和 1.5D(下流
点)之间的压力差，显示了充填料浆通
过阻尼孔的压力损失。当将阻尼孔用于
消耗能量时，考虑系统的永久压力损失
是非常必要的。

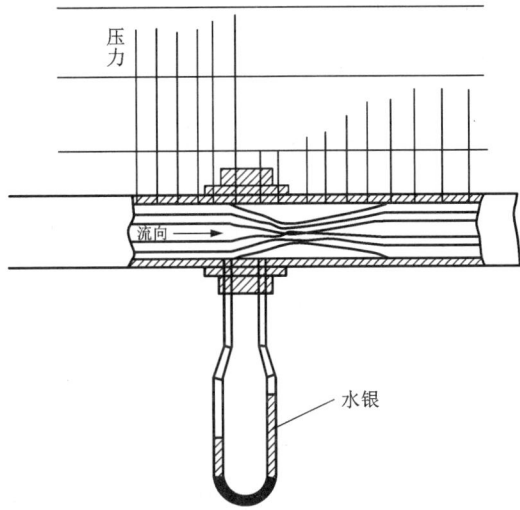

图 8-19　料浆穿过阻尼孔前后的压力变化

　　如果将阻尼孔用于垂直管道，为了
保证该装置正常使用，必须慎重考虑使
用方法。阻尼孔可以用于形成不连续管
柱或用于消耗单位管长的全部过剩能
量，如图 8-20 所示。

　　为了形成不连续垂直管浆体柱，采
用阻尼孔可以限制浆体自由下落的速
度，使其达到相对来讲可以接受的程度。阻尼孔有两种布置方式，第一方案为在达到最大自
由落体速度的距离内放置阻尼孔，采用这种方法可以限制最大自由落体速度，但不能完全消
除自由落体。假如阻尼孔沿管路布置不合理，会出现更多的问题。如果能使用第二种方案，
即阻尼孔装置间隔布置，料浆的流动形式是较为理想的，但阻尼孔的尺寸必须认真选择，以
确保每一部分(一般指阻尼孔之间的管道长度)总的永久阻力损失等于该部分可形成的自然
压头。阻尼孔装置应设在垂直管道中足以保证浆体顺利通过水平管道的垂直管浆体柱的上
方。该类系统的压力剖面图如图 8-21 所示。

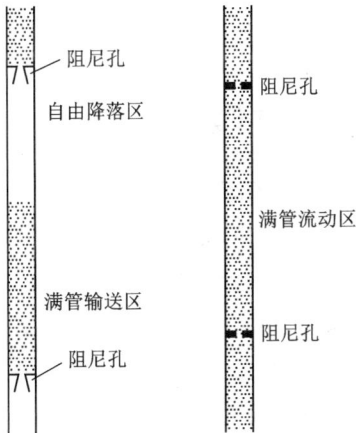

图 8-20　阻尼孔的两种布置方案

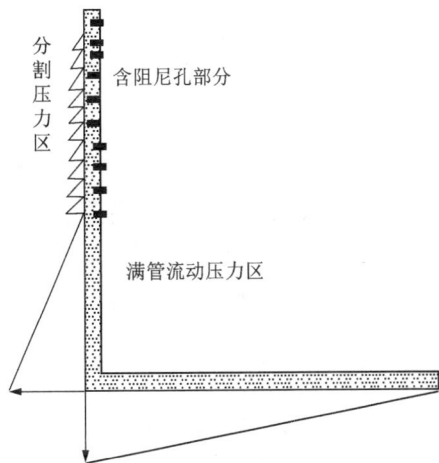

图 8-21　设有阻尼孔的压力剖面图及
满管流动条件下的输送情况

　　为了保证阻尼孔布置合理，必须进行精心测试。阻尼孔能否成功采用将受到两个条件的
限制，一个是制造阻尼孔(管)的材料本身的耐磨性；另一个是当阻尼孔受磨损，孔口越来越

大时，系统所能承受的流量变化的适应性。

采用阻尼孔减压，和采用变径管一样，要对浆体的流量和密度进行计算和设计，以达到满管流动状态。在很宽的流量范围内，是不可能达到满管流动条件的，特别是当料浆的流速低于设计流速时，更难以形成满管流。因此为了增大系统压力，应该尽量少设阻尼孔。

4）滚动球阀门和比例流动控制阀减压系统

滚动球阀门（RBV）内含有一组直径大约为 20 mm 的陶瓷球，这些球均被装入缸体中，然后在坑内充填管线的不同位置安装这些阀门。这种装置将使浆体产生高压力降，从而形成充填料浆的满管流动状态，如图 8-22 所示。压力降的大小将随该装置长度的变化而变化，即增大料浆的局部阻力损失必须通过增加陶瓷球的数目来实现。

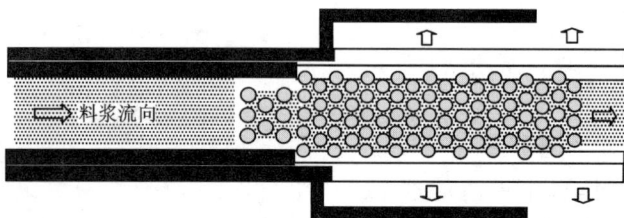

图 8-22　滚动球阀门结构示意图

该阀门在南非的全尾砂充填料浆中获得成功应用，但是在分级尾砂料浆系统中采用时，容易发生堵管事故，因此为了确定滚动球阀门在充填系统中的适用性，必须针对不同的料浆进行大量的试验研究。

对于要求达到满管流动状态的充填系统，采用比例流动控制阀也可调节或消除浆体特性变化带来的影响，其结构如图 8-23 所示。

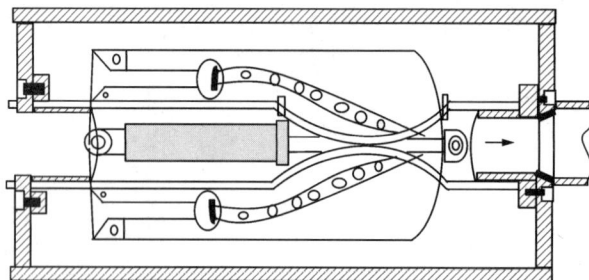

图 8-23　比例流动控制阀示意图

比例流动控制阀主体部件是带加强筋的柔性管道。该管道被安装在充满油且带压力的箱体内，整个箱体连接在充填料输送系统上。管道形状随筒式滚柱位置的不同而变化，筒式滚柱的运行路线由导向槽限定。

橡胶管衬于箱体内壁，由于柔性管道具有高压下任意变形的特征，因此可通过施压于内部系统达到充填系统的压力值来补偿调整。据预测，该阀门可使流动速度得到有效控制，且速度调解变化幅度大，同时也可使流速保持在最低水平。

5) 孔状节流管减压系统

孔状节流管的基本原理类似阻尼孔，其结构如图 8-24 所示。孔状节流管两头厚度逐渐减小，即内径逐渐增大，到管头位置节流管内径基本与外径相同。其使用方法是，将孔状节流管套入充填管道内，依据其消耗的能量，调整互相之间的间距，使充填料浆的流动达到满管流动状态。孔状节流管在一定的程度上克服了普通节流管和阻尼孔等耗能装置，同时增大了管壁的粗糙度，因此消耗的能量更多。其优点是使用方便、灵活，缺点是孔状节流管本身的磨损大，使用寿命短。

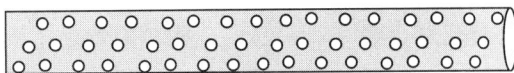

图 8-24 孔状节流管结构示意图

6) 缓冲盒弯头减压系统

缓冲盒弯头不能起到降压的效果，但是它可以降低由于高压带来的垂直管道和水平管道连接处管道的高速磨损。其结构如图 8-25 所示。

在充填管路中，弯头历来就是高度磨损区，弯管的磨损集中在外半径一带，可磨出一条长窄槽贯通弯管背部。采用缓冲盒可避免这种磨损，而偏置分接点可简化垂直管道到水平运输巷道的排出口。缓冲盒的设计要使其直径保证盒内壁不接触从给料管落下的高速砂浆，这样可大大降低磨损率。

缓冲盒的替代件是丁字管。丁字管的寿命低于缓冲盒，但其安装迅速简便，且寿命比弯管长。其工作原理与缓冲盒相同，充填料浆流向的转变是靠料浆自身，而不是管壁的作用。丁字管结构紧凑，可用于空间较小的部位。

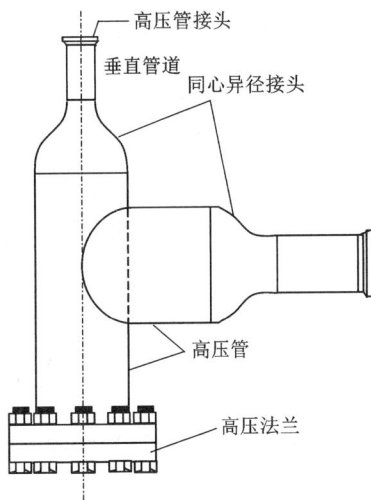

图 8-25 缓冲盒弯头结构示意图

3. 超长管道减阻技术

目前，超长管道减阻技术主要应用在石油、原油、煤浆、矿砂、泥浆及其他物料的管道输送中。由于石油和原油的管道输送与充填料浆等其他固体物料的浆体管道输送特性差别较大，前者是一相体系，大多为牛顿体系的管道输送；而后者为两相或多相体系，大多为非牛顿体系的管道输送，因此，料浆输送的减阻方法和减阻机理更为复杂。参考大量有关管道输送减阻技术研究的国内外文献，物料超长管道减阻技术包括：

1) 高分子溶液减阻

1949 年，Toms 进行了这样的实验：在湍流内流的有机溶液中，溶解少量的聚甲基丙烯酸甲酯后，其阻力大幅度降低。从此以后，开始利用高分子溶液来实现减阻，目前已有众多这方面的文献。具有减阻功效的高分子的共同特点：其额定分子量都是高达百万的，而且必须是单长链分子结构且可溶性较好。

关于高分子减阻的力学图形，有以下几种设想：第一种认为高分子减阻是由于高分子减阻剂使边界区域产生滑动；第二种认为是由于高分子溶液延缓了近壁区层流向湍流的过渡；第三种认为是稀液改变了流体黏性。高分子溶液减阻只对湍流(流核：宏观流动)有效，而对层流无效。即使是内流或外流流核处于湍流情况，也只有当高分子溶液注入边界层区域时，才能实现减阻，而注入流核区则是无效的。总之，高分子减阻作用的机理目前还没有统一的认识，普遍的说法认为由于紊流作用而产生极大的摩擦力，注入高分子聚合物后，聚合物均匀地分散到管道中，聚合物的分子长链在管壁处形成一个近似的层流边界层，起到抑制紊流的作用，从而使紊流程度减弱，达到减小管道摩阻的目的。按这种说法，整个减阻过程应属于物理现象。

高分子聚合物(减阻剂)要达到减阻效果应该具备的条件有：具有长链结构，很少或者没有支链；分子量较大(10^6或更大)；具有挠性和可溶性。一些高分子的水溶性物质，如蛋白胶体、聚醚(羟基羧酸酯聚烷二醇醚)、聚丙烯酸酰胺、聚丙烯酰胺、聚丙烯酸酯和聚环氧乙烷等都具备这些条件。

2) 弹性膜减阻

20 世纪 60 年代初，Kramer 出于对海豚仿生学的考虑，经过分析发现，海豚和一些鱼类皮肤在海水压力下会分泌出一种油状液体，游泳时所受阻力大大降低。于是，他提出了一种弹性膜减阻的特殊方法，在刚性边界上黏结一层弹性膜，弹性材料的物理常数与力学指标的组合相当完美，以致在层流附面层发生渡动时，膜的表面会产生同步渡动。在发生同步渡动的情况下，边界表面流速将大于零，而且边界面的流速梯度减小，从而使边界的剪力减小，也就减小了由剪力做功所散发的能量，使阻力系数与外加能源数量均减小。

近年来，已研究出从内外两侧同时来改变流体状况的水溶性高分子涂层。一方面是从涂层中溶解出来的线型高分子，能够在沿流取向的过程中抑制湍流和湍流压力的脉动；另一方面，是涂层在水中不断溶胀，形成弹性模数梯度，引起壁面的柔性效应。

不过，弹性膜减阻在实际应用中存在管道加工工艺上的困难，而且在物料管道输送中，护面层抗磨蚀性能差将会加大输送成本。

3) 纤维材料减阻

纸浆是最典型的纤维材料，人们发现纤维材料可以减阻。试验表明，在一定管径下输送纸浆时，随着流速的增加，阻力也增加。增加到某点后，阻力达到最大值，如流速继续增加，阻力则开始下降，下降到某点后，阻力又继续增加。

纤维素减阻是在物料低速流动时防止产生不稳定流动。在纤维素颗粒浆体中，由于纤维素互相结成网络，网络的强度阻止了大颗粒固体颗粒的沉降。这种减阻措施应用的可能性很小，因为难以找到廉价的纤维材料。另外，带有纤维材料的纸浆会给脱水、污水处理、环境保护和物料的用户带来一系列的麻烦，实际应用价值较小。

4) 磁性液体黏性减阻

磁性液体黏性减阻是 20 世纪 90 年代初出现的一种减阻方法。它是利用外加磁场使磁性液体保持或固定在所需表面，在物体表面形成可控的柔顺磁性液体膜，当液体流过物体表面时，物体表面磁性液体膜会与液体产生同步运动从而达到减阻的目的。

磁性液体是由纳米级铁磁性或亚铁磁性微粒高度弥散在液体中而构成的一种高稳定性的黏性溶液。由三种成分组成：基础液或载液、磁性微粒和微粒间的涂层。微粒间的涂层起稳定作用，又称稳定剂。它有以下特性：既有液体的流动性又有磁性材料的磁性；即使在磁场和重力场的作用下也能稳定存在，不产生沉淀和分离；在磁场的作用下，磁化强度随外加磁场的增强而增强，并在液体内部产生体积力；在一定范围内，磁性液体黏度随磁场的增加而增加；磁性液体在外加磁场作用下，将被保持或固定在所需的任何位置。

当黏性流体沿物体边界流动时，由于边界上流速为零，边界面上法向流速梯度不为零，产生了流速梯度和流体对边界的剪力，边界剪力做功消耗流体中部分能量，使流速降低。同时界面的粗糙度也对流体能量消耗和阻力系数有一定的影响。为达到减阻效果，管壁必须光滑，为此，需要改变层流边界层和湍流边界层中层流附面层的内部结构。磁性液体黏性减阻正是利用磁性液体的特性，在外加磁场的作用下使磁性液体附着在边界表面，用柔顺的边界面代替刚性的边界面，使边界层表面流速大于零，边界面上流速梯度减小，从而减少边界面上的剪力，并减少由于剪力做功而消耗的能量从而达到减阻的目的。

5）水环减阻

我国学者韩文亮等针对全尾砂充填料浆的减阻问题提出了水环减阻措施。试验研究结果证明，这种措施只适用于层流情况，对紊流区并不适用。

为了保证充填料高浓度的要求，充填料的减阻试验，只能在管壁处注入薄薄的一层清水（一般要求大于管壁凸起点），形成管壁处清水，管道内部为高浓度全尾砂的输送形式。随着料浆流动，清水必然和栓塞处的高浓度充填料掺混，最终形成管壁处为低浓度的充填料，栓塞处为高浓度充填料的形式。由于充填料是一种随浓度变小而流变性急剧变好的浆体，在管壁处的高剪力区，无论是清水还是低浓度的砂浆都可以达到较好的减阻效果。

水环减阻的构想是用低黏度的流体局部置换高黏度的流体，这样能以低黏度的流体局部代替高黏度的流体的剪切变形，降低附壁边界层的黏性从而实现减阻。水环减阻在很多领域应用较广泛，例如航运上的气垫船和机械上的空气轴承等，减阻效果比较明显。

6）气环减阻

实践证明，在管道输送流体中掺入适量气体可以达到减阻作用，如果气体能依附在管壁上形成一层微气环那么就能大大提高减阻效果，这被称为气环减阻。

对于气、固、液三相流而言，由于各自的物化性质不同，故表现的特性也不同。气体的密度小，黏性小，它的黏滞系数比水小得多，不易变形和流动；而液体的密度居中，黏性比空气大得多，一般视为不可压缩。当不易流动的固料分散到连续介质的液体之后，一方面受到液体的浮力，使其有效重力变小；另一方面受到液体的包裹和润滑，使之易于流动。在固、液体中掺入均匀分布的气泡之后，水的湍流黏性底层实际上被气泡代替，介质的平均密度和黏性都变小，从而使混合体的运动阻力大大减小。

另外，湍流中切应力包括黏性切应力和脉动切应力两部分，在黏性底层中，脉动切应力很小，切应力成分主要是黏性应力；在湍流核心区，切应力主要表现为脉动切应力；而在黏性底层和湍流层之间的过渡层两种切应力都存在。管壁气环的形成有利于遏制湍流的脉动切应力，从而改变湍流结构，有利于减阻。

再者，位于边界层内的微气泡本身具有变形功能，它能把剪应力作用于流体的一部分能转化成势能储存起来，从而减少了能量损失，达到减阻效果。

7）振动减阻

振动减阻是指由于外部动力（振动），引起流体界面波动，从而达到减阻效果。试验研究表明，在高浓度输送时用振动方法实现减阻是一个有效的方法，是一项很有前途的新型减阻技术，它可以作为局部减阻方法应用于高浓度浆体和结构流的管道输送。

在浆体管道输送中，振动减阻的机理为：

①边界减阻与稳定层流附面层。振动减阻通过外部振动引起流体边界波动，主要通过以下两种途径来实现减阻：一是由于外部振动引起边界波动，使边界面上的流体质点运动，减少边界面上的流速梯度和边界面上的剪力，从而实现边壁剪力减阻；二是由于边界波动，使层流附面层变得更加稳定。

②促进离散颗粒悬浮。对于粗细固体物料的管道输送，水体中既存在絮凝体系，也存在离散体系。浆体在管道中的运动流态可以分为两个区，即层流区和紊流区。层流主要表现在管壁层流附面层，其外侧为紊流运动。紊流中离散颗粒消耗能量的方式主要有两种：一是为使颗粒悬浮克服其重力沉降而耗散的能量；二是促进旋涡的分解和流体质团的运动而耗散流体的能量，即颗粒的悬浮与运动均要耗散流体的能量。动力减阻不仅可使流体作径向波动，而且在轴向上(流动方向)会对流体产生一推力。一方面可以阻止或延缓颗粒沉降，补偿维持处于悬浮状态所需的势能；另一方面阻碍漩涡的形成，加速漩涡的分解与质团运动，从而减少流体能量损失，达到减阻的目的。

③局部改变流态结构。振动使管壁边界产生波动，并通过层流附面层将振动能量传递到输送浆体，使浆体作波动运动，可局部改变流态结构，从而减少输送阻力。

④局部分解颗粒吸附水。高浓度浆体具有宾汉塑性体的性质，其阻力损失主要表现为浆体与管壁的摩擦力或附壁处浆体的剪力及浆体内黏滞阻力。在振动的作用下，管壁振动将引起管壁处颗粒吸附水分解，在管壁与浆体之间形成一薄水层使输送物料处于悬浮或半悬浮状态，从而大大降低管壁处浆体剪切力，减少浆体与管壁的摩擦力，使输送阻力大大减少。

8.5　充填钻孔磨损机理及降低磨损技术

充填钻孔的磨损较为复杂，且具有不确定性和不精确性，即具有随机性和模糊性，而且这些因素之间相互影响，互为因果，互为条件。因此利用传统的数学方法，如数理统计法、线性回归等方法很难进行定量分析和研究，因为许多因素对管道磨损的影响很难用一个经典的数学模型来刻画，难以给出一个定量的结论。

层次分析法(AHP)能合理地将定性分析与定量分析结合起来，整理和综合人们的主观判断，使定性分析与定量分析有机结合，能够为充填钻孔各种影响因素进行排序。该方法首先是给需要分析的问题建立层次分析结构模型，将所包含的各种因素分组，每一组作为一个层次，由高到低按目标层、准则层和方案层进行排列。应用AHP系统分析理论建立比较符合实际的定量化分析模型，从而确定在钻孔磨损的众多因素中，哪些是主要控制因素，哪些是次要控制因素，为充填钻孔寿命预测及充填钻孔的科学决策管理提供有力的理论依据。

在确定了充填钻孔磨损各种影响因素的基础上，通过分析输送料浆的能量和冲量，可以对充填钻孔的磨损机理有一个清晰的认识。根据充填钻孔的磨损机理，可以采取有效的技术措施降低充填钻孔的磨损速度，延长充填钻孔的使用寿命。

8.5.1　充填钻孔内管壁磨损的主要影响因素

通过对金川矿区充填钻孔内充填管道磨损现状的调查及现有充填管道磨损研究成果的分析，发现影响管道磨损的主要因素包括：

1）充填料浆的特性

管道磨损是由输送充填料浆引起，因此必然与充填料浆特性有关。首先，管道的磨损速度随充填料浆输送的质量分数的提高而增大，这点主要表现在水平管道的磨损上；其次，管道磨损随骨料刚度及粒度的增大而增大，如输送刚度和粒度较大的棒磨砂料浆要比尾砂充填料浆对管道的磨损速率高，这种现象贯穿于输送管道的全线；再次，管道磨损随充填骨料的颗粒形状的不规则而呈现增长趋势，棱角尖锐的棒磨砂比外形光滑的圆球形河砂对管道的磨损更为严重；最后，管道的磨蚀随充填料浆的腐蚀性增大而增大。实践证明，充填管道的破坏除了磨损因素外，还存在充填料浆对管道的腐蚀作用，管道的腐蚀主要取决于浆体的 pH 与溶解氧含量的大小。在 pH 小于 4 时，腐蚀急剧增加，而充填浆体一般呈碱性，所以酸性腐蚀不存在。浆体中溶解氧增多，腐蚀也增加；但是溶解氧过剩，反而会使钢的表面钝化，抑制腐蚀反应。然而浆体输送中，由于存在严重的摩擦作用，溶解氧生成的钝化表面很快会被磨掉，使氧化速度增加、腐蚀增大。因此，浆体输送过程中，管道的损耗是磨损和腐蚀共同作用的结果。

金川矿区主要充填骨料是粒度较大且形状不规则的棒磨砂，并且充填料浆的质量分数较高（75% 以上），相对于其他尾砂胶结充填矿山，金川矿区的这种粗骨料高浓度充填引起的管道破损更为严重。

2）管道材质与参数

充填材料相同的条件下，管道磨损与所选管道的材质密切相关。通常情况下，带有耐磨内衬管道的使用寿命是普通钢管的数倍或数十倍；管道的寿命还与管壁厚度有关，管壁越厚，使用寿命越长；管道的磨损率也与管道直径密切相关，金川矿区的生产实际表明，在垂直下落（自由落体）管道，管道的磨损率随管道直径的增大而减小，垂直钻孔的使用寿命由长到短按管道直径大小排序为：$\phi300$ mm、$\phi245$ mm、$\phi219$ mm、$\phi200$ mm、$\phi179$ mm、$\phi152$ mm。分析原因，管径的增大会使浆体在垂直下落时，相对减轻料浆对管壁的直接冲击摩擦，因此有助于延长管道的使用寿命；但是如果将垂直管道的直径进一步减小，例如将垂直管道的直径减小到 100 mm 左右，此时料浆在垂直管道中的阻力损失会急剧增加，导致自由下落段的高度明显减小，此时，系统接近满管输送状态，管道的磨损率反而会大大降低。

3）钻孔内充填管道的安装质量

钻孔内管道的磨损率与管道的安装质量密切相关。

衡量钻孔管道的安装质量的重要指标是管道的偏斜率。偏斜率大的钻孔，管道安装时偏斜率也越大，在使用中易磨损，使用寿命短，通过的充填量小。表 8-10 和图 8-26 给出了金川矿区部分报废、破损钻孔的偏斜率与累计充填量之间的统计关系，从图 8-26 可以看出在孔深与孔径相同的情况下，同组报废钻孔的累计充填量随偏斜率的增大而减小。如 E I 04 号钻孔的偏斜率最大，其累计充填量只有 611 m^3。二矿 A1-1 号钻孔的偏斜率虽比二矿 A1-5 号钻孔大，但累计充填量反而大于后者，原因是受到了孔深的影响（二矿 A1-5 号钻孔比二矿 A1-1 号钻孔深 100 m）。

垂直管道安装的垂直度和同心度对管道的磨损也有较大影响。实践表明，管道安装的垂直度和同心度越差，磨损率越高。

表 8-10　金川矿区部分报废、破损钻孔的参数

序号	孔号	孔深/m	孔内径/mm	偏斜率/%	累计充填量/m³
1	EⅠ01	279	159	1.480	363478
2	EⅠ04	280	159	6.120	611
3	二矿 A1-1	227	219	2.497	1688000
4	二矿 A1-3	327	219	0.835	1705100
5	二矿 A1-5	327	259	1.572	1368200
6	二矿 A-1	227	219	0.710	475100
7	二矿 A-2	227	219	0.530	596400
8	二矿 A-3	227	219	1.470	506100
9	二矿 A-4	227	219	1.950	424900
10	二矿 A-5	227	219	4.330	338900

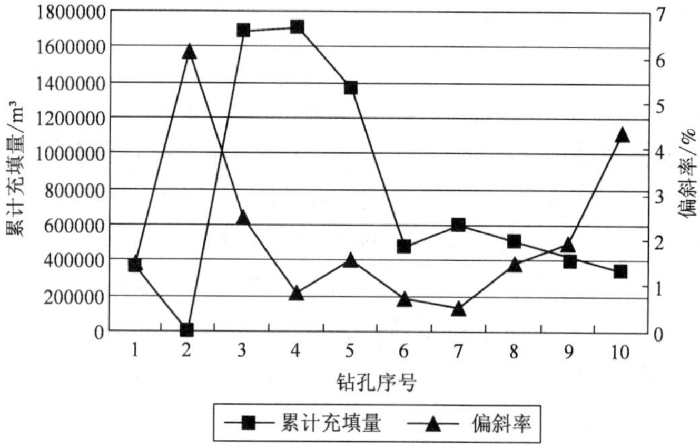

图 8-26　金川矿区部分报废钻孔偏斜率与累计充填量的关系

4）充填倍线

充填倍线也是影响管道磨损的重要因素。充填倍线越小，垂直管道中浆体自由落体区域的高度越大，料浆对管道的冲击力也越大，磨损越严重；同时料浆在管道中的流速增大，导致磨损率增加；充填倍线减小，还会增大管道的压力，导致磨损率提高；此外减小充填倍线还会使料浆出口剩余压力过大，管道震动剧烈，管道损坏严重。

5）钻孔级数

分级设计钻孔能减小钻孔深度，虽然在充填管道管径、材质、偏斜率、充填倍线等因素相同时，钻孔深度的大小对管道磨损的影响不大，但是深度小的钻孔能更好地控制施工质量和确保管道的安装质量，从而间接地延长了管道的使用寿命。

6）其他因素

随着开采深度的增加，钻孔和管道的磨损除了以上各因素外，还与系统有关，如垂直管

道长度过大引起管道承压过大等。因此，有必要对管道磨损的主要因素进行定量和全面分析。

8.5.2　充填钻孔内管壁磨损机理

1.钻孔内充填管道的主要磨损形式

1)龙首矿部分调查钻孔的磨损情况

采用数字全景钻孔摄像与数据分析软件系统，对金川矿区部分破损停用、在用及备用钻孔进行详细探测，获得了很多有关充填管道磨损的资料，通过对这些资料进行整理，发现被调查钻孔管道都存在局部严重磨损的情况，见表8-11。从表8-11中可以看出不同的钻孔局部严重磨损段所处的深度不一样，如龙首矿西部一级1、3号钻孔WⅠ01、WⅠ03的严重磨损深度在24~31 m；龙首矿东部二级6号钻孔EⅡ06的严重磨损深度在21~22 m。一般认为深度不同的原因可能跟钻孔内径、偏斜率、充填倍线等因素有关。虽然调查数据存在一定的误差，但是钻孔局部严重磨损的现象反映出钻孔的磨损应该主要是由料浆高速冲刷局部管壁造成的，因为若料浆在管道内以均匀流动的形式摩擦管壁的话，则不可能造成管道的局部严重磨损。

表8-11　金川矿区部分钻孔严重磨损段所处深度情况

钻孔编号	WⅠ01	WⅠ03	WⅡ05	WⅢ01	EⅠ01	EⅡ01	EⅡ04	EⅡ06	EⅡ07	EⅢ02	EⅢ05
孔深/m	88	88	143	84	279	172	172	172	60	60	60
孔内径/mm	152	152	152	152	159	100	100	100	100	100	100
严重磨损深度/m	24~30	28~31	18~41.7	17~20	60~65	60~61	63~64	21~22	29~33	29	15~17

2)龙首矿修复试验破损钻孔的磨损形式

2008年4—6月，在龙首矿西部充填站地表钻孔房3号钻孔(WⅠ03)进行了破损钻孔修复工业试验，共取出了84.55 m长的ϕ180 mm×14 mm充填管道，其磨损情况为：

①孔口部分(0~3.2 m)。

由于龙首矿充填料浆通过弯管进入WⅠ03钻孔，料浆与孔口壁发生反复碰撞(图8-27)，因此，孔口部分极易磨损，孔口破损后，龙首矿采用人工开挖方式，将破损孔口部分切除，焊接一段短管继续使用，直至深部其他部位磨穿后停用。

②3.2~27 m段。

充填来浆方向对面一侧充填管道管壁随着深度增加，磨损越来越严重，在13 m左右开始出现开口，并且开口的宽度随着深度的增加越来越大，到27 m的位置开口已经有14 cm宽(图8-28、图8-29)；而另一侧管壁的磨损虽然也有随深度增加而增大

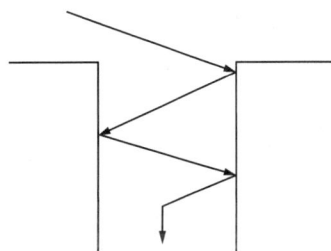

图8-27　充填料浆在充填钻孔孔口部分的运动轨迹

的趋势,但磨损程度相对较小,17~27 m段管壁厚度由9.5 mm减小到3.2 mm(原始厚度14 mm)。

图8-28　钻孔内充填管道在13.2~13.84 m
深度的磨损状况

图8-29　钻孔内充填管道在17.2~20.6 m(右)、20.6~
23.9 m(中)、23.9~27.3 m(左)深度的磨损状况

③27~31 m段。

该段充填管道被磨损最为严重,两侧管壁厚度都非常小,29~30 m段位置甚被分离钻头磨成了碎铁片,掉至孔底。

④31 m以下。

充填管道两侧管壁的厚度开始变得比较均匀,并逐渐增加,到40 m深度以后,管道两侧管壁的厚度保持在12~13 mm。

分析取出管道的磨损情况,可以发现,该充填管道的主要磨损部位是在31 m以上的位置,其主要磨损形式是充填料浆自由落体运动造成的冲击磨损。

2.充填钻孔磨损位置确定

1)料浆在充填钻孔内的流态

自流充填系统中,料浆流动的动力来自料浆在垂直管道产生的静压头。假设某充填系统管道直径不变,垂直高度为H,水平管道长L,料浆体重为γ_j,摩擦阻力损失为i,则料浆的输送有下面三种情况:

当$\gamma_j H < i(H+L)$时,料浆压头不足以克服沿程阻力损失,系统处于不能流动或堵管状态。

当$\gamma_j H = i(H+L)$时,料浆压头正好平衡掉其沿程阻力损失,系统处于满管流动状态。

当$\gamma_j H > i(H+L)$时,料浆自然压头过剩,垂直管道上部处于自由下落流动状态。

国内大部分细砂管道胶结充填矿山,料浆在垂直管道中的输送形式均为自由下落输送系统。充填料浆进入垂直管道在重力作用下自由下落,直至到达空气砂浆界面。在垂直往下给料的管道中有两种流动形式:上部为自由下落段、下部为满流段(图8-30)。

2)自由下落段料浆输送

由上面分析可知,在自由下落段,料浆主要做自由落体运动。自由下落输送存在以下缺点,在生产实践中,尤其是在深井充填实践中应尽量避免发生:

①在自由下落段中,砂浆的最终速度很大,可能有50 m/s或者更大,高速流动的砂浆向

管壁迁移冲刷导致管路的高速磨损，如果垂直管道偏斜，管路局部的磨损将更加严重。

②料浆在空气砂浆界面因碰撞产生的冲击压力是巨大的，这种巨大的冲击压力可导致管路的破裂，减小冲击压力的最好办法是缩短甚至消除料浆的自由下落段，这样可降低料浆的最大自由下落速度，避免巨大冲量的发生。

③由于在垂直管道，料浆存在着自由下落段，给垂直管道和水平管道的交界处带来了巨大的压力，同时由于此部分料浆的流向突然发生改变，料浆对管壁的法向冲击力非常大，因此加快了管道的局部磨损，管壁穿孔现象十分严重。

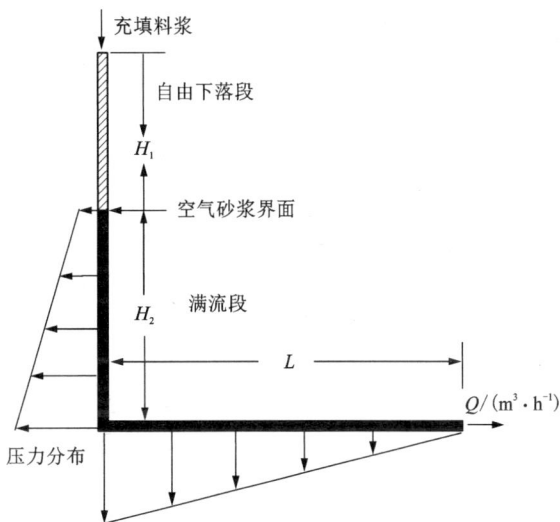

图 8-30 单段自由下落输送系统

3）满流段料浆输送

在满流段输送区，充填料浆以比较均匀的速度运动。满管流动的最大优点是管道局部冲击磨损率大大降低，从而减轻了管道的磨损。满管流动与自由下落流动引起的管道磨损情况对比如图 8-31 所示。由图 8-31 可见，满管流动系统管道的磨损平整均匀，磨损率较低；而自由下落系统管道的磨损极其剧烈，往往会无规律地出现，形成沟槽磨损形状，这些沟槽破损往往会导致管道裂口式损坏。

4）充填钻孔磨损位置的确定方法

充填料浆在上部管道内做自由落体运动，到达空气砂浆界面时，料浆的速度达到最大，所以理论上空气砂浆界面附近是最容易也是最早破损的位置。因此，可以通过计算空气砂浆界面高度来推测充填管道最容易磨损的部位。空气砂浆界面的高度，可以根据能量守恒定律予以分析。垂直管道中的浆体静压头（势能）主要消耗在浆体输送过程中沿管道摩擦损失所做的

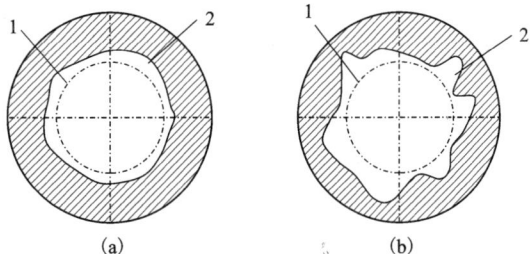

1—管道原始内表面；2—磨损后管道内表面。

图 8-31 满管流动(a)和自由下落(b)条件下
管道的磨损形式

功上。工程中，可以利用下述公式确定满管高度：

$$\gamma_j H_2 = i_1 H_2 + i_2 L \qquad (8-21)$$

式中：γ_j 为料浆体重，t/m^3；H_2 为满管高度，m；i_1 为充填料浆垂直段的水力坡度；i_2 为充填料浆水平段的水力坡度；L 为水平管道长度，m。

如果垂直段与水平段管径相同，即 $i_1 = i_2 = i$，则：

$$H_2 = iL/(\gamma_j - i) \qquad (8-22)$$

很明显，在充填料浆一定的前提下，H_2 的大小主要取决于：

①水平管道 L 的长度，L 越大，即系统充填倍线越大，所消耗的料浆势能也越大，那么 H_2 就越大；反之 H_2 越小。

②充填料浆的水力坡度 i，增大料浆的水力坡度，也可以达到增加 H_2 的目的。

增大 H_2 可以减小自由下落段的高度，有效降低料浆对管壁的冲击。最理想的情况是使空气砂浆界面高度保持在垂直管道的顶部，即实现满管流动，此时料浆的自然静压头正好等于料浆沿管道的摩擦阻力损失。

根据满管高度，可以估算垂直钻孔磨损位置 H_1：

$$H_1 = H - H_2 = H - i_2 L/(\gamma_j - i_1) \tag{8-23}$$

式中：H 为钻孔高度，m。

5）金川矿区确定充填钻孔磨损位置的方法

如式（8-23）所示，欲确定充填钻孔的破损位置，在充填钻孔高度和水平管道长度已知的条件下，只要计算浆体体重和水力坡度即可。

金川矿区充填骨料为棒磨砂，胶结材料为水泥，灰砂比为 1∶4，充填料浆设计质量分数为 78%，该配比浆体体重为 $\gamma_j = 1.98$ t/m³。金川矿区水力坡度计算经验公式为：

$$i = i_0 \left\{ 1 + 108 C_v^{3.96} \left[\frac{gD(\gamma_j - 1)}{v^2 \sqrt{C_x}} \right]^{1.12} \right\} \tag{8-24}$$

式中：i_0 为清水水力坡度，按下式计算

$$i_0 = \lambda \frac{v^2}{2gD} \tag{8-25}$$

v 为浆体流速，m/s，按下式计算

$$v = \frac{Q}{3600\pi D^2} \tag{8-26}$$

Q 为浆体流量，m³/h；C_v 为浆体体积浓度，灰砂比为 1∶4，质量分数 78% 浆体的体积浓度为 56.6%；D 为管道内径，m；λ 为清水摩擦阻力系数，按下式计算

$$\lambda = \frac{K_1 \cdot K_2}{\left(2\lg \dfrac{D}{0.00024} + 1.74 \right)^2} \tag{8-27}$$

K_1 为管道敷设系数，取 1.1；K_2 为管道连接质量系数，取 1.1；C_x 为沉降阻力系数；按下式计算

$$C_x = \frac{1308(\gamma_j - 1) d_{cp}}{\omega^2} \tag{8-28}$$

d_{cp} 为充填料平均粒径，cm。因为棒磨砂和水泥平均粒径分别为 0.98 mm 和 13.8 μm，用 1∶4 配比充填混合料平均粒径为 $(0.0138×1+0.98×4)/5 = 0.79$ mm，即 0.079 cm。

ω 为颗粒平均沉降速度，cm/s，为计算 ω 值，引入参数 A：

$$A = \sqrt[3]{0.0001/(\gamma_j - 1)} = 0.047$$

因为 $A = 0.047$ cm $< d_{cp} = 0.079$ cm $< 4.5A = 0.21$ cm，所以 $\gamma_j H_2 = i_1 H_2 + i_2 L = 8$ cm/s。按式（8-23）计算的龙首矿 WⅠ03 号钻孔磨损最严重位置高度为 30.79 m（表 8-12），计算结果与

实际情况(27~31 m)相符,证明充填钻孔破损高度可按式(8-23)计算。

表 8-12 龙首矿 W I 03 号钻孔充填管道磨损最严重位置高度计算结果

序号	参数名称	单位	数值	计算公式	备注
1	钻孔高度	m	84.55		实际高度
2	水平管道长度	m	425		至 2 级钻孔
3	垂直段水力坡度		0.1087	式(8-25)	内径 152 mm,流量 100 m³/h
4	水平段水力坡度		0.2367	式(8-25)	内径 100 mm,流量 100 m³/h
5	磨损最严重位置	m	30.79	式(8-24)	

3. 试验钻孔磨损机理能量分析

根据上述理论,可以从能量的观点分析龙首矿 W I 03 号钻孔的磨损情况,已知钻孔内充填管道的内径为 152 mm,在 13 m 左右开始出现开口,到 27 m 深处开口已经有 14 cm 宽,29~30 m 位置磨损最为严重。取出的上部 30 m 充填管道侧面展开图如图 8-32 所示。图 8-32 中 L 是充填管道内横截面圆的周长,A 是空气砂浆界面上管道开口(内截面圆上的一条弦)对应的圆弧长(图 8-32 中右边圆的虚线部分),以 A 为底、h_2 为高的三角形可以看作是被磨损开口的管壁,三角形下面阴影部分是 29~30 m 磨损最严重的部位。

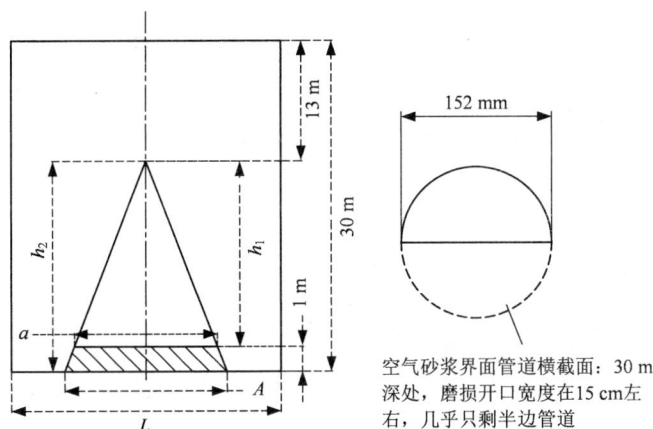

图 8-32 龙首矿 W I 03 号钻孔自由下落段管道的侧面展开理想效果图

设料浆运动到界面消耗的总能量为 E,根据磨损情况,大部分能量(50% 以上)消耗在破损最严重的 29~30 m 开口处管壁上(图 8-32 中阴影部分),仅有极小部分(假定 5%)消耗在浅部(13 m 以上),其余部分(假定 45% 以下)消耗在磨损较严重的 13~29 m 开口处管壁上(在图 8-32 中为以 a 为底、h_1 为高的三角形)。考虑到深部料浆储存的势能最大,因此总能量的分布比例虽然是假定值,但是仍然可以作为定性分析的依据。

根据取出管道的情况,可以假设 30 m 深处管道只剩半边,A 的长度是管道内截面圆周长

的 $1/2$，则以 A 为底、h_2 为高的三角形的面积 S 为：

$$S_0 = \frac{1}{2}Ah_2 = \frac{1}{2}\pi Dh_2 \tag{8-29}$$

已知 $h_2 = 17$ m，$D = 152$ mm，代入式（8-29）除以 2 可以计算出 $S_0 = 2.029$ m^2。

同理可以计算出以 $a = 16/17 \times A = 0.2246$ m 为底，$h_1 = 16$ m 为高的三角形的面积 $S_1 = 1.7968$ m^2。

阴影部分的面积 $S_2 = S_0 - S_1 = 0.2322$ m^2。根据以上数据，可以分别计算出 $13 \sim 29$ m 开口处管壁的单位面积耗能量 E_{w1} 与严重破损 $29 \sim 30$ m 开口处管壁的单位面积耗能量 E_{w2}：

$$E_{w1} = \frac{0.45E}{2.028} = 0.22E \qquad S_0 = \frac{1}{2}Ah_2 = \frac{1}{2}\pi Dh_2 \qquad E_{w2} = \frac{0.5E}{0.2322} = 2.16E$$

如果料浆在自由下落段做的是满管流运动，则料浆跟管壁的有效接触面积为整段管道的侧面展开面积，即 $S_3 = 14.318$ m^2，此时管壁单位面积的能耗量为：

$$E_{w3} = \frac{E}{14.318} = 0.0698E$$

$E_{w1}/E_{w3} = 3.16$，$E_{w2}/E_{w3} = 30.95$，即 $13 \sim 29$ m 开口处管壁的单位面积耗能量是满管流动时的 3.16 倍，严重破损 $29 \sim 30$ m 开口处管壁单位面积耗能量甚至达到了满管流动时的 30.95 倍。能量分析可以很好地解释自由下落段充填管道一侧有开口，局部有严重破损的情况，同时也能说明自由下落段要比满管流段磨损严重的原因。

8.5.3 降低管道磨损措施

国内外凡采用胶结充填的矿山，除混凝土充填外，均采用管道输送方式，料浆在输送过程中都不同程度地出现管道磨损甚至破损的情况。因此降低管道磨损的技术措施一直是采矿界共同关注的课题。在生产实践中，各个矿山根据自己的实际经验，总结出了不少降低管道磨损的具体措施，起到了良好的效果，保证了矿山正常、稳定生产。依据上述影响管道磨损因素的分析及管道磨损的机理研究成果，可以通过采取如下技术和工程措施，达到有效地降低管道磨损的目的。

1. 提高满管流输送高度

充填钻孔磨损机理研究结果表明，降低充填管道磨损，延长充填管道使用寿命的最有效办法，是最大程度地缩短甚至消除充填料浆的自由下落段高度，使料浆尽可能在管道内进行满管流输送。一般来说，深井矿山的有效静压头远远大于摩擦损失，因此欲获得满管流动系统可以考虑从采用变径管输送、系统中添加耗能装置、增大料浆沿程阻力损失等多种技术途径来实现。

1）变径管输送

满管流输送技术原理是将垂直管道中的一部分静压头消耗在垂直小管径管道的摩擦阻力损失方面，从而降低料浆到达垂直管的底部时的压力。

2）添加耗能装置

采用非连续性耗能装置也是使料浆达到满管流动的有效措施，其原理是增大管道中的局部阻力损失，以消耗垂直管道中过高的静压头，从而提升空气砂浆界面高度。

2. 其他工程技术措施

降低管道磨损的其他工程技术措施包括：

(1) 降低料浆对管道的磨蚀。料浆对管道的损害包括磨损和腐蚀两方面，因此降低料浆对管道的损耗应从两方面做起。首先，要优化充填材料的粒级组成、确定管道磨损较小的材料配合比，尽可能降低充填骨料的粒径、选择表面光滑的骨料，添加对管道磨损相对轻微的细粒级物料，如粉煤灰、尾砂等，适当减少刚度较大的骨料含量；其次，要全面掌握充填料浆的化学性能，调整充填材料的用量比例，减少腐蚀性较强的材料含量，调整料浆的 pH，料浆中避免混入空气，降低氧含量，以达到降低充填料浆对管道腐蚀的目的；最后，在料浆中加入减阻剂，可以减轻对管道的磨损。

(2) 了解充填料浆的性能，在比较试验的基础上，研制和采用耐磨抗腐蚀性能更好的新型管材和内衬，提高管道自身的抗磨蚀能力；全面提高钢管衬里的制造质量，确保衬里质量和涂层质量，防止衬里松脱随料浆一起流出，起不到保护管道的作用。

(3) 充填倍线较小的矿山，要设法降低料浆的输送速度，降低料浆对管壁的压力。在相同的流速下，管道的磨损速度随料浆压力的增加而提高，当料浆的压力增大到一定程度，即使很小的料浆流速，也会给管道带来很高的磨损率。因此，采用减压输送系统，可以达到降低管道磨损率的目的。

(4) 在水平管段，由于管道的磨损底部最大、两侧次之、顶部最小，因此定期翻转充填管可以延长管道寿命。

(5) 提高垂直管道的安装质量，减少管道的倾斜及非同心程度。理论分析和矿山的生产实践都已经证明，如果垂直管道安装时其垂直度和同心度不好，就会大大提高管道的磨损速度，因此，必须提高管道安装质量，力争垂直度、同心度偏差在 ±0.5% 之内。

(6) 在磨损率高的弯管部分，应采用丁字管或缓冲盒弯头，避免料浆在大直径弯管外半径处磨出窄长槽。

(7) 使用中性水制备充填料浆和冲洗管道，避免使用矿井水，因为矿井水一般都有很强的腐蚀性，特别对无衬里钢管会造成较大的腐蚀。如果采用矿井水，也要预先对其进行处理，降低其腐蚀危害程度。

思考题

1. 充填系统由哪些典型子系统组成？
2. 充填系统的不确定性表现在哪些方面？
3. 如何提高整个充填系统的可靠性？
4. 充填管道产生水击气蚀、堵管爆管的机理是什么？
5. 如何降低充填钻孔和管道的磨损？

第9章　分级尾砂充填系统

　　本章通过对分级尾砂充填工艺流程和典型方案进行评述，详细介绍了小铁山矿立式砂仓、穰家垅萤石矿板框压滤机等分级尾砂充填系统的典型方案与实例，系统总结了分级尾砂充填系统的最新研究与应用成果。

9.1　分级尾砂充填系统典型方案

　　进入20世纪后，得益于水力旋流器等尾砂分级脱水装置的不断完善和发展，将全尾砂进行粗细分级，粗粒径尾砂作为充填骨料充填采空区、细粒径溢流则直排尾砂库的分级尾砂充填工艺与技术也在矿山迅速得到推广应用。由于具有工艺流程简单、系统投资小、可靠性高的优点，我国自20世纪70年代开始，铜绿山铜矿、安庆铜矿、张马屯铁矿、三山岛金矿等60余座有色、黑色和黄金矿山都建设了分级尾砂充填系统。目前，常用的尾砂分级装置有旋流器和振动筛，常用的尾砂浓缩脱水装置有卧式砂仓、立式砂仓、浓密机、陶瓷过滤机和板框压滤机等。根据尾砂粗细分级，浓缩、脱水装置的不同，分级尾砂充填系统方案可分为如下几种。

9.1.1　立式砂仓充填系统

1)尾砂分级工艺

　　立式砂仓分级尾砂充填系统方案如图9-1所示，该方案的典型特征是选择旋流器作为尾砂粗细分级装置、选择立式砂仓作为分级粗尾砂的浓缩装置。选厂产生的全尾砂浆体经渣浆泵泵送至旋流器组内，在重力和离心力的作用下全尾砂在旋流器内实现了粗细颗粒分离。其中，细粒径成分经旋流器溢流排出，经渣浆泵泵送至尾砂库内排放；粗颗粒成分则通过旋流器底部排至立式砂仓内。

2)尾砂浓缩工艺

　　立式砂仓一般为一用一备，一个砂仓用于放砂，另外一个砂仓可用于储砂和尾砂浓缩。仓体一般采用立式密闭的圆柱-圆锥状钢板焊接结构，容积根据其处理量计算确定；立式仓体顶部一般设置有溢流槽，可以及时将溢流水排出，仓体底部设置有高压风管和高压水管，以便实现高压风和高压水造浆。分级后的粗颗粒尾砂一般可以在立式砂仓内自然沉降形成分层结构，越往底部浓度越高，上部则形成沉淀后的清水层(含有少量固体颗粒)。从立式砂仓

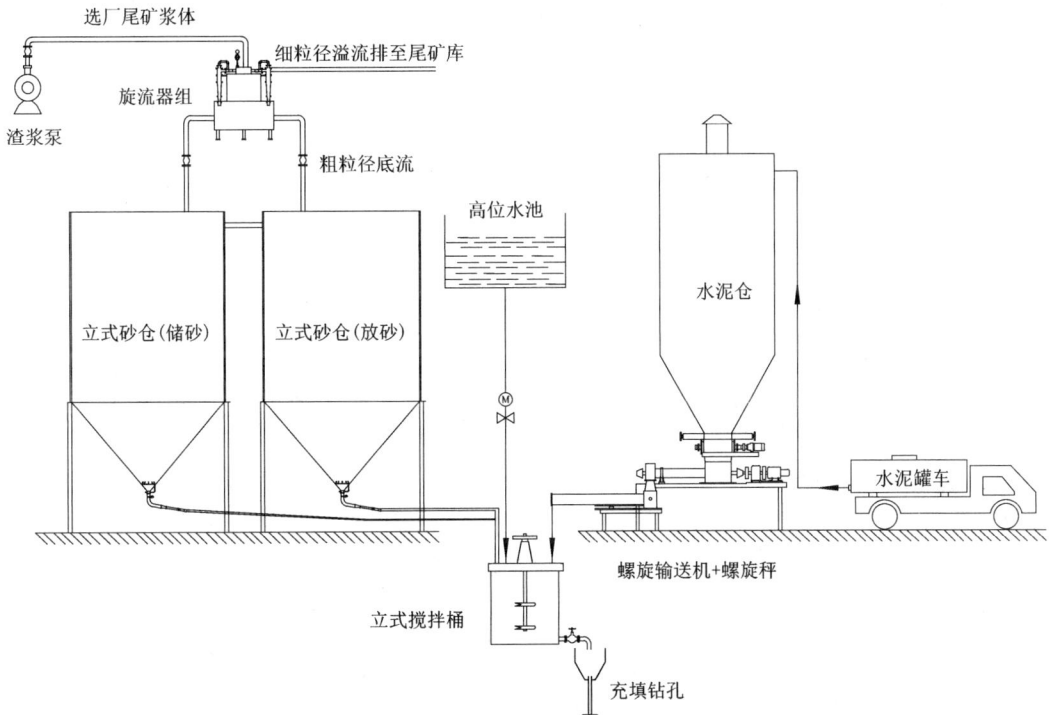

图 9-1　立式砂仓分级尾砂充填系统方案

顶部溢流出来的水往往含有极少的悬浮物颗粒，一般直接返回选厂循环用作选矿用水。随着立式砂仓上部溢流水的不断排出和粗颗粒尾砂的不断沉降压缩，立式砂仓底部粗颗粒尾砂的质量分数可提高至 70% 以上，然后采用高压风和高压水联合造浆，将其排至立式搅拌桶内。

3）料浆制备工艺

胶凝材料一般选用散装水泥，采用水泥罐车将其输送至充填站内，现场配备一台移动式空气压缩机，从散装水泥罐车向水泥仓内压气卸料。水泥仓一般为成品结构，由立式密闭的圆柱-圆锥状钢板焊接组成，仓体顶部设有袋式除尘器，底部设有防板结的破拱装置，仓底排料口安装有插板阀、星形给料机、螺旋秤和螺旋输送机等设备，通过精确计量后经螺旋输送机向搅拌桶均匀供料。充填用水一般由高位水池提供，从立式砂仓底部放出的粗尾砂和水泥及水在立式搅拌桶内，经高速搅拌、均匀拌和成合格的充填料浆，再经充填钻孔和管道输送至空区内。

4）系统优点

①系统工艺简单、技术难度低。

②设备投资较小、系统建造成本较低。

③系统自动化程度相对较高。

5）系统缺点

①仅能利用粗粒径尾砂作为充填骨料，细粒径成分无法综合利用，长期向尾砂库内排放会对坝体稳定性产生不利影响。

②旋流器分级效果一般，无法准确控制分级粒径。

③立式砂仓溢流水含固量波动较大，易跑混。

④立式砂仓底部易板结，高压风高压水造浆能耗较高。

⑤立式砂仓底部放砂浓度不稳定，初始阶段放砂浓度较高，后续浓度越来越低。

综上所述，立式砂仓分级尾砂充填系统虽然工艺简单、投资较小，但是也存在立式砂仓底部易板结、高压风高压水造浆能耗较高且充填浓度不稳定等诸多问题。随着矿山充填向更加精细化和智能化的方向发展，这种充填系统方案的使用将越来越少。

9.1.2 板框压滤机充填系统

1）尾砂分级工艺

板框压滤机分级尾砂充填系统方案如图9-2所示，该方案的典型特征是选择旋流器作为尾砂粗细分级装置、选择板框压滤机作为分级粗尾砂的脱水装置。选厂产生的全尾砂浆体经渣浆泵泵送至旋流器组内，在重力和离心力的作用下全尾砂在旋流器内实现了粗细颗粒分离。其中，细粒径成分经旋流器溢流排出，经渣浆泵泵送至尾砂库内排放；粗颗粒成分则通过旋流器底部排至板框压滤机内进一步脱水至滤饼状态。

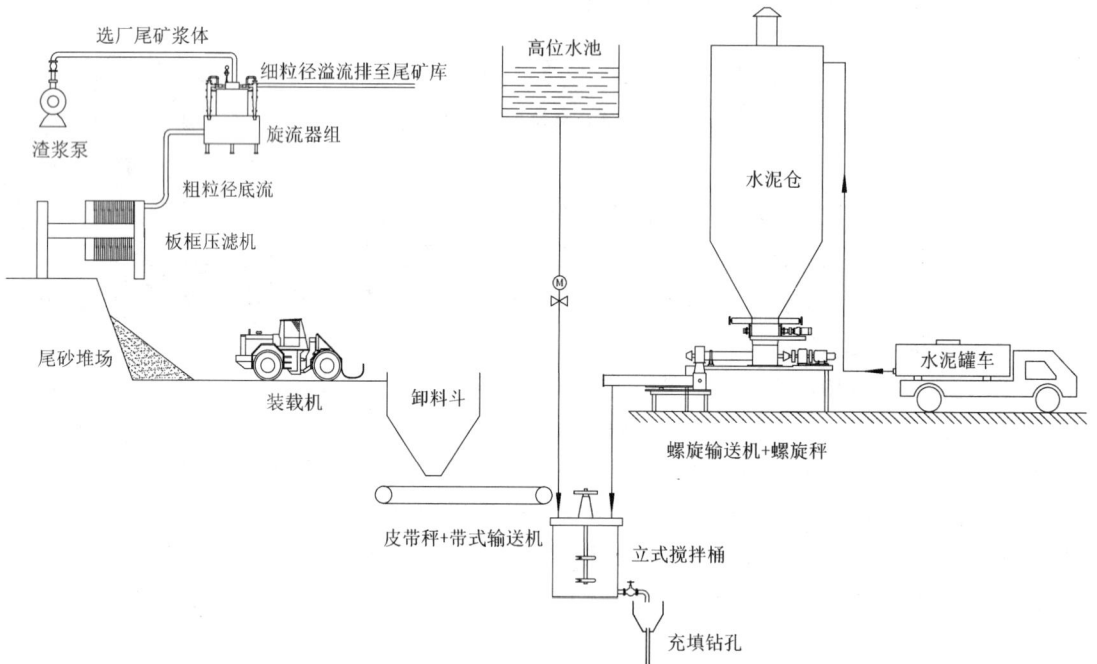

图9-2 板框压滤机分级尾砂充填系统方案

2）尾砂脱水工艺

板框压滤机一般每工作一段时间就需要更换滤布，因此，通常需要一用一备，即若一台处在维护期间，则启动另外一台用于生产。板框压滤机的处理能力主要受其设备型号、尾砂脱滤性能及压滤面积等诸多因素的影响，一般需要进行选型试验和计算才能确定。分级后的含有大量粗颗粒尾砂的浆体通过管道输送至板框压滤机进浆口内，在板框压滤机的挤压作用下，水及少量细泥被挤出至溢流槽内，粗颗粒尾砂则被挤压成含水率低于15%的尾砂滤饼。在板框压滤挤压作用力释放、滤板打开后，尾砂滤饼在重力作业下脱落至底部的尾砂堆场内，一般采用装载机将尾砂滤饼转运至卸料斗内，再经皮带秤计量和带式输送机上料至立式搅拌桶内。

3）料浆制备工艺

胶凝材料一般选用散装水泥，采用水泥罐车将其输送至充填站内，现场配备一台移动式空气压缩机，从散装水泥罐车向水泥仓内压气卸料。水泥仓一般为成品结构，由立式密闭的圆柱-圆锥状钢板焊接组成，仓体顶部设有袋式除尘器，底部设有防板结的破拱装置，仓底排料口安装有插板阀、星形给料机、螺旋秤和螺旋输送机等设备，通过精确计量后经螺旋输送机向搅拌桶均匀供料。充填用水一般由高位水池提供，粗尾砂滤饼和水泥及水在立式搅拌桶内，经高速搅拌、均匀拌和成合格的充填料浆，再经充填钻孔和管道输送至空区内。

4）系统优点

①系统工艺简单、技术难度低。

②设备投资较小、系统建造成本较低。

③设备运行能耗较低、系统运行成本较低。

④由于将尾砂脱水至滤饼状态，充填浓度可以自由调控。

5）系统缺点

①仅能利用粗粒径尾砂作为充填骨料，细粒径成分无法综合利用，长期向尾砂库内排放会对坝体稳定性产生不利影响。

②旋流器分级效果一般，无法准确控制分级粒径。

③板框压滤机脱滤后的尾砂滤饼易结块，导致卸料斗堵塞。

④系统处理能力相对较小，无法满足大规模充填要求。

⑤板框压滤机的滤布易堵塞，需要人工进行更换。

⑥板框压滤机脱滤水澄清度不高，无法直接循环利用或达标排放。

综上所述，板框压滤机分级尾砂充填系统虽然工艺简单、投资较小且自动化程度较高，但是还存在处理能力小、滤布易堵塞、脱滤水浑浊等问题，无法从根本上解决细粒径尾砂无法综合利用、长期向尾砂库内排放会对坝体稳定性产生不利影响的突出问题。随着国家对尾砂库安全的高度重视，这种充填系统方案的使用也将越来越少。

9.1.3　卧式砂仓充填系统

1）尾砂分级工艺

卧式砂仓分级尾砂充填系统方案如图9-3所示，该方案的典型特征是选择旋流器作为尾砂粗细分级装置、选择卧式砂仓作为分级粗尾砂的浓缩装置。选厂产生的全尾砂浆体经渣浆泵泵送至旋流器组内，在重力和离心力的作用下全尾砂在旋流器内实现了粗细颗粒分离。其中，细粒径成分经旋流器溢流排出，经渣浆泵泵送至尾砂库内排放；粗颗粒成分则通过旋流器底部排出至卧式砂仓内。

2）尾砂浓缩工艺

卧式砂仓一般为一用一备，一个砂仓在使用时，另外一个砂仓可用于储砂和泄滤水。仓

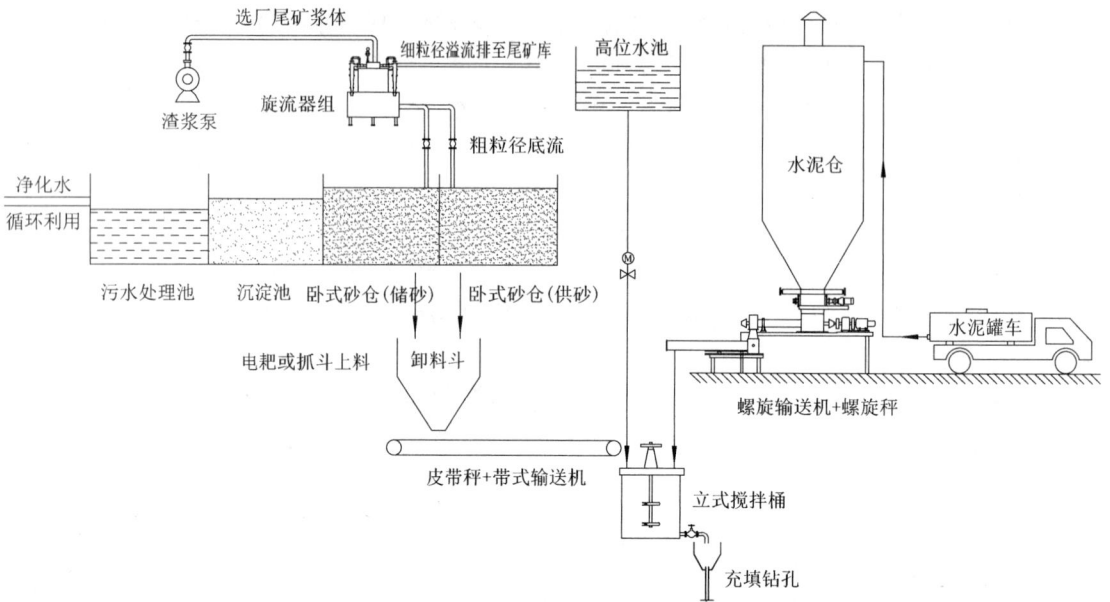

图 9-3　卧式砂仓分级尾砂充填系统方案

体一般为长方形的不透水砖混结构，容积一般根据其处理量计算确定，只在仓体一侧的一面挡墙内设置多层滤布和多排泄水孔，以便排出砂仓内多余的水分。分级后的粗颗粒尾砂一般可以在砂仓内自然堆积成锥形结构，少量的水和砂则沉积在锥体底部，通过设置在卧式砂仓一侧的滤水墙泄出。从卧式砂仓内泄滤出来的水往往含有一定的杂质成分，无法直接循环利用或达标排放，需要在沉淀池内进一步沉淀并经污水处理池处理后，方能继续循环利用或达标排放。随着砂仓内多余水分的排出，卧式砂仓内的粗颗粒尾砂的质量分数可进一步提高至80%以上，然后采用电耙或抓斗将粗尾砂转运至卸料斗内，再经皮带秤计量和带式输送机上料至立式搅拌桶内。

3) 料浆制备工艺

胶凝材料一般选用散装水泥，采用水泥罐车将其输送至充填站内，现场配备一台移动式空气压缩机，从散装水泥罐车向水泥仓内压气卸料。水泥仓一般为成品结构，由立式密闭的圆柱-圆锥状钢板焊接组成，仓体顶部设有袋式除尘器，底部设有防板结的破拱装置，仓底排料口安装有插板阀、星形给料机、螺旋秤和螺旋输送机等设备，通过精确计量后经螺旋输送机向搅拌桶均匀供料。充填用水一般由高位水池提供，分级后的粗尾砂和水泥及水在立式搅拌桶内，经高速搅拌、均匀拌和成合格的充填料浆，再经充填钻孔和管道输送至空区内。

4) 系统优点

①系统工艺简单、技术难度低。

②设备投资小、系统建造成本低。

③设备运行能耗低、运行成本较低。

④设备维护简单、可靠性高。

5) 系统缺点

①仅能利用粗粒径尾砂作为充填骨料，细粒径成分无法综合利用。

②细粒径成分无法堆坝，长期向尾砂库内排放会对坝体稳定性产生不利影响。

③旋流器分级效果一般，无法准确控制分级粒径。

④卧式砂仓处理能力较小且泄滤水仍需二次处理方能循环利用或达标排放。

⑤用电耙或抓斗上料导致工人劳动强度加大且容易产生泄漏，影响厂区的清洁生产。

综上所述，卧式砂仓分级尾砂充填系统虽然工艺简单、投资较小，但是充填能力小、工人劳动强度大、厂区清洁生产困难，属于相对落后的充填系统方案。随着矿山充填向更加精细化和智能化的方向发展，这种充填系统方案的使用将越来越少。

9.2　小铁山矿立式砂仓充填系统

白银有色集团股份有限公司(简称白银公司)小铁山矿是白银公司旗下的主力矿山之一，主要生产铜、铅锌及金银等原矿石，矿区面积 3.31 km²，设计生产能力 46.2 万 t/a。矿山的立式砂仓分级尾砂充填系统始建于 20 世纪 80 年代，运行过程中存在诸多技术问题。2023 年，中南大学与矿方联合进行技术攻关，通过添加改性材料粉煤灰并开展大量试验研究，制备出流动性好、不分层离析、泌水率低的似膏体充填料浆。

9.2.1　充填系统存在的问题

1.矿山概况

矿区地处北祁连加里东褶皱带东段，是我国著名的祁连山多金属成矿带的重要组成部分，属于变质喷发-沉积型多金属矿床。区内赋存有矿体 8 个，其中①、②、③号为主矿体，呈层状、似层状及透镜状产出，走向长度 260~670 m，倾向 300°~320°，倾角 60°~80°，厚度 2.54~7.73 m。矿山采用双罐笼竖井+斜坡道的联合开拓方式，阶段高度 60 m，目前主要的开拓和生产中段为十二(+1184 m)和十三中段(+1124 m)，保有铜铅锌储量约 215 万 t，平均品位为铜品位 1.32%、铅 4.87%、锌 8.73%、金 1.55 g/t、银 7.21 g/t、硫 13.93%。除早期部分浅部中段采用无底柱崩落法外，矿山一直沿用上向水平进路充填法开采，并配套有凿岩台车、铲运机、喷浆机、锚杆台车、掘进机等先进的装备，建有一套立式砂仓分级尾砂充填系统(图 9-4)。

图 9-4　小铁山矿立式砂仓分级尾砂充填系统

2.充填系统存在的突出

由于目前矿山的立式砂仓分级尾砂充填系统始建于20世纪80年代，整体砂仓、水泥仓和厂房均为相对陈旧的砖混结构，由于多年的服务，存在以下突出问题，其影响了高品位多金属资源的安全开采及矿山的达产达标。

1）分级尾砂颗粒级配差，充填料浆分层离析严重

白银公司选矿厂所产生的全尾砂粒径级配较好，-200目颗粒占比在60%左右，是较为理想的充填骨料。但是，由于小铁山矿采用的是立式砂仓分级尾砂充填工艺，无法处置全尾砂中的细粒径成分，选矿厂在供砂前增加了旋流器分级和尾砂浓缩装置，将全尾砂中-200目颗粒的占比由60%降低至30%，然后利用一套立式砂仓系统将供砂浓度稳定在35%左右，再经两级泵送至16 km外的矿山立式砂仓内进行自然沉降浓缩。由于小铁山矿现有分级尾砂充填系统未配置絮凝剂添加装置，选矿厂供给的分级尾砂在进入立式砂仓进行自然沉降浓缩的过程中，部分-200目以下的细颗粒又随着溢流水排出，导致分级尾砂充填系统的主要充填骨料中-200目颗粒占比不足20%，属典型的粗粒径尾砂。由于缺乏中间粒径和细骨料，小铁山分级尾砂充填料浆的质量分数虽然在70%左右，但尾砂比表面积远小于水泥，充填料浆进入采场后粗颗粒尾砂快速沉降、分层离析现象十分明显。虽然将分级尾砂的充填浓度提高至75%以上，可以有效改善充填料浆的稳定性、减少分层离析，但是矿山目前的立式砂仓分级尾砂充填系统显然无法达到上述充填浓度要求。

2）分级尾砂充填不满管现象突出，管道磨损严重、堵管爆管风险高

由于分级尾砂颗粒级配差，充填料浆分层离析严重，在管道输送过程中呈现出类似于水砂充填的性态，垂直钻孔及水平管道内料浆的不满管现象十分突出。不满管现象不仅会导致空气与浆体（满管段）界面处受到持续的水击，进而发生磨损破坏（图9-5），而且料浆在管道输送过程中极易产生料浆离析、粗颗粒沉底，造成局部管道输送阻力增大，诱发堵管、爆管事故，影响系统运行稳定性和可靠性。

3）采场泌水量大、水泥流失严重、充填成本高

由于分级尾砂的比表面积远小于水泥，在采场充填过程中，分级尾砂在充填下料口快速分层沉降下来，而水泥浆则在充填挡墙附近聚集并逐渐透过滤布泌出。因此，小铁山矿分级尾砂充填泌水量大、水泥流失严重。考虑到近年来高标号水泥价格的持续高位运行，为满足充填采矿需求，小铁山矿购置高标号42.5#水泥的成本就高达1000万元/a。随着能源价格不断上涨，水泥的价格仍将继续高位运行，这将导致小铁山矿的充填成本越来越高。

图9-5 分级尾砂充填管道磨损严重

4）一步充填体强度低、影响二步作业安全、加剧矿石二次贫化

分级尾砂颗粒级配差、料浆浓度低、分层离析严重、采场泌水量大、水泥流失严重，导致一步骤采场的充填体强度较低，无法达到28 d 1.5 MPa的抗压强度要求。目前，小铁山十三

中段的开采深度已接近 800 m，地压作用和应力集中现象凸显，充填体强度不足的问题将会严重威胁二步骤回采作业的安全。同时，大量的充填泌水也会逐渐渗入上下盘软弱破碎的磷灰岩中，导致岩体松软、膨胀和泥化，造成岩体结构破坏和稳固性下降。因此，在二步骤回采的过程中，不仅会产生潜在的充填体失稳片帮、未接顶顶板冒落坍塌的安全风险，还会因充填体混入而产生严重的矿石二次贫化，亦会长期影响下阶段采场的安全回采。

5) 充填泌水和洗管水污染井下环境、影响机械化设备通行

目前，小铁山矿充填前的润管水及充填后的洗管水均直接内排至采场内，不仅稀释了充填料浆的质量分数、导致充填体强度进一步下降，还会使采场泌水量急剧增加、充填养护周期变长。大量的充填泌水汇集在采场下盘的分层联络道内，与流失的水泥混合形成一定面积和深度的污泥坑，不仅会导致水沟、水仓清淤工程量增加、影响矿山的清洁生产，还会影响机械化采掘设备的通行。

3. 解决途径

粉煤灰干灰主要是烟道电除尘所产生的微小灰粒，粒径一般在 $1 \sim 100\ \mu m$，是一种具有潜在胶凝活性的多孔介质。粉煤灰大部分呈球状、表面光滑、微孔隙多，在水化反应过程中可以吸收大量水分，是一种良好的充填改性骨料。利用现有立式砂仓分级尾砂充填系统，添加粉煤灰将分级尾砂制备成似膏体，不仅可以有效改善分级尾砂的级配组成和工程特性、消除充填料浆分层离析、提高充填体强度、降低水泥单耗，还可大大降低料浆的管输阻力，亦可使充填料浆固结过程中的泌水大大降低甚至不泌水。

为解决小铁山矿分级尾砂充填中存在的一系列突出问题，在矿区周边寻找粉煤灰干灰作为充填改性材料，改善分级尾砂的颗粒级配和工程特性，对于从根本上解决现有分级尾砂充填系统中的诸多问题，并降低充填成本、保障充填法开采作业安全提供了新的途径。

9.2.2　充填材料试验

1. 分级尾砂和干粉煤灰物理化学特性

分级尾砂和干粉煤灰(图 9-6)物理力学性质、粒径性状见表 9-1、表 9-2。基于 X 射线荧光光谱分析(XRF)的化学成分测试结果见表 9-3、表 9-4。

图 9-6　白银市火电厂粉煤灰堆场

表 9-1   分级尾砂和干粉煤灰物理力学性质

充填料名称	含水率/%	密度	比表面积/(m²·kg⁻¹)	容重/(t·m⁻³)	孔隙率/%
干粉煤灰	0.5	2.25	367	0.83	63.24
分级尾砂	—	2.74	—	1.23	55.09

表 9-2   干粉煤灰和分级尾砂粒径性状表

充填料名称	控制粒径 d_{60}/μm	中值粒径 d_{50}/μm	d_{30}/μm	有效粒径 d_{10}/μm	不均匀系数 C_u	曲率系数 C_c
干粉煤灰	42.02	30.79	14.38	2.940	14.29	1.67
分级尾砂	363.60	297.80	184.90	53.900	6.75	1.74

表 9-3   基于 XRF 分级尾砂化学成分测试结果

氧化物成分	SiO_2	Al_2O_3	Fe_2O_3	MgO	SO_3	CaO	K_2O	Na_2O	其他
含量(质量分数)/%	68.2000	10.350	7.606	5.333	5.545	0.586	0.834	0.374	1.172

表 9-4   基于 XRF 干粉煤灰化学成分测试结果

氧化物成分	SiO_2	Al_2O_3	Fe_2O_3	CaO	K_2O	TiO_2	MgO	Na_2O	其他
含量(质量分数)/%	61.240	24.720	3.973	3.843	1.941	1.050	1.030	0.827	1.376

测试结果表明:

(1)分级尾砂颗粒整体较粗,中值粒径 d_{50} 为 297.80 μm, +200 目占比超过 87%、200~400 目占比 8.49%、−400 目占比 3.67%;整体颗粒级配不均匀,不均匀系数为 6.75、曲率系数为 1.74,在实际充填过程中易与水泥发生离析现象。

(2)干粉煤灰颗粒整体较细,含水率 0.5%,比表面积 367 m²/kg,中值粒径 d_{50} 为 30.79 μm, −800 目占比 35.6%、−400 目占比 57.1%、−325 目占比 65.4%、−200 目占比 82.5%、−100 目占比 98.0%;符合国家标准《用于水泥和混凝土中的粉煤灰》(GB/T 1596—2017)的要求,属于三级至二级粉煤灰;整体颗粒级配不均匀,不均匀系数为 14.29、曲率系数为 1.67。

(3)分级尾砂和干粉煤灰的化学成分差异不大,主要元素包括 O、Al、Si、Ca、Fe 等,重金属元素及污染物含量远低于相关国家标准,符合来源广泛、价格低廉、无毒无害的充填骨料选择原则;但分级尾砂中含硫量为 5.5%,对充填体的强度可能会产生不利影响。

(4)干粉煤灰中以 SiO_2(占比约 61%)、Al_2O_3 为主(占比约 25%),还有少量 Fe_2O_3、CaO、K_2O、TiO_2、MgO、Na_2O 等,具有潜在胶凝活性,适合作为充填改性材料。

2.分级尾砂干灰组合料充填配比试验

通过分级尾砂与干粉煤灰的配比探索试验,发现满足分级尾砂自流输送条件的充填料浆质量分数宜控制在65%~72%，基于分级尾砂+干粉煤灰的充填配比试验结果表明：

（1）在配比一定的情况下，随着充填料浆质量分数的增加、体重逐渐增加、泌水率不断减小，充填体的3 d、7 d、28 d、56 d抗压强度随之不断升高。

（2）在质量分数一定的情况下，随着充填料浆灰砂比的不断降低，充填料浆中的水泥含量逐渐降低，体重和泌水率逐渐增加，充填体的3 d、7 d、28 d、56 d抗压强度随之不断降低。

（3）在未添加粉煤灰的情况下，小铁山矿分级尾砂粒径较粗、细粒径成分缺失，充填料浆的泌水率为8%~17%，质量分数必须在72%以上才能接近似膏体状态（泌水率<5%）。

（4）小铁山矿分级尾砂粒径较粗、水泥的离析现象十分明显，导致充填体的3 d、7 d、28 d、56 d抗压强度偏低（远低于国内同类型矿山）。

（5）在质量分数一定的情况下，随着干粉煤灰等细粒径颗粒掺量的增加，充填料浆的泌水率大大降低，分层离析现象得到有效改善，充填体的3 d、7 d、28 d、56 d抗压强度也随之提高。

（6）在灰砂比（1∶6）和质量分数（72%）较高的情况下，掺入一份粉煤灰（即水泥∶干粉煤灰=1∶1）即可有效改善分层离析现象、降低充填料浆的泌水率。

（7）在灰砂比（1∶12）和质量分数（65%）较低的情况下，掺入两份粉煤灰（即水泥∶干粉煤灰=1∶2）才能有效改善分层离析现象、降低充填料浆的泌水率。

（8）在质量分数（72%）较高的情况下，随着粉煤灰掺量的增加（即水泥∶干粉煤灰由1∶1增加至1∶2），充填体的3 d抗压强度呈现略微下降的趋势，7 d抗压强度增长也并不明显而28 d和56 d抗压强度的增长则十分明显。这是粉煤灰颗粒表面存在水解层（钙离子要通过水解层与粉煤灰的活性组分反应）所导致的，这也与掺粉煤灰混凝土早期强度较低、后期强度增长明显的规律相一致。

（9）在质量分数（65%）较低的情况下，随着粉煤灰掺量的增加（即水泥∶干粉煤灰由1∶1增加至1∶2），充填体的3 d、7 d、28 d、56 d抗压强度也随之缓慢提高。这说明在浓度较低的情况下虽然粉煤灰也会因水解层的存在对充填体早期强度产生不利影响，但是对充填骨料颗粒级配优化、改善分层离析现象的效果更为明显。

3.推荐充填配比参数

小铁山矿上向水平进路充填法分段高度12 m、分层高度4 m，采用如下强度指标。

1）胶面充填

进路充填高度4 m，其中上部胶面充填高度0.5 m，推荐充填配比为水泥∶干粉煤灰∶分级尾砂为1∶1∶6、充填料浆质量分数72%、7 d抗压强度1.282 MPa、泌水率5.34%。

2）打底充填

底部打底充填高度3.5 m，推荐充填配比为水泥∶干粉煤灰∶分级尾砂为1∶2∶12、充填料浆质量分数70%~72%、7 d抗压强度0.519~0.633 MPa、泌水率6.00%~6.55%。

3）局部人工假顶构筑

为回收顶底柱的矿石资源，局部需要采用高强度胶结充填体加钢筋网构筑人工假顶，推荐充填配比为水泥∶干粉煤灰∶分级尾砂为1∶2∶6、充填料浆质量分数72%、56 d抗压强度4.026 MPa、泌水率4.02%。

9.2.3 充填系统方案

1.充填工艺流程

如图9-7所示,选厂产生的全尾砂经分级后通过渣浆泵泵送至小铁山矿充填站的立式砂仓内,经絮凝沉降浓缩底流进入搅拌桶内,立式砂仓溢流的澄清水则排入地表的清水池内用作充填生产用水,多余部分返回选厂,处理后用作选矿用水,实现废水循环利用。充填所需的水泥由水泥罐车运至充填制备站,压气输送至水泥仓内储存;干粉煤灰由粉煤灰罐车运至充填制备站,气力输送至粉煤灰仓内储存。立式砂仓内经絮凝沉降浓缩后的高浓度底流,放入搅拌桶中,与来自胶凝材料仓的水泥、粉煤灰仓的粉煤灰、高位水池的水在立式搅拌桶内高速搅拌均匀,后通过钻孔和井下充填管道自流输送至采空区或采场进行充填。

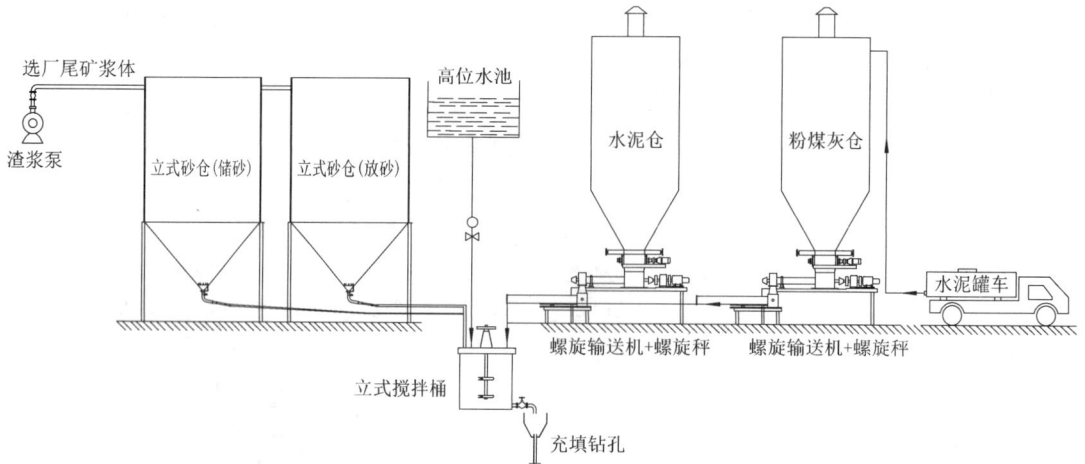

图9-7 分级尾砂+干粉煤灰组合料似膏体充填工艺流程

2.干粉煤灰临时储存及上料方案

由于干粉煤灰颗粒整体较细,含水率0.5%,比表面积367 m^2/kg,属于三级至二级粉煤灰,可由粉煤灰罐车运至充填制备站,气力输送至粉煤灰仓内储存。每天充填最多需要消耗粉煤灰66.7 t,小铁山矿现有水泥仓高10 m,直径6 m,可满足2~3 d的最大粉煤灰用量需求。利用现有配置在水泥场地的输送和计量设备,仅需将现有水泥仓的螺旋输送和计量系统进行重新校核和标定后,改向一个搅拌桶集中供料(图9-8)。

3.组合料浆制备工艺技术方案

如图9-9所示,小铁山矿多年来一直采用立式搅拌桶进行搅拌,利用现有立式搅拌桶进行似膏体充填料浆的搅拌制备,搅拌桶规格为 $\phi 2000$ mm×$h2100$ mm,根据充填能力(60 m^3/h)要求,料浆在搅拌桶内的停留时间为5~6 min,满足搅拌时间要求。

图 9-8　水泥仓底部螺旋输送和计量系统

图 9-9　矿山现用立式搅拌桶

4. 絮凝剂制备系统方案

为降低立式砂仓溢流水含固量，在立式砂仓顶部添加絮凝剂，加快细粒径颗粒的浓缩沉降。在充填制备站内布置絮凝剂制备车间，负责药剂的调制、储存和输送投放。絮凝剂自动加药设备是一套集溶液自动配制、熟化及投加于一体的完整系统。系统工作时，干粉通过螺杆进料器将粉剂定量、均匀地投入到湿润喷射器内，迅速被水充分湿润后进入溶解箱，再分别经搅拌溶解、熟化等工序，配制成所需的溶液。

5. 控制系统工艺技术方案

立式砂仓放砂管和搅拌桶出料管安装有流量计和浓度计，在线监测料浆流动参数，并根据流量和浓度变化情况，自动调节安装在立式砂仓放砂管、搅拌桶出料管上的相关电动阀门。立式砂仓和搅拌桶装有料位计量仪表，供水管也通过电动闸阀对流量进行控制。搅拌桶由高位水池供水，充填调浆用水管兼做充填结束后的洗管用水。搅拌桶底部设置有 3 个出料口，2 个用于正常放浆，另 1 个用作事故出口。矿山充填制备站控制系统完备，自动化程度高，本次设计利用此控制系统，仅将重新标定后的粉煤灰计量系统并入该系统即可，同时也对充填系统浓度和流量进行了重新标定(图 9-10)。

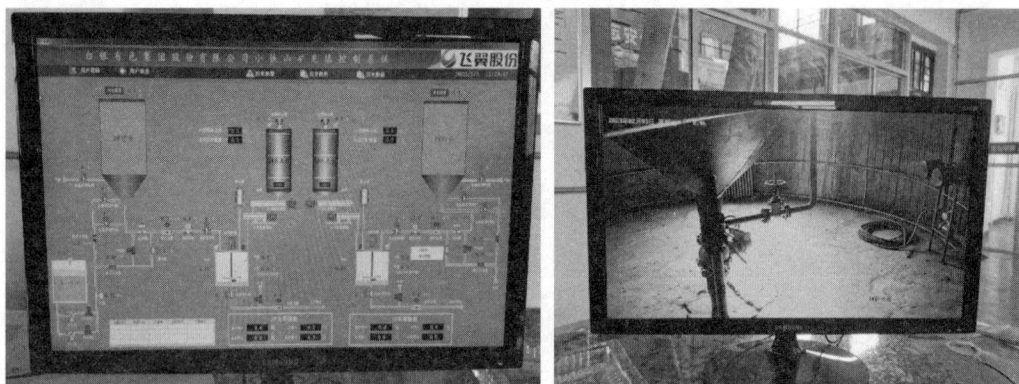

图 9-10　充填控制系统升级

9.2.4　技术经济分析

1.组合料充填系统投资分析

基于小铁山矿现有立式砂仓充填系统配置情况，分级尾砂+干粉煤灰组合料似膏体充填系统需要新增的工程投资主要包括：絮凝剂制备与添加系统、立式砂仓自稀释系统、粉煤灰仓改造工程及控制系统改造工程。

1）絮凝剂制备与添加系统

为降低立式砂仓溢流水含固量，在分级尾砂浓缩贮存的同时，从立式砂仓顶部添加絮凝剂，絮凝剂选择 6920 非离子型絮凝剂、添加量 20 g/t。据询价估算，新增一套 FPP4000 絮凝剂制备添加系统，新增工程投资约 50 万元。

2）立式砂仓自稀释系统

如图 9-11 所示，当尾砂的进料质量分数在 10% 左右时，絮凝剂的作用效果最佳，因此需要在立式砂仓顶部设置专用的尾砂自稀释系统，以降低进料尾砂质量分数，提高絮凝沉降效果、降低溢流水浊度并减少絮凝剂的用量。据询价估算，新增一套尾砂自稀释装置，新增工程投资约 40 万元。

3）粉煤灰仓改造工程

目前，小铁山矿充填制备站建有两座水泥仓，采用分级尾砂+干粉煤灰组合料似膏体充填工艺后，需要将其中一座水泥仓改造为粉煤灰仓，且需将现有水泥仓的螺旋输送和计量系统进行重新校核和标定，然后改向一个搅拌桶集中供料。估算粉煤灰仓改造工程需要新增费用 10 万元。

4）控制系统改造工程

目前，小铁山矿充填制备站建有完备的自动化监测和监控系统，采用分级尾砂+干粉煤灰组合料似膏体充填工艺后，需要将粉煤灰仓并入自动化控制系统。由于不需要新增设备，仅需将现有控制系统进行重新完善和升级，估算控制系统改造工程需要新增人工及其他费用 10 万元。

图 9-11 尾砂自稀释系统示意图

综上,小铁山矿采用分级尾砂+干粉煤灰组合料似膏体充填工艺后,合计新增投资 110 万元。

2. 充填系统运营成本

按照 60 m^3/h 的充填系统能力、每天 6 h 的纯充填时间计算,各充填骨料和胶凝材料的最大消耗量见表 9-5,系统运营成本见表 9-6。计算胶面充填(水泥:干粉煤灰:分级尾砂=1:1:6、质量分数 72%)的成本为 116.08 元/m^3,合吨矿成本 34.14 元/t;打底充填(水泥:干粉煤灰:分级尾砂=1:2:12、质量分数 72%)的成本为 77.73 元/m^3,合吨矿成本 22.86 元/t。按照胶面充填与打底充填的比例为 1:7,综合充填成本为 24.27 元/t。

表 9-5 小铁山矿充填材料消耗量

序号	项目	胶面充填(水泥:干粉煤灰:分级尾砂=1:1:6、质量分数 72%)		打底充填(水泥:干粉煤灰:分级尾砂=1:2:12、质量分数 72%)		最大值
		t/h	t/d	t/h	t/d	t/d
1	水泥	10.1	60.3	5.6	33.4	60.3
2	干粉煤灰	10.1	60.3	11.1	66.7	66.7
3	分级尾砂	60.3	361.6	66.7	400.2	400.2
备注		(1)浆体体重:胶面充填料浆 1.86 t/m^3;打底充填料浆 1.93 t/m^3。 (2)充填材料单耗:胶面充填水泥 0.1667 t/m^3、干粉煤灰 0.1667 t/m^3、分级尾砂 1.005 t/m^3;打底充填水泥 0.0933 t/m^3、干粉煤灰 0.1867 t/m^3、分级尾砂 1.120 t/m^3。 (3)充填系统能力:60 m^3/h。 (4)每天充填时间:6 h。 (5)胶面充填、打底充填比例为 1:7				

表 9-6 充填成本计算表

序号	项目	胶面充填（水泥：干粉煤灰：分级尾砂=1：1：6、质量分数72%）		打底充填（水泥：干粉煤灰：分级尾砂=1：2：12、质量分数72%）		备注
		消耗量	成本/(元·m⁻³)	消耗量	成本/(元·m⁻³)	
1	材料费		108.70		70.34	
1.1	水泥	0.1667 t/m³	91.69	0.0933 t/m³	51.32	550 元/t
1.2	干粉煤灰	0.1667 t/m³	16.67	0.1867 t/m³	18.67	100 元/t
1.3	骨料	1.0050 t/m³	0.00	1.1200 t/m³	0.00	
1.4	絮凝剂	17.2 g/m³	0.34	17.3 g/m³	0.35	2 万元/t
2	电费	300 kW	2.40	300 kW	2.40	0.8 元/(kW·h)
3	人工工资	6人	3.00	6人	3.00	50000 元/(人·年)
4	设备折旧		2.00		2.00	折旧年限 10 a
	合计		116.10		77.74	
	合吨矿成本/(元·t⁻¹)		34.14		22.86	矿石密度 3.4 t/m³

3. 似膏体充填应用综合效益分析

在其他条件相同的情况下，采用分级尾砂+干粉煤灰组合料似膏体充填工艺的经济效益主要体现在降低水泥单耗和成本方面。目前，从小铁山矿现用充填配比参数计算得水泥平均单耗 180 kg/m³，水泥价格按照 550 元/t 计算，水泥的消耗成本高达 99.0 元/m³。采用分级尾砂+干粉煤灰组合料似膏体充填工艺后，计算平均的水泥单耗 110 kg/m³、粉煤灰单耗 184 kg/m³，水泥价格按照 550 元/t、粉煤灰价格按照 100 元/t 计算，胶凝材料的成本约为 78.9 元/m³，充填成本较当前成本降低 10%~20%。

待技改开拓工程到位后，小铁山矿将达到设计开采规模 46.2 万 t/a，矿山年平均充填量 13.5 万 m³，采用新型的分级尾砂+干粉煤灰组合料似膏体充填工艺后，每年可节约胶凝材料消耗成本 271.4 万元，完全可以覆盖充填系统改造的 110 万元投资。

此外，采用分级尾砂+干粉煤灰组合料似膏体充填系统还具有如下社会效益和其他效益：

（1）立式砂仓经技改后底流浓度提高，添加水泥胶结后的充填料浆浓度增加，泌水率减少，小铁山矿原充填料浆泌水率在 15% 以上，经技改后泌水率控制在 5% 左右。

（2）技改后的充填料浆泌水率小，水泥流失量大幅降低，水泥可充分发挥作用，充填体质量、强度好，井下工作面泥浆遍地的现象得到有效控制。

（3）充填料浆泌水率小，接顶率在 90% 以上，避免多次充填的重复工作。

（4）充填料浆泌水率小，井下岩石遇水泥化现象明显降低，同时由于充填体质量和强度好，对挡墙的侧压力减小，有利于充填区挡墙维护，不会影响正常生产，提高井下作业安全。

9.3　穰家垅萤石矿板框压滤机充填系统

穰家垅萤石矿地处湖南省衡东县甘溪镇,由于深锥浓密机溢流水中残留的絮凝剂会影响选矿指标,2022 年其委托中南大学设计建设了一套以旋流器和板框压滤机为核心设备的分级尾砂充填系统,实现了矿山的绿色可持续发展。

9.3.1　分级尾砂特性

分级粗尾砂及压滤后干排细尾砂的粒级组成见表 9-7,根据粗尾砂和细尾砂产出比例(1:1)进行了充填配比试验,试验结果见表 9-8。

表 9-7　充填材料粒径组成

尾砂/μm	+150	−150~+74	−74~+45	−45~+37	−37
分级粗尾砂/%	57.25	28.73	6.37	3.45	4.22
压滤后干排细尾砂/%	0.00	10.03	13.89	5.72	70.36

表 9-8　粗尾砂与干排细尾砂 1:1 混合胶结充填配比试验结果

水泥:尾砂	质量分数/%	7 d 抗压强度/MPa	14 d 抗压强度/MPa	28 d 抗压强度/MPa
1:8	74	0.67	0.92	1.32
	72	0.50	0.72	0.98
	70	0.38	0.51	0.69
1:20	74	0.19	0.24	0.33
	72	0.15	0.20	0.27
	70	0.12	0.17	0.22

矿山主体采矿方法为两步骤回采的空场嗣后充填法,其主要特征:在阶段内将矿体交替划分为矿房和矿柱(矿柱宽度 20 m、矿房宽度 25 m),先用空场法回采矿柱,待整个矿块回采完毕后,进行胶结充填,形成人工矿柱。胶结体达到养护时间后,在人工矿柱保护下,用同样的方法回采矿房,矿房回采完毕后,进行低强度胶结充填或非胶结充填。根据充填体强度要求和配比试验结果,推荐用表 9-9 的充填配比参数。按照推荐的矿柱宽度、矿房宽度、打底充填高度、阶段高度,1:8 灰砂比和 1:20 灰砂比的比例约为 1.05:1。

表 9-9　粗尾砂与干排细尾砂 1:1 混合充填材料配比及性能参数设计

充填用途	灰砂比	质量分数/%	28 d 强度/MPa	体重/(t·m⁻³)	泌水率/%	坍落度/cm
一步人工矿柱	1:8	74	1.32	1.82	3.23	23.80
二步矿房	1:20	74	0.33	1.78	4.29	24.30

9.3.2 充填系统设计

1. 充填工艺流程

穰家垅萤石矿年生产能力30万t,尾砂产出率80%,年产尾砂24万t,其中,旋流器产出的粗尾砂约占70%,干排细尾砂约占30%。充填利用的粗尾砂与细尾砂比例为1:1,年充填粗尾砂、细尾砂用量均为7.2万t,充填尾砂利用率约为60%,其余9.6万t粗尾砂用于外销。

按充填系统年平均运行时间250 d、每天2班充填、每班有效充填时间5 h计算,充填系统设计能力为60 m³/h。旋流器产出的粗尾砂及经压滤机压滤之后的细尾砂分别转运至充填站旁的尾砂堆场,充填作业时通过皮带输送机定量给料至搅拌系统,同时定量添加胶凝材料及调浓用水,通过3~5 min的强力搅拌制备成符合充填质量要求的充填料浆,充填料浆放料至充填泵料斗,通过充填泵及充填管道输送至井下待充采空区(图9-12)。

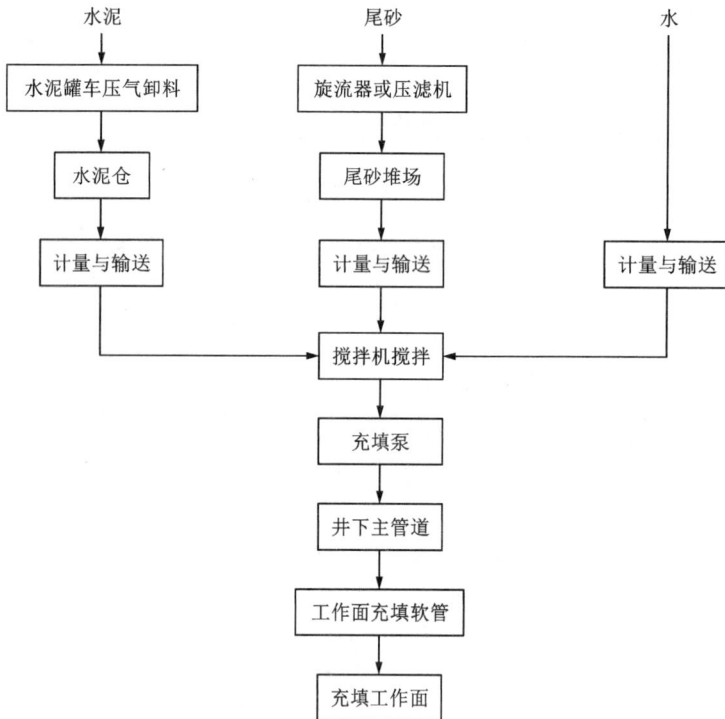

图9-12 充填系统工艺流程图

2. 充填站主要设备设施

1)尾砂堆场

按照60 m³/h的充填能力、每天最大充填时间10 h、推荐配比参数计算,粗尾砂、细尾砂日最大消耗量均为376.34 t(合粗尾砂251 m³、细尾砂222 m³)。因充填制备站附近工业场地有限,故需在充填制备站附近设置2个12 m×12 m中转堆场(堆高3 m,容积均为432 m³),

分别容纳粗尾砂和细尾砂，为避免影响周围环境，堆场进行封闭。

2）板式给料机

设置2个稳料仓分别用于盛放粗尾砂、细尾砂，稳料仓为四棱台状，上口铺设废旧钢轨，下口接板式给料机向皮带输送机供料。如图9-13所示，由于细尾砂粒径过细，容易出现结块或板结现象，为防止板结大块进入管道系统造成堵管事故，选用中型板式给料机，配套电机功率7.5 kW。胶带尾部位于稳料仓和板式给料机底部，头部位于搅拌厂房内。

图9-13　板式给料机

3）皮带输送机

如图9-14所示，尾砂输送路线为：旋流器产出的粗尾砂和干排细尾砂经压滤之后运输至充填制备站堆场，充填时由2个堆场的分皮带计量输送至主皮带混合，再由主皮带输送至充填制备站主厂房的搅拌机。选用TD75型通用固定式带式输送机，带宽500 mm。

图9-14　皮带输送机

4）胶凝材料储存与输送系统

充填胶凝材料最大消耗量为90 t，设计采购一座型号为FG200的立式水泥仓，ϕ5500 mm，有效容积200 t，满足系统2 d充填水泥用量最大要求。为了破坏放料过程中可能产生的料拱，在仓底部周围安装高压风喷嘴或激振器。水泥仓在气力输送水泥时，为防止仓内粉尘溢出影响附近环境，在仓顶设置除尘器。胶凝材料采用1台LSY140型螺旋输送机输送，由1台LXC290型螺旋称重给料机计量后给料至搅拌机。螺旋输送机自带变频调速装置，以便根据需要调节给料量。

5）搅拌系统

如图9-15所示，采用双轴螺旋两级卧式搅拌机进行充填料浆的搅拌制备。搅拌机规格为GSJ500-3200-L搅拌机，电机功率45 kW；搅拌机上方设1台5 t电动葫芦，顶部安装UF单机袋式除尘器；出料管装设有流量计和浓度计在线监测料浆流动参数，并根据流量和浓度变化情况，自动调节安装在搅拌机出料管上的电动闸阀。充填调浓用水管为φ114 mm×5 mm的PE软管，内径104 mm。搅拌机底部设置两个出料口，一个用于正常放浆，另一个用作事故出口。搅拌机底部放砂管为φ140 mm×11 mm的无缝钢管，内径118 mm。

图9-15　制备合格的充填料浆

3. 充填管路及泵送系统

1）充填管路系统

制备好的充填料浆沿如下充填线路进行充填：搅拌机充填料浆→充填泵→地表充填管路→220中段巷道→井下待充采空区。泵送主充填管道选用φ140 mm×11 mm无缝钢管，管道内径为118 mm，工作流速为1.52 m/s，进入采场的支线管路采用PVC软管。

2）泵送系统

根据充填系统服务范围，输送最远距离约为750 m，采用HGBS70/16-220型充填工业泵，正常输送方量为60 m³/h，最大泵送压力16 MPa。

4. 生产用水供水

利用70 m³的中转水池供水，由于水池容量有限，充填过程中，从土坝下部水收集池泵送足够的水至中转水池，以满足生产用水需求。

9.3.3　系统投资与效益分析

1. 充填系统投资

1）系统投资

矿山充填系统主要矿机设备及安装工程概算见表9-10。项目工程总投资为1057.31万元，其中设备总费用544.40万元，占总投资51.49%；土建费用160.05万元，占总投资的15.14%；安装费用53.20万元，占总投资的5.03%；工程建设其他费用186.37万元，占总投资 17.63%；工程预备费 113.28 万元，占总投资的 10.71%。

表 9-10 主要矿机设备及安装工程概算表

序号	设备	单位	数量	单位价值/元		总价值/元	
				设备	安装	设备	安装
1	GSJ500-3200-L 搅拌机	台	1	350000	28000	350000	28000
2	螺旋输送机	台	1	42000	3360	42000	3360
3	皮带输送机	台	3	120000	9600	360000	28800
4	振动放矿机	台	2	45000	3600	90000	7200
5	稳料仓	座	2	50000	4000	100000	8000
6	打散机	台	1	50000	4000	50000	4000
7	铲车	台	1	450000	36000	450000	36000
8	CD1-5-12D 型电动葫芦	台	2	28000	2240	56000	4480
9	称重螺旋给料机	台	1	48000	3840	48000	3840
10	水泥仓	台	1	350000	28000	350000	28000
11	拖泵	台	1	800000	64000	800000	64000
12	DN140 截止阀	个	2	28000	2240	56000	4480
13	DN140 换向阀	个	2	34000	2720	68000	5440
14	井下节流阀	个	1	30000	2400	30000	2400
	小计					2850000	228000
	设备运杂费 8%					215680	
	单位工程概算价值					3065680	228000

2)运营成本

全尾砂充填系统运营成本见表 9-11，1:8 灰砂比充填成本为 74.59 元/m³，合吨矿成本 26.64 元/t；1:20 灰砂比充填成本为 38.99 元/m³，合吨矿成本 13.92 元/t。按照灰砂比为 1:8、1:20 的充填比例 1.05:1，综合充填成本为 20.43 元/t。

表 9-11 全尾砂充填系统运营成本分析

序号	项目	灰砂比 1:8		灰砂比 1:20		备注
		消耗量	成本/(元·m⁻³)	消耗量	成本/(元·m⁻³)	
1	材料费		60.80		25.20	
1.1	水泥	0.152 t/m³	60.80	0.063 t/m³	25.20	400 元/t
1.2	骨料	1.217 t/m³	0.00	1.269 t/m³	0.00	

续表9-11

序号	项目	灰砂比 1:8		灰砂比 1:20		备注
		消耗量	成本/(元·m⁻³)	消耗量	成本/(元·m⁻³)	
2	电费	460 kW	5.98	460 kW	5.98	0.78 元/(kW·h)
3	人工工资	13 人	4.33	13 人	4.33	50000 元/(人·年)
4	设备折旧		3.48		3.48	折旧年限 20 a
合计			74.59		38.99	
合吨矿成本/(元·t⁻¹)			26.64		13.92	矿石体重 2.8 t/m³

2.效益分析

穰家垅萤石矿充填系统建设总投资 1057.31 万元，服务年限内可消耗尾砂 123.6 万 t 以回填井下采空区，根据国内外尾砂库建设经验，建设同等尾砂容量的尾砂库大约需要 2000 万元。因此，与建设同等规模尾砂库相比，建设尾砂充填系统可节约投资约 1000 万元。

采用充填法，未采动矿量回采率可由当前的 70% 左右提高到 90%，按照 70~220 m 水平未采动矿量 286.08 万 t 计算，可多回收矿量 57.22 万 t，有利于延长矿山服务年限，提高企业可持续发展水平。同时，将尾砂回填至井下采空区，可以提高井下开采作业安全性，抑制地表沉降与变形，还可大幅度减小尾砂地面堆放压力，保护地表环境。

综上所述，穰家垅萤石矿设计建设充填系统采用充填采矿技术，可节约大量尾砂库建设与运行费用，当前生产中段多回收矿石 57.22 万 t，经济效益显著；尾砂充填有利于提高资源开采安全性，保护环境，具有突出的社会效益和环境效益。

思考题

1.论述立式砂仓分级尾砂充填系统的优缺点。

2.论述板框压滤机分级尾砂充填系统的优缺点。

3.以小铁山矿为例，如何解决立式砂仓分级尾砂充填料浆分层离析的问题？

4.以穰家垅萤石矿为例，如何解决板框压滤机分级尾砂充填系统尾砂易结块的问题？

5.为什么分级尾砂充填系统必将被全尾砂充填系统所取代？

第 10 章　全尾砂充填系统

本章通过对全尾砂充填工艺流程和典型方案进行评述，详细介绍了宝山矿、黄金洞金矿、洛坝铅锌矿、柿树底金矿等矿山全尾砂充填系统的典型方案与实例，系统总结了全尾砂充填系统的最新研究与应用成果。

10.1　全尾砂充填系统典型方案

由于分级尾砂充填系统无法实现细粒径尾砂的综合利用，直排尾砂库又会对尾砂库的坝体稳定性产生诸多不利的影响，因此，早在"七五"期间，我国就在金川公司和凡口铅锌矿分别进行了高浓度（质量分数为 78%）全尾砂胶结充填技术的攻关试验研究。2000 年以后，全尾砂充填系统全面取代分级尾砂充填系统，并在矿山得到广泛应用。

10.1.1　立式砂仓充填系统

1）全尾砂浓缩工艺

立式砂仓全尾砂充填系统方案如图 10-1 所示，该方案的典型特征是选择立式砂仓作为全尾砂浆体的浓缩和储存装置。立式砂仓一般为一用一备，一个砂仓用于放砂，另外一个砂仓可用于储砂和尾砂浓缩。仓体一般采用立式密闭的圆柱-圆锥状钢板焊接结构，容积根据其处理量计算确定；立式仓体顶部一般设置有溢流槽，可以及时将溢流水排出，仓体底部设置有高压风管和高压水管，以便实现高压风和高压水造浆。

选厂产生的全尾砂浆体经渣浆泵泵送至立式砂仓内，在重力和絮凝剂的共同作用下全尾砂快速沉降，形成浓度相对较高的底流和相对澄清的溢流。全尾砂一般在立式砂仓内絮凝沉降形成分层结构，越往底部浓度越高，上部则形成沉淀后的清水层。从立式砂仓顶部溢流出来的水往往含有极少的悬浮物颗粒，一般直接返回选厂循环用作选矿用水。随着砂仓上部溢流水的不断排出和全尾砂的不断沉降压缩，立式砂仓底部全尾砂的质量分数可进一步提高至 60% 以上，然后采用高压风和高压水联合造浆，将其排至立式搅拌桶内。

2）充填料浆制备工艺

胶凝材料一般选用散装水泥，采用水泥罐车将其输送至充填站内，现场配备一台移动式空气压缩机，从散装水泥罐车向水泥仓内压气卸料。水泥仓一般为成品结构，由立式密闭的圆柱-圆锥状钢板焊接组成，仓体顶部设有袋式除尘器，底部设有防板结的破拱装置，仓底排

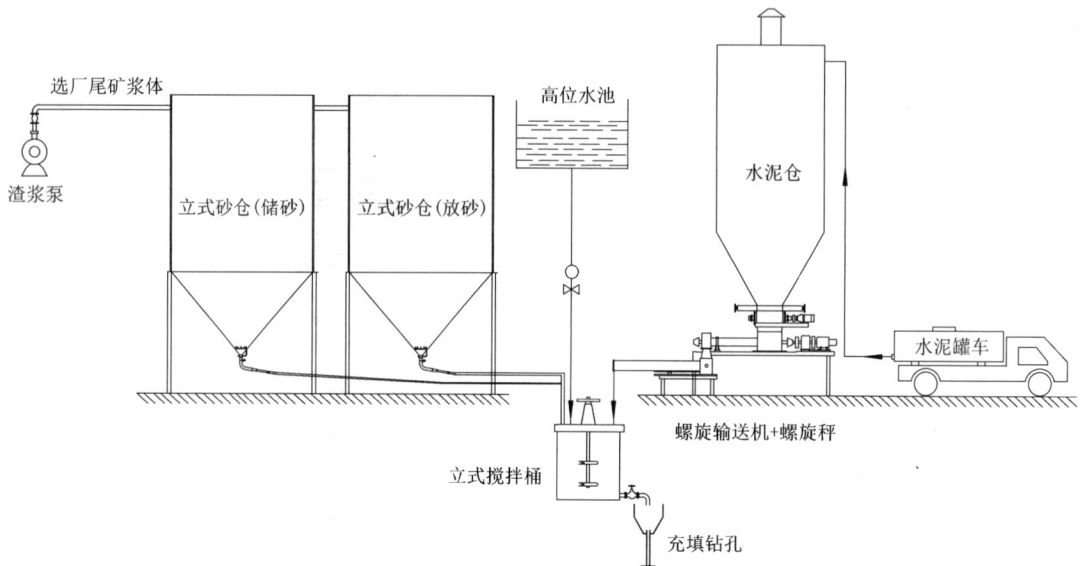

图 10-1　立式砂仓全尾砂充填系统方案

料口安装有插板阀、星形给料机、螺旋秤和螺旋输送机等设备，通过精确计量后经螺旋输送机向搅拌桶均匀供料。充填用水一般由高位水池提供，浓缩后的全尾砂和水泥及水在立式搅拌桶内，经高速搅拌、均匀拌和成合格的充填料浆，再经充填钻孔和管道输送至空区内。

3）系统优点

①系统工艺简单、技术难度低。

②设备投资较小、系统建造成本较低。

③系统自动化程度相对较高。

4）系统缺点

①单套系统的处理能力相对较小，大型矿山需要建设多套系统。

②需要建设两套系统一备一用。

③立式砂仓底部易板结，高压风高压水造浆能耗较高。

④立式砂仓底部放砂浓度不稳定，初始阶段放砂浓度较高，后续浓度越来越低。

综上所述，立式砂仓全尾砂充填系统虽然工艺简单、技术难度较低且投资较小，但是也存在处理能力小、砂仓底部易板结、高压风高压水造浆能耗较高且充填浓度不稳定等问题。随着矿山充填向更加精细化和智能化的方向发展，这种充填系统方案的使用将越来越少。

10.1.2　深锥浓密机充填系统

1）全尾砂浓缩工艺

深锥浓密机全尾砂充填系统方案如图 10-2 所示，该方案的典型特征是选择深锥浓密机作为全尾砂浆体的浓缩和储存装置。与立式砂仓相比，深锥浓密机处理能力更大、效率更高，底流浓度更高且更加稳定，因此从 2010 年开始，国内大中型矿山新建的全尾砂充填系统均主要以深锥浓密机作为核心的尾砂浓缩和储存设备。深锥浓密机也需要配置专门的絮凝剂制备和添加系统，以加速全尾砂中细颗粒的沉降速度，获得尽可能高的底流浓度和澄清的溢流。

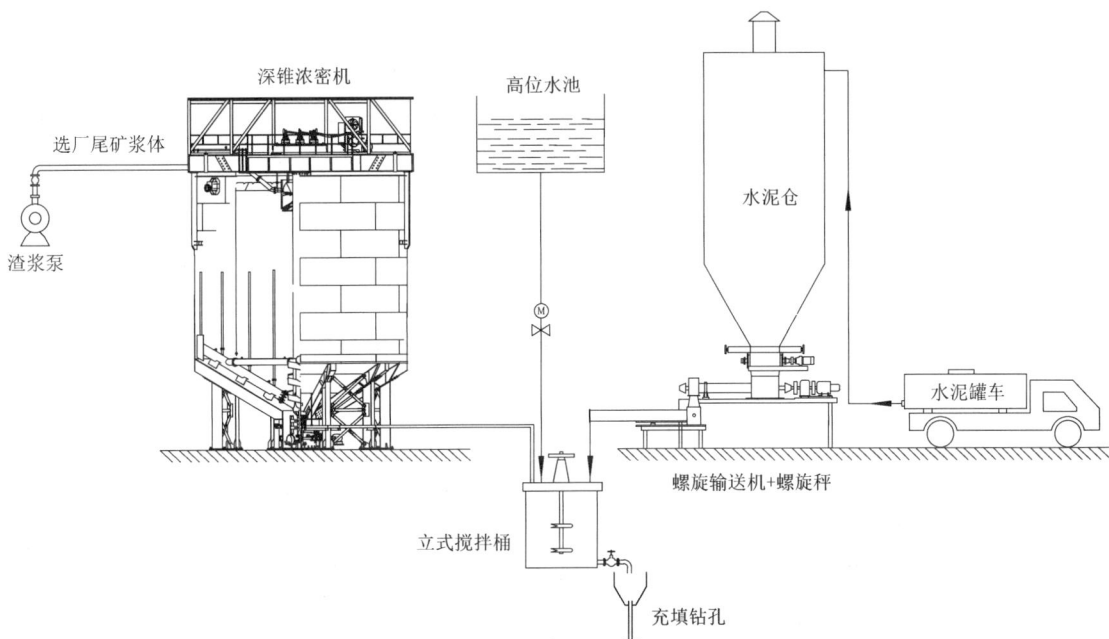

图 10-2 深锥浓密机全尾砂充填系统方案

选厂产生的全尾砂浆体经渣浆泵泵送至深锥浓密机内，在重力和絮凝剂的共同作用下全尾砂快速沉降，形成浓度相对较高的底流和相对澄清的溢流。全尾砂一般在深锥浓密机内絮凝沉降形成分层结构，越往底部浓度越高，上部则形成沉淀后的清水层。从深锥浓密机顶部溢流出来的水往往澄清度较高，一般直接返回选厂循环用作选矿用水。随着深锥浓密机上部溢流水的不断排出和全尾砂的不断沉降压缩，深锥浓密机底部全尾砂的质量分数可进一步提高至 60%，然后从底部放出后，采用循环剪切泵送至立式搅拌桶内。

2）充填料浆制备工艺

胶凝材料一般选用散装水泥，采用水泥罐车将其输送至充填站内，现场配备一台移动式空气压缩机，从散装水泥罐车向水泥仓内压气卸料。水泥仓一般为成品结构，由立式密闭的圆柱-圆锥状钢板焊接组成，仓体顶部设有袋式除尘器，底部设有防板结的破拱装置，仓底排料口安装有插板阀、星形给料机、螺旋秤和螺旋输送机等设备，通过精确计量后经螺旋输送机向搅拌桶均匀供料。充填用水一般由高位水池提供，浓缩后的全尾砂和水泥及水在立式搅拌桶内，经高速搅拌、均匀拌和成合格的充填料浆，再经充填钻孔和管道输送至空区内。

3）系统优点

①系统工艺简单。

②深锥浓密机处理能力大，可以实现连续充填。

③系统自动化程度高。

④深锥浓密机底部放砂浓度稳定，系统运行能耗较低。

4）系统缺点

①深锥浓密机耙架制造技术难度大，一旦压耙处置难度极大。

②设备投资大、建造成本高。

③针对超细粒径尾砂，深锥浓密机底流浓度不高。

综上所述，与立式砂仓相比，深锥浓密机全尾砂充填系统虽然技术难度大、系统投资高，但是处理能力却得到了大大提升、设备运行能耗较低且可获得稳定的底流充填浓度，随着矿山充填精细化和智能化的不断发展，这种充填系统方案的使用将越来越多。

10.1.3　全尾砂全脱水充填系统

1. 浓密机+陶瓷过滤机全尾砂充填系统

1）全尾砂浓缩工艺

浓密机+陶瓷过滤机全尾砂充填系统方案如图10-3所示，该方案的典型特征是选择普通高效浓密机作为全尾砂浓缩装置、选择陶瓷过滤机作为浓缩后全尾砂的脱水装置，将全尾砂全脱水后作为充填骨料。选厂产生的全尾砂浆体经渣浆泵泵送至普通高效浓密机内，高效浓密机旁边设有絮凝剂添加装置，内部还设有机械耙架结构，在高分子絮凝剂的作用下，细颗粒成分快速絮凝成团，沉降至高效浓密机底部，溢流水则从高效浓密机上部溢流槽排出。通常高效浓密机可将全尾砂的质量分数提升至40%～50%，进而实现对后续陶瓷过滤机的稳定和均匀供料，以便最大程度地提高陶瓷过滤机的处理效率。

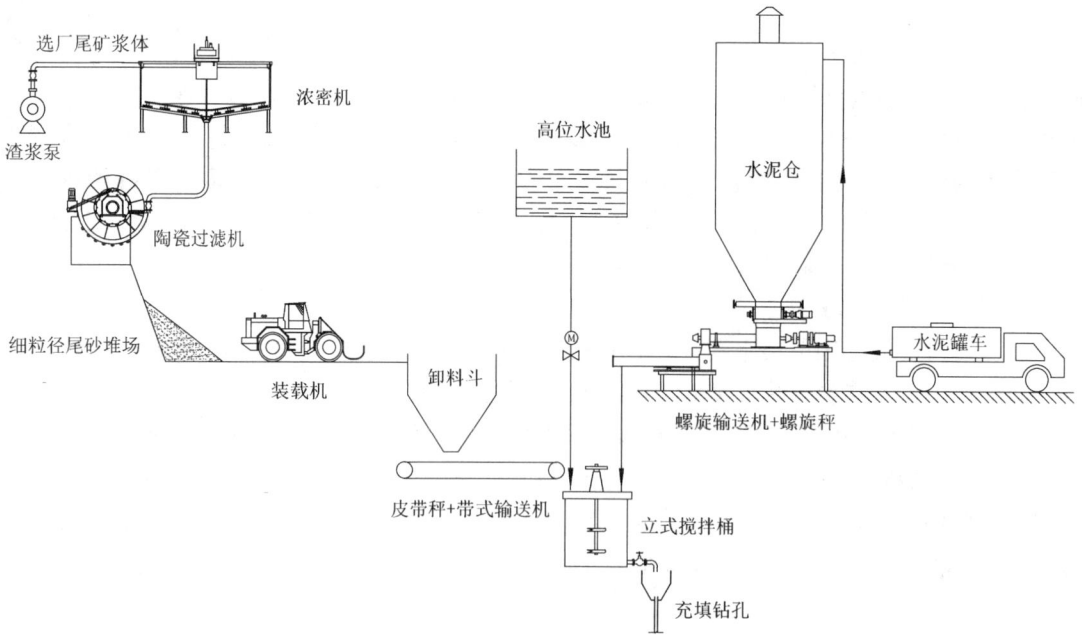

图10-3　浓密机+陶瓷过滤机全尾砂充填系统方案

2）全尾砂脱水工艺

陶瓷过滤机一般每工作 5~8 h 就需要酸洗一次，因此，通常需要一用一备，即若一台处在酸洗期间，则启动另外一台用于生产。陶瓷过滤机的处理能力主要受其陶瓷板类型、孔隙大小及过滤面积等诸多因素的影响，一般需要进行选型试验和计算确定。经高效浓密机浓缩后获得质量分数为 40%~50% 的全尾砂浆体，通过管道输送至陶瓷过滤机进浆口内，在陶瓷板微孔隙的吸附作用下，水被吸附进滤板内，尾砂则被吸附在陶瓷板上，从而获得含水率低于 15% 的全尾砂滤饼。在刮刀的作用下，全尾砂滤饼被从陶瓷过滤机滤板上刮下，落入底部堆场内。

3）充填料浆制备工艺

经高效浓密机浓缩、陶瓷过滤机脱水后，获得含水率低于 15% 的全尾砂滤饼，在堆场内临时堆存。一般采用装载机将全尾砂滤饼转运至卸料斗内，再经皮带秤计量和带式输送机上料至立式搅拌桶内。胶凝材料一般选用散装水泥，采用水泥罐车将其输送至充填站内，现场配备一台移动式空气压缩机，从散装水泥罐车向水泥仓内压气卸料。水泥仓一般为成品结构，由立式密闭的圆柱-圆锥状钢板焊接组成，仓体顶部设有袋式除尘器，底部设有防板结的破拱装置，仓底排料口安装有插板阀、星形给料机、螺旋秤和螺旋输送机等设备，通过精确计量后经螺旋输送机向搅拌桶均匀供料。充填用水一般由高位水池提供，全尾砂滤饼和水泥及水在立式搅拌桶内，经高速搅拌、均匀拌和成合格的充填料浆，再经充填钻孔和管道输送至空区内。

4）系统优点

①实现了全尾砂的全脱水，全尾砂可以直接进行综合利用。

②系统设备投资较小、系统建造成本较低。

③对不同粒径组成、不同种类的尾砂均具有较好的适用性。

④由于将尾砂脱水至滤饼状态，充填浓度可以自由调控。

5）系统缺点

①系统工艺流程相对较复杂，涉及浓缩脱水装置较多。

②系统运行成本相对较高。

③经陶瓷过滤机脱滤后的尾砂滤饼易结块，导致卸料斗堵塞。

④需要一定的陶瓷过滤机酸洗和陶瓷板更换成本。

综上所述，浓密机+陶瓷过滤机全尾砂充填系统虽然工艺复杂、系统运行成本相对较高，但是可以实现全尾砂全脱水，可全部用作充填骨料或进行综合利用，可以从根本上解决尾砂无法综合利用、占用尾砂库库容的突出问题。随着国家对尾砂库安全的高度重视，尾砂库审批难度越来越大，这种充填系统方案在国内矿山具有广泛的推广应用价值。

2. 浓密机+板框压滤机全尾砂充填系统

1）全尾砂浓缩工艺

浓密机+板框压滤机全尾砂充填系统方案如图 10-4 所示，该方案的典型特征是选择普通高效浓密机作为全尾砂浓缩装置、选择板框压滤机作为浓缩后全尾砂的脱水装置，将全尾砂全脱水后作为充填骨料。选厂产生的全尾砂浆体经渣浆泵泵送至普通浓密机内，高效浓密机旁边设有絮凝剂添加装置，内部还设有机械耙架结构，在高分子絮凝剂的作用下，细颗粒成分快速絮凝成团，沉降至高效浓密机底部，溢流水则从高效浓密机上部溢流槽排出。通常高效浓密机可将全尾砂的质量分数提升至40%～50%，进而实现对后续板框压滤机的稳定和均匀供料，以便于最大程度地提高板框压滤机的处理效率。

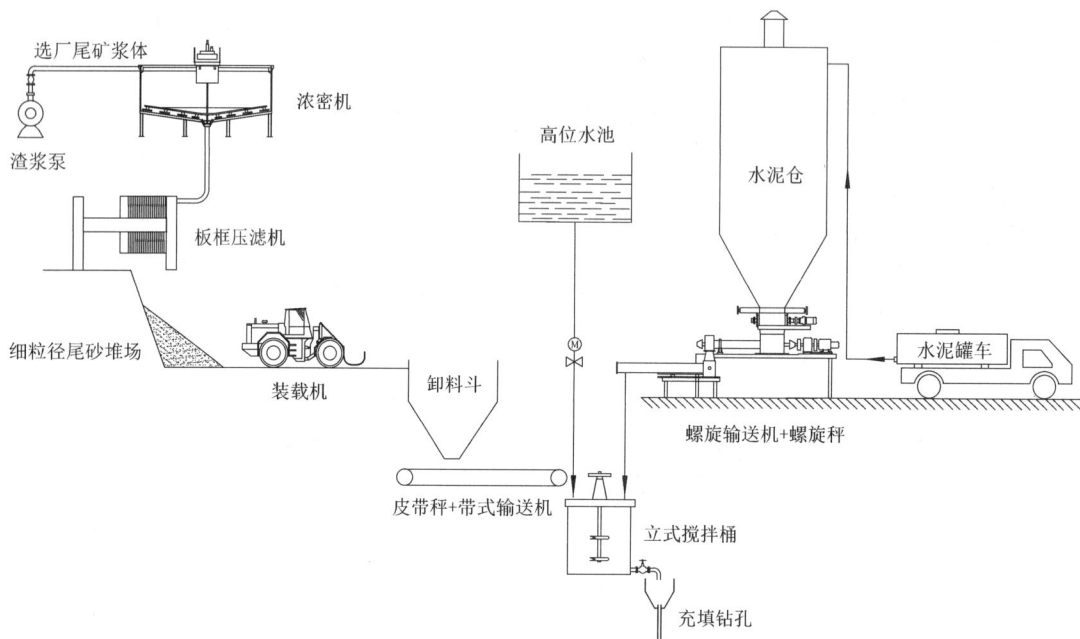

图 10-4　浓密机+板框压滤机全尾砂充填系统方案

2）全尾砂脱水工艺

板框压滤机一般每工作一段时间就需要更换滤布，因此，通常需要一用一备，即若一台处在维护期间，则启动另外一台用于生产。板框压滤机的处理能力主要受其设备型号、尾砂脱滤性能及压滤面积等诸多因素的影响，一般需要进行选型试验和计算才能确定。经高效浓密机浓缩后获得质量分数为40%～50%的全尾砂浆体，通过管道输送至板框压滤机进浆口内，在板框压滤机的挤压作用下，水及少量细泥被挤出至溢流槽内，剩余尾砂则被挤压成含水率低于15%的尾砂滤饼。在板框压滤机挤压作用力释放、滤板打开后，尾砂滤饼在重力作业下脱落至底部的尾砂堆场内。

3）充填料浆制备工艺

经高效浓密机浓缩、板框压滤机脱水后，获得含水率低于15%的全尾砂滤饼，在堆场内临时堆存。一般采用装载机将全尾砂滤饼转运至卸料斗内，再经皮带秤计量和带式输送机上料至立式搅拌桶内。胶凝材料一般选用散装水泥，采用水泥罐车将其输送至充填站内，现场配备一台移动式空气压缩机，从散装水泥罐车向水泥仓内压气卸料。水泥仓一般为成品结构，由立式密闭的圆柱-圆锥状钢板焊接组成，仓体顶部设有袋式除尘器，底部设有防板结的破拱装置，仓底排料口安装有插板阀、星形给料机、螺旋秤和螺旋输送机等设备，通过精确计量后经螺旋输送机向搅拌桶均匀供料。充填用水一般由高位水池提供，全尾砂滤饼和水泥及水在立式搅拌桶内，经高速搅拌、均匀拌和成合格的充填料浆，再经充填钻孔和管道输送至空区内。

4）系统优点

①实现了全尾砂的全脱水，全尾砂可以直接进行综合利用。

②对不同粒径组成、不同种类的尾砂均具有较好的适用性。

③由于将尾砂脱水至滤饼状态，充填浓度可以自由调控。

5）系统缺点

①系统工艺流程相对较复杂，涉及浓缩脱水装置较多。

②系统运行成本相对较高。

③板框压滤机脱滤后的尾砂滤饼易结块，导致卸料斗堵塞。

④板框压滤机的滤布易堵塞，需要人工进行更换。

⑤板框压滤机脱滤水澄清度不高，无法直接循环利用或达标排放。

综上所述，该技术难以推广应用。

3. 高频振动筛+浓密机+陶瓷过滤机全尾砂全脱水充填系统

高频振动筛+浓密机+陶瓷过滤机全尾砂全脱水充填系统方案的典型特征是选择高频振动筛作为尾砂粗细分级装置、选择浓密机+陶瓷过滤机作为分级后细尾砂的浓缩和脱水装置，实现了全尾砂的全脱水，以便于综合利用和无害化处置。

1）尾砂分级工艺

选厂产生的全尾砂浆体经渣浆泵泵送至高频振动筛内，在高频振动作用和筛网孔目控制下，全尾砂实现了粗细颗粒分离。其中，经筛分后的粗颗粒成分含水率一般在 20% 以内，直接从高频振动筛末端排出，可直接用作充填骨料或进行二次利用；高频振动筛筛下的细骨料和水则自流入高效浓密机内，进一步进行浓缩和脱水。

2）尾砂浓缩工艺

经高频振动筛筛分出粗骨料后，剩余的含有大量细颗粒的浆体从高频振动筛筛下排出，统一排入高效浓密机内。高效浓密机旁边设有絮凝剂添加装置，内部还设有机械耙架结构，在高分子絮凝剂的作用下，细颗粒成分快速絮凝成团，沉降至高效浓密机底部，溢流水则从高效浓密机上部溢流槽排出。通常高效浓密机可将细粒径尾砂的质量分数提升至 40% ~ 50%，进而实现对后续陶瓷过滤机的稳定和均匀供料，以便于最大程度地提高陶瓷过滤机的处理效率。

3）尾砂脱水工艺

陶瓷过滤机一般每工作 5~8 h 就需要酸洗一次，因此，通常需要一用一备，即若一台处在酸洗期间，则启动另外一台用于生产。陶瓷过滤机的处理能力主要受其陶瓷板类型、孔隙大小及过滤面积等诸多因素的影响，一般需要进行选型试验和计算才能确定。经高效浓密机浓缩后获得质量分数为 40% ~ 50% 的细粒径尾砂浆体，通过管道输送至陶瓷过滤机进浆口内，在陶瓷板微孔隙的吸附作用下，水被吸附进滤板内，细颗粒尾砂则被吸附在陶瓷板上，从而获得含水率低于 15% 的尾砂滤饼。在刮刀的作用下，尾砂滤饼被从陶瓷过滤机滤板上刮下，落入底部的尾砂堆场内。

4）分级粗尾砂用于充填的料浆制备工艺

如图 10-5 所示，由于经高频振动筛高频振动和筛网控制后，可以直接制得含水率低于

20%的粗尾砂，可直接用于充填。经高频振动筛末端筛出的粗粒径尾砂可直接在堆场内临时堆存，一般采用装载机将粗粒径尾砂转运至卸料斗内，再经皮带秤计量和带式输送机上料至立式搅拌桶内。胶凝材料一般选用散装水泥，采用水泥罐车将其输送至充填站内，现场配备一台移动式空气压缩机，从散装水泥罐车向水泥仓内压气卸料。水泥仓一般为成品结构，由立式密闭的圆柱–圆锥状钢板焊接组成，仓体顶部设有袋式除尘器，底部设有防板结的破拱装置，仓底排料口安装有插板阀、星形给料机、螺旋秤和螺旋输送机等设备，通过精确计量后经螺旋输送机向搅拌桶均匀供料。充填用水一般由高位水池提供，粗尾砂滤饼和水泥及水在立式搅拌桶内，经高速搅拌、均匀拌和成合格的充填料浆，再经充填钻孔和管道输送至空区内。

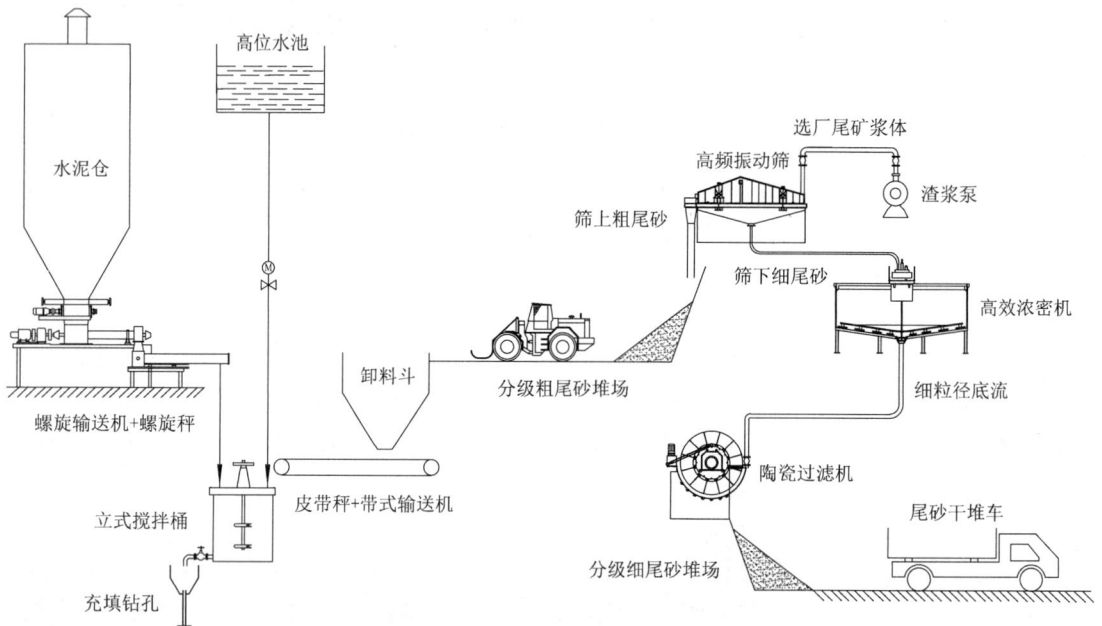

图10-5　高频振动筛+浓密机+陶瓷过滤机分级粗尾砂充填系统方案

5）分级细尾砂用于充填的料浆制备工艺

如图10-6所示，也可采用分级细尾砂作为充填骨料，粗尾砂用作建筑材料进行二次利用。经高频振动筛筛分后的细粒径尾砂和水，经高效浓密机浓缩、陶瓷过滤机脱水后，获得含水率低于15%的尾砂滤饼，在堆场内临时堆存。一般采用装载机将细粒径尾砂滤饼转运至卸料斗内，再经皮带秤计量和带式输送机上料至立式搅拌桶内。胶凝材料一般选用散装水泥，采用水泥罐车将其输送至充填站内，现场配备一台移动式空气压缩机，从散装水泥罐车向水泥仓内压气卸料。水泥仓一般为成品结构，由立式密闭的圆柱–圆锥状钢板焊接组成，仓体顶部设有袋式除尘器，底部设有防板结的破拱装置，仓底排料口安装有插板阀、星形给料机、螺旋秤和螺旋输送机等设备，通过精确计量后经螺旋输送机向搅拌桶均匀供料。充填用水一般由高位水池提供，尾砂滤饼和水泥及水在立式搅拌桶内，经高速搅拌、均匀拌和成合格的充填料浆，再经充填钻孔和管道输送至空区内。

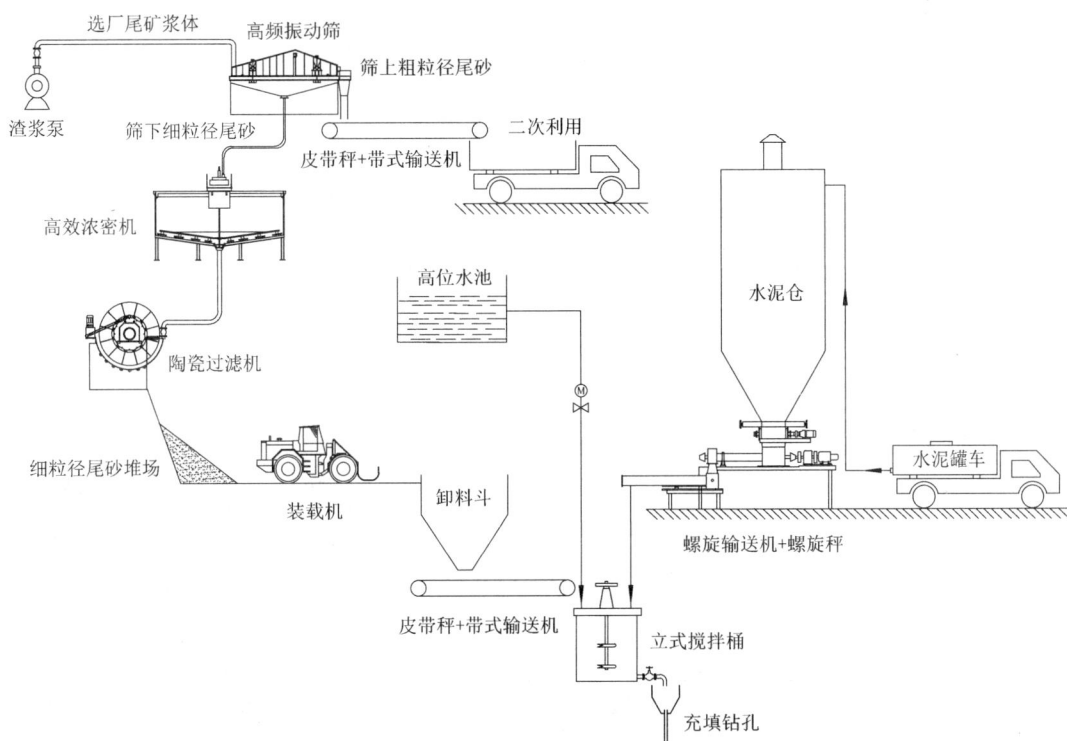

图 10-6　高频振动筛+浓密机+陶瓷过滤机分级细尾砂充填系统方案

6) 系统优点

①采用振动筛进行粗细颗粒分级，可以有效控制分级粒径和筛分效果。

②粗骨料的分级和脱水工艺简单，筛分后含水率低，可直接进行综合利用。

③粗细尾砂均可用作充填骨料或进行综合利用，避免了细粒径尾砂无法综合利用，长期向尾砂库内排放会对坝体稳定性产生不利影响的问题。

④对不同粒径组成、不同种类的尾砂均具有较好的适用性。

⑤由于将尾砂脱水至滤饼状态，充填浓度可以自由调控。

7) 系统缺点

①系统工艺流程相对较复杂，涉及浓缩脱水装置较多。

②系统投资相对较大、系统运行成本相对较高。

③经陶瓷过滤机脱滤后的尾砂滤饼易结块，导致卸料斗堵塞。

④需要一定的陶瓷过滤机酸洗和陶瓷板更换成本。

综上所述，高频振动筛+浓密机+陶瓷过滤机全尾砂全脱水充填系统虽然工艺复杂、设备较多，但是可以实现粗细尾砂的高效分级和全脱水，可全部用作充填骨料或进行综合利用，可以从根本上解决细粒径尾砂无法综合利用、长期向尾砂库内排放会对坝体稳定性产生不利影响的突出问题。随着国家对尾砂库安全的高度重视，这种充填系统方案在国内矿山具有广泛的推广应用价值。

10.2　宝山矿深锥浓密充填系统

湖南宝山有色金属矿业有限责任公司(简称宝山矿业公司)位于湖南省桂阳县城西南郊,是一个以铅、锌、铜、银为主的多金属中型矿山,矿区面积 25.47 km²,采矿许可证面积 5.2164 km²,开采深度 −400~+400 m 标高,采矿生产能力 45 万 t/a。2019 年,宝山矿与中南大学合作建成了湖南省第一套深锥浓密机全尾砂似膏体充填系统,迈入了绿色安全高效开采的新阶段。

10.2.1　全尾砂特性

宝山矿保有资源储量丰富、矿石品位较高且边深部仍有可观的远景资源储量。截至 2020 年末,矿区保有铅锌矿石 295 万 t,平均品位铅 6.65%、锌 5.17%、银 176 g/t;铜钼矿石 1179 万 t,平均品位铜 0.39%、钼 0.08%。宝山矿全尾砂粒径性状见表 10−1,化学成分见表 10−2。

表 10−1　宝山矿全尾砂粒径性状表

充填料名称	土粒相对密度 G_S	控制粒径 d_{60}/mm	中值粒径 d_{50}/mm	— d_{30}/mm	有效粒径 d_{10}/mm	不均匀系数 C_u	曲率系数 C_c
全尾砂	2.83	0.061	0.049	0.020	0.005	12.7	1.3

表 10−2　宝山矿全尾砂化学成分测定结果　　　　　　　　　　　　%

氧化物成分	SiO_2	CaO	Al_2O_3	MgO	Fe_2O_3	S
全尾砂	29.11	32.65	0.37	13.02	1.14	—

宝山矿全尾砂粒度偏细,0.075 mm 以下颗粒所占比例达 69.1%,中值粒径仅为 0.049 mm,小于一般矿山所用充填尾砂粒度;全尾砂中细泥含量较高致使渗透系数小(1.3× 10^{-5} cm/s),不利于充填体脱水和快速硬化。从尾砂级配来看,全尾砂不均匀系数较大(12.7),与胶凝材料结合性不是很好,胶凝材料易离析。从化学成分看,全尾砂 SiO_2 的含量为 29.11%,在合适粒度组成条件下有利于提高充填体强度。在 100~200 kPa 区间内,全尾砂压缩系数为 0.113<0.5,压缩模量为 16 MPa>4 MPa,说明该充填骨料压缩性较小,充填体沉降量小,有利于采场充填接顶。

10.2.2　充填系统设计

1)充填系统工艺流程

充填系统能力为 80 m³/h,具体工艺流程为:选厂排出的质量分数在 20% 左右的全尾砂浆经渣浆泵泵送至充填制备站内直径为 16 m 的深锥浓密机中。在向深锥浓密机供砂的同时,通过絮凝剂添加系统加入絮凝剂,以提高全尾砂的沉降速度,降低溢流水含固量。全尾砂浓缩沉降后排出的溢流水自流至深锥浓密机旁的沉砂池,通过沉砂池沉淀细泥后溢流至清水池,用作充填生产用水,多余部分自流至选厂经尾砂排放管路输送至尾砂库,通过尾砂库污水处理站处理后用作选矿用水,实现废水循环利用。充填所需的胶凝材料(水泥)由水泥罐车运至充填制备站,气力输送至水泥仓内储存。充填时,深锥浓密机底流由锥体底部的放砂口放出,然后经管道输送至搅拌桶。胶凝材料经水泥仓底部的螺旋输送机,向搅拌桶计量给料。充填料在搅拌桶内充分搅拌,制备成合格的似膏体充填料浆,通过充填工业泵经 330 主平硐和斜井充填管道泵送至井下各中段待充空区。

2)充填系统主要装备

宝山矿业公司全尾砂似膏体充填系统如图 10-7 所示。深锥浓密机选用 NGT16 深锥浓密机,直径 16 m、边墙高度 10 m(上部 2 m 为清水溢流层),池底板锥角 30°,泥层总体积

(a)充填站全景图　　　　(b)深锥浓密机　　　　(c)充填工业泵

(d)立式搅拌桶　　　　(e)控制系统　　　　(f)水泥仓

(g)罐笼井马头门　　　　(h)采场溜井　　　　(i)采场充填体

图 10-7　宝山矿业公司全尾砂似膏体充填系统配置图

1918 m³。水泥仓选择购置成品 300 t 水泥仓，仓底接一套 JMLX-30 型双轴称重式螺旋给料机，经一级螺旋给料(型号 JMWL325×6371)、二级螺旋称重(型号 JMJL375×1700)后向搅拌桶供料。此外，还在水泥仓顶部安装了 HD 单机除尘器，在仓底部周围安装了气化板。

宝山矿充填全尾砂粒径较细、骨料单一，可选择结构简单、搅拌充分的立式搅拌桶进行全尾砂似膏体充填料浆的搅拌制备。搅拌系统布置于充填厂房内，深锥浓密机通过独立管路与搅拌桶相连。设计搅拌桶规格为 $\phi2000$ mm×$h2100$ mm，有效容积为 5.9 m³，料浆在搅拌桶内的最大停留时间为 4.4 min，满足搅拌质量要求。搅拌桶顶部安装 UF 单机袋式除尘器，上方设 1 台 5 t 电动葫芦，底部设置 3 个出料口，放砂管为 $\phi168$ mm×12 mm 的无缝钢管，内径 144 mm。充填事故发生时，搅拌桶中的充填浆体通过事故出料口排到充填主厂房边的事故槽(长×宽×最深=8.0 m×2.0 m×1.0 m，长边向内设置 18°斜坡)进行处理。深锥浓密机放砂管和搅拌桶出料管上安装有流量计和浓度计在线监测料浆流动参数，并根据流量和浓度变化情况，自动调节安装在深锥浓密机放砂管、搅拌桶出料管上的相关电动阀门。浓密机和搅拌桶装设有料位计量仪表，供水管也可通过电动闸阀对流量进行控制。

10.2.3 系统投资与效益分析

1. 运营成本

宝山矿业全尾砂充填系统运营成本见表 10-3，计算 1:6 灰砂比充填成本为 92.48 元/m³，合吨矿成本 32.68 元/t；1:10 灰砂比充填成本为 66.08 元/m³，合吨矿成本 23.35 元/t，1:20 灰砂比充填成本为 41.38 元/m³，合吨矿成本 14.61 元/t。按照灰砂比为 1:6(胶面)、1:10(一步矿柱充填)、1:20(二步矿房充填充填比例 5:18:27)，综合充填成本为 19.56 元/t。

表 10-3 宝山矿业全尾砂充填系统运营成本分析

序号	项目	灰砂比 1:6		灰砂比 1:10		灰砂比 1:20		备注
		消耗量	成本/(元·m⁻³)	消耗量	成本/(元·m⁻³)	消耗量	成本/(元·m⁻³)	
1	材料费		72.60		46.10		22.6	
1.1	水泥	0.204 t/m³	71.40	0.128 t/m³	44.80	0.061 t/m³	21.4	水泥 350 元/t
1.2	尾砂	1.224 t/m³		1.278 t/m³		1.212 t/m³	—	尾砂成本不计
1.3	絮凝剂	61.2 g/m³	1.20	63.9 g/m³	1.30	60.6 g/m³	1.2	20000 元/t
2	电费		5.84	667.4 kW	5.84	667.4 kW	5.84	0.7 元/(kW·h)
3	人工工资	30 人	6.69		6.69		6.69	50000 元/(人·年)
4	设备折旧		7.35		7.35		7.35	折旧年限 10 a
	合计		92.48		65.98		41.48	
	合吨矿成本/(元·t⁻¹)		32.68		23.35		14.61	矿石密度 2.83 t/m³

2. 效益分析

1) 直接经济效益

充填系统建成后, 矿石回采率提高 $10\% \sim 15\%$, 每年可多回收矿石 5.49 万 t/a, 按吨矿利润 105 元/t 计算, 可增加矿石利润 576.45 万元/a。采用似膏体充填技术后, 综合充填成本增加 19.56 元/t, 但减少尾砂排放 14.37 万 t/a, 按照尾砂排放、管理成本 25 元/t 及环境保护税 15 元/t 计算, 实际增加成本为 393.42 万元/a。

因此, 充填系统建成后, 即使不考虑因贫化率降低而节约的提升费用、选矿费用, 也可增加直接利润 183.03 万元/a。

2) 间接经济效益

充填系统建成后, 配合优化采矿方法, 可以最大程度回收用原来的工艺无法开采的砂岩型矿(占总储量的 9%), 延长矿山服务年限, 提高企业可持续发展水平; 可减少尾砂地面排放量, 大大减少尾砂库库容, 节约大笔尾砂库建设费用。

3) 社会效益和环境效益

充填系统项目的建成, 能够彻底清除采空区隐患, 提高井下作业安全性, 对保障矿山安全生产, 避免安全事故具有重要的现实意义。全尾砂充填不仅可以有效解决采空区问题, 而且大部分尾砂可用来回填井下, 从而实现地表尾砂最大程度减量排放, 保护周边人民的生存和生活环境, 有利于当地社会稳定, 具有重大社会意义。全尾砂充填的减少, 能最大限度地回收矿产资源, 提高资源回收率, 改变过去的粗放式开采现状, 既能有效利用资源, 延长矿山服务年限, 又可带来较好的经济效益和社会效益。

综上, 宝山矿业采用全尾砂充填, 仅回采率提高这一项, 每年可新增利润 183.03 万元, 加之因贫化率降低而节约的提升费用和选矿成本, 以及因减少尾砂地面排放而节省的尾砂库建设费用, 经济效益显著。采用全尾砂充填后, 可减轻尾砂地面堆放压力, 保护地表环境, 提高地下开采作业安全性, 社会效益和环境效益突出。

10.3　黄金洞金矿深锥浓密充填系统

湖南黄金洞矿业有限责任公司地处湖南省平江县, 是一个具有数百年开采历史的老矿山, 是省属国有的重点黄金矿山上市企业, 湖南省三大黄金生产企业之一, 年产黄金 2.5 t 位居湖南省首位。2020 年, 黄金洞与中南大学合作建设了一套全尾砂似膏体充填系统, 促进了矿山的绿色可持续发展。

10.3.1　全尾砂特性

黄金洞矿区位于平浏大断裂东侧, 矿区面积 14.416 km^2, 开采标高 $-350 \sim +450$ m, 采选能力 2000 t/d。黄金洞矿业尾砂产出率高, 现用尾砂库库容将罄(图 10-8), 新建尾砂库不仅审批难度极大, 而且尾砂库征地、建设、运行、维护和闭库的费用极高。

黄金洞金矿全尾砂粒径分布分析如图 10-9 所示。从充填材料粒级大小来看, 全尾砂的粒级较细, 其中 -200 目(<74 μm)颗粒占比 76.32%, -400 目颗粒占比 64.13%, 中值粒径仅

图 10-8　黄金洞尾砂库库容将罄

17.10 μm。从充填材料级配来看，充填材料的不均匀系数 C_u(6.91)在 5~10，而曲率系数 C_c(0.79)在 0~1，说明全尾砂颗粒组成分布均匀连续，级配良好，但曲率系数较低，说明有较大粒径颗粒缺失。充填材料中细泥含量过高，致使渗透系数(2.56×10^{-5} cm/s)比较小，不利于胶结体脱水和快速硬化；在 25~200 kPa 区间内，全尾砂压缩系数均<0.5，压缩模量>4 MPa，说明充填材料的压缩性小，充填体沉降量较小。

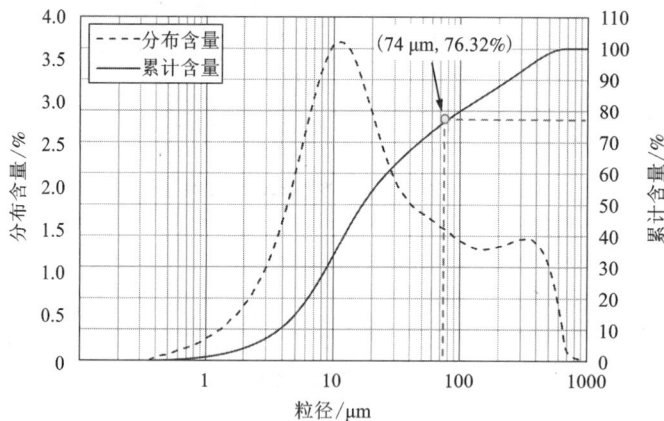

图 10-9　全尾砂粒径级配曲线图

黄金洞金矿采矿方法为上向水平分层进路充填法，进路交替布置，先采一步进路，高标号胶结充填形成人工矿柱，第二步在人工矿柱保护下回采二步进路，并进行非胶结充填或低标号胶结充填。推荐充填系统配比参数见表 10-4。

表 10-4　全尾砂充填料配比及性能参数设计

充填用途	灰砂比	质量分数/%	28 d 抗压强度/MPa	体重/(t·m⁻³)
一、二分层打底	1:4	70	2.95	1.85
其余分层一步进路	1:6	70	1.37	1.84
其余分层二步进路	1:20	60	0.20	1.62

10.3.2　充填系统设计

1. 充填工艺流程

全矿充填采矿生产能力按照 40 万 t/a 进行设计，按充填系统年平均运行时间 300 d、每天 2 班充填、每班有效充填时间 6 h 计算并考虑一定的设计富余，充填系统设计能力为 60 m³/h。

选厂排出的全尾砂浆经渣浆泵泵送至充填制备站内的深锥浓密机中，在向深锥浓密机供砂的同时，通过絮凝剂添加系统加入絮凝剂，以提高全尾砂的沉降速度，降低溢流水含固量。全尾砂浓缩沉降后排出的溢流水自流至深锥浓密机旁的溢流水池，用作充填生产用水，多余部分自流至选厂使用，实现废水循环利用。充填所需的胶凝材料由罐车运至充填制备站，气力输送至胶凝材料仓内储存。充填时，深锥浓密机底流料浆通过底流循环输送系统输送至搅拌机，胶凝材料经水泥仓底部的螺旋输送机(包括螺旋给料机和螺旋电子秤)，按充填强度的配比要求向搅拌机计量给料。充填料在搅拌机内充分搅拌，制备成合乎要求的充填料浆，通过充填工业泵经平硐和斜井充填管道泵送至井下各中段待充空区。

2. 充填站主要设备设施

1) 深锥浓密机

如图 10-10 所示，选用 NGT12 深锥浓密机、直径 12 m、边墙高度 10 m(上部 2 m 为清水溢流层)，池底板锥角 30°。深锥浓密机配备 1 套 FPP4000 的絮凝剂制备添加系统，干粉制备能力 ≥4 kg/h，和 1 套 XZT360 的聚合剂制备添加系统，干粉制备能力 ≥150 kg/h。

2) 胶凝材料储存与输送系统

最大充填胶凝材料消耗量为 187 t，采购一个圆柱-圆锥立式密闭的 300 t 成品水泥仓，仓体为钢板结构，圆柱直径 ϕ5.5 m，罐体高度 13.4 m，可满足 1.6 d 充填系统胶凝材料用量最大要求。为了破坏放料过程中可能产生的料拱，在仓底部周围安装高压风喷嘴破拱。胶凝材料采用螺旋输送机加螺旋称重给料机给料，经螺旋称重给料机计量后给料至搅拌机。水泥仓配置 GLS200-2 型双管螺旋输送机 1 台和 GXC300 型螺旋称重给料机 1 台。

3) 搅拌系统

如图 10-11 所示，充填厂房内设一套搅拌系统，深锥浓密机通过独立管路与搅拌桶相连。搅拌桶规格为 ϕ2000 mm × h2100 mm，电机功率 45 kW，有效容积为 5.9 m³，料浆在搅拌桶内的最大停留时间为 5.9 min，完全满足搅拌质量要求。搅拌桶上方设 1 台 5 t 电动葫芦，并安装 UF 单机袋式除尘器，配套风机功率 4.0 kW，星形卸灰阀功率 0.75 kW，电机功率

0.55 kW。在充填主厂房旁设置事故槽，长×宽×最深＝9.0 m×3.0 m×1.0 m，长边向内设置18°斜坡。

图 10-10 深锥浓密机

图 10-11 搅拌系统

3. 充填管路及泵送系统

1）充填管路系统

制备好的充填料浆沿如下充填线路进行充填：搅拌桶充填料浆→地表充填钻孔→充填联络巷道→井下待充空区。泵送主充填管道选用 $\phi133$ mm×9 mm 无缝钢管，管道内径 115 mm，进入采场的支线管路采用 PVC 软管。

2）充填钻孔布置方案

在地表充填站内设置一个长 8 m、宽 4 m、深 1.5 m 的充填地坑，依次施工 8 个充填钻孔。充填钻孔直径 $\phi250$ mm，充填套管选用 $\phi180$ mm×7 mm 无缝钢管，内径为 166 mm。套管采用螺纹焊接方式。钻孔内垂直管道之间用螺纹连接，垂直管道与井下水平管道通过快卡接头连接。每套充填管路需配 4 套截止阀装置，与管道之间用快卡接头管路连接。其中 2 套布置在充填工作面，用于排放管路清洗水和输送料浆的控制；另外 2 套布置在垂直管道与水平管道连接处，用于充填堵管时事故放砂的控制。

3）泵送系统

如图 10-12 所示，根据充填系统服

图 10-12 泵送系统

务范围，最远输送距离为 4399 m，高差-470 m，采用 HGBZ70.10.220 型充填工业泵，正常输送方量为 60 m³/h，最大泵送压力 10 MPa。

4. 药剂调制系统

絮凝剂制备车间布置在+216 m 平台深锥浓密机放砂口一侧，充填所需的粉状絮凝剂存储于储料器中。如图 10-13 所示，干粉通过螺杆进料器将粉剂定量、均匀地投入到湿润喷射器内，迅速被水充分湿润后进入溶解箱，再分别经搅拌溶解、熟化，配制成所需的溶液。

5. 生产用水供水设备

如图 10-14 所示，在清水池侧布置 1 座水泵房（紧邻消防泵房），水泵房设计规格 5 m×4 m×3 m。配置 2 台 IS80-50-200A 清水泵，一用一备，流量 46.8 m³/h，对应扬程 70 m。

图 10-13　絮凝剂制备系统

图 10-14　水泵房及水泵

6. 控制系统

如图 10-15 所示，控制室设置在充填工业厂房二楼，现场 PLC 控制系统硬件采用西门子 S7-1500 可编程控制器，实现数字量与模拟量的 I/O 处理，具备信号采集、回路调节、逻辑连

图 10-15　控制系统

锁、顺序控制等功能。控制系统综合了计算机技术、通信技术，优化了充填物料的科学配比，稳定了充填料浆浓度和液位、流量控制，实现了自动生成报表和统计数据，提高了充填作业效率、降低了充填成本、提高了充填质量。

10.3.3　系统投资与效益分析

1．充填系统投资

1）系统投资

充填系统如图 10-16 所示，主要矿机设备及安装工程概算见表 10-5。项目建设总投资 3585.68 万元，其中工程费用 2656.99 万元，占总投资 74.10%；工程建设其他费用 545.02 万元，占总投资 15.20%；工程预备费 383.67 万元，占总投资 10.70%。

图 10-16　黄金洞金矿深锥浓密机充填系统

表 10-5　主要矿机设备及安装工程概算表

序号	设备	规格型号	单位	数量	总价值/元	
					设备总价	安装总价
一	全尾砂充填系统					
1	选厂供砂回水系统				1243000	99440
1.1	柱塞式渣浆泵	ZN-ZJB250/B 利旧	台	2	0	0
1.2	供砂管路	φ180 mm×11 mm 超高分子聚乙烯管	m	1300	587600	47008
1.3	回水管路		m	1300	587600	47008
1.4	三通球阀	承压 2 MPa	个	1	16950	1356
1.5	电磁流量计	E+H	个	2	50850	4068
2	深锥浓密系统				4998577	399886
2.1	深锥浓密机	NGT12	座	1	3616000	289280
2.2	底流循环及输送装置		套	1	593250	47460

续表10-5

序号	设备	规格型号	单位	数量	总价值/元	
					设备总价	安装总价
2.3	清水供给系统		套	1	25425	2034
2.4	絮凝剂制备添加系统	FPP4000	套	1	452000	36160
2.5	电磁流量计	DN125，E+H	个	1	16747	1340
2.6	核子浓度计	DN125，Na22 放射源	个	1	249730	19978
2.7	电动夹管阀	GJ941X-16L-125	个	1	25425	2034
2.8	底流尾砂浆输送管等附件	ϕ140 mm×6 mm Q345B（16Mn）	套	50	20000	1600
3	胶凝材料储存输送系统				778853	62309
3.1	水泥仓	300 t	座	1	435615	34849
3.2	双管螺旋输送机	GLS200-2	台	1	152550	12204
3.3	螺旋称重给料机	GXC300	台	1	94920	7594
3.4	导料槽及连接件		套	1	5085	407
3.5	水泥仓底破拱系统		套	1	5085	407
3.6	螺杆式空压机	SA08	台	1	59325	4746
3.7	储气罐	C-1.0/0.8	个	1	3673	294
3.8	气路系统附件		套	1	22600	1808
4	充填料浆制备与泵送系统				5084001	406720
4.1	强力搅拌桶	ϕ2000 mm×h2500 mm	座	1	300000	24000
4.2	三通分料装置		套	1	55822	4466
4.3	除尘装置	CH4M47	套	1	71190	5695
4.4	排污泵	32QW12-12-1.1	台	1	3390	271
4.5	充填工业泵	HGBZ70.10.220	台	2	4520000	361600
4.6	集料斗		个	2	14690	1175
4.7	雷达料位计	ZYLD22	个	1	28939	2315
4.8	三通换向阀	DN100，承压 15 MPa	个	1	77970	6238
4.9	电动葫芦	CD1-5-12D 型	个	1	12000	960
5	井下充填管路系统				7332300	586584
5.1	ϕ133 mm×9 mm 泵送充填管道	Q345B，16Mn	m	3757	1803360	144269
5.2	ϕ108 mm×10 mm 自流充填管道	钢衬聚氨酯耐磨管	m	8277	4966200	397296
5.3	液控截止阀	FYJZF100，承压 15 MPa	个	6	203400	16272
5.4	截止阀液压站		套	3	203400	16272

续表10-5

序号	设备	规格型号	单位	数量	总价值/元	
					设备总价	安装总价
5.5	三通换向阀	DN100，承压 15 MPa	个	2	155940	12475
	小计				19436731	1554939
	设备运杂费 6%				1166204	
	单位工程概算价值				20602935	1554939

2) 运营成本

充填系统运营成本见表10-6，计算1:6灰砂比充填成本为129.06元/m³，合吨矿成本49.05元/t（矿石密度 2.65 t/m³）；1:20灰砂比充填成本为49.46元/m³，合吨矿成本18.66元/t。按照灰砂比为1:6、1:20充填比例1:1，综合充填成本为33.86元/t。

表 10-6 黄金洞金矿全尾砂充填系统运营成本分析

序号	项目	灰砂比 1:6		灰砂比 1:20		备注
		消耗量	成本/(元·m⁻³)	消耗量	成本/(元·m⁻³)	
1	材料费		109.7		30.1	
	胶凝材料	0.26 t/m³	104.00	0.061 t/m³	24.4	胶凝材料 400 元/t
	尾砂	1.224 t/m³	0.00	1.212 t/m³	0	尾砂成本不计
	絮凝剂	61.2 g/m³	1.20	60.6 g/m³	1.20	20000 元/t
	助凝剂	3 kg/m³	4.50	3 kg/m³	4.5	1500 元/t
2	电费	667.4 kW	5.84	667.4 kW	5.84	0.7 元/(kW·h)
3	人工工资	21 人	6.17	21 人	6.17	50000 元/(人·年)
4	设备折旧		7.35		7.35	折旧年限 10 a
	合计		129.06		49.46	
合吨矿成本/(元·t⁻¹)			49.05		18.66	矿石密度 2.65 t/m³

2. 效益分析

1) 直接经济效益

充填系统建成后，保守估计矿石的回采率可由80%提高至90%，按生产能力40万 t/a 计算，每年可减少采损矿石量约5.5万 t/a，按吨矿利润150元/t计算，此部分减少的采损矿石量可创造利润825万元/a。

采用全尾砂充填技术后，综合充填成本增加33.86元/t，但减少尾砂排放13.64万 t/a，按照尾砂排放、管理成本25元/t及环境保护税15元/t计算，实际增加成本为33.86元/t×33万 t/a−(25+15)元/t×13.64万 t/a=571.78万元/a。

第 10 章　全尾砂充填系统

因此，充填系统建成后，即使不考虑因贫化率降低而节约的提升费用、选矿费用，也可增加直接利润 825−571.78＝253.22 万元/a。

2）间接经济效益

充填系统建成后，可以最大程度回收宝贵的矿石资源，提高企业可持续发展水平；可减少尾砂地面排放量，大大减少尾砂库库容，节约大笔尾砂库建设费用。

3）社会效益和环境效益

①采用全尾砂充填能够彻底消除采空区隐患，提高井下作业安全性，对保障矿山安全生产，避免安全事故具有重要的现实意义。

②全尾砂充填不仅可以有效解决采空区问题，而且大部分尾砂可用于回填井下，从而实现地表尾砂最大程度减量排放，控制地质环境恶化，保护周边人民的生存和生活环境，有利于当地社会稳定，具有重大社会意义。

③采用全尾砂充填能最大限度地回收矿产资源，提高资源回收率，改变过去的粗放式开采现状，既能有效利用资源，延长矿山服务年限，又可带来较好的经济效益和社会效益。

10.4　洛坝铅锌矿深锥浓密充填系统

甘肃洛坝有色金属集团有限公司洛坝铅锌矿多年来一直沿用空场法开采，回采过程资源损失严重、未动矿量消耗殆尽，除了回收残矿资源外已无矿可采。为此，2019 年洛坝矿与中南大学合作建成了甘肃省充填能力最大（150 m³/h）的全尾砂深锥浓密机充填系统，并成功实现了复杂隐蔽采空区的充填治理和残矿资源的安全高效回收。

10.4.1　全尾砂特性

1. 全尾砂工程特性

甘肃洛坝有色金属集团有限公司洛坝铅锌矿于 2008 年由 4 个采矿权整合而成，拥有国内不可多得的高品质特大型铅锌矿床，是甘肃宝徽实业集团有限公司主要的铅锌原料生产基地。洛坝矿目前有三个选矿厂，根据 3 个分厂尾砂产出率及未来生产安排，各选矿厂全尾砂混合比例为一分厂∶二分厂∶三分厂＝7∶6∶13。同时，设计了废石加工、处理设施，需要时可与全尾砂混合作为充填骨料。

一分厂尾砂 0.005~0.075 mm 范围内颗粒占比达到 66.11%，中值粒径为 0.0331 mm；二分厂尾砂 0.005~0.075 mm 范围内颗粒占比达到 68.11%，中值粒径为 0.0281 mm；三分厂尾砂 0.005~0.075 mm 范围内颗粒占比达到 72.22%，中值粒径为 0.0230 mm。三个分厂尾砂粒度相差不大，普遍偏细。从级配来看，各分厂尾砂的不均匀系数 C_u>12 且曲率系数 C_c<1，属于间断级配的颗粒散体。在 100~200 kPa 区间内，全尾砂压缩系数为 0.183，压缩模量为 16.985 MPa，说明该充填骨料压缩性较小，充填体沉降量小，有利于采场充填接顶。全尾砂中石英（SiO_2）含量最高达到 33.33%，菱铁矿（$FeCO_3$）最高占 7.41%，方解石最高占 33.25%，硫含量最高为 2.02%，属于低硫尾砂。

277

2. 絮凝沉降试验

动态浓密沉降试验采用 AN-926-SHV 型阴离子絮凝剂，在室温下将其浓度配成 0.1%，动态试验时将其稀释成 0.05 g/L，全尾砂在 10% 左右的给料浓度下，适宜的给料速度为 0.4~0.7 t/(m² · h)，此条件下底流浓度为 60.46% 以上，溢流水的含固量在 300 mg/L 以内（表 10-7）。

表 10-7　全尾砂动态浓密试验结果

给料速度 /(t · m⁻² · h⁻¹)	给料浓度 /%	絮凝剂浓度 /(g · L⁻¹)	絮凝剂 /(g · t⁻¹)	底流浓度 /%	泥层上升速度 /(m · h⁻¹)	溢流水上升速度 /(m · h⁻¹)	溢流水固含量 /(mg · L⁻¹)
0.40	10.00	0.05	15	67.41	0.33	3.91	156
0.50	10.00	0.05	15	65.12	0.50	5.00	213
0.60	10.00	0.05	15	63.10	0.82	6.55	259
0.70	10.00	0.05	15	60.46	1.07	6.92	296
0.80	10.00	0.05	15	59.10	1.18	8.18	395

3. 全尾砂充填配比试验

洛坝矿主要采用上向水平分层充填法和分段空场嗣后充填法，充填配比参数见表 10-8。

表 10-8　全尾砂充填料配比及性能参数

充填用途	灰砂比	质量分数/%	28 d 抗压强度/MPa	体重/(t · m⁻³)	泌水率/%	坍落度/cm
打底、胶面	1:6	70	2.06	1.91	1.98	26.5
一步人工矿柱	1:8	70	1.02	1.90	3.49	26.8
二步（或嗣后）	1:20	70	0.24	1.89	4.74	27.2

10.4.2　充填系统设计

1. 充填工艺流程

矿山生产能力 100 万 t/a，充填作业采取年 300 d、3 班/d、5 h/班的间断工作制度，充填系统设计能力为 150 m³/h。来自选矿厂质量分数在 20% 左右的全尾砂浆通过渣浆泵注入深锥浓密机中，添加絮凝剂沉降后，放入搅拌桶中，与来自胶凝材料仓的胶凝材料在搅拌桶内搅拌均匀，后通过钻孔和井下充填管道输送至采空区或采场进行充填。全尾砂浓缩沉降后排出的溢流水自流至深锥浓密机旁设置的沉砂池，通过沉砂池沉淀细泥后溢流至清水池，用作充填生产水，多余部分自流返回选厂，处理后用作选矿用水，实现废水循环利用。充填所需的胶凝材料(水泥)由水泥罐车运至充填站,气力输送至水泥仓内储存。

2.供砂系统方案

根据站址位置及 3 个选厂现有输砂泵送设备,将一分厂尾砂直接泵送至充填站,三分厂尾砂泵送至二分厂,与二分厂尾砂合流,新增两台 PSZB-400/6.3 型渣浆泵,流量 400 m³/h,输出压力 6.3 MPa(图 10-17)。

图 10-17 尾砂输送泵站

3.充填站主要设备设施

1)深锥浓密机

如图 10-18 所示,据全尾砂静态与动态沉降试验结果,深锥浓密机单位面积处理量在 0.6 t/(m²·h)左右,深锥浓密机直径 18 m、边墙高度 10 m,其上部 2 m 为清水溢流层,池底板锥角 30°。

2)破碎筛分系统

由虎头山坑口运出或从其他坑口废石堆场转运的废石直接倾倒至坑口废石堆场,用液压破碎锤将块度控制在 200 mm 以下。通过装载机(或铲运机)将废石转运至刮板输送机后运送至反击破碎机内进行破碎,破碎后物料通过振动筛筛分,合格料由胶带输送机运至粉料堆场堆存,充填时由装载机配合胶带输送机将粉料转运至充填站的搅拌桶内。不合格料通过胶带输送机和链斗提升机返运至破碎机内进行循环破碎作业。破碎设备选用一台 PF1214 反击破碎机,筛分设备选用 1 台 ZS1842 直线振动筛,破碎筛分站内应配备物料转运、

图 10-18 深锥浓密机(锥底保温防护)

返运设备和起重除尘设备,另需配备 2 台铲车和 1 个液压碎石锤进行辅助作业。

3）胶凝材料仓

按水泥用量最大的灰砂比1：6和最大连续充填作业15 h计算，每天充填最多需要消耗水泥493 t。设计水泥仓圆柱直径6 m，圆柱部分高20 m，容积626.67 m³，满足系统1 d最大充填水泥用量需求。为了破坏放料过程中可能产生的料拱，在仓底部周围安装高压风喷嘴或激振器；水泥仓在气力输送水泥时，为防止仓内粉尘溢出影响附近环境，在仓顶设置水泥仓顶除尘器。水泥采用LSY163型螺旋输送机输送，经LXC290型螺旋称重给料机计量后给料至搅拌桶。

4）搅拌系统

如图10-19所示，充填站厂房内设一套立式搅拌系统，立式搅拌桶规格为ϕ2500 mm×h2500 mm，电机功率90 kW，有效容积为11.2 m³，充填料浆可搅拌4.5 min，满足搅拌要求。深锥浓密机放砂管和搅拌桶出料管装设有流量计和浓度计在线监测料浆流动参数，并根据流量和浓度变化情况，自动调节安装在深锥浓密机放砂管、搅拌桶出料管上的电动闸阀。浓密机和搅拌桶装设有料位计量仪表，供水管也可通过电动闸阀对流量进行控制。搅拌桶进砂管和放砂管均为ϕ159 mm×(7+4) mm的聚氨酯耐磨钢管，内径137 mm；充填调浆用水管为ϕ114 mm×5 mm的PE软管，内径104 mm。搅拌桶底部设置两个出料口，一个用于正常放浆，另一个用作事故出口。

5）絮凝剂制备

根据全尾砂静态与动态沉降试验结果，尾砂浆稀释浓度为10%～12%；AN-926-SHV型阴离子絮凝剂用量为15 g/t；药剂一次制备稀释浓度为0.2%～0.5%，二次制备稀释浓度为0.02%～0.05%；给料速度为0.5～0.7 t/(m²·h)；每小时絮凝剂用量为1625 g。

絮凝剂制备车间位于主厂房二楼，絮凝剂自动加药设备是一套集溶液自动配制、熟化及投加于一体的完整系统。系统工作时，干粉通过螺杆进料器将粉剂定量、均匀地投入到湿润喷射器内，干粉迅速被水充分湿润后进入溶解箱，再分别经搅拌溶解、熟化等工序，配制成所需的溶液制备系统如图10-20所示。

图10-19　立式搅拌桶

图10-20　絮凝剂制备系统

6）充填站溢流水处置系统

如图 10-21 所示，深锥浓密机溢流水（流量 421.44 m³/h）自流至旁边的溢流水池（长×宽×高＝6.0 m×6.0 m×2.5 m）中，用作充填工业用水，多余部分通过回水管道（线路与供水管路平行）自流输送回选矿厂，经污水处理站处理后循环利用。

7）事故应急排污

如图 10-22 所示，搅拌桶发生事故时，应立即停止供料（尾砂、水泥），开启洗管水系统，同时，开启搅拌桶底部事故排砂口，将高浓度充填料浆排至事故槽（图 10-1），然后通过潜污泵返回搅拌桶。如果胶结料浆已经凝固，则需进行人工清理。充填系统因设备或生产原因导致长时间停止运行时，关闭选厂至深锥浓密机的供砂阀门，全尾砂通过原排尾管路排往尾砂库。深锥浓密机中的尾砂在高压水稀释后，通过事故排砂管经回水管路返回选厂尾砂池，并利用选厂排尾系统进行排放。

图 10-21　溢流水池

图 10-22　事故槽

4. 管路输送系统

1）充填管路系统

制备好的充填料浆沿如下充填线路进行充填：搅拌桶充填料浆→地表充填钻孔→充填联络巷道→虎头山 1120 中段巷道→井下待充空区。主充填管道选用 φ159 mm×（7+5）mm 的聚氨酯耐磨钢管，钢管壁厚 7 mm，耐磨衬层 5 mm，内径 135 mm，工作流速为 2.91 m/s。进入采场的支线管路采用 PVC 软管。

2）充填钻孔

如图 10-23 所示，从地表至首期充填水平高差为 165 m，充填钻孔直径为 φ300 mm，充填套管选用 φ219 mm×5 mm 无缝钢管，内径为 209 mm，钢管壁厚 5 mm，套管采用螺纹焊接方式。钻孔内垂直管道选用 φ159 mm×（7+5）mm 的聚氨酯耐磨钢管，垂直管道之间用管箍联结，

图 10-23　地表充填钻孔

并加全焊。垂直管道与井下 φ159 mm×11 mm 水平管道通过接头连接。

5.充填控制系统

如图 10-24 所示，控制室设置在充填工业厂房二楼，现场 PLC 控制系统硬件采用西门子 S7-1500 可编程控制器，具备信号采集、回路调节、逻辑连锁、顺序控制等功能，可稳定实现充填料浆浓度、液位、流量控制，提高了充填作业效率、降低了充填成本、并提高了充填质量。

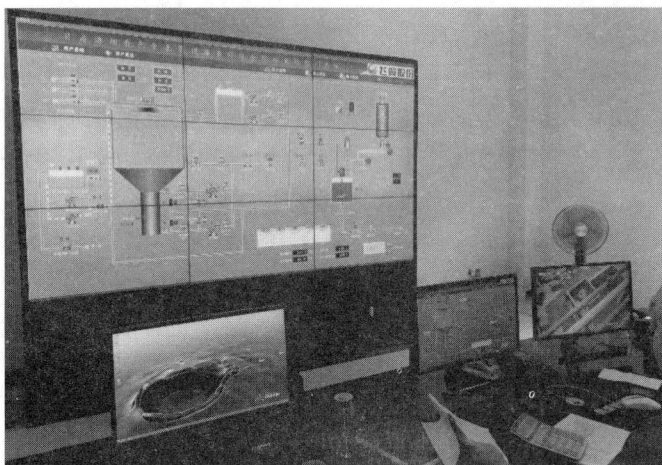

图 10-24　全尾砂充填控制系统

10.4.3　系统投资与效益分析

1.充填系统投资

1)系统投资

洛坝矿充填系统如图 10-25 所示，主要矿机设备及安装工程概算见表 10-9。项目工程总投资为 3566.67 万元，其中设备总费用 2085.32 万元，占总投资 59.27%；土建费用 348.38 万元，占总投资的 12.72%；安装费用 268.21，占总投资的 7.62%；工程建设其他费用 489.71 万元，占总投资 13.84%；工程预备费 233.33 万元，占总投资的 6.54%。

图 10-25　洛坝矿全尾砂深锥浓密机充填系统全貌

表 10-9　主要矿机设备及安装工程概算表

序号	设备	单位	数量	单位价值/元		总价值/元	
				设备	安装	设备	安装
1	NGT18 深锥浓密机	套	1	5000000	900000	5000000	900000
2	底流循环输送装置	套	1	600000	48000	600000	48000
3	FPP1000 絮凝剂制备添加系统	套	1	250000	20000	250000	20000
4	$\phi6000$ mm 水泥仓	座	1	300000	24000	300000	24000
5	LSY163 型螺旋输送机	台	1	42000	3360	42000	3360
6	LXC290 型螺旋称重给料机	台	1	58000	4640	58000	4640
7	$\phi2500$ mm×$h2500$ mm 搅拌桶	个	1	250000	20000	250000	20000
8	CD1-5-12D 型电动葫芦	台	1	27000	2160	27000	2160
9	拖式混凝土泵	台	1	400000	32000	400000	32000
10	PF1214 反击破碎机	台	1	225000	18000	225000	18000
11	ZXS1842 振动筛	台	1	48000	3840	48000	3840
12	MS1000 废石刮板输送机	m	1	40000	3200	40000	3200
13	DTⅡ(A)-6550 合格粉料胶带输送机	m	22	2500	200	55000	4400
14	DTⅡ(A)-6550 合格粉料胶带输送机	m	38	2500	200	95000	7600
15	DTⅡ(A)-5050 不合格粉料胶带输送机	m	3.6	2200	176	7920	633.6
16	DTⅡ(A)-5050 不合格粉料胶带输送机	m	7	2200	176	15400	1232
17	NE600 不合格料返运链斗提升机	台	1	45000	3600	45000	3600
18	LD-10-12 电动单梁桥式起重机	台	1	42000	3360	42000	3360
19	铲车	台	2	490000	39200	980000	78400
20	液压破碎锤	个	1	250000	20000	250000	20000
21	DN135 截止阀	个	2	28000	2240	56000	4480
22	DN135 换向阀	个	2	34000	2720	68000	5440
23	井下节流阀	个	1	32000	2560	32000	2560
	小计					8886320	1210905.6
	设备运杂费 6%					533179.2	
	单位工程概算价值					9419499.2	1210905.6

2)运营成本

系统运营成本见表 10-10,计算 1∶6 灰砂比充填成本为 79.15 元/m³,合吨矿成本 28.27 元/t;1∶8 灰砂比充填成本为 64.11 元/m³,合吨矿成本 22.90 元/t;1∶20 灰砂比充填成本为 34.39 元/m³,合吨矿成本 12.28 元/t。按照灰砂比为 1∶6(打底、胶面)、1∶8(一步矿柱充填)、1∶20(二步矿房充填)充填比例为 1∶2∶4,综合充填成本为 17.60 元/t。

表 10-10　充填成本计算表(一、二、三分厂混合尾砂)

序号	项目	灰砂比 1:6		灰砂比 1:8		灰砂比 1:20		备注
		消耗量	成本/(元·m^{-3})	消耗量	成本/(元·m^{-3})	消耗量	成本/(元·m^{-3})	
1	材料费		67.19		52.15		22.43	
1.1	水泥	0.191 t/m^3	66.85	0.148 t/m^3	51.80	0.063 t/m^3	22.05	水泥 350 元/t
1.2	骨料	1.146 t/m^3	0.00	1.182 t/m^3	0.00	1.26 t/m^3	0.00	
1.3	絮凝剂	17.2 g/m^3	0.34	17.3 g/m^3	0.35	18.9 g/m^3	0.38	絮凝剂 2 万元/t
2	电费	800 kW	4.00	800 kW	4.00	800 kW	4.00	0.6 元/(kW·h)
3	人工工资	34 人	2.52	34 人	2.52	34 人	2.52	50000 元/(人·年)
4	设备折旧		5.44		5.44		5.44	折旧年限 10 a
	合计		79.15		64.11		34.39	
	合吨矿成本/(元·t^{-1})		28.27		22.90		12.28	矿石密度 2.8 t/m^3

2. 效益分析

1)投资分析

洛坝矿经过多年空场法开采,初步估算采空区体积已超过 280 万 m^3,按 90%充填率、1:20 灰砂比计算,可充填利用尾砂量 330.12 万 t。洛坝矿 30~55 线,标高 860~1150 m 范围内可采矿量共计 1550.4 万 t,按上向水平分层充填法 95%回采率计算,可采出矿量 1472.88 万 t;按尾砂产出率 93.47%计算,产生尾砂 1376.7 万 t;按尾砂充填利用率 48.5%计算,可充填尾砂量 667.7 万 t。采用尾砂充填技术后,采空区处理及正常充填采矿可消耗尾砂(或减少尾砂外排量)997.82 万 t,根据国内外尾砂库建设费用一般情况,建设容纳同等量尾砂的尾砂库需投资 8000 万元。充填系统工程总投资为 3566.67 万元,因此采用全尾砂充填技术后,可节约尾砂库建设费用 4433.33 万元。

2)经济效益分析

采用充填法,未采动矿量回采率可由当前的 60%左右提高到 95%,按照未采动矿量 465 万 t 计算,可多回收矿量 162.75 万 t;采空区充填治理后,残矿资源可得到最大程度的回收,按照残矿资源 1162.42 万 t、回采率 60%估算,可回收残矿资源 697.45 万 t。按充填采矿吨矿利润 120 元/t 计算,可增加利润 136356 万元。

3)社会效益和环境效益分析

充填采矿回采率大幅度提高,有利于延长矿山服务年限,提高企业可持续发展水平;全尾砂充填,将尾砂回填至井下采空区,可以提高井下开采作业安全性,抑制地表沉降与变形,最大程度保护地表地貌;尾砂回填井下,可大幅度减少尾砂地面堆放压力,保护地表环境。

综上所述,洛坝矿设计建设充填系统采用充填采矿技术,可节约大量尾砂库建设与运行费用,多回收矿石 1136.3 万 t,多创造利润 136356 万元,有利于保护环境,具有重大的经济效益、社会效益和环境效益。

10.5　柿树底金矿全尾砂全脱水充填系统

河南中矿能源有限公司嵩县柿树底金矿位于河南省洛阳市嵩县大章镇，是河南省第一地质矿产调查院有限公司旗下主力矿山，也是国家级的绿色矿山。经过多年的空场法开采，柿树底金矿采空区体积已有 80 万~90 万 m³，极易发生冒顶、坍塌等灾害，引起地表错动；同时，矿山目前在用的尾砂库库容也已告罄。2021 年柿树底金矿与中南大学合作，建成了国内首套全尾砂全脱水的似膏体充填系统，将空场法变更为充填法并开始进行采空区充填治理，实现了全尾砂的全部综合利用和地表零排放。

10.5.1　全尾砂特性

柿树底金矿全尾砂颗粒级配严重不均，主要表现在 +250 μm 以上粗颗粒（占比约 25%）和 -10 μm 以下超细颗粒（占比约 36%）较多，中间 +10~-250 μm 颗粒缺失严重，尾砂粗细粒径差异大、分层离析严重，为实际浓缩脱水工艺选择和充填体质量效果保证带来诸多的技术难题。

1. 全尾砂基本特性

全尾砂物料试样粒级组成见表 10-11，矿物成分测定结果见表 10-12。

表 10-11　柿树底金矿全尾砂样品粒径分布组成测定结果

粒径/μm	+250	-250~+150	-150~+75	-75~+45	-45~+37	-37~+10	-10
分段含量/%	24.72	12.37	12.04	7.92	3.19	4.19	35.57
粒径/μm	+250	+150	+74	+45	+37	-37~+10	-10
累积含量/%	24.72	37.09	49.13	57.05	60.24	64.43	100

表 10-12　全尾砂物成分测定结果

成分	石英	黄铁矿	云母	高岭石	叶蜡石	石膏	长石
含量/%	30.04	7.41	8.35	37.26	3.44	0.87	12.63

全尾砂基本特性测定结果表明：

（1）全尾砂颗粒级配严重不均，中间 +10~-250 μm 颗粒缺失严重，不均匀系数高达 43.10，导致尾砂粗细粒径差异大。

（2）在 100~200 kPa 区间内，全尾砂压缩系数为 0.32<0.5，压缩模量为 6.32 MPa>4 MPa，说明该充填骨料压缩性较低，充填体沉降量小。

（3）充填骨料中 -10 μm 以下超细颗粒泥质高岭土成分含量较多，絮凝沉降速度慢、浓缩脱水效率低，充填到井下后固结速度慢、充填泌水量大。

（4）高岭石含量 37.26%、石英 30.04%、长石 12.63%，不含有毒有害物质。

（5）选矿尾水 7<pH<8，不含有毒有害药剂和其他重金属离子。

2.尾砂静态浓密沉降试验

1）絮凝剂选型试验

将尾砂浆浓度控制在 8%、10%、12%，全尾砂按 5 g/t、10 g/t、15 g/t 的絮凝剂用量添加 AN-910-SH、AH-912-SH、AN-926-SHV 三种絮凝剂。试验结果表明：

①由于全尾砂颗粒级配严重不均，+250 μm 以上粗颗粒在颗粒自重的作用下快速沉降，表现出非常明显的"秒沉"（即分层离析）现象。

②全尾砂中含有大量的高岭土成分，经球磨机磨细后转化为-10 μm 以下的泥质颗粒，表现为絮凝沉降速度慢。

③相对而言，AH-910-SH 型絮凝剂沉降速度快、澄清度高、效果最优。

2）絮凝剂最佳用量

试验采用质量分数为 8%、10%、12% 的全尾砂浆，按 12.5 g/t、17.5 g/t、20 g/t 的比例加入 AN-910-SH 型絮凝剂，观察其沉降速度、清液澄清度、底流浓度，找出 AN-910-SH 型絮凝剂最佳稀释浓度为 8%、添加量为 15 g/t。

3.尾砂动态浓密沉降试验

动态浓密沉降试验絮凝剂采用 AN-910-SH 型阴离子絮凝剂，测试了全尾砂在 10% 左右的给料浓度下，不同给料速度对溢流水澄清度及底流浓度的影响，动态试验结果表明：

（1）由于全尾砂颗粒级配严重不均，+250 μm 以上粗颗粒在动态试验过程中，也表现出非常明显的"秒沉"现象；而-10 μm 以下的泥质颗粒，则表现为絮凝沉降速度较慢。

（2）给料速度为 0.3~0.8 t/(m² · h) 时，底流浓度为 61.52%~69.36%，不仅达不到膏体的状态，而且由于全尾砂级配不均，初始放出的砂浆颗粒相对较粗且浓度较高，后续放出的砂浆颗粒较细、浓度下降。

（3）随着给料速度的加快，尾砂颗粒发生絮凝反应的时间缩短，絮凝反应不彻底，导致溢流水含固量从 102 mg/L 增加到 396 mg/L。

（4）给料速度由 0.3 t/(m² · h) 增加到 0.8 t/(m² · h)，溢流水上升速度由 3.89 m/h 增大至 9.15 m/h，泥层上升速度由 0.45 m/h 增大至 2.11 m/h，溢流水上升速度和泥层上升速度均随给料速度的加快而增大。

（5）为获得较好的沉降效果，给料速度以控制在 0.6 t/(m² · h) 为宜。

10.5.2 全尾砂全脱水似膏体充填系统建设

1）充填料浆制备工艺流程

选厂产出的质量分数在 30% 左右的全尾砂浆，经振动脱水筛（筛板孔径≤0.3 mm）筛分后，筛上粗料（占比约 30%、含水率≤18%）经溜槽和皮带进入堆场；筛下料浆经浓密机浓缩后进入陶瓷过滤机进行二次脱水，然后将陶瓷过滤机脱水后的干尾砂（占比约 70%、含水率≤15%）排入尾砂堆场堆存。充填时，全脱水的粗尾砂和细尾砂经铲车上料，经仓底部的板式给料机和皮带秤的计量后由皮带运输机输送至搅拌桶。散装水泥罐车，通过压气将水泥卸入立式水泥仓，经螺旋给料机、转子秤计量后通过螺旋输送机输送至搅拌桶。充填用水采用浓密机溢流澄清水，由水泵泵送至搅拌桶，制备成合格料浆经钻孔及井下充填管路输送至待充点。

2）高频振动筛

由于柿树底金矿全尾砂颗粒级配严重不均、粗细分级离析严重，实际浓缩脱水和充填过程中存在诸多技术问题，采用尾砂分级装置进行尾砂粗细分级，降低全尾砂处置难度。目前，常用的尾砂分级装置主要有旋流器和高频振动筛两种。由于柿树底金矿主要粗颗粒成分的粒径在+250 μm 以上，因此，为了有效分级此部分粒径并提高筛分效率，采用湖北鑫鹰环保科技股份有限公司生产的 HFLS-11-2160A 系列直线高频振动筛进行级配不均的全尾砂粗细分级。该新型高效振动筛以 MV 电振动器代替传统块偏心激振器，采用防堵耐磨高开孔率筛网或筛板，电机功率 20 kW、振动次数 1500 次/min、振幅 7~9 mm、筛板孔径 0.1~0.3 mm、筛分面积 14.4 m^2、干料处理能力可达 50 t/h、筛上干料含水率可控制在 18% 以内，如图 10-26 所示。

3）高效浓密机

经高频振动筛筛分后，分级后细尾砂的供砂浓度在 20%~30%，必须经进一步浓缩才能用于充填。目前，常用的尾砂浓缩装置主要有斜板浓密机、深锥浓密机、高效浓密机三种。斜板浓密机的浓缩面积小、浓缩效率低，需要调节排放管处的阀门开度来控制矿浆浓度，在尾砂脱水和充填中应用较少。由于深锥浓密机价格一般为普通高效浓密机的 10~15 倍，且仅能将尾砂浓缩至高浓度的状态，无法直接进行综合利用或干堆。因此，基于柿树底金矿尾砂库库容将罄、全尾砂全部综合利用的目标需求，一般选择成本更低、工艺流程更简单、可靠性更高的高效浓密机作为分级后超细粒径尾砂的浓缩装备。

如图 10-27 所示，柿树底金矿选用淮北市中芬矿山机器有限责任公司生产的 NXZ-12J 高效浓密机进行细颗粒浓缩。浓密机直径 12 m、深度 5.1 m、池底斜度 8°，采用中心传动方式，驱动装置液压泵电机功率 4 kW、耙架转速 0.2~0.3 r/min、提耙行程 450 mm，液压马达减速器传动比 63、额定工作扭矩 48 kN/m、液压系统工作压力 6.3 MPa、总传动比 552.9，提耙机构液压缸型号 HSGL-110/50-450、行程 450 mm。

图 10-26　HFLS-11-2160A 系列直线高频振动筛运行效果图

图 10-27　NXZ-12J 高效浓密机

4) 絮凝剂制备系统

在浓密机旁布置絮凝剂制备车间,负责药剂的调制、储存和输送投放。絮凝剂自动加药设备是一套集溶液自动配制、熟化及投加于一体的完整系统。系统工作时,干粉通过螺杆进料器将粉剂定量、均匀地投入到湿润喷射器内,干粉迅速被水充分湿润后进入溶解箱,再分别经搅拌溶解、熟化等工序,配制成所需的溶液,制备系统如图10-28所示。

5) 陶瓷过滤机

如图10-29所示,分级后的超细全尾砂经浓密机浓缩后,质量分数可提升为40%~50%,仍不能满足尾砂充填和综合利用的要求,需要增加过滤工序进一步脱水至含水率低于20%的滤饼。

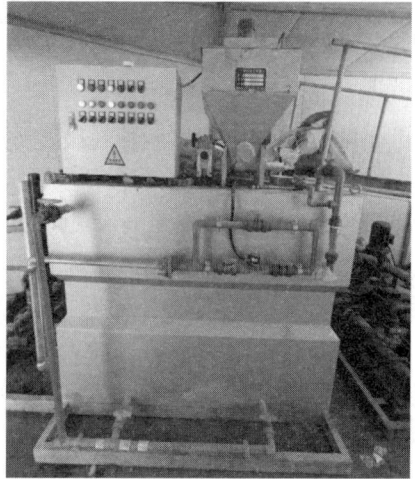

图10-28 絮凝剂加药与制备系统

过滤机和压滤机对柿树底金矿分级后超细粒径尾砂的适应性均较好、均可达到含水率低于20%的处理要求,但是陶瓷过滤机的处理成本更低、不需要频繁更换滤布、自动化程度更高、工人劳动强度更低,尤其对于-10 μm以下超细粒径高岭土泥质颗粒的脱水效果更好。因此,采用陶瓷过滤机对柿树底金矿分级后超细粒径尾砂进行脱水。陶瓷过滤机尾砂处理能力为400~600 kg/(m²·h),柿树底金矿全尾砂干料产出量为760 t/d,若选厂24 h连续不间断作业,则陶瓷过滤机需处理全尾砂干料量约为32 t/h,设计选取的2台陶瓷过滤机过滤面积为80 m²,每工作7 h后就进行1 h的清洗作业,交替使用,脱水后的干尾砂占比约70%、含水率≤15%。

图10-29 陶瓷过滤机运行情况

6) 尾砂堆场

如图10-30所示,为了保证供料稳定,在陶瓷过滤机下方设置尾砂堆场,占地约450 m²,堆高3 m,总容积约为1350 m³,可满足2 d的尾砂用量要求。

7) 供砂系统

如图10-31所示,筛下细粒径尾砂用铲车上料,经稳料仓放出、板式给料机转运,经皮带输送机转运至皮带机头部漏斗,再通过转载漏斗输送至搅拌桶。稳料仓采用钢板卷制,为四棱台形状，上口 4 m×4 m，下口 2.7 m×0.6 m，锥角 75°。板式给料机适合用于相对密度较大、粒度较大、温度较高或黏性较大的物料，抗拉强度高、不打滑，具有更大的承载能力，选用 BD1245 型号的中型板式给料机，配套电机功率 7.5 kW。因输送距离较短，选用带宽 650 mm、水平长度 11.4 m、带速 1.6 m/s 的胶带输送机，$N=9$ kW；胶带尾部位于稳料仓和板式给料机底部，头部位于搅拌厂房内；中间室外段长 5 m，设置钢结构胶带廊；胶带廊宽 2.4 m，高 2.8 m。

图 10-30　尾砂堆场

图 10-31　供砂与计量系统

8）胶凝材料储存与输送系统

高配比充填约占充填比例的 10%，水泥最大日消耗量为 11.4 t/d，采购一个有效容积为 30 t 的成品水泥仓，满足系统 2.5 d 胶结充填水泥用量最大要求。

9）搅拌系统

如图 10-32 所示，柿树底金矿采用结构简单、搅拌充分的立式搅拌桶进行全尾砂充填料浆的搅拌制备。立式搅拌桶规格为 $\phi2000$ mm×$h2100$ mm，电机功率 45 kW，有效容积为 5.3 m³。

10）充填管道与充填钻孔

如图 10-33 所示，钻孔直径 $\phi180$ mm，充填套管选用 $\phi148$ mm×9 mm 无缝钢管，钻孔内垂直管道选用 $\phi108$ mm×10 mm 钢衬聚氨酯耐磨管，垂直管道之间用管箍联结，并加全焊。垂直管道与井下管道通过变径接头连接。主充填管道内径 88 mm，工作流速为 2.74 m/s。

图 10-32　柿树底金矿搅拌系统

图 10-33　柿树底金矿充填管道与充填钻孔

11) 充填系统自动化控制系统

如图 10-34 所示，整个自动化控制系统分计算机自动控制系统(集控控制)和操作箱手动控制系统(就地控制)两部分。计算机自动控制系统通过 PLC 实现，包括操作与设备的电气自动控制、仪表控制、监视、生产过程信息检测、记录、数据的初步处理等。视频监控系统由 10 路网络摄像机、视频存储管理一体化服务器(6-12T)、数字视频解码矩阵及液晶电视组成，通过遍布于充填站各关键区域的网络摄像机实现对重要工作场地进行实时视频监视。

图 10-34　柿树底金矿充填系统自动化控制系统

10.5.3　系统投资与效益分析

1. 系统投资

柿树底金矿充填系统投资见表 10-13，系统建设总投资 1247.15 万元，其中直接工程费用 1022.66 万元，占总投资 82%；工程建设其他费用 137.19 万元，占总投资 11%；工程建设预备费 87.30 万元，占总投资 7%。

表 10-13　柿树底金矿充填系统投资

序号	项目	规格型号	单位	数量	单价/万元	总价/万元
1	尾砂输送系统					440.00
1.1	隔膜泵		台	2	100.00	200.00
1.2	尾砂输送管道	钢衬聚氨酯管	m	2000	0.08	160.00
1.3	回水管道	高分子聚乙烯管	m	2000	0.04	80.00
2	尾砂浓密系统					210.00
2.1	浓密池	φ10 m	座	1	50.00	50.00
2.2	陶瓷过滤机	过滤面积 120 m²	台	2	65.00	130.00
2.3	振动给料机		台	3	4.00	12.00
2.4	皮带输送系统		套	1	18.00	18.00
3	水泥储存与输送系统					41.50

续表10-13

序号	项目	规格型号	单位	数量	单价/万元	总价/万元
3.1	水泥仓		座	1	20.00	20.00
3.2	雷达料位计	US514	台	2	1.50	3.00
3.3	螺旋给料机	JMWL325	台	1	10.00	10.00
3.4	螺旋电子称	JMJL375	台	1	2.00	2.00
3.5	空压机	W-1.0/8	台	1	3.00	3.00
3.6	储气罐	1 m³	台	1	1.50	1.50
3.7	仓顶袋式除尘器	DMC-24B	台	1	2.00	2.00
4	水储存与输送系统					7.60
4.1	清水泵		台	2	0.80	1.60
4.2	闸阀		个	4	2.00	8.00
4.3	电磁流量计		个	2	2.00	4.00
4.4	充填站内部管网		m	100	0.04	4.00
5	搅拌系统					38.66
5.1	搅拌桶	φ2000 mm×h2100 mm	台	1	22.00	22.00
5.2	袋式除尘器	过滤面积 24 m²	台	1	3.50	3.50
5.3	电磁流量计		个	2	3.00	6.00
5.4	浆液密度分析仪		台	1	5.00	5.00
5.5	电动葫芦	CD15-9D	台	1	2.16	2.16
6	泵送及井下管道输送系统					167.30
6.1	水平管道	钢衬聚氨酯管	m	1300	0.08	104.00
6.2	充填钻孔		个	2	12.00	24.00
6.3	垂直套管		m	60	0.05	3.00
6.4	充填套管		m	60	0.06	3.30
6.5	压力变送器		台	2	1.50	3.00
6.6	拖式混凝土泵		台	1	30.00	30.00
7	电气自动控制系统					50.00
8	地面其他配套工程					59.20
8.1	主厂房	9 m×15 m	m²	135	0.12	16.20
8.2	料仓		座	1	18.00	18.00
8.3	溢流水池		个	1	10.00	10.00
8.4	场地平整					15.00

续表10-13

序号	项目	规格型号	单位	数量	单价/万元	总价/万元
9	直接工程费用(占总费用82%)					1022.66
10	工程建设其他费用(按总费用11%计算)					137.19
11	工程建设预备费(按总费用7%计算)					87.30
12	总费用					1247.15

2. 充填材料成本计算

充填系统运营成本见表10-14,计算1:8灰砂比充填成本为67.83元/m³;非胶结充填充填成本为4.51元/m³。按照灰砂比为1:8(打底、胶面充填)、非胶结充填(嗣后充填)充填比例0.064:0.934,综合充填成本为3.17元/t。

表10-14　充填成本计算表(嗣后充填采用非胶结充填)

序号	项目	灰砂比1:8		非胶结充填		备注
		消耗量	成本/(元·m⁻³)	消耗量	成本/(元·m⁻³)	
1	材料费		63.32		0.00	
1.1	C料	0.1583 t/m³	63.32	0	0.00	400元/t
1.2	骨料	1.2667 t/m³	0.00	1.225 t/m³	0.00	
2	电费	100 kW	1.17	100 kW	1.17	0.7元/(kW·h)
3	人工工资	11人	2.78	11人	2.78	50000元/(人·年)
4	设备折旧		0.56		0.56	折旧年限10 a
	合计		67.83		4.51	
	综合成本		1.61元/t		1.56元/t	充填比例0.064:0.934

3. 应用效果评价

金属矿山尾砂产出率普遍在90%以上,采用充填法开采仅能利用50%左右,而以深锥浓密机和充填工业泵为核心设备的泵送充填系统投资普遍在3000万元以上,且仅能将尾砂浓缩至高浓度状态后用于井下充填,无法实现尾砂的全部资源化利用。作者团队研发了以高频振动筛和陶瓷过滤机为核心设备的两段连续固液分离脱水工艺,实现了级配差异巨大全尾砂的高效低成本粗细精准分离脱水,建成了国内第一座基于斜陡坡地形的全尾砂全脱水似膏体自流充填系统,系统总投资仅1247万元,解决了广大中小型矿山充填系统投资高、尾砂综合利用率低的技术难题,在国内具有广泛的推广应用价值。2023年,经中国有色金属学会组织,在王运敏院士等专家现场考察后鉴定该项目已达到世界领先水平。

思考题

1. 论述立式砂仓全尾砂充填系统的优缺点。

2. 以宝山矿为例,论述深锥浓密机全尾砂充填系统的优缺点。

3. 如何降低深锥浓密机全尾砂充填系统的系统投资和运行成本?

4. 以柿树底金矿为例,论述全尾砂全脱水充填系统的优缺点。

5. 为什么全尾砂全脱水充填系统在国内具有广泛的推广应用价值?

第 11 章　组合料充填系统

本章通过对组合料充填工艺流程和典型方案进行评述，详细介绍了金川镍矿棒磨砂、孙村煤矿煤矸石、开磷矿业磷石膏、楚磷矿业重选废石等矿山组合料充填系统的典型方案与实例，系统总结了组合料充填技术的最新研究与应用成果。

11.1　组合料充填系统典型方案

在尾砂产量不足或粒径超细不适宜作为充填骨料时，通常需要考虑寻找和添加其他来源的骨料，譬如：采掘废石、抛废废石、河砂、江砂、山砂、戈壁砂、煤矸石、粉煤灰、磷石膏、黄磷渣等材料。由于高浓度充填料浆一般采用管道输送的方式输送至采空区内，因此充填骨料的最大粒径一般要求控制在 5 mm 或 8 mm 以内。根据充填骨料的粒径大小及是否需要设置破碎系统，组合料充填系统可分为无破碎系统、有破碎系统的组合料充填系统两种。

11.1.1　无破碎系统的组合料充填系统

1) 组合料堆存及上料工艺

无破碎系统的组合料充填系统方案如图 11-1 所示，合格的充填骨料经汽车运输至充填站的堆场内临时堆存，堆场容积一般需满足 2~3 d 的充填骨料堆存要求。一般采用装载机将充填骨料转运至稳料仓内，再经皮带秤计量和带式输送机上料至立式搅拌桶内。

2) 充填料浆制备工艺

胶凝材料一般选用散装水泥，采用水泥罐车将其输送至充填站内，现场配备一台移动式空气压缩机，从散装水泥罐车向水泥仓内压气卸料。水泥仓一般为成品结构，由立式密闭的圆柱-圆锥状钢板焊接组成，仓体顶部设有袋式除尘器，底部设有防板结的破拱装置，仓底排料口安装有插板阀、星形给料机、螺旋秤和螺旋输送机等设备，通过精确计量后经螺旋输送机向搅拌桶均匀供料。充填用水一般由高位水池提供，充填骨料和水泥及水在立式搅拌桶内，经高速搅拌、均匀拌和成合格的充填料浆，再经充填钻孔和管道输送至空区内。

3) 系统优点

①系统工艺简单、技术难度低。

②设备投资较小、系统建造成本较低。

③系统自动化程度相对较高。

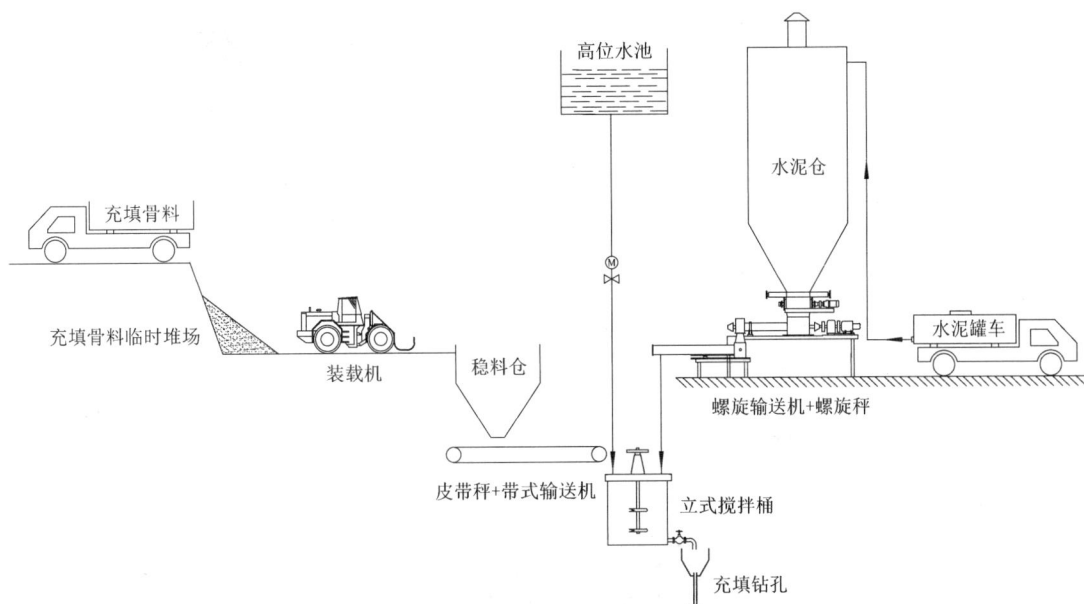

图 11-1 无破碎系统的组合料充填系统方案

④充填系统运行成本低。

⑤充填料浆的质量分数可自由调控。

4) 系统缺点

①要求矿山周边必须具有价格低廉、来源广泛且绿色环保的充填骨料。

②充填骨料往往采用汽车运输至充填站内,不仅需要消耗一定的人力和运输成本,当运距较远时还会导致运输成本过高。

③单套系统的处理能力相对较小,大型矿山需要建设多套系统。

综上所述,无破碎系统的组合料充填系统具有工艺简单、技术难度较低、投资较小、运输成本较低、充填浓度可自由调控等诸多优点,对于周边有价格低廉、来源广泛且绿色环保充填骨料的中小型矿山尤为适用。

11.1.2 有破碎系统的组合料充填系统

1) 破碎筛分工艺

当充填骨料颗粒较大或有其他杂质时,必须增加破碎筛分系统以便获得合格的粉料,一般矿山充填所确定的充填骨料最大粒度≤8 mm。以矿山的掘进废石为例,其破碎筛分工艺流程如图 11-2 所示。掘进废石通过汽车运输倾倒至废石堆场内,用液压破碎锤将块度控制在 200 mm 以下;然后通过装载机(或铲运机)将废石转载至刮板输送机后再运送至反击破碎机内进行破碎,破碎后物料通过振动筛筛分,合格料由胶带运至粉料堆场堆存,充填时由装载机配合胶带输送机将粉料转运至充填站的搅拌桶内。不合格料通过胶带机和链斗提升机返运至破碎机内进行循环破碎作业。

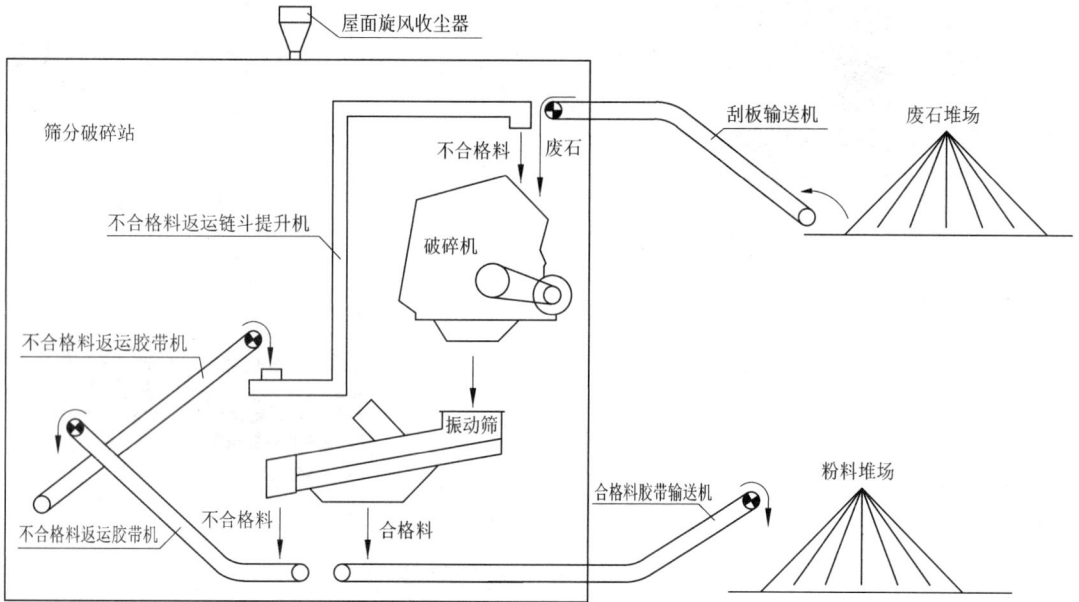

图 11-2 破碎筛分工艺流程图

2）组合料堆存及上料工艺

有破碎系统的组合料充填系统方案与无破碎系统的组合料充填系统方案类似，破碎后合格的充填骨料经汽车运输至充填站的堆场内临时堆存，堆场容积一般需满足 2~3 d 的充填骨料堆存要求。一般采用装载机将充填骨料转运至卸料斗内，再经皮带秤计量和带式输送机上料至立式搅拌桶内。

3）充填料浆制备工艺

胶凝材料一般选用散装水泥，采用水泥罐车将其输送至充填站内，现场配备一台移动式空气压缩机，从散装水泥罐车向水泥仓内压气卸料。水泥仓一般为成品结构，由立式密闭的圆柱-圆锥状钢板焊接组成，仓体顶部设有袋式除尘器，底部设有防板结的破拱装置，仓底排料口安装有插板阀、星形给料机、螺旋秤和螺旋输送机等设备，通过精确计量后经螺旋输送机向搅拌桶均匀供料。充填用水一般由高位水池提供，充填骨料和水泥及水在立式搅拌桶内，经高速搅拌、均匀拌和成合格的充填料浆，再经充填钻孔和管道输送至空区内。

4）系统优点

①设备投资较小、系统建造成本较低。

②系统自动化程度相对较高。

③充填料浆的质量分数可自由调控。

④可实现矿山废石等固废的大量消纳。

5）系统缺点

①要求矿山周边必须具有价格低廉、来源广泛且绿色环保的充填骨料。

②充填骨料往往采用汽车运输至充填站内，不仅需要消耗一定的人力和运输成本，当运距较远时还会导致运输成本过高。

③由于需要增加破碎系统，因此破碎成本较高。

④单套系统的处理能力相对较小，大型矿山需要建设多套系统。

综上所述，与无破碎系统的组合料充填系统相比，有破碎系统的组合料充填系统增加了破碎筛分系统导致充填工艺相对复杂、破碎成本增加，但是组合料充填系统可实现矿山废石等固废的大量消纳，也具有一定的推广应用价值。

11.2　金川镍矿棒磨砂组合料充填系统

金川集团股份有限公司（简称金川公司）是甘肃省人民政府控股的特大型采、选、冶、化、深加工联合企业，镍产量居世界第四位，钴产量居世界第三位，铜产量居国内第四位，铂族金属产量居国内第一位。金川镍矿以矿体厚大、埋藏深、地应力高和矿岩破碎著称于采矿界，已成为国内首屈一指的超大型现代化绿色矿山，也是软弱岩层和高地应力条件下厚大矿体用安全高效充填法开采的典型示范。

11.2.1　矿山概况

1.矿山概况

金川镍矿位于我国甘肃省河西走廊中段的金昌市境内，是世界著名的多金属共生的大型硫化铜镍矿床之一。矿区主要分布在龙首山下长 6.5 km、宽 500 m 的范围内，探明矿石储量为 5.2 亿 t，镍金属储量 550 万 t，居世界同类矿床第 3 位，深部、边部及外围具有良好的找矿前景。金川矿石还伴生有钴、铂、钯、金、银、锇、铱、钌、铑、硒、碲、硫、铬、铁、镓、铟、锗、铊、镉等元素，其中可供回收利用的有价元素有 14 种。矿床之大、矿体之集中、可利用金属之多，在国内外都是罕见的。

如图 11-3 所示，金川镍矿分为 4 个矿区，其中Ⅰ、Ⅱ矿区为正在开采的富矿，Ⅲ、Ⅳ矿区为将开发的贫矿。金川镍矿目前有龙首矿、二矿区和三矿区 3 个生产矿山。龙首矿建于20 世纪 60 年代，采用竖井开拓系统及下向六角形高进路胶结充填法开采。金川镍矿二矿区于 1983 年正式投产，1987 年出矿量突破 100 万 t 大关，2003 年首次突破 300 万 t 大关，2012 年达到 450 万 t，成为我国为数不多的地下大型坑采现代化充填矿山。三矿区是由原露天矿转型的生产矿山，主要开采原二矿区 2 号矿体 F17 以东的矿石，目前年生产矿石已突破200 万 t，成为金川公司的主力矿山。

2.绿色矿山建设

如图 11-4 所示，经过多年的开采，金川露天镍矿的采剥矿岩总量高达 7033 万 m^3，遗留下了全国最大的人造矿坑，产生的上亿吨废石在矿坑周边近 100 万 m^2 的范围内堆砌成废石山。金川公司利用开采后废弃的大型露天矿坑和采矿废石堆建成金川国家矿山公园，在寸草不生的矿渣和乱石堆上种植了 116 个品种的 74 万株苗木，使矿区的绿化面积达到 46 万 m^2，绿化覆盖率在可绿化区域总面积的 85% 以上，打造金昌市工业旅游名片。毗邻矿区的金昌市变成了半城楼宇半城绿的花园城市，移步即景、风光如画，并获批"全国文明城市""国家园林城市"。

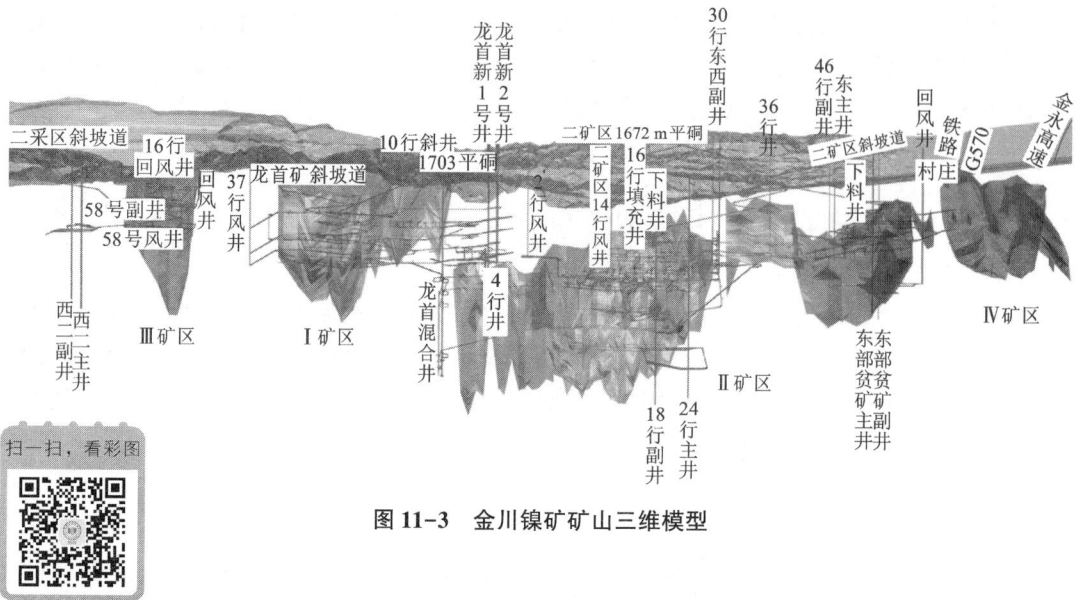

图 11-3　金川镍矿矿山三维模型

(a) 金昌市及金川公司矿区卫星图

(b) 已闭坑露天采场

(c) 地表工业场地

(d) 金川国家矿山公园

(e) 尾矿库

图 11-4　金川公司主要生产设施情况

3.先进的采矿工艺和机械化装备配套

金川镍矿目前开采深度接近千米,采场地压显现剧烈,给矿山工程稳定性和岩移控制带来极大困难。通过技术攻关,金川公司于 1985 年引进了适宜开采矿岩破碎、地应力大、采空区不能自稳的新型采矿方法——机械化盘区下向进路胶结充填采矿法(图 11-5),并配置了 JCZY-252 型轮式全液压凿岩台车、JCCY-6 型遥控铲运机等机械化的采掘装备,1996 年出矿量突破 200 万 t。目前,金川公司年生产能力已经接近 900 万 t,且以每年 10%的速度递增。

(a) 矿石破碎球磨车间

(b) 精矿浮选车间

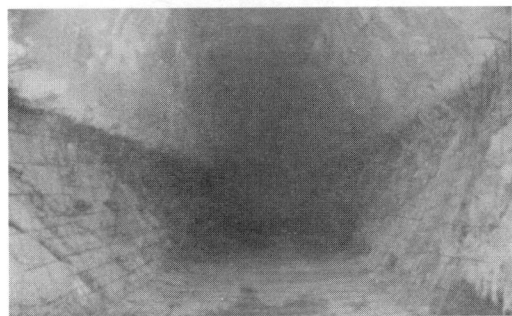

(c) 下向六角形进路

(d) JCZY-252 型轮式全液压凿岩台车

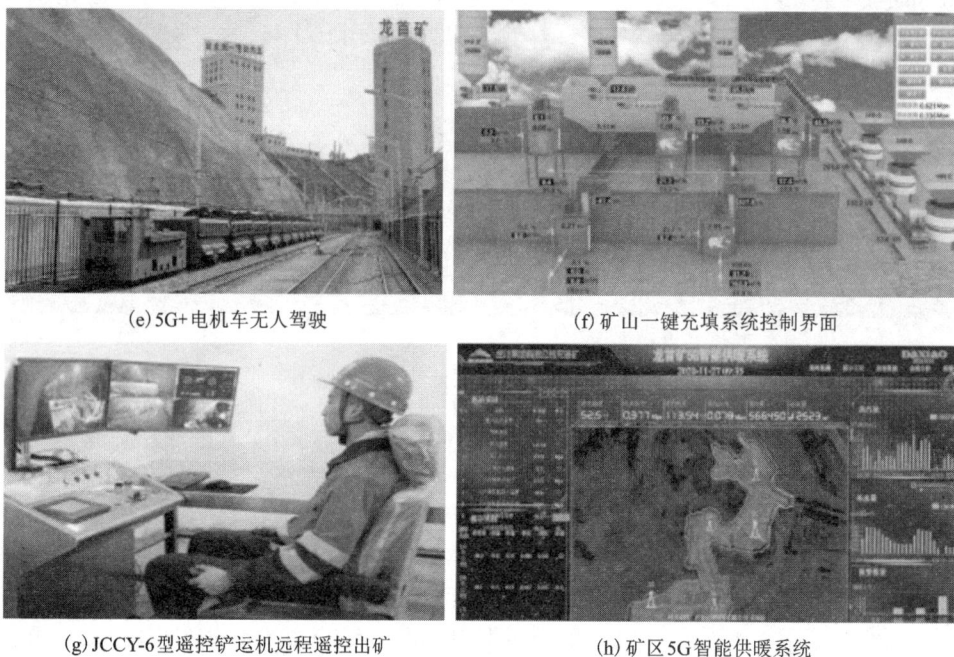

(e) 5G+电机车无人驾驶 　　　　　　　　(f) 矿山一键充填系统控制界面

(g) JCCY-6型遥控铲运机远程遥控出矿 　　　　(h) 矿区5G智能供暖系统

图 11-5　金川公司机械化智能化开采情况

11.2.2　充填采矿法简介

金川镍矿主要采用下向进路充填法进行开采，根据进路断面的不同，又可分为下向矩形进路充填法和下向六角形进路充填法。

1. 下向矩形进路充填法

1）采场布置及采场结构参数

根据矿体产状，沿矿体走向划分盘区，盘区长度 100 m，宽度为矿体厚度，沿盘区内垂直矿体走向布置采场（进路），阶段高度 60 m，分段高度 20 m，分层高度 4 m，采场（进路）断面为矩形，规格为 4 m×4 m。

2）采准切割工艺

如图 11-6 所示，采准工程主要包括斜坡道、分段巷道、放矿溜井、充填回风井等。切割工程主要包括下盘沿脉巷、充填井联络道等。

3）回采

用 Rocket Boomer 282 凿岩台车钻凿水平钻孔，采用光面爆破的布孔方式进行崩矿，JCCY-6 型铲运机铲装矿石，经分层联络道运至溜矿井卸矿。每次爆破结束后，用风筒将新鲜风流导入工作面，清洗工作面后的污风亦用布置在进路入口处的风筒抽出并排至回风井，通风时间不少于 40 min。进路回采完毕后及时进行充填，充填管道用锚杆钢圈固定在进路顶板上，进路采场底部预先铺设钢筋网。所有进路回采并充填完毕后，最后充填分层联络道，统一转入下一分层。

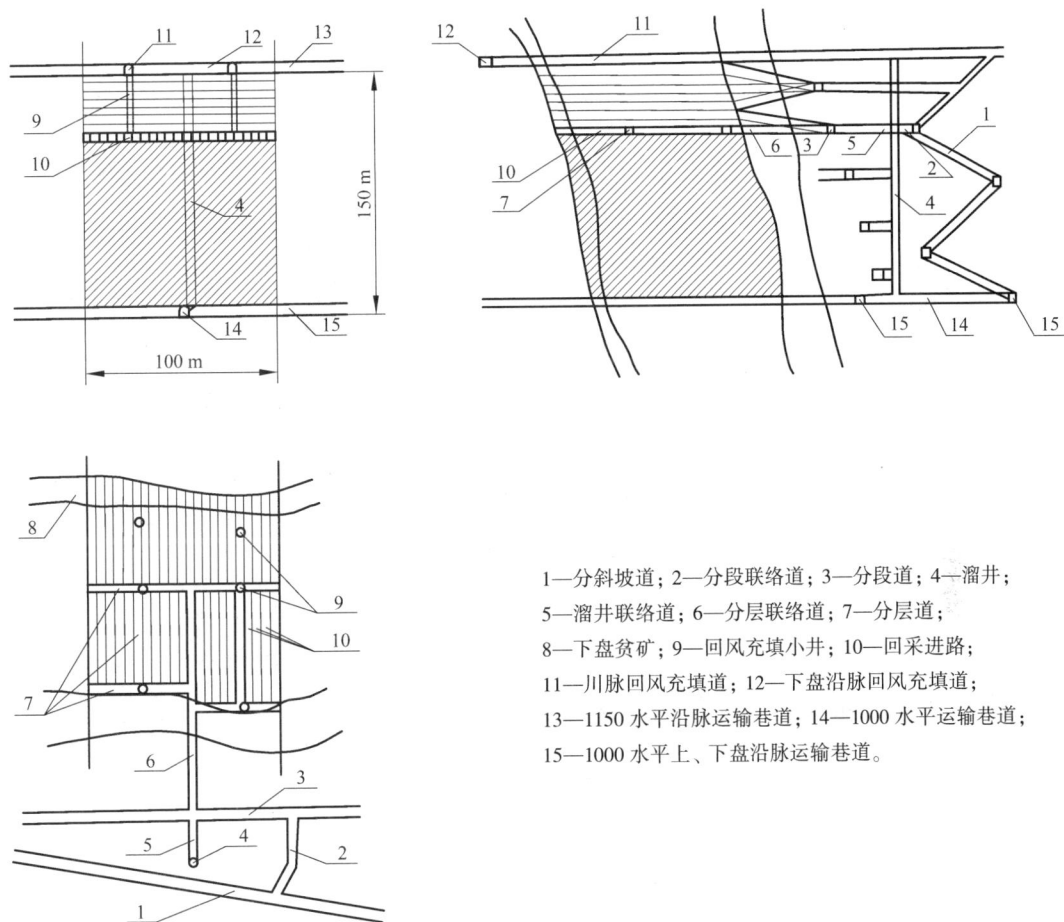

1—分斜坡道；2—分段联络道；3—分段道；4—溜井；
5—溜井联络道；6—分层联络道；7—分层道；
8—下盘贫矿；9—回风充填小井；10—回采进路；
11—川脉回风充填道；12—下盘沿脉回风充填道；
13—1150 水平沿脉运输巷道；14—1000 水平运输巷道；
15—1000 水平上、下盘沿脉运输巷道。

图 11-6　下向矩形进路充填法示意图

4）方案评价

该方案采准切割工程量少，采切比小；布置进路采场，矿石回采率高，损失贫化率低；采场暴露面积小，地压控制效果好，回采作业安全性高。但矩形进路回采效率与生产能力低、采场通风困难；进路充填准备及接顶工作复杂，充填效率低、人工假顶构筑成本高。

5）主要经济技术指标

千吨采切比 3.5 m/kt；贫化率 5%；回采率 95%；采矿成本 66.2 元/t。

2. 下向六角形进路充填法

1）采场布置及采场结构参数

盘区垂直矿体走向布置长度 100 m，宽度为矿体厚度。进路结构参数为：4 m×5 m×6 m（上下底宽×高度×腰宽），长度 50~75 m，沿矿体走向布置，分段高度 20 m，分层高度 2.5 m。

2）采准切割工艺

采用脉内外联合采准系统，主要采准切割工程为分段脉外运输道、分层联络道、分层出矿巷道、放矿溜井、充填回风道和充填回风井等工程，如图 11-7 所示。

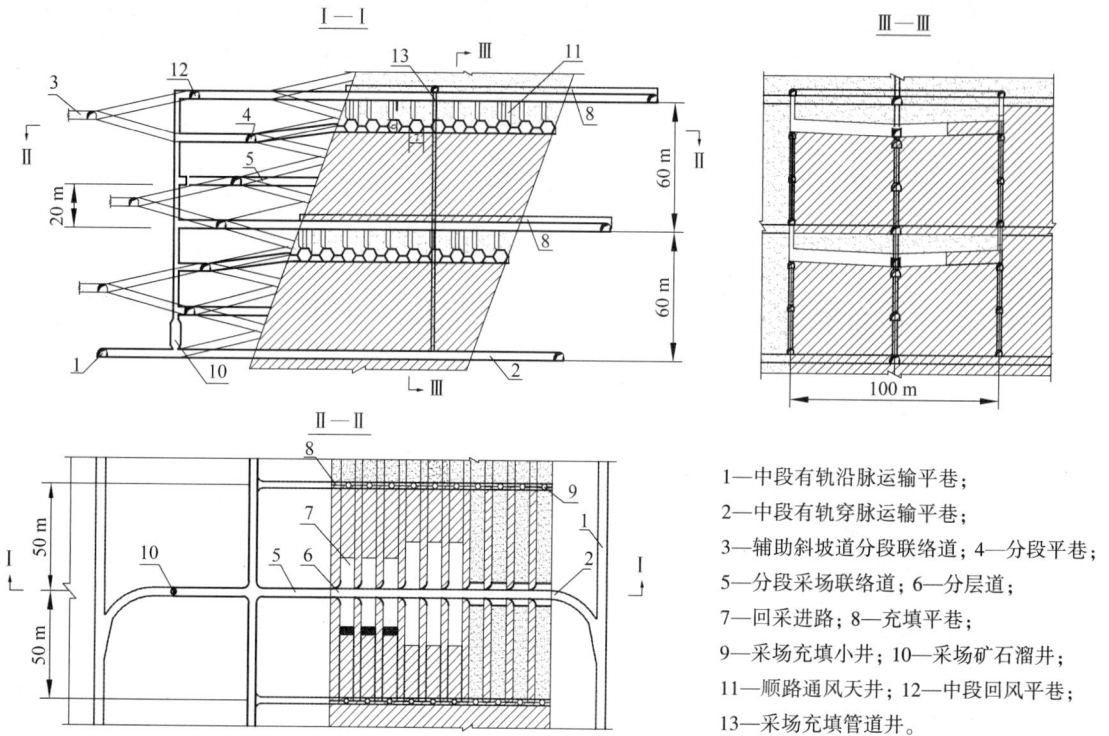

1—中段有轨沿脉运输平巷；
2—中段有轨穿脉运输平巷；
3—辅助斜坡道分段联络道；4—分段平巷；
5—分段采场联络道；6—分层道；
7—回采进路；8—充填平巷；
9—采场充填小井；10—采场矿石溜井；
11—顺路通风天井；12—中段回风平巷；
13—采场充填管道井。

图 11-7 下向六角形进路充填法

3）回采

（1）六角形进路的形成。

第一步：对新开采场第一层进行全面回采，全部进路回采结束后，预留人行井、通风井（或充填管道井），整层充填。

第二步：进路以一定间距回采，一次充填或分次充填形成预备层。

第三步：即第三层时回采第二层未采的进路，且必须把进路的下半部开帮形成倒梯形断面，形成六角形雏形层。

第四步：形成标准层，即在实际回采中，进路绝大部分是一次性形成六角形断面，对部分进路还需进行开帮处理。

（2）凿岩爆破。

凿岩爆破采用楔形掏槽等方式，凿岩设备为 Rocket Boomer282 凿岩台车与 YT28 凿岩机。

（3）通风与采场地压管理。

采场新鲜风流从斜井、混合井和辅助斜坡道进入井下，经中段运输平巷、中段回风井、分段运输平巷及分段联络道进入分层道作业面，污风经采场顺路人行通风天井回到上中段穿脉平巷，再经中段沿脉平巷、回风石门和回风竖井排出地表。回采进路的污风主要采用局扇排至回风中段，随贯穿风流排出地表。采场爆破并经过有效通风排除炮烟、检撬工作面浮石并洒水降尘后，用铲运机铲装矿石，运至脉内或脉外溜井进行转运。

(4) 充填。

充填前先将分层道和采场进路底板用 0.1～0.3 m 厚的碎矿石填平并形成 3°～5° 的倾角，在回填层上铺设金属桁架及金属网，并用钢筋将此金属桁架与上层金属桁架相连。金属网铺设在金属桁架上并搭接，用炉渣空心砖砌筑挡墙，继而进行采场进路一次充填。

4) 方案评价

该方案开采技术条件适应性强，六角形进路充填体安全可靠，矿石贫化损失小，技术成熟，是龙首矿主要采矿方法。但是也存在技术要求严格，开采成本较高等问题。

5) 主要经济技术指标

千吨采切比 3.3 m/kt；贫化率 5%；回采率 95%；采矿成本 63.8 元/t。

11.2.3　充填工艺技术

1. 充填工艺发展历程

1) 混凝土充填系统

建矿后至 20 世纪 80 年代初，金川公司在龙首矿建了简易的混凝土充填系统，采用 40 mm 戈壁集料充当充填骨料，袋装水泥由人工拆包，用 0.4 m³、0.8 m³ 混凝土搅拌机制浆，矿车–串筒溜放充填，采场进路中的电耙倒运。该种充填方式存在工人劳动强度大、作业效率低、生产能力小、作业环境差、充填成本高等诸多问题。后经多次改进，改用溜井存放 −25 mm 戈壁碎石集料，袋装水泥用拆包机拆包，用射流制浆或混凝土搅拌机制浆，水泥浆采用管道自流输送，淋滤和包裹粗骨料。但仍未实现充填料浆的管道输送，仍存在采矿作业效率低、生产能力小和作业环境差等问题。

2) 棒磨砂充填系统

1980—2000 年，金川公司在大量试验研究的基础上，分别在二矿区及龙首矿建成了棒磨砂充填系统。具体的充填工艺为：以 3 mm 棒磨砂或戈壁砂为集料，采用火车运至砂池中并通过抓斗、中间料仓、圆盘给料机、核子秤进行给料计量，采用分砂小车分砂。通过罐车将散装水泥卸入水泥仓并通过双管螺旋给料机、冲板式流量计进行给料和计量；通过流量计及调节阀进行水的供给和计量；采用集散式控制系统和智能化仪表，实现了物料配比、料浆浓度、搅拌桶液位的自动检测和调节。同时，还开展了粉煤灰取代部分水泥的试验及工业化生产；引进了德国普茨迈斯特公司的 KOS2170、KOS2140 型液压双缸活塞泵及德国 Schwing 公司的 KSP140-HDR 型活塞泵，并对充填进路挡墙进行了改进，用炉渣砖挡墙替代木质挡墙。

3) 棒磨砂充填系统优化改进

2001—2010 年，随着矿山生产能力的提高，对制约充填系统能力的诸多要素进行了改进：

(1) 不断优化充填集料组成，改进集料供配料系统，提高单套系统制备输送能力。

(2) 在大量试验研究的基础上，在充填料浆中添加减水剂、早强剂等。

(3) 提高充填料浆浓度及充填体强度。

(4) 对充填钻孔及井下充填管道材质、连接方式(快速卡箍连接、耐磨柔性接头等)进行优化选择，提高充填料浆使用寿命。

(5) 优化采场进路充填挡墙材料及架设方式，提高采场充填效率、缩小分层道与进路交叉口的顶板暴露面积。

（6）在进路挡墙处设置脱水设施并在充填管道进路口设置导水阀等，使进路充填体尽快脱水凝固并提高充填接顶率等。

4）棒磨砂充填系统智能化改造

棒磨砂充填系统在运行中存在砂石含水率无法监测、参数耦合控制波动大、人员调整时滞大等难点问题，而且对充填系统参数控制时效性要求高，人工干预操作难度大，需要作业人员长时间频繁操作，智能化程度不高，系统运行稳定性难以满足现有生产需求。为了解决上述难题，2020年龙首矿西一充填站"一键充填"系统正式投入使用，该系统通过自适应含水率、骨料波动调整、生产过程自检自调、自动纠偏、应急处理等智能充填控制系统模型的研发应用，辅以复杂环境下的核心控制算法的程序，最大程度地减少人员干预，做到了充填过程的自动化、数字化、透明化。

5）深锥浓密充填系统

为消纳和利用矿山固废，2022年金川二矿区建设了一套以深锥浓密机为核心设备的全尾砂+废石组合料充填系统，每年可消纳35万t废石、25万t尾砂，大大降低了环境治理费用和环保压力。尾砂与废石配比4∶6、充填料浆浓度77%~79%、坍落度>23 cm，组合料充填体3 d抗压强度≥1.5 MPa、7 d的≥2.5 MPa、28 d的≥5 MPa。运行过程中，充填体整体性好，无明显的离析分层，强度指标达到设计要求，有效提高了充填体整体质量，为降低采场安全风险和保障井下人员安全提供了重要保障。

2.棒磨砂充填系统简介

1）充填配比参数

受选矿工艺的制约和市场行情的影响，目前金川公司选矿所产生的全尾砂中仍含有较多的有价元素无法回收，于是选择建库排放和堆存尾砂，待选矿工艺突破后再综合回收利用。考虑到金川公司每年的充填总量极大，急需来源广泛、价格低廉、无毒无害的充填骨料来满足井下充填需求。金川公司所在的金昌市地处中国西北地区、甘肃省河西走廊中段，北部即为广阔的阿拉善沙漠，矿区气候干旱、土地贫瘠、地表戈壁集料十分丰富，于是便采集矿区周边戈壁集料，并用棒磨机磨细后，加工成-3 mm的细砂作为充填骨料，灰砂比控制在1∶4，充填料浆质量分数77%~79%，铺设钢筋网后的人工假顶充填体28 d抗压强度为4~5 MPa。

2）充填系统工艺流程及主要装备

由于金川公司产能较大，其下多个矿区均建有独立的充填系统，单系统充填能力为100~120 m³/h，其中约90%的充填料浆可实现自流输送，少量区域需要加压泵送充填。金川公司棒磨砂充填系统主要由充填骨料制备系统、充填骨料上料系统、搅拌系统和管道输送系统组成，如图11-8所示。

（1）充填骨料制备系统。金川公司设置了专门的戈壁集料采掘和制备车间，制备系统主要包括戈壁集料采集、筛分、破碎、二次筛分、二次破碎、洗涤和脱水等工艺流程，最终获得3 mm以下、杂质含量极少的细砂作为合格的充填骨料。

（2）充填骨料上料系统。粒度合格的棒磨砂骨料经洗涤脱水后，采用火车运至各矿区充填站堆场内临时堆存。充填系统运行时，采用抓斗起重机将棒磨砂卸入供料仓内，再经仓底

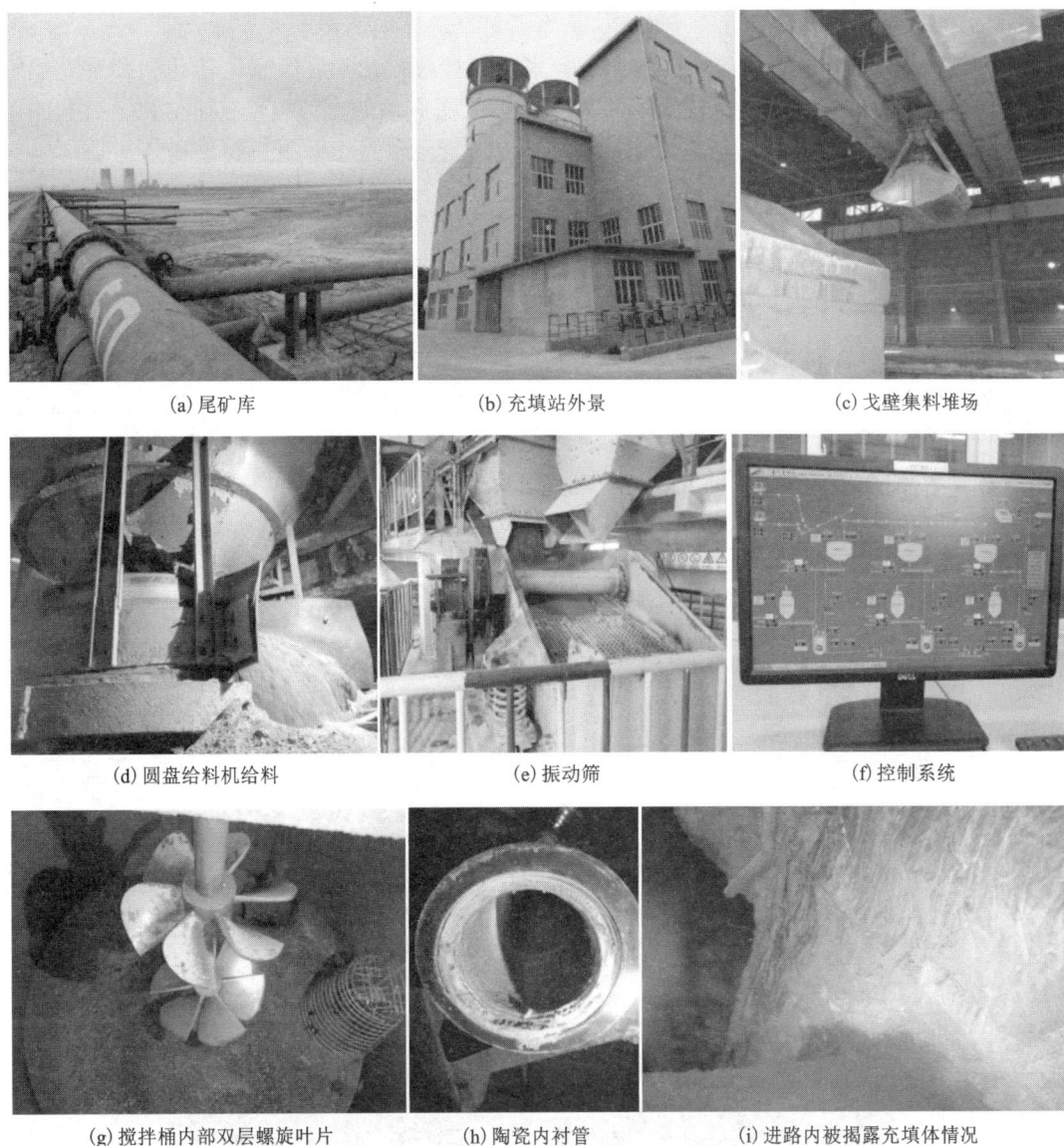

(a) 尾矿库　　　　　　　(b) 充填站外景　　　　　　(c) 戈壁集料堆场

(d) 圆盘给料机给料　　　　(e) 振动筛　　　　　　(f) 控制系统

(g) 搅拌桶内部双层螺旋叶片　　(h) 陶瓷内衬管　　(i) 进路内被揭露充填体情况

图 11-8　金川公司棒磨砂充填系统配置图

的圆盘给料机定量给料，放出的棒磨砂经皮带转运、输送至架设在搅拌桶上方的振动筛和分砂小车内，再向搅拌桶内供料。水泥和粉煤灰作为胶凝材料，分别存放于布置在充填站外的水泥仓和粉煤灰仓内，仓底设有单管螺旋输送机、斗式提升机、U 型螺旋输送机将其转运至过渡灰仓内。过渡灰仓底部安装有手动平板闸门和双管螺旋，最终由螺旋输送机向搅拌桶内供料。充填用水则由布设在充填站上方的高位水池供给。

（3）搅拌系统。满足自流输送的充填料浆采用一级搅拌桶搅拌工艺，需泵送充填的充填料浆则采用了一级搅拌桶搅拌、二级双螺旋搅拌机搅拌的工艺。经准确计量的棒磨砂、胶凝材料和水按照一定配比，分别添加至一级搅拌桶内进行高速搅拌。一级搅拌桶尺寸为

$\phi 2$ m×$h2.1$ m，采用上下双层螺旋叶片，最高转速可达 240 r/min。二级双螺旋搅拌机型号为 ATDⅢ-$\phi 700$，可将充填料浆进一步均匀，从而满足泵送充填的要求。

（4）管道输送系统。可自流输送的充填料浆从搅拌桶排出后，经充填钻孔和井下充填管网输送至进路采场顶部的充填天井进行充填。需要泵送充填的充填料浆，则在 KSP-140HDR 型液压双缸活塞泵的作用下，经充填钻孔和井下充填管网输送至井下进路采场。

11.3　孙村煤矿煤矸石组合料充填系统

2006—2008 年，孙村煤矿与中南大学王新民教授团队合作，建成了全国首套煤矸石组合料似膏体充填系统，实现了垂深 600 m 以上近 1000 万 t 优质保安煤柱的安全高效开采。2010 年，经山东省科技厅鉴定，孙村煤矿煤矸石组合料似膏体充填技术在国内尚属首创，在煤矿行业具有广阔的推广应用前景，对于中国煤炭工业发展循环经济、实现绿色开采具有广泛的推广借鉴价值。

11.3.1　矿山概况

孙村煤矿是新汶矿业集团有限责任公司开采历史最为悠久的主力矿山之一，设计生产能力 140 万 t/a。主要开采 2、4 及 11 煤层，主体采矿方法为长壁垮落法，开采深度超过 1300 m，是国内开采深度最大的煤矿之一，如图 11-9 所示。但由于存在以下难题，严重制约了矿山的可持续发展：

扫一扫，看彩图

图 11-9　孙村煤矿煤矸石山堆积情况

（1）经过多年的强化开采，掘进产生的煤矸石日益增多（按 12% 的煤矸石产出率，每年新增煤矸石近 20 万 t），现有煤矸石山容积已近饱和，新增煤矸石如何堆放已成当务之急。

（2）煤矸石山位于城区内，靠近柴汶河，对城镇环境和柴汶河水系造成了严重污染。如果能够将这部分煤矸石彻底消化，不仅可以恢复宝贵的土地资源，创造显著的经济效益[按每亩土地 20 万元计算，占地近 200 亩（1 亩≈666.7 m²）的煤矸石山占用资金 4000 万元]，而且会对保护环境、创建绿色矿山做出重大贡献，经济效益、社会效益和环境效益显著。

（3）为保护地表建筑物、农田、柴汶河及矿山 3 条主要井巷，在城镇范围内留设了储量达 160 万 t 的优质保安煤柱，按当时市场价格计算，积压资金超过 6.4 亿元。如何在保证地表及矿山主要井巷安全的前提下，最大限度地回收这部分宝贵的煤炭资源，对矿山可持续发展意义重大。

（4）矿山已进入深井开采行列，面临高温、岩爆、煤柱难以留设等诸多重大技术难题，必须采取有效的技术措施加以解决。

针对膏体制备及管道输送技术要求较高、泵送设备投资大、充入采场后浆体流动性能差、充填采场充满率低等突出问题，中南大学王新民教授团队开发了一种浆体浓度较高、流动性能好的煤矸石似膏体充填技术，以满足孙村煤矿对充填能力和系统可靠性的要求。这不仅为孙村煤矿实现绿色生产和可持续发展提供了重要技术支持，而且填补了国内软岩矿山似膏体充填技术的工程应用空白；对提高我国煤炭资源开采技术水平、提高资源综合回收率、控制地面塌陷和生态破坏、消除煤矸石堆放带来的占地和污染环境问题、实现矿山清洁生产做出突出的贡献。目前，煤矸石似膏体充填技术已在国内煤矿大范围推广应用。

11.3.2　组合料充填试验与充填系统

1. 组合料充填试验

1）充填骨料特性

煤矸石是采煤和洗煤的副产品，是无机质和少量有机质的混合物，主要有黑灰色新鲜煤矸石和淡红色陶化煤矸石两种。由于煤矸石块度较大，必须进行破碎并添加细骨料，才能用于管道输送。粉煤灰又称飞灰，是燃煤电厂中细煤粉在锅炉中燃烧后从烟道排出、经收尘器收集的超细粒径固废。由于粉煤灰具有一定的悬浮性能，可降低充填料浆浓度、抑制粗骨料沉淀、改善充填料浆的管道输送性能，适宜作为改性材料。

如表 11-1、表 11-2 所示，主要充填料粒径组成及化学成分测定结果表明：

①新鲜煤矸石（新矸 1）粒级较粗，2 mm 以上颗粒达 77%，中值粒径 3.5 mm，不均匀系数在 50 以上。

②细碎后煤矸石（新矸 2 和陶矸）粒径相对较细，2 mm 以下颗粒占 85% 左右，中值粒径 0.4~0.45 mm，但不均匀系数和破碎成本也相对较高。

③各骨料中的 SiO_2 含量均在 50% 以上，其他主要氧化物为 Al_2O_3、Fe_2O_3。

④粉煤灰粒径小（有效粒径仅为 0.011 mm），渗透系数小（0.000482 cm/s），其 SiO_2、Al_2O_3 含量分别高达 56.43% 和 27.17%，具有一定的潜在胶结性能，可作为水泥代用品替代部分水泥，提高充填体后期强度，降低水泥消耗，节约充填成本。

2）充填配比试验

为了改善煤矸石充填体的综合性能，在部分试验组中添加了复合减水剂和早强剂，添加量为水泥与粉煤灰质量和的百分比，充填配比试验结果汇总于表 11-3。

表 11-1　孙村煤矿充填材料粒径组成　　　　　　　　　　%

粒径范围/mm	2~5	0.5~2	0.25~0.5	0.075~0.25	0.05~0.075	0.005~0.05	<0.005
陶矸	12.0	33.0	15.0	20.0	5.0	13.5	1.5
新矸 1	77.0	10.0	2.0	1.0	2.0	7.5	0.5
新矸 2	16.0	31.5	13.5	16.5	5.5	16.5	0.5
粉煤灰					11.0	87.0	2.0

表 11-2　孙村煤矿充填材料化学成分　　　　　　　　　　%

充填料名称	CaO	Fe_2O_3	MgO	SiO_2	Al_2O_3	K_2O	Na_2O	SO_3	P_2O_5
陶矸	1.27	6.86	1.33	51.65	21.03	1.69	0.30	9.29	0.11
新矸	4.10	6.50	1.69	57.60	19.39	1.87	0.47	4.82	0.13
粉煤灰	2.95	5.67		56.43	27.17				

表 11-3　孙村煤矿充填配比试验结果

水泥∶粉煤灰∶骨料	质量分数/%	减水剂/%	早强剂/%	骨料	抗压强度/MPa			浆体体重/(t·m⁻³)	泌水率/%
					7 d	28 d	60 d		
1∶2∶16	72			新矸 1	0.38	0.50	0.72	1.80	2
1∶2∶16	75			新矸 1	0.57	0.74	1.10	1.88	1.2
1∶2∶16	75	1.5		新矸 1	0.56	0.71	1.22	1.86	1.1
1∶2∶16	72		8.0	新矸 1	0.55	0.60	0.94		
1∶2∶16	75	1.5	8.0	新矸 1	0.63	0.80	1.35		
1∶2∶16	75	1.0		新矸 1	0.51	0.67	1.05	1.91	3.7
1∶2∶16	75	2.0		新矸 1	0.56	0.69	1.12	1.77	2.6
1∶2∶20	75	1.5		新矸 1	0.42	0.50	0.75	1.91	2.9
1∶2∶25	75	1.5		新矸 1	0.25	0.29	0.45		6.3
1∶2∶20	72			新矸 1	0.21	0.25	0.40		2.3
1∶3∶25	75	1.5		新矸 1	0.23	0.24	0.49		2.2
1∶4∶25	75	1.5		新矸 1	0.19	0.23	0.38		2.5
1∶2∶20	72			新矸 2	0.44	0.67	1.00		2.7
1∶2∶20	75	1.5		新矸 2	0.63	0.70	1.15		2.4
1∶2∶20	72			陶矸	0.65	0.70	1.16		2.3
1∶2∶20	75	1.5		陶矸	0.87	0.93	1.38		4.3
1∶3∶25	72			新矸 1	0.13	0.20	0.24		

续表11-3

水泥：粉煤灰：骨料	质量分数/%	减水剂/%	早强剂/%	骨料	抗压强度/MPa			浆体体重/(t·m⁻³)	泌水率/%
					7 d	28 d	60 d		
1：4：15	72			新矸1	0.28	0.43	0.88		2.4
1：4：15	75	1.5		新矸1	0.56	0.76	1.35		3.0
1：4：15	75	1.5		陶矸	1.15	1.41	2.42		
1：4：15	72	1.5		新矸2	0.70	1.00	1.83		2.4
1：4：15	75	1.5		新矸2	1.11	1.33	2.02		
1：10：30	72	1.5		新矸1	012	0.14	0.25		2.6
0：1：3	72	1.5		新矸1		0.11	0.24		15
0：1：3	72	1.5		陶矸		0.15	0.30		6.25

①陶化煤矸石(陶矸)充填体早期强度明显高于新鲜煤矸石,而细粒新鲜煤矸石(新矸2)优于粗粒新鲜煤矸石(新矸1)。同条件下,陶化煤矸石7 d抗压强度比新矸2提高30%,比新矸1提高50%~70%。这说明煤矸石陶化后具有了一定的胶凝特性,而同为新鲜煤矸石,新矸2由于粒径较细,充填体更密实。

②添加粉煤灰可有效抑制骨料沉淀、改善浆体流动性能,而且泌水率在3%左右,不加粉煤灰的胶结充填体泌水率在10%以上,有利于大大减少井下采场脱滤水。

③早强剂虽然可在一定程度上提高充填体强度,但添加工艺复杂、成本较高。

④添加复合减水剂可明显改善浆体和易性、提高充填体浓度和强度、降低管道磨损,添加量以水泥与粉煤灰质量和的1.5%为宜。

⑤不加水泥的充填体试块在早期难以自立。

⑥分析胶结充填体应力-应变曲线,可以发现充填体具有较高的残余强度,即充填体达到强度极限破坏后,仍有一定的承载性能。

⑦综合经济技术两方面要求,推荐充填材料配比及技术参数如下:骨料采用陶化煤矸石或细粒新鲜煤矸石,粒径小于5 mm;水泥：粉煤灰：煤矸石=1：4：15(质量比);质量分数70%~72%;复合减水剂添加量1.0%~1.5%;充填体7 d抗压强度不低于0.7 MPa。

2. 组合料充填系统

1) 充填工艺流程

充填制备站的主要功能是将水泥、粉煤灰、煤矸石、减水剂等混合料加水制成合格的充填料浆,通过钻孔和管道输送至井下待充采场。破碎后粒度合格的煤矸石用高架皮带运输机储存于煤矸石堆场内,通过皮带向缓冲漏斗供料,经圆盘给料机、振动筛、核子秤计量后通过皮带运输机转运到主搅拌桶内。水泥、粉煤灰用散装罐车运送,通过压气卸入立式水泥仓和粉煤灰仓内,经仓底插板阀、星形给料机、冲板流量计计量后通过单螺旋输送机输送至同一个搅拌桶内。按要求加入减水剂,搅拌形成水泥粉煤灰浆,然后转运到主搅拌桶内,采用强力机械搅拌装置,制备成均匀合格的似膏体充填料浆。最后,通过钻孔和管道输送至待充采场，通过带快速接头的塑料软管进行采场充填，充填料的制备能力为 100 m^3/h。

2）煤矸石输送及上料系统

如图 11-10 所示，由于煤矸石山距离充填制备站较远，因此煤矸石从收集到破碎成合格产品（粒径≤5 mm）的各工序间通过固定式和移动式皮带运输机相连，破碎合格的煤矸石从外部运输至搅拌站附近进行堆放。

图 11-10 煤矸石输送系统

如图 11-11 所示，破碎后的煤矸石由前装机或铲运机自堆场转运至煤矸石喂料仓中，喂料仓底部设有 ϕ2000 mm 的圆盘给料机，圆盘给料机将煤矸石送入其下方的胶带运输机上。胶带机设有计量装置，其给料速度可以自动调节。

图 11-11 煤矸石上料系统

3）充填料浆制备系统

如图 11-12 所示，煤矸石由胶带机直接送入高浓度搅拌槽中；水泥和粉煤灰分别由其仓底的双管螺旋输送机送入高浓度搅拌槽，其给料量可以自动检测和调节；减水剂由计量泵送入搅拌槽；添加水由高位水池通过管路注入搅拌槽中，其流量可检测及自动调节。各种物料送入搅拌槽后，内设有料位检测和控制系统，其下方管路设有流量和浓度检测及流量调节装置。充填制备站内还设有一台微型空压机，用于向水泥仓、粉煤灰仓底吹气防止堵塞。减水剂储存在减水剂桶内，通过计量泵根据设计要求，往搅拌桶内添加。

图 11-12 　充填料浆制备系统

11.3.3 　城镇下广安煤柱安全高效开采技术

1.城镇下广安煤柱开采技术条件

1）矿区概况

孙村煤矿地处新汶煤田东部，柴汶河自东向西流经井田之上。新汶煤田系华北石炭二叠系近海型煤田，下伏奥陶系石灰岩，上覆侏罗系、第三系红层、第四系黄土和流砂层。F10 断层将孙村井田分为南北两区，两区基本上属简单的单斜构造形态，并有宽缓的褶曲存在，井田地质构造以断层为主。地层走向在 300°～330°变化，倾角由浅至深在 12°～33°变化；南区地层倾角由东到西逐渐变小，北区则变化较大。

2）水文地质条件

孙村井田之上的柴汶河及其支流长约 2700 m，构成主要地表水系。由于已进入深部开采，其补给水源及通道有限，对矿井影响较小。奥陶系石灰岩层厚 800 m，在浅部有岩溶裂隙发育，富水性强，连通性好，接受大气降水补给，交替循环条件优越。-210 m 水平以上属富水性强的岩溶裂隙承压含水层，断层附近岩溶裂隙尤为发育，是地下水活动的主要径流部位，必须超前探查，留足安全防水煤柱。

3）煤层特征

孙村井田含煤地层为石炭二叠系煤系地层，总厚度 246～489 m，平均厚度 340 m；其中石盒子组不含煤层，山西组和太原组为主要含煤地层，本溪组中偶含不可采或不稳定薄煤层。煤系共含煤层 19 层，总厚 13.9 m，含煤系数为 4.09%，其中可采煤层为 2#、3#、4#、6#、11#、13# 和 15# 煤层，平均总厚度 8.81 m，可采煤层的含煤系数为 2.59%。

4）瓦斯、煤尘、自燃倾向性及地温

孙村煤矿为一级瓦斯矿井或低瓦斯矿井，也是低二氧化碳矿井，各煤层均有煤尘爆炸危险。随着开采深度不断加大，煤岩呈干燥趋势，相对瓦斯涌出量呈增高趋势，煤尘爆炸危险性加大。各煤层均具有自燃发火倾向，发火期为 6～12 个月，2#、4#、11#、13# 煤层为Ⅲ类不易自燃煤层，3#、6#、15# 煤层为Ⅱ类自燃煤层。孙村煤矿井田内恒温带深 37 m，平均温度为 16.1 ℃。随采深增加，井下地温增加，造成深部开采的热害。

2. 城镇下广安煤柱回收实践

孙村煤矿在煤矸石组合料充填系统建成后, 随即开展了-210 m 水平 4 层煤柱的回收工作。

1) 煤柱开采技术条件

煤柱开采工作面位于-210 m 水平西部, 东至-600～-210 m 皮带井保安煤柱线, 西到 F3 断层和西斜井保护煤柱线, 南临-210 m 水平车场和-210 m 西大巷, 北临已结束开采的 2409 采场。周围 4 层煤均开采完毕, 工作面上覆 2 层煤, 西部局部开采、东部未开采, 3 层煤未开采。对应地面的大洛沟、洛沟-新泰公路以西的一片农田, 柴汶河由东向西流经该工作面西部。

工作面走向长为 533～550 m, 平均 540 m, 倾斜宽 20～57 m, 平均 50 m, 面积 26871 m^2, 工作面标高为-234.0～-213.5 m。该面地质构造简单, 煤层稳定, 煤层变异系数为 2.0%, 可采指数为 1.0; 走向 113°～119°、倾向 23°～29°、倾角 15.5°～16.5°; 煤层厚度 1.78～1.88 m, 平均 1.83 m。煤层为黑色、粉末为黑褐色, 容重为 1.36; 硬度小, 断口呈阶梯状, 性脆且易碎, 导电性弱; 亮煤、暗煤和镜煤条带较宽, 相互交替存在, 具有条带结构和层状结构, 层理间偶见丝炭, 属半亮型煤。煤层顶板为灰白色、厚层、中粒、钙质砂岩, 厚度 10.0 m, 抗压强度 66.7 MPa; 底板为灰黑色粉砂岩, 层理发育、泥质、含植物碎屑化石, 抗压强度 16.4 MPa, 厚度 1.8 m, 其底部煤线为小 5 层煤。经过多年的开采疏降, 工作面水文地质条件简单; 瓦斯等级为低级, 煤尘爆炸指数为 37.1%, 自燃发火期为 6～12 个月, 地压为 942.3～997.5 t/m^2。

2) 开采方式

采用走向长壁采煤法, 由西向东后退式开采, 用 DY-150 型采煤机落煤、装煤, SGW-150 型运输机运煤, DZ22-25/100、DZ25-25/100 型单体液压支柱配 HDJA-800 型金属铰接顶梁支护顶板, 似膏体充填采空区, 上下端头采用 DZ22-25/100、DZ25-25/100 型单体液压支柱配双楔调角定位顶梁支护。工作面支护采用 DZ22-25/100、DZ25-25/100 型单体液压支柱和 HDJA-800 型金属铰接顶梁, 排距 0.8 m、柱距 0.6 m, 最大控顶距 9.6 m、最小控顶距 3.2 m。

3) 回风巷前进式代采留巷措施

工作面采过回风通道后, 为保证正常回风, 对回风巷采取留巷措施, 直到工作面采至停采线位置, 代采长度约 95 m。工作面采至停采位置后顺 4 层煤向-210 m 水平 4 层大巷掘一出口, 作为支架回撤通道。工作面采用似膏体充填护帮留巷, 在回风巷下帮沿走向垒砌矸石墙, 接顶严实, 采空区内密实充填。保证留巷段人行道宽度不小于 2.0 m、高度不小于 1.8 m。

4) 作业制度、工作面生产能力

按照每年 300 d、每天 3 班、每班 8 h、每班 2 个循环, 每推进 6.6 m 后进行充填, 充填时间 4 个班。工作面循环产量 99.6 t、日产量 298.8 t、月产量 7.47 kt, 生产能力为 80 kt/a。

5) 充填工艺

由于充填工作面倾斜布置, 且斜长较大, 充填下口部分挡墙承受较高的料浆压力。结合孙村煤矿开采工作面倾斜布置的特点, 采用煤矸石非胶结干式充填和煤矸石似膏体管道自流输送充填交替进行的综合充填工艺, 既减少了矸石出窿量, 降低了矸石提升费用和充填成本, 又保证了煤矸石似膏体管道自流输送充填的安全。

11.4 开磷矿业磷石膏组合料充填系统

开磷矿业位于贵阳市开阳县，是我国生产规模最大的地下开采化学矿山。经过多年的科技攻关，开磷矿业和中南大学联合开发的"磷化工全废料自胶凝充填采矿技术"获得国家科技进步二等奖，完美地解决了磷矿资源的大规模开发利用所产生的安全和环保问题，为我国磷化工产业的发展做出了突出贡献。

11.4.1 矿山概况

磷矿是指在经济上能被利用的磷酸盐类矿物的总称，是一种重要的化工矿物原料，也是农作物生长的必要元素，广泛用于医药、食品、火柴、染料、制糖、陶瓷、国防等工业部门。全球范围看，80%以上的磷矿资源集中分布在摩洛哥、西撒哈拉、南非、美国、中国、约旦和俄罗斯等国家或地区。我国磷矿资源主要分布在云南、贵州、四川、湖北4个省份，虽然储量较丰富，但高品位磷矿储量较低。

贵州开磷(集团)有限责任公司(简称开磷集团)是集科研、采矿、化工、经贸、建筑安装于一体的大型国有化工企业，是我国三大磷矿石生产基地和高浓度磷复肥生产骨干企业，也是贵州省的重点骨干企业。作为开磷集团的支柱产业，开磷矿业矿区开采面积为 50 km²，探明磷矿资源储量达 4.13 亿 t，P_2O_5 平均含量为 33.73%，集中了全国 78% 的优质磷矿石，是世界少有、国内唯一不经选矿便可直接生产高浓度磷肥的优质原料产地，也是理想的湿法制肥原料和生产无公害绿色磷化工产品的优质原料。同时，矿石中有害杂质含量低，镉、汞等重金属元素含量几乎为零，且各个矿段的磷矿石性能呈多样性，在生产不同的磷化工产品方面各有优势。目前，公司年产磷矿石 220 万 t、黄磷 4000 t、重钙 10 万 t、饲料氢钙 1 万 t、磷酸一铵 12 万 t，产品远销国外。按照开磷矿区已探明储量和现有磷矿石生产能力，矿区保有资源储量还可开采上百年，为开磷集团可持续发展提供了坚实的资源保证。

开磷矿业的生产能力为 500 万 t/年，生产技术及装备均达到国内一流、世界先进水平。但是，磷矿资源的大规模开发利用会产生两个突出问题：一方面，会产生规模庞大的采空区群，极易引发地面沉降和塌陷、诱发大规模的地压灾害；另一方面，会产生大量的磷石膏等固体废弃物。除少部分磷石膏能综合利用外，绝大部分需要建库堆放，不仅占用大量宝贵的土地资源、造成严重的环境污染，而且还是一个巨大的危险源，极易发生泄漏和溃坝事故。

11.4.2 组合料特性

考虑到开磷矿业已形成磷酸 68 万 t/a 和黄磷 1.3 万 t/a 的生产能力，年排放磷石膏 340 万 t、黄磷渣 13 万 t。将磷石膏和黄磷渣作为充填骨料进行采空区充填，将极大地缓解磷矿资源大规模开发利用所产生的工业废料等各种问题，并显著提高了矿山无废害开采水平。

磷石膏是在湿法生产磷酸过程中产生的主要工业副产品，通常情况下每生产 1 t 磷酸将产生 4~5 t 磷石膏。磷石膏中 $CaSO_4 \cdot H_2O$ 的含量在 85% 以上，并含有磷化物、残余酸、氟化物、重金属及吸附在石膏晶体上的有机物等有害杂质。开磷矿业所产生的磷石膏密度为 2.87 t/m³，空隙比 1.064~3.415，渗透系数 2.94×10^{-4} cm/s，曲率系数和不均匀系数则分别为 1.00 和 3.71，主要成分为 CaO（占比 30.0%）和 SiO_2（占比 5.4%）。磷石膏粒径超细，$-75\ \mu m$ 以下占比达到 81%，$-45\ \mu m$ 以下占比约 49%，中值粒径和有效粒径分别为 0.043 mm 和 0.014 mm。

黄磷渣是通过磷矿石、硅石、焦炭电炉升华（约 1400 ℃）制取黄磷时得到的以硅酸钙为主的废渣，通常为黄白色或灰白色，含磷量较高时呈灰黑色。开磷集团息烽黄磷厂所产生的黄磷渣烘干后经球磨机磨细至比表面积 280 m^2/kg，CaO、SiO_2、MgO、Al_2O_3、P_2O_5 和 CaF_2 等主要成分的含量分别为 48.15%、37.60%、3.73%、2.22%、2.16% 和 1.75%。黄磷渣以玻璃体结构为主，SiO_2 和 P_2O_5 为网络形成体，CaO、MgO 为网络改性体，Al_2O_3 为网络调整体。黄磷渣中 Al_2O_3 通常会形成铝酸钙或硅酸钙玻璃体，Al—O 键比 Si—O 键键强小，在极性 OH^- 的作用下，铝氧四面体和铝氧八面体先于硅氧四面体被溶解分散，表现出一定的早期活性。黄磷渣粒级较细，-0.05 mm 以下颗粒占 86%，中值粒径 0.021 mm。此外，黄磷渣渗透系数（1.63×10^{-6} cm/s）小，不同压力下的孔隙比曲线基本保持不变，反映了其具有较高的密实程度，不产生压缩、弹性变形和剪切破坏。经过大量的充填配比试验，得出开磷矿业的充填配比参数，具体如下：

(1) 嗣后充填或普通分层充填。

黄磷渣：磷石膏（质量比）= 1：4，石灰添加量为黄磷渣含量的 5%，质量分数 57%，该充填配比 7 d、28 d、60 d 的抗压强度分别为 0.25 MPa、0.87 MPa、0.85 MPa。

(2) 浇面充填。

水泥：黄磷渣：磷石膏（质量比）= 1：4：5，石灰添加量为黄磷渣含量的 5%，质量分数 60%，该配比 7 d、28 d、60 d 的抗压强度分别为 0.38 MPa、3.22 MPa、3.95 MPa。

(3) 局部高强度充填。

超细水泥：黄磷渣：磷石膏（质量比）= 1：4：10，石灰添加量为黄磷渣含量的 5%，质量分数 60%，该配比 7 d、28 d、60 d 的抗压强度分别为 2.43 MPa、6.32 MPa、5.47 MPa。

11.4.3　充填系统工艺流程及主要装备

充填制备站的主要功能是将黄磷渣、磷石膏或水泥加水制成合格的胶结充填料浆，通过钻孔和管道输送至井下待充填的采场。充填制备站有储存黄磷渣、水泥、超细粉、磷石膏和水的设施，及保证按配比及浓度给料给水的计量与输送设备、搅拌设备等，还有检测浆体浓度及流量的仪表。如图 11-13 所示，开磷矿业磷石膏堆放在地表堆场，由 ZL50E 装载机铲装至稳料仓内，通过振动放矿机、皮带运输机向自制立式打散机供料，再通过皮带运输机转运至 SJF03.00 双轴搅拌机，加水搅拌后卸入 GJF503 强力活化搅拌机，与水泥、黄磷渣混合搅拌制成合格的充填料浆。充填料浆用格筛漏斗剔除大块杂质后，进入充填钻孔和管道，自流输送至待充采场。

(a) 充填站全景图

(b) 充填工艺流程图

(c) 磷石膏堆场

(d) 磷石膏运输机

(e) 稳料斗

(f) 水泥仓

(g) 皮带运输机

(h) 卧式双轴搅拌机

图 11-13　开磷矿业磷石膏充填系统配置图

11.5　楚磷矿业重选废石组合料充填系统

湖北楚磷矿业股份有限公司位于湖北省襄阳市保康县，毗邻神农架自然保护区，由于当地禁用磷石膏作为充填骨料，2018 年矿山委托中南大学开展技术攻关，建设了一套利用重选废石作为充填骨料的组合料充填系统，实现了缓倾斜多层磷矿床的安全高效开采。

11.5.1 矿山概况

1. 矿山概况

中国磷矿资源丰富，已探明磷矿资源储量 212.1 亿 t，共有磷矿产地 447 处，资源总量居世界第二位。其中，云南滇池、贵州开阳、瓮福，四川金河、清平、马边，湖北宜昌、胡集、保康的磷矿储量约占全国的 75%。但是，中国中低品位磷矿多、富矿少，磷矿品位低于 18% 的储量约占一半，富矿储量仅占 22.5%；难选矿多、易选矿少，90% 为难选的高镁磷矿，其中有用矿物的粒度细且和脉石结合紧密、不易解离；较难开采的缓倾斜至倾斜、薄至中厚矿体占比超过 75%，适合大规模高强度开采的少。

湖北楚磷矿业股份有限公司成立于 2008 年 8 月，是一家从事磷矿资源开发、精细磷化工业产品制造及相关科学技术研发的民营股份制企业，目前已经成为湖北磷化行业的知名企业，为湖北省经济发展做出了突出的贡献。楚磷矿业白竹矿区位于湖北省襄阳市保康县马桥镇，矿区面积 11.51 km²，开采深度 +555 ~ +960 m，设计可采矿量 3605 万 t，分两期开采（一期为 +750 m 以上），生产规模 100 万 t/a，服务年限 25 a，初步设计采用主平硐溜井加辅助斜坡道开拓、采矿方法。

2. 矿山开采技术条件分析

1）区域地质条件

矿区位于扬子准地台中段北缘龙门-大巴台缘褶皱的东端，北隔青峰大断裂与秦岭褶皱带与两郧印支褶皱带相邻；出露的地层有元古界神农架群，震旦系、寒武系和第四系地层。其中，震旦系地层又分为下统南沱组和上统陡山沱组、灯影组。上统陡山沱组第二段为矿区的主要含矿层，厚 6.22 ~ 87.4 m，底部为含磷钾硅质页岩，中上部为白云质条带磷块岩和泥质条带磷块岩互层。矿区整体上为向东倾的单斜构造，地层倾角 9° ~ 22°；地层产状北部倾向为北东东向，南部折转为南东向，从南至北形成一弧形。

2）矿体赋存特征

矿区磷矿层呈层状、似层状产于陡山沱组第二段地层中，为沉积型磷块岩矿床，走向 NE35° ~ 73°、SW295° ~ 333°，倾向由北向南为 35° ~ 85°。由二层磷矿层组成，倾角 12° ~ 17°，中间为含磷钾硅质页岩，厚度 0 ~ 5.58 m。第一磷矿层（Ph_1）最大延伸 1010 m、厚度 0 ~ 10.99 m，工业矿层厚度 1.79 ~ 10.99 m，平均厚度 4.71 m，平均品位为 22.34%，厚度总的变化趋势是由地表向深部、由北西向南东变薄。第三磷矿层（Ph_3）最大延伸 1312 m、厚度 0.71 ~ 15.16 m，工业矿层厚度 3.57 ~ 15.16 m，平均厚度 9.92 m，平均品位 22.68%。主要矿石矿物为胶磷矿和磷灰石，主要构造有条带构造、条纹构造，脉状构造、波状构造和透镜状层理等。

3）开采技术条件

矿段矿层都位于当地最低侵蚀基准面以上，地形有利于自然排水；降水入渗为矿坑充水主要因素，各含水层为矿坑充水次要因素，但矿层顶底板富水性弱且有冰碛砂砾岩隔水层阻隔。矿床充水岩层以溶隙、裂隙为主，构造破碎带透水性很弱，坑道充水较少，水文地质条件属简单类型。第一磷矿层（Ph_1）底板为含锰硅质条带泥晶白云岩或低品位泥（硅）质条带状磷块岩(含磷钾硅质页岩),顶板为低品位泥(硅)质条带状磷块岩(含磷钾硅质页岩)。第三磷矿层(Ph₃)底板为低品位泥(硅)质条带状磷块岩(含磷钾硅质页岩),顶板为低品位白云质条带状磷块岩或含磷泥质泥晶白云岩。矿段工程地质类型属于岩溶化岩层为主的层状矿床,矿层及其顶板的稳定性尚好,但其顶板厚度较薄,层间结合力差,尤其是由叶片状的泥质泥晶白云岩构成的软弱结构面稳定性较差。主要不良工程地质因素是采空区顶板及上覆岩层、构造断裂破碎带可能出现的垮塌、崩落及冒顶现象,矿段环境地质属中等类型。

11.5.2　组合料特性及充填系统

1.组合料特性

由于原矿品位较低,楚磷矿业白竹矿区每年要通过重选抛废约 31.5 万 t。抛废的废石颗粒较粗、不含有毒有害污染物成分,是来源广泛、价格低廉、成本较低的充填骨料。如图 11-14 所示,选矿厂产出的重选废石经破碎站破碎至 5 mm 以下后堆存于粗颗粒堆场;40%破碎至 5 mm 以下的重选废石经过球磨机磨细至 200 目以下的占细颗粒尾砂的 60%,再经过陶瓷过滤机脱水堆存于细颗粒堆场,粗细颗粒按照 6∶4 的比例混合作为充填骨料。混合后组合料中−37 µm 以下的占比 53.64%,−74~+37 µm 的占比 13.39%,−150~+74 µm 的占比 14.75%,+150 µm 的占比 18.22%,是级配相对合理、粒径分布较均匀的充填骨料。根据充填采矿要求和配比试验结果,矿山的充填料配比参数见表 11-4。

图 11-14　组合料破碎筛分车间

表 11-4　尾砂充填料配比及性能参数(细砂∶粗砂=4∶6)

充填用途	灰砂比	质量分数/%	28 d 强度/MPa	体重/(t·m⁻³)	泌水率/%	坍落度/cm
一步人工矿柱	1∶12	82	1.69	2.18	3.02	26.5
二步(或嗣后)	1∶25	82	0.47	2.24	3.27	27.4

2.充填系统

1)充填系统工艺流程

矿山重选废石产出率为 45%,年产量约 31.5 万 t/a,充填作业按照 300 d/a、2 班/d、

6 h/班的间断工作制度，充填系统能力为 60 m³/h。选矿厂产出的重选废石经破碎站破碎后分别堆于粗骨料和细颗粒堆场。充填时，采用装载机卸入稳料仓，经安装在稳料仓底部的给料机向长皮带输送机卸料，经皮带秤按照设定的粗细比例计量后，输送至充填制备站搅拌机。水泥用散装罐车运送，通过压气卸入立式水泥仓储存，充填时经仓底稳流器、喂料机和螺旋电子秤计量后进入搅拌机。井下涌水通过排水泵泵送至地表高位水池用作充填用水，通过管道经电磁流量计计量后自流输送至搅拌机。上述充填物料在搅拌机内搅拌形成满足充填质量分数要求的充填料浆，由充填工业泵通过充填管道输送至待充采场。

2) 组合料堆场

如图 11-15 所示，选矿厂产出的 20 mm 以下的重选废石，60% 破碎至 5 mm 以下，粒度合格的粉料经汽车运输至充填制备站粗料堆场；40% 进入球磨机磨细至 200 目以下的有60%，输送至陶瓷过滤机进行脱水，之后运至充填站细料堆场。粗料仓为 15 m×7.5 m，高20.6 m，有效容积 1552 m³；细料堆场为 15 m×12 m，堆高 3.0 m，容积 540 m³，设置简易顶棚。

图 11-15　组合料堆场

3) 输送及上料系统

如图 11-16 所示，经破碎和磨细的废石先经汽车运输至充填站堆场，充填时由堆场的皮带输送至充填制备站主厂房的搅拌机。选用 TD75 型通用固定式带式输送机，其给料速度可以自动调节，胶带机设有计量装置，以便控制上料量。

图 11-16　组合料输送及上料系统

4）充填料浆制备系统

如图 11-17 所示，充填厂房内设一套搅拌系统，进料皮带与搅拌机相连，选用 JS3200 型混凝土搅拌机，有效容积 3200 L，料浆在搅拌机内的最大停留时间为 5.9 min，满足搅拌质量要求。搅拌桶出料管装设有流量计和浓度计在线监测料浆流动参数，并根据流量和浓度变化情况，自动调节安装在搅拌桶出料管道上的电动闸阀。搅拌桶装设有料位计量仪表，供水管也可通过电动闸阀对流量进行控制。

图 11-17　JS3200 型混凝土搅拌机

5）管道泵送系统

由于大部分充填区域高于充填制备站且最远充填距离超过 1250 m，无法实现自流充填，因此搅拌系统制备好的充填料浆需通过充填工业泵经管道输送至采空区进行充填。选用一台型号为 HGBS80.18.320 充填泵，最大能力 80 m^3/h，最大泵送压力 17.6 MPa；充填管路选用 ϕ146 mm×12 mm（7 mm+5 mm）聚氨酯耐磨钢管，管道内径为 122 mm，工作流速为 1.43 m/s。

6）自动化控制系统

如图 11-18 所示，整个自动化控制系统分计算机自动控制系统（集控控制）和操作箱手动控制系统（就地控制）两部分。计算机自动控制系统通过 PLC 实现，包括操作与设备的电气自动控制、仪表控制、监视、生产过程信息检测、记录、数据的初步处理等。

图 11-18　自动化控制系统

11.5.3 缓倾斜多层磷矿层安全高效开采

1. Ph_1矿层伪倾斜进路充填法典型方案

楚磷矿业通过与中南大学合作进行科技攻关,首先采用伪倾斜进路充填采矿法回采下层 Ph_1磷矿层,再采用预控顶小分段空场嗣后充填法回采上层 Ph_3磷矿层。

1)采场布置与结构参数

如图 11-19 所示,回采进路与矿体倾向方向偏斜 50°进行伪倾斜布置,高度等于矿体垂直厚度,进路宽度 4.0 m,相邻 Ph_1运输平巷高差约 15 m,进路倾斜长度约 80 m。沿矿体走向间隔 140 m 布置连续倾斜间柱,宽度 10 m。

2)采准切割工程

采准切割工程包括:Ph_1运输平巷、斜坡道、储矿横巷、储矿平巷、扒矿平巷。

3)回采工艺

考虑到下层磷矿层(Ph_1)厚度变化,在该矿层顶底板上下交替布置沿矿体走向的运输平巷,以控制矿体厚度。当矿体厚度小于 5 m 时,单层回采;当矿体厚度大于 5 m 时,分两层回采,先自顶板 Ph_1运输平巷沿顶板掘进伪倾斜进路至底

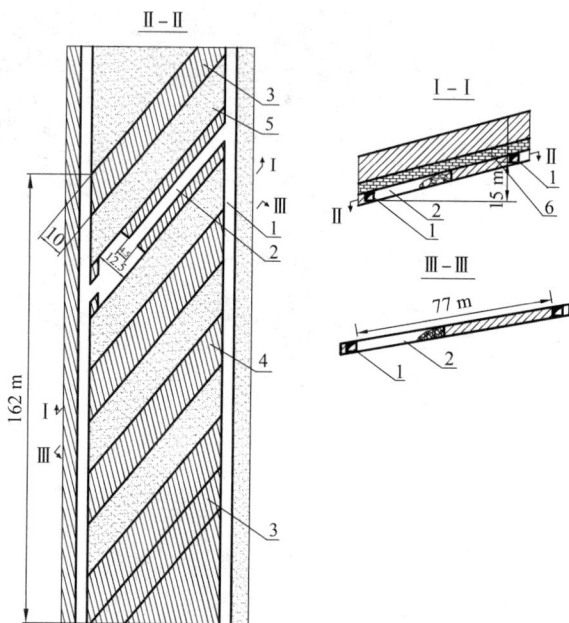

1—Ph_1运输平巷;2—回采进路;3—间柱;
4—矿柱;5—充填体;6—夹层。

图 11-19 Ph_1矿层伪倾斜进路充填法

板 Ph_1运输平巷回采上分层矿体,及时支护顶板再回采进路下分层矿体。

矿块内进路采场采用隔一采一的间隔回采方式,采用 Rocket Boomer 281 单臂液压凿岩台车钻孔,孔径 48 mm、深度 3.2 m,进路规格 4 m×4 m,每循环进尺 3 m,单循环采出矿量 141.6 t,炸药单耗为 0.36 kg/t,每米炮孔崩矿量 1.07 t/m。每次爆破结束后,用风筒将新鲜风流导入到工作面,进行清洗,污风用局扇抽出,经风筒进入本中段运输平巷,再进入回风系统,排出地表。出矿设备选择 2 m³ 铲运机,利用现有的 LWL-120 履带挖掘式装载机将由铲运机运搬至储矿平巷的矿石运搬到井下运矿汽车上(图 11-20)。

每分层进路出矿结束后,及时进行充填,一步回采胶结充填,二步回采进行低配比强度胶结充填或非胶结充填。Ph_1进路顶板是较为软弱的夹层,采场顶板支护措施为:顶锚长度 1.8 m、锚杆间排距 1 m,锚索长度 6 m、排距 1 m、间距 2 m。

4)主要技术经济指标

主要技术经济指标见表 11-5。

图 11-20　井下凿岩台车和运矿汽车

表 11-5　主要技术经济指标

序号	指标名称	单位	数值	备注
1	平均品位（WO$_3$）	%	24	总体平均值
2	盘区构成要素	m	15	中段高度
3	采场构成要素	m×m×m	4×4×80	矿房
4	综合回采率	%	92.0	含矿柱回收
5	贫化率	%	4.0	
6	采切比	m/kt	2.6	
		m³/kt	40.8	
7	大块率	%	5	参考国内同类矿山
8	铲运机出矿能力	t/台班	190	2 m³ 铲运机
9	单位炸药消耗量	kg/t	0.38	综合
10	每米炮孔崩矿量	t/m	1.06	采场综合
11	采区生产能力	t/d	424.8	两进路采场同时生产
12	采矿成本	元/t	91.68	含充填成本

2. Ph$_3$ 矿层预控顶小分段空场嗣后充填法典型方案

1）采场布置和结构参数

如图 11-21 所示，将矿体划分为盘区，以盘区为回采单元组织生产。盘区为平行四边形布置，盘区间沿走向与矿体倾向成 50° 布置间柱，间柱宽 8 m，分段联络道布置在间柱中。每个盘区垂直矿体走向布置 8 个采场，矿房、矿柱交替布置，宽均为 6 m、长均为 60 m。中段高15 m，顶柱 8 m，底柱 8 m。

2）采准切割工程

采准切割工程包括：凿岩平巷、出矿联络平巷、分段联络道、凿岩硐室、切割槽、卸矿硐室和溜井。

3）回采工艺

形成凿岩硐室后，先对其顶板进行预控顶支护，再在凿岩硐室内采用凿岩台车钻凿下向垂直中深孔，以切割槽为自由面，侧向崩矿，铲运机通过出矿联络平巷进入采场内出矿，出矿结束后嗣后胶结充填。矿块内采场分两步骤间隔回采，一步回采矿房，胶结充填后回采二步矿柱非胶结/低强度充填。

新鲜风流由出矿联络道进入采场，冲洗采场后，污风经凿岩联络平巷排出。采用 SD M90T 履带式井下凿岩台车在凿岩硐室中钻凿下向中深孔，钻孔直径 65 mm，孔深 6.8 m、孔距 1.8 m，单孔装药量 16.12 kg，炸药单耗 0.77 kg/m³。选择 2 m³ 铲运机作为出矿主要设备，出矿能力 150 t/台班。回采结束后尽快充填，缩短进路暴露时间（图 11-22）。

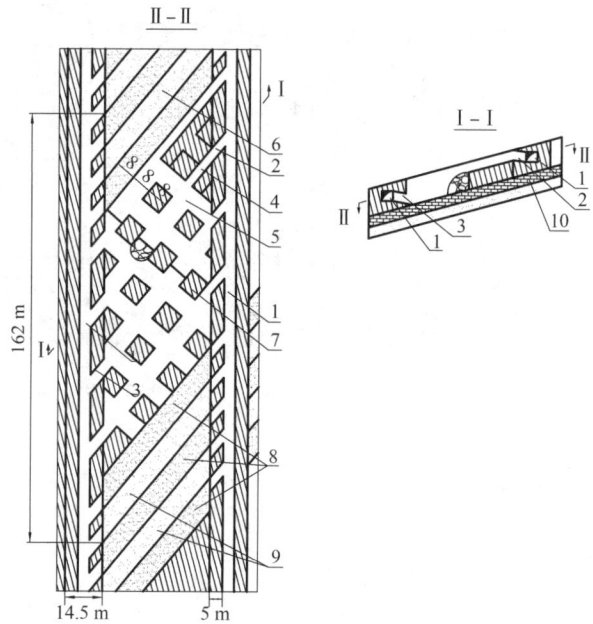

1—Ph_3 运输平巷；2—凿岩联络道；3—出矿联络道；
4—凿岩巷道；5—凿岩硐室；6—间柱；7—矿柱；
8—胶结充填体；9—非胶结充填体；10—夹层。

图 11-21　Ph_3 矿层预控顶小分段空场嗣后充填法

图 11-22　井下充填效果图

根据 Ph_3 采矿方法，在回采 Ph_3 时，需对控顶层进路顶板进行支护以达到预控顶效果，支护参数如下：顶锚长度 2 m、帮锚长度 2.4 m、锚杆间排距 1 m，锚索长度 6 m、排距 1 m、间距 1 m。锚杆采用 ϕ20 mm，45Mn 螺纹钢，锚索采用 7 股 ϕ5 mm 的钢绞线锚索，并挂钢筋网片喷射混凝土。支护过程中，需及时挂网喷射混凝土，避免顶板围岩风化导致岩性力学性质衰减，采场帮锚原则上间隔 1 m 布设。

4）主要技术经济指标

主要技术经济指标见表11-6。

表11-6 主要技术经济指标

序号	指标名称	单位	数值	备注
1	平均品位（WO_3）	%	24	总体平均值
2	盘区构成要素	m	15	中段高度
3	采场构成要素	m×m×m	6×10×60	矿房
4	综合回采率	%	84.7	含矿柱回收
5	贫化率	%	5.0	
6	采切比	m^3/kt	119.4	
7	大块率	%	7	参考国内同类矿山
8	铲运机出矿能力	t/台班	150	2 m^3 铲运机
9	单位炸药消耗量	kg/t	0.343	综合
10	每米炮孔崩矿量	t/m	9.1	采场综合
11	采区生产能力	t/d	450	两采场同时生产
12	采矿成本	元/t	89.88	含充填成本

思考题

1. 以金川镍矿为例，论述棒磨砂组合料充填系统的优缺点。

2. 以孙村煤矿为例，论述煤矸石组合料充填系统的优缺点。

3. 以开磷矿业为例，论述磷石膏组合料充填系统的优缺点。

4. 以楚磷矿业为例，论述重选废石组合料充填系统的优缺点。

5. 常见的充填骨料破碎装置有哪些？如何选型？

第 12 章　国外充填系统工程案例

国外矿山充填技术起步早、装备水平高,本章通过对加拿大 Kidd Creek 多金属矿、澳大利亚 Mount Isa 多金属矿、澳大利亚 Olympic Dam 多金属矿、赞比亚 Chambishi 铜矿、西班牙 Aguas Teñfidas 多金属矿等矿山充填系统典型方案与实例的详细介绍,系统总结了国外矿山充填技术的最新研究与应用成果。

12.1　加拿大 Kidd Creek 多金属矿

Kidd Creek 矿位于安大略 Timmins 市以北 27 km,年产铜、铅、锌、银多金属矿石 370 万 t,最大开采深度超过 1500 m。矿山采用竖井开拓、采矿方法为分段空场嗣后充填法,一矿区采场长 22~65 m、宽 18 m、高 90~135 m;二矿区采场长 30~60 m、宽 15 m、高 60 m;年需充填量 250 万 t,其中 80% 为胶结充填,20% 为非胶结充填。本节将介绍 Kidd Creek 矿几种胶结充填系统的研究和应用情况。

12.1.1　块石胶结充填系统

1. 系统简介

块石胶结充填由分级骨料和胶凝材料组成,充填体含水率不超过骨料质量的 5%,其中一部分水包裹骨料,另一部分水参与水化反应。与普通水砂胶结充填体相比,块石胶结充填体的强度、黏结力和内摩擦力均有显著提高。Kidd Creek 矿采用块石胶结充填的主要原因:

(1)露天开采剥离的大约 5500 万 t 废石需要处理。

(2)根据年生产能力,需要高质量的充填体 200 万 t,只有块石胶结充填才能满足要求。

(3)块石胶结充填体单轴抗压强度是普通水砂胶结充填体的 2~3 倍,且具有优越的弹性模量、黏结力和内摩擦力,可以有效地控制地压。

(4)矿山距选矿厂较远,不适合采用分级尾砂。

如图 12-1 所示,为将块石骨料输送至采场,Kidd Creek 矿建立了长达 2 km 的输送系统和约 3 km 的垂直钻孔。

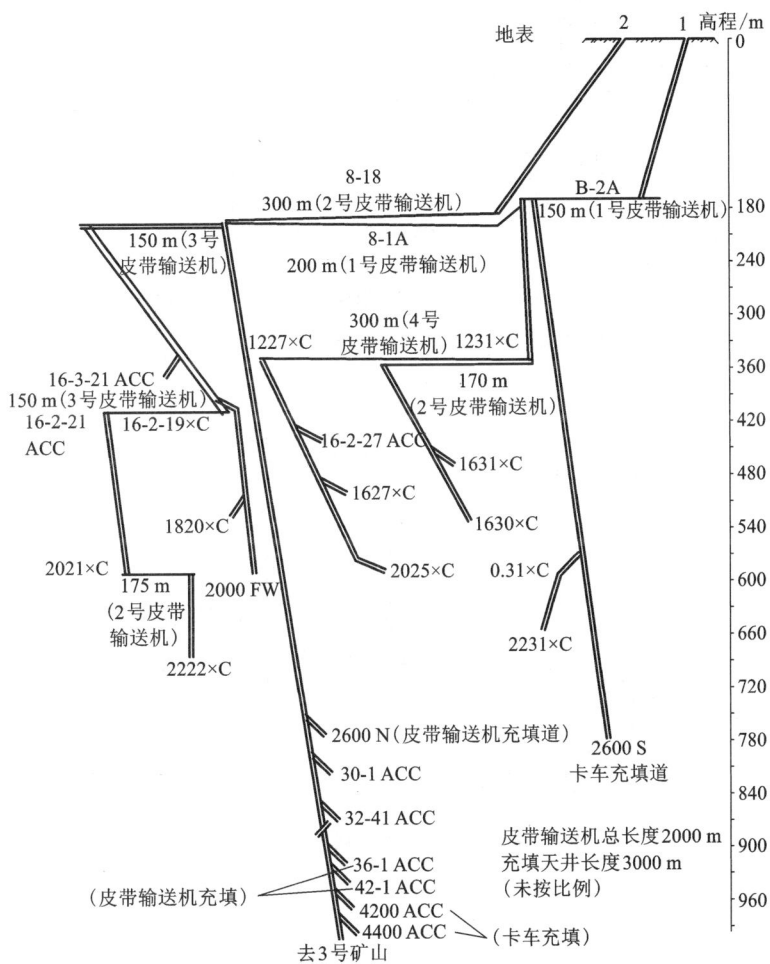

图 12-1 Kidd Creek 矿充填系统示意图

2. 充填材料

块石与水泥粉煤灰砂浆分离输送,在采场附近混合,通过输送机或卡车倒入采场。主要的材料如下:75%的骨料为粗骨料,粒径 1~15 cm(图 12-2);25%的骨料为细骨料,粒度 4~100 目;胶凝材料为 10 号普通硅酸盐水泥和 C 型粉煤灰,添加量为骨料质量的 5%~6%;砂浆用水量为骨料质量的 5%。所配的充填体主要物理力学性质见表 12-1。

表 12-1 充填体主要物理力学性质

参数名称	单位	数值	参数名称	单位	数值
体重	t/m³	1.88	弹性模量	GPa	3.4
空隙比		0.51	泊松比		0.35
含水率	%	3.5	摩擦角	(°)	35~40
抗压强度	MPa	4.8~7.0	内摩擦力	MPa	1.1

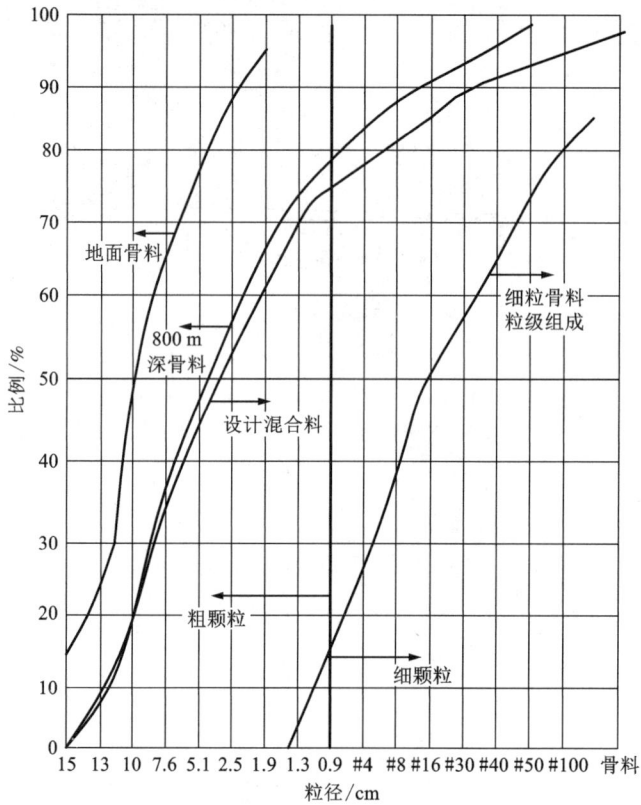

图 12-2　Kidd Creek 矿骨料粒级组成曲线

3. 采场充填效果

如图 12-3 所示，混合后的块石胶结料通过充填天井进入采场时，与采场底板上方的采场壁发生碰撞，浆体容易与块石分离沿采场壁下落，形成 4 个不同的区域。

A 区位于碰撞区冲击点下方，该区充填体类似混凝土，强度较高。若充填材料不与采场壁发生碰撞，则在充填点 5~10 m 的范围可划分为该区。在 A 区，水泥含量为 7%~8%，单轴抗压强度为 5~8 MPa。

B 区位于离充填点或碰撞点 10~25 m 范围内。该区内粗细骨料配比合理，水泥含量 3%~5%，单轴抗压强度 2~3 MPa。

C 区位于采场边界，水泥含量为 1%~2%，细颗粒较少，单轴抗压强度为 1~2 MPa。

D 区远离充填天井口部位，骨料高度离析，但仍含有较多的胶凝材料。

Kidd Creek 矿在采场顶部设置了两个充填井，充填时每间隔一个班或每充填 3000 t 交替下料，总体上使得胶凝材料分布均匀，粗颗粒滚动距离有限、质量较均匀。

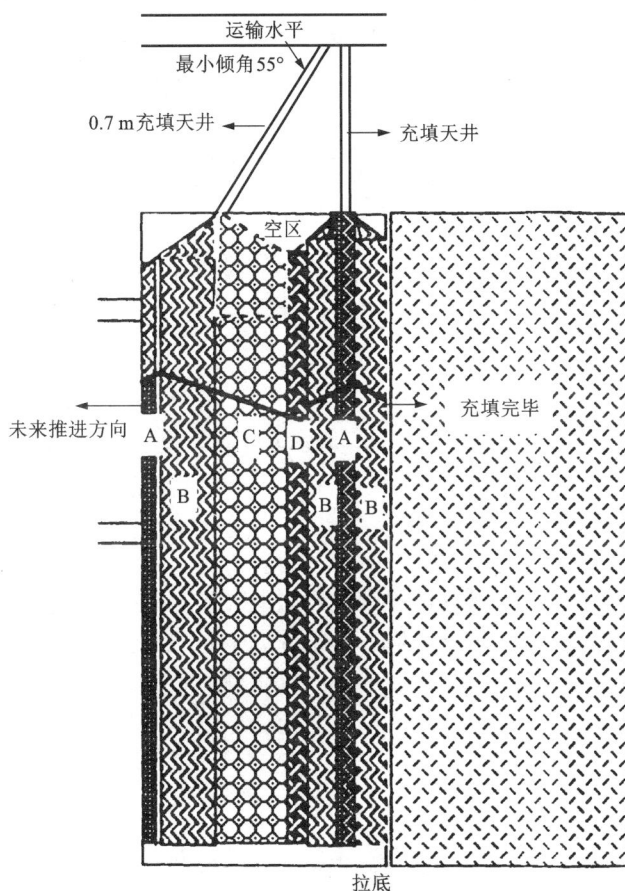

图 12-3　Kidd Creek 矿采场充填效果示意图

12.1.2　组合料充填系统

1997 年，Falconbridge 公司所属的 Golder 技术公司，结合 Kidd Creek 矿深部矿体开采技术条件及充填料来源情况，建设了一套由尾砂和河砂组成的组合料充填系统。

1. 充填材料

充填骨料主要由尾砂、河砂和少量的细粒块石组成，密度分别为 $2.72\ t/m^3$、$2.65\ t/m^3$ 和 $2.8\ t/m^3$。尾砂与河砂的混合料中主要矿物成分为含有微量长石的石英、黄铁矿、绿泥石和云母，尾砂中 SiO_2 含量高达 56%，铁和铝的含量也较高。评价组合料充填混合料重力输送的重要参数包括保水性、屈服应力和坍落度，为此进行了一系列混合料流变试验，试验结果见表 12-2。试验结果表明，利用尾砂、河砂、块石混合料可以有效地实现组合料充填。

表 12-2　15%块石、42.5%河砂、42.5%尾砂混合料流变试验结果

组合料类型	时间/h	骨料质量比例/%	脱水质量/g	脱水率(占总水量)/%
7#坍落度	0.5	83.6	0.6	1.42
	1.0	83.6	0.5	1.60
	2.0	83.6	0.6	1.85
	24	83.6	1.5	4.64
10#坍落度	0.5	81.9	1.3	2.89
	1.0	81.9	2.3	4.94
	2.0	81.9	4.2	8.19
	24	81.9	4.6	9.56

2. 充填强度试验

Golder 技术公司采用两种比例的试验混合料进行了抗压强度试验，即 15%块石、57%河砂、28%尾砂混合料(混合料 A)和 15%块石、42.5%河砂、42.5%尾砂混合料(混合料 B)，胶凝材料为 10 号普通硅酸盐水泥和粉煤灰(比例为 1∶1)，添加比例分别为 3%、5%和 7%，部分试验结果如图 12-4 所示。

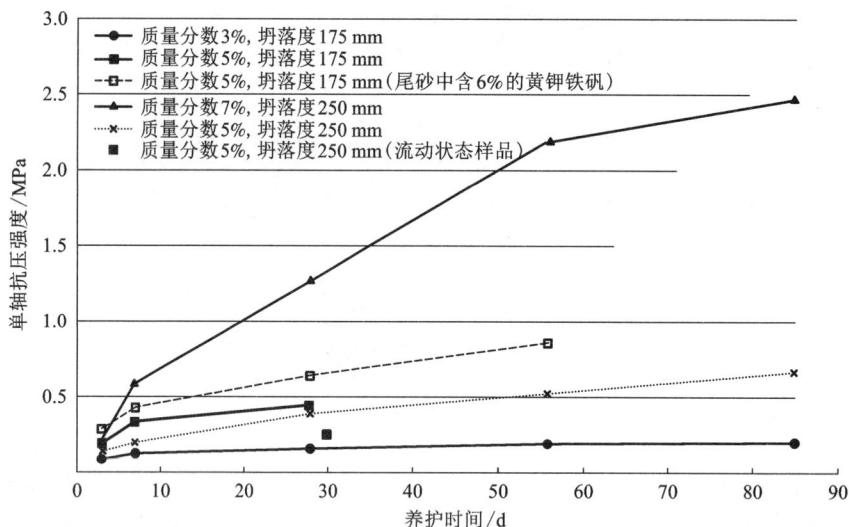

图 12-4　单轴抗压强度与养护时间的关系

Kidd Creek 矿标准采场长 20 m、宽 20 m、高 40 m，要求充填体强度 0.35 MPa，双采场尺寸(长 40 m，宽 20 m，高 80 m)需要的充填体强度大于 0.71 MPa，最终要求组合料充填中水泥或水泥粉煤灰(比例为 1∶1)添加量均为 5%。

3. 井下充填管路系统

如图 12-5 所示，充填料浆从地表经倾斜钻孔送入 2000、3200 和 3800 水平的充填管道，每水平充填管线至少要 100 m 以降低系统压力；再从 3800 水平经钻孔将组合料导入 240 m 长的斜坡道转运至 4600 水平。地表主钻孔应有两条，一条生产，一条备用，钻孔内下套管。管道中每隔 50 m 设置冲刷点，以备堵管时，利用压气或高压水冲洗。

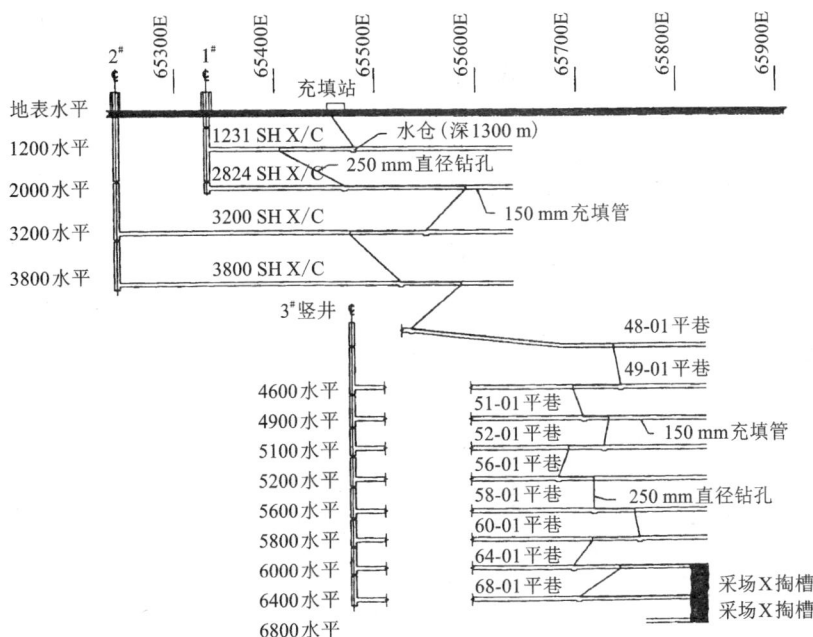

图 12-5　井下充填管路系统示意图

4. 组合料充填制备站

如图 12-6 所示，选厂所产生的尾砂浆体经泵送至圆盘过滤机脱滤水后，获得含水率低于 20% 的尾砂滤饼。河砂从 2~6 km 以外的砂厂运至两个 125 t 的砂仓内储存，从砂仓向 12 t 的调节仓供料。粒径小于 12 mm 的块石储存在 125 t 的块石仓中。水泥和粉煤灰用风动输送系统送至 6 t 的调节仓。多种骨料在混凝土搅拌机中经均匀拌和，制备获得合格的充填骨料，经钻孔和管道输送至井下采空区内。

5. 粉煤灰替代水泥的应用实践

1983 年，水泥及炉渣价格持续上涨迫使 Kidd Creek 矿必须寻找更廉价的胶凝材料。由于在混凝土中加入水泥质量 10%~15% 的粉煤灰可提高混凝土强度，尤其是长期强度，据此 Kidd Creek 矿展开了粉煤灰代替部分水泥的试验和工程应用实践。

Kidd Creek 矿现场应用结果表明，粉煤灰替代水泥的比例可由混凝土行业的 10%~15% 提高至 33%，粉煤灰充填体的前期强度虽然略有不足，但是 28 d 和 56 d 强度增加效果明显，

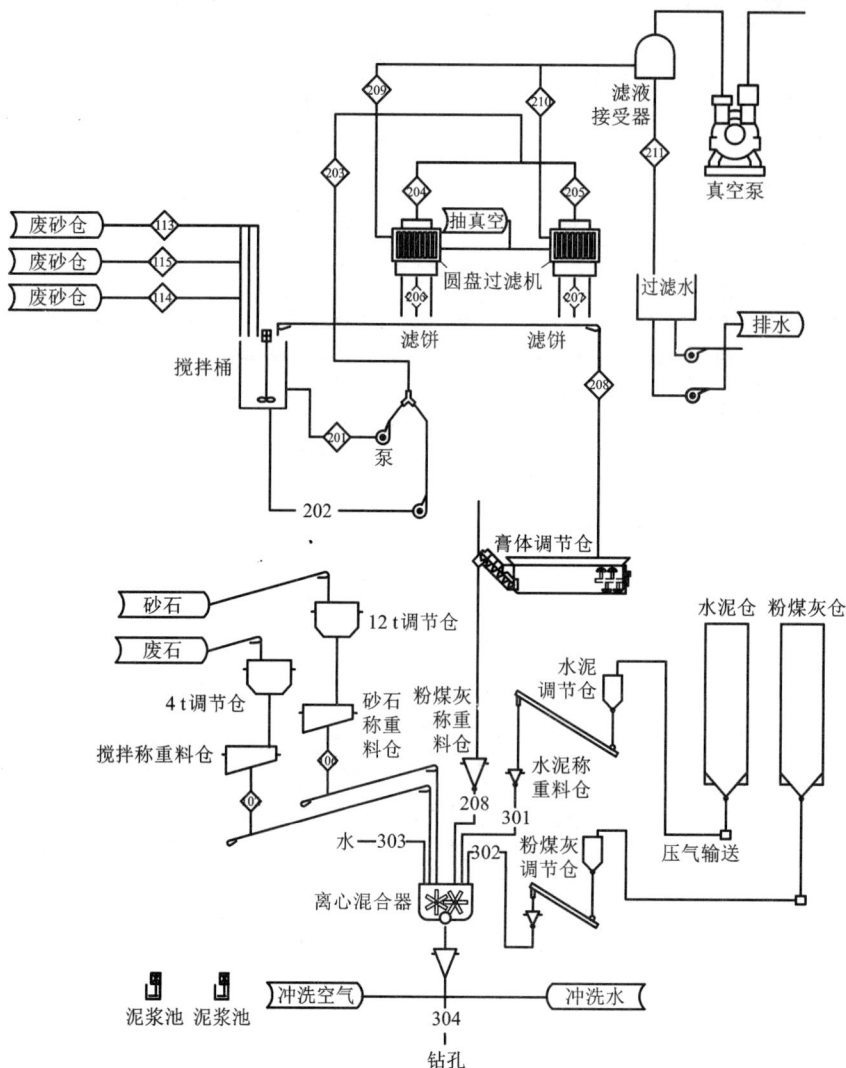

图 12-6　组合料充填制备站布置示意图

这对于减少水泥用量、降低充填成本具有明显的效果。

此外，美国环境保护署（EPA）通过研究认为在混凝土中添加粉煤灰会导致 γ 射线强度增大，Kidd Creek 矿通过现场检测表明粉煤灰卸载时可吸入粉尘浓度与水泥卸载时浓度差别不大，均小于规定的 5 mg/m³ 的极限值；掺入粉煤灰充填体所产生的氡子体浓度均可忽略不计。

12.2　澳大利亚 Mount Isa 多金属矿

12.2.1　矿山概况

澳大利亚作为世界矿业大国之一，2020 年矿业总产值占国民经济的 10.4%，矿产资源出口额占全国总出口额的 50%。Mount Isa 矿位于澳大利亚昆士兰西北部，保有矿石总储量高达 6.19 亿 t，是世界上最重要的铜铅锌生产地之一，也是 Glencore 公司旗下的主力矿山。矿区面积 6 km²，包括 Black Star 露天矿、George Fisher 地下矿和 Lady Loretta 地下矿三个铅锌银多金属矿区，年产锌矿石 650 万 t，是世界上最大的锌矿山；还有 Enterprise、X41 和 Ernest Henry 三个铜矿区，年产铜矿石 620 万 t，是澳大利亚第二大产铜公司。Mount Isa 矿如图 12-7 所示。

图 12-7　Mount Isa 矿全貌

Mount Isa 矿床规模巨大、赋存条件复杂，矿体厚度从几米至几百米、倾角从缓倾斜至急倾斜、赋存深度从几百米至 2000 m 变化极大。锌铅银矿体从地表一直延伸到地下 1000 余米，走向长度超过 1200 m。截至 2018 年底，探明+控制资源量超过 4.19 亿 t，平均含锌 7.0%、铅 3.7%、银 67 g/t，推断资源量超过 2.2 亿 t，平均含锌 6.0%、铅 3.0%、银 65 g/t。铜矿体赋存于含硅的白云质角砾岩和白云岩中，为不规则脉状结构，X41 矿区探明资源量 5100 万 t，铜平均品位为 2.1%；Enterprise 矿区探明资源量 5200 万 t，平均含铜 3.3%。

地下矿山采用竖井开拓、箕斗提升，最大开采深度超过 1800 m。采矿方法主要为分段空场嗣后充填法，采掘装备包括凿岩台车、铲运机、锚杆台车、天井钻机等机械化装备，并根据矿体厚度不同划分为棋盘式布置和后退式回采，如图 12-8 所示。Enterprise 矿体厚度小，采场尺寸为（30~40 m）×（30~40 m）×60 m（长×宽×高），单个采场的矿量 20 万~30 万 t。采场回采顺序为后退式，每个采场均采用胶结充填。采出矿石采用 14 t 和 21 t 铲运机出矿，凿岩根据炮孔方式分别采用中深孔台车和潜孔钻机，上向孔采用孔径 102 mm 的中深孔台车，下向孔采用孔径 140 mm 的潜孔钻机。为了有效控制地压，除了采场棋盘式布置、后退式回采及选择合适采场尺寸之外，在岩爆发生准则、井下爆破控制、微震监测等方面也开展了大量工作。

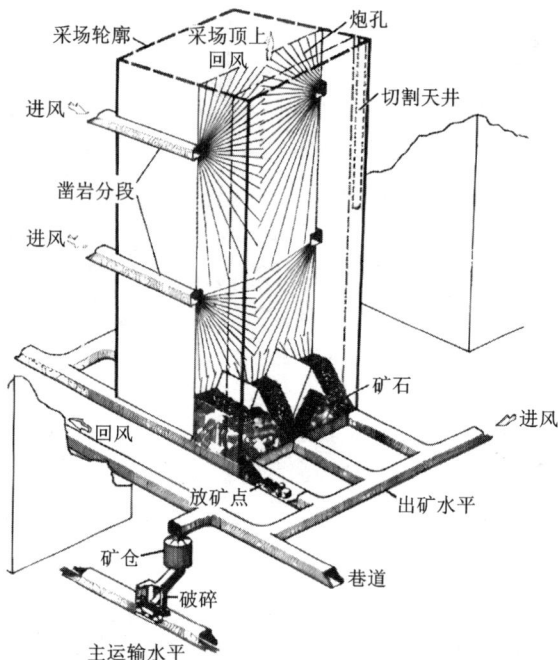

图 12-8　Mount Isa 分段空场嗣后充填法图

12.2.2　组合料充填系统简介

1. 充填工艺流程

矿山自 1924 年就开始使用充填法，先后采用了块石胶结充填、分级尾砂充填和组合料充填等工艺。

1）块石胶结充填

Mount Isa 矿块石胶结充填工艺流程如图 12-9 所示，废石经破碎筛分后经溜井和皮带转运至采空区上部，卸入采空区内堆存；铜选矿厂的尾砂经浓密机浓缩后添加水泥制成水砂充填料浆，通过管道输送至采空区内淋滤、包裹废石，以提高采空区充满率。

2）分级尾砂充填

利用旋流器将选矿厂所产生的全尾砂进行粗细分级，粗粒级尾砂用于井下充填（$-10\ \mu m$ 颗粒含量小于 10%），细粒级尾砂排至尾砂库。充填配比为：分级尾砂 91%，水泥 3%，磨细的铜或铅炉渣 6%，充填料浆质量分数 68%~74%。

3）组合料充填

鉴于分级尾砂充填能力小且不连续、水泥离析严重、细粒级尾砂筑坝困难等问题，Mount Isa 矿自 1996 年即开始了组合料充填的配比参数优化、流变性能测试、L 管及环管试验研究。

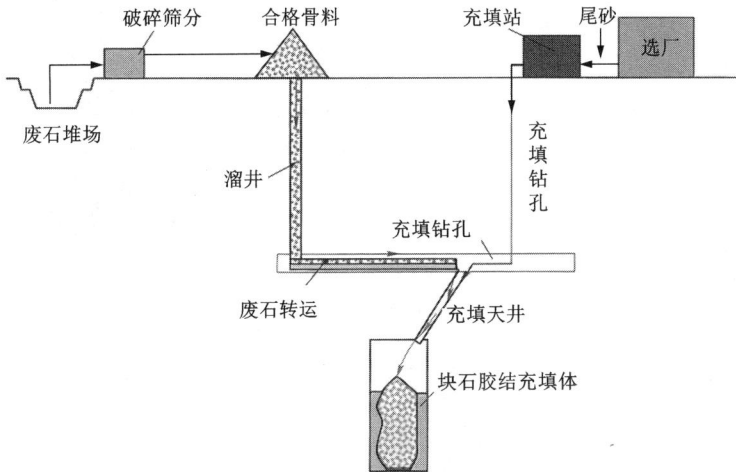

图 12-9　Mount Isa 矿块石胶结充填工艺流程图

1999 年，建成了世界上生产能力最大的 250 m³/h 组合料充填系统，并成功用于分段空场嗣后充填采矿法的采空区充填。

2. 充填配比参数

Mount Isa 矿铜选矿厂的全尾砂中 −100 μm 颗粒占比超过 80%，−20 μm 颗粒占比为 40%，远高于充填骨料中 −20 μm 颗粒含量在 15%~20% 的要求。过高的超细颗粒含量使得充填料的比表面积大，在同等含水率条件下，流变性变差、黏性增大、管道输送阻力增大，还会导致水泥单耗和充填成本增加。为解决此技术难题，Mount Isa 矿采用水力旋流器将全尾砂进行了粗细分级，再通过试验合理优化和调整粗颗粒的配比，以获得理想的充填效果。

试验结果表明：在粗、细砂比例为 4:1 的条件下，可获得质量分数为 76% 的组合料充填料浆，初始屈服应力为 105 Pa、塑性黏度为 3.0 Pa·s、坍落度为 250 mm，沿程阻力损失为 4~5 MPa/km（管路直径 250 mm）。在水泥添加量为 3.5%、质量分数为 76% 的条件下，组合料充填体的 28 d 抗压强度可达到 0.795 MPa，满足嗣后充填的强度要求。

3. 组合料充填系统简介

1）工艺流程

图 12-10 所示，Mount Isa 矿组合料充填系统的工艺流程为：全尾砂经旋流器分级后，粗砂采用真空带式过滤机脱水至含水率低于 15% 的粗砂滤饼；细粒径溢流采用浓密机浓缩至 55%~60% 的质量分数，然后粗、细粒径尾砂在搅拌桶内混合后制备成合格的充填料浆，采用泵送的方式充填至井下采空区。

2）尾砂浓缩脱水系统

采用渣浆泵将铜选矿厂的全尾砂浆体泵送至充填站的贮存槽内临时储存，泵送流量为 900 m³/h，再由渣浆泵加压输送至 2 组水力旋流器（每组 19 个）内进行全尾砂粗细分级。旋流器底流经 2 台真空带式过滤机（过滤面积 86 m²、干料处理能力 210 t/h），将粗尾砂进一步

(a) 水力旋流器组　　　　　　　(b) 尾砂分级脱水设备立面图

(c) 充填系统平面布置卫星图

(d) 浓密机　　　　　　　　　(e) 真空带式过滤机

图 12-10　澳大利亚 Mount Isa 矿组合料充填系统配置图

脱水至含水率低于 15% 的粗尾砂滤饼。旋流器溢流自流排入浓密机中，在絮凝剂的作用下可获得底流浓度为 55%~60% 的高浓度尾砂浆体。水泥由散装水泥罐车运至充填站内，采用高压风卸至水泥仓中，经螺旋输送机给料计量后输送至搅拌桶中。

3）充填料浆制备系统

为了保障粗粒骨料和水泥混合均匀，Mount Isa 矿采用了三级搅拌系统。首先，浓密机底部所产生的高浓度尾砂浆体经剪切泵输送至一级搅拌桶中均匀搅拌和临时储存；然后，将其加压泵送至二级搅拌桶中与水泥初步混合；最后，将带式过滤机脱滤出来的粗粒径滤饼由皮带输送机计量后，给料至三级搅拌桶内，与二级搅拌桶的料浆按照一定的比例均匀混合、搅拌后最终制备成合格的组合料充填料浆，经放料斗泄至充填钻孔内。充填配比为：80% 粗尾砂、17%细尾砂和3%水泥，组合料充填系统的干料处理能力为300 t/h。

4）自动化控制系统

充填站内设立了4套PLC（可编程控制器）及电子计算机控制系统，用于控制全尾砂的分级、给料、搅拌和管路输送系统。由于充填系统所采用的主要装备均安装有传感器及电动执行机构，整个充填站仅需1名技术人员即可通过PLC控制系统对充填站的各工艺环节进行监控、操作和控制。

5）管路输送系统

由于主矿体埋藏较深、厚度大且集中，充填料浆经垂直的充填钻孔和水平管道后可自流输送至采场内进行充填。其中，充填钻孔的总长度为1125 m、内径为200 mm，水平管道长度为400~1000 m、内径为250 mm，均采用普通钢管材质、箱式弯头连接。由于充填倍线较小、局部地段易出现严重磨损，通过在钻孔底部安装卸压装置，在水平管路弯头处安装压力检测装置，从而实时监控整个管路系统的运行情况、提高了系统运行的可靠性。充填系统投产初期，曾发生过两次堵管事故，分别是弯头堵塞和浓度控制不当所导致，在增加压力检测系统和浓度控制系统后，矿山充填系统恢复正常。

6）采场充填效果

矿山对从采用组合料充填的V645采场和采用分级尾砂充填的V639采场获得的充填体进行了详细对比，结果表明：分级尾砂胶结充填体密实性和整体性均一般、强度也略有不足，但组合料充填体的完整性非常好、颗粒级配也合理故密实性较高，28 d抗压强度可达到0.8 MPa。

12.3　澳大利亚 Olympic Dam 多金属矿

12.3.1　矿山概况

Olympic Dam 多金属矿位于南澳大利亚州 Andamooka 西 26 km 处，是必和必拓旗下一座大型地下矿山，铀金属储量120万t、铜金属储量3200万t、黄金储量1200 t，是全球第一大铀矿、第四大金矿和第五大铜矿。矿体赋存在一个巨大的粗粒角砾岩岩体内，为超大型铜铀金银矿床，铜业务是最大的收入来源，约占矿山收入的70%，其余来自铀、银和金。截至2018年，累计探明资源量35.15亿t，平均品位铜0.994%、U_3O_8 0.256 kg/t、金0.37 g/t、银1.47 g/t；推断资源量39.20亿t，平均品位铜0.666%、U_3O_8 0.222 kg/t、金0.257 g/t、银1.092 g/t。

如图12-11所示，作为澳大利亚最大的地下矿山，Olympic Dam 铜铀金银矿采用 Whenan 竖井、Robinson 竖井、3号竖井、1条斜井联合开拓矿体。目前，产量已超过1000万t，主要采用分段空场嗣后充填法开采，分段高度为60 m，Olympic Dam 矿开拓系统布置如图12-12所示。

图 12-11　Olympic Dam 矿区全貌

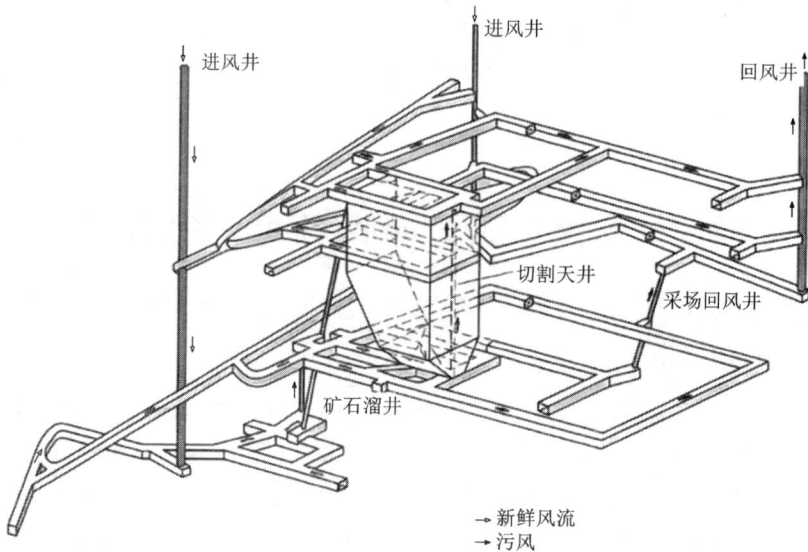

图 12-12　Olympic Dam 矿开拓系统布置示意图

12.3.2　组合料充填系统简介

由于 Olympic Dam 矿选矿厂所产生的全尾砂粒径超细且含有大量的泥质成分，难以满足高阶段大跨度充填体稳定自立的要求，因此不适合作为充填骨料。为解决此技术难题，Olympic Dam 矿采用水力旋流器将全尾砂进行脱泥处理，再通过添加废石、石灰石、沙丘砂等粗骨料来优化和调整充填骨料的粒径组成，以获得理想的充填效果。

如图 12-13 所示，Mount Isa 矿组合料充填系统的工艺流程为：全尾砂经旋流器脱泥处理并添加石灰乳中和后，质量分数在 50% 左右，再掺入经破碎筛分后的废石和石灰石以及一部分沙丘砂作为粗骨料，在混凝土搅拌机内与水泥、粉煤灰等胶凝材料均匀搅拌，制备成坍落度为 160~170 mm 的组合料充填料浆。组合料充填料浆通过自卸式卡车运至充填钻孔卸载，自卸式卡车有效载重为 15 m³；充填钻孔从地面钻孔直接钻入采场，钻孔直径 311.15 mm、深度 350~500 m、偏斜率 1%。自卸式卡车卸载处的充填钻孔顶部装有带格栅的漏斗，充填钻孔从地表到硬岩之间安装有钢套管(一般深 40~50 m)，套管下面为天然岩石，每个钻孔能输送 80000~100000 m³ 的充填料浆。

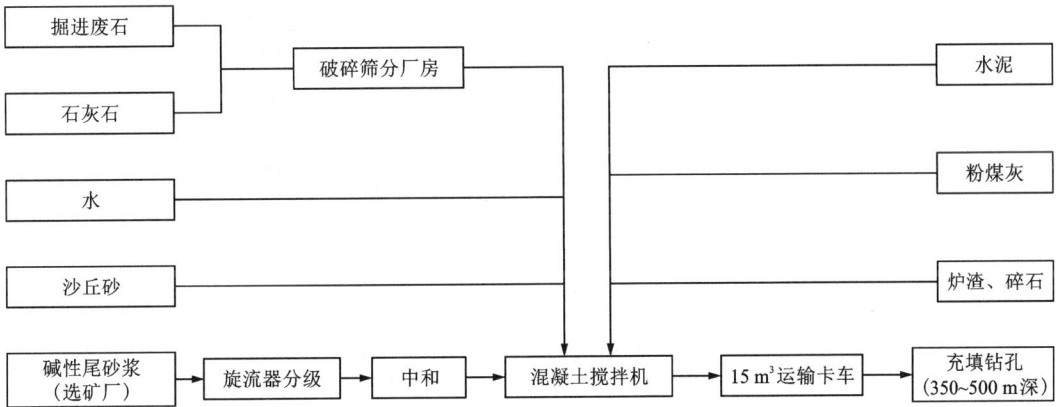

图 12-13　**Mount Isa 矿组合料充填系统工艺流程图**

Mount Isa 矿组合料充填系统于 2000 年建成投产，最大处理能力可达 220 万 m³/a。为了降低沙丘砂的消耗和对环境的影响，经过配比试验，将充填骨料配比改为尾砂占 75%，替代沙丘砂的石灰石细砂占 25%。石灰石细砂通过破碎筛分产生，约能筛选出 30% 的石灰石细砂用于充填。破碎和筛分设备每小时处理 600 t，粗碎设备型号为 LT125，中碎设备型号为 LT1500。为进一步寻求降低成本，矿山开始在充填料浆中添加高炉炉渣，以部分或全部替代粉煤灰。

12.4　赞比亚 Chambishi 铜矿

Chambishi 铜矿位于"铜矿之国"赞比亚北部的铜带省，处于世界著名的中非新元古代沉积型铜(钴)矿带上，由主矿体、西矿体和东南矿区三部分组成，隶属于中色非洲矿业有限公司，是我国政府批准在境外开发建设的第一个有色金属矿山。矿山年产量约 200 万 t，采矿方法包括分段空场嗣后充填法、上向水平分层充填法、上向进路充填法等。矿山于 2013 年由中国恩菲工程技术有限公司设计建成了一套以深锥浓密机为核心设备的全尾砂充填系统，系统能力 70 m³/h。

Chambishi 铜矿选矿厂的尾砂粒径较细、含有大量的泥质成分，-10 μm 粒径占比 16.92%、-30 μm 粒径占比 46.02%、-75 μm 粒径占比 72.91%。选矿厂产生的全尾砂浓度为 25%~40%，利用渣浆泵输送至充填站深锥浓密机内，多余的水从深锥浓密机顶部溢流出来，浓缩后的尾砂从深锥浓密机底部排出。深锥浓密机是美国 FLSmidth 公司生产的，直径

11 m、侧壁高度 10 m、底部锥度 30°，驱动耙架额定扭矩 1500 kN·m，处理能力 128 t/h（干尾砂）。深锥浓密机配置有 E-Duc 进料稀释系统、进料井、桥架、浓密机罐体、底流剪切泵、底流输送泵、底流循环泵等机械设备和仪表自动化控制设备；并配置有进料密度检测和显示仪表、进料流量检测和显示仪表、底流密度检测和显示仪表、底流流量检测和显示仪表、絮凝剂稀释液流量检测和显示仪表、底流在线压力表及 PLC 控制柜。

如图 12-14 所示，充填站所需水泥采用散装水泥车运输，用压缩空气输送到 300 m³ 的水泥仓内，水泥和浓缩后的尾砂经由 2 级卧式双轴搅拌机混合制备成合格充填料，

图 12-14　赞比亚 Chambishi 铜矿充填系统全貌

通过 KOS2180 HPS 型活塞式输送泵经充填钻孔和巷道送入井下采场。

12.5　西班牙 Aguas Teñfidas 多金属矿

如图 12-15 所示，Aguas Teñfidas 多金属矿位于西班牙南部的韦尔瓦省，隶属于阿瓜斯特尼达斯矿业公司。矿体为赋存于伊比利亚黄铁矿带中的厚大硫化矿体，主要矿物有黄铜矿、方铅矿、黄铁矿、闪锌矿、黝铜矿等。矿山采用地下开采方式，生产规模 220 万 t/a。

图 12-15　西班牙 Aguas Teñfidas 多金属矿全貌

如图 12-16 所示，Aguas Teñfidas 多金属矿于 2009 年建成一套以深锥浓密机和板框压滤机为核心的全尾砂全脱水充填系统，约 40% 的脱滤尾砂用于井下采空区充填，剩余约 60% 的尾砂滤饼则输送至堆场内进行干堆。此外，还在充填料浆中添加了附近冶炼厂的炉渣作为粗骨料以提高充填体强度。

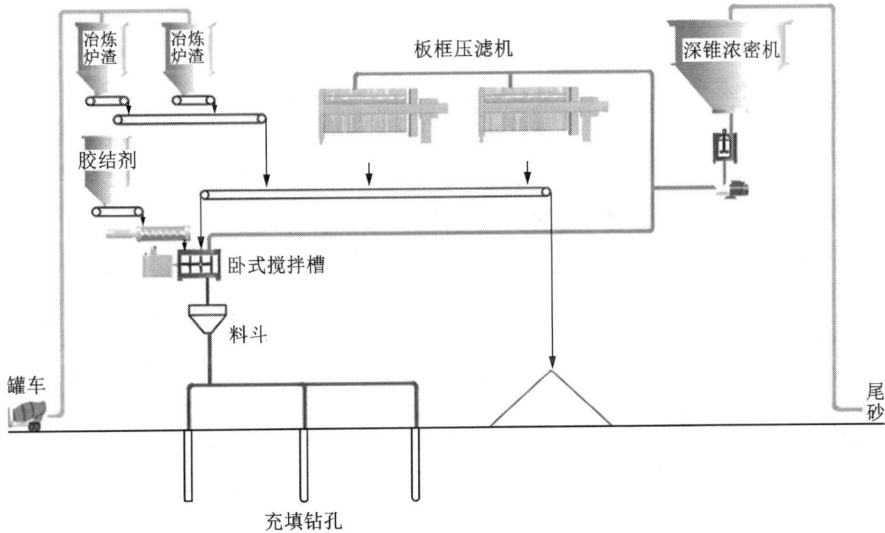

图 12-16　西班牙 Aguas Teñfidas 多金属矿充填系统工艺流程图

思考题

1. 简述加拿大 Kidd Creek 多金属矿组合料充填系统工艺流程。
2. 论述澳大利亚 Mount Isa 多金属矿组合料充填系统的优缺点。
3. 论述澳大利亚 Olympic Dam 多金属矿用卡车运输充填料浆的优缺点。
4. 总结分析国外充填系统与国内充填系统的异同点。

参考文献

[1] 李帅，王新民. 当代充填采矿法[M]. 长沙：中南大学出版社，2024.
[2] 李帅，王新民. 当代充填采矿技术及应用[M]. 长沙：中南大学出版社，2024.
[3] 王新民，古德生，张钦礼. 深井矿山充填理论与管道输送技术[M]. 长沙：中南大学出版社，2010.
[4] 王新民，肖卫国，张钦礼. 深井矿山充填理论与技术[M]. 长沙：中南大学出版社，2005.
[5] 张钦礼，王新民. 金属矿床地下开采技术[M]. 长沙：中南大学出版社，2016.
[6] 于润沧. 金属矿山胶结充填理论与工程实践[M]. 北京：冶金工业出版社，2020.
[7] 刘同有. 充填采矿技术与应用[M]. 北京：冶金工业出版社，2001.
[8] 徐文彬，宋卫东. 高浓度胶结充填采矿理论与技术[M]. 北京：冶金工业出版社，2016.
[9] 陈得信. 特大型镍矿充填法开采理论与关键技术[M]. 北京：科学出版社，2014.
[10] 蔡嗣经，王洪江. 现代充填理论与技术[M]. 北京：冶金工业出版社，2012.
[11] 彭康，满慎刚. 尾砂综合利用于绿色矿山建设[M]. 长沙：中南大学出版社，2022.
[12] 杨南如. 非传统胶凝材料化学[M]. 武汉：武汉理工大学出版社，2017.
[13] 孙恒虎，黄玉诚，杨宝贵. 当代胶结充填技术[M]. 北京：冶金工业出版社，2002.
[14] 湖南中大设计院有限公司. 湖南省黄金洞矿业有限责任公司全尾砂膏体充填系统工程初步设计黄金洞初步设计[R]. 平江县：黄金洞金矿，2020.
[15] 中南大学. 白银有色集团股份有限公司小铁山矿添加改性材料实现分级尾砂似膏体充填工艺技术研究结题报告[R]. 白银市：小铁山矿，2023.
[16] 中南大学. 湖北楚磷矿业股份有限公司保康白竹矿区缓倾斜中厚多层矿体安全高效充填采矿关键技术研究报告[R]. 保康县：楚磷矿业，2018.
[17] 湖南中大设计院有限公司. 湖南蓬源鸿达矿业有限公司穰家垅萤石矿尾砂膏体充填系统工程初步设计[R]. 衡东县：穰家垅萤石矿，2019.
[18] 中南大学. 湖南宝山有色金属矿业有限责任公司高效多功能组合充填工艺技术研究报告[R]. 桂阳县：宝山矿，2013.
[19] 湖南中大设计院有限公司. 甘肃洛坝有色金属集团有限公司徽县洛坝铅锌矿采空区治理项目全尾砂充填系统工程初步设计[R]. 徽县：洛坝铅锌矿，2018.
[20] 湖南中大设计院有限公司. 河南中矿能源有限公司嵩县柿树底金矿全尾砂充填系统工程初步设计[R]. 嵩县：柿树底金矿，2019.
[21] 中南大学. 新矿集团孙村煤矿城镇下广安煤柱开采煤矸石似膏体管道自流充填综合技术研究报告[R]. 新泰市：孙村煤矿，2006.
[22] 湖南中大设计院有限公司. 湖北楚磷矿业股份有限公司重选尾砂膏体充填采矿工程初步设计[R]. 保康县：楚磷矿业，2018.
[23] 中南大学. 金川集团股份有限公司龙首矿西一贫矿低成本充填采矿工艺技术优化研究报告[R]. 金昌市：龙首矿，2019.
[24] 中南大学. 金川集团股份有限公司金川矿区深部充填系统可靠性及扩能技术方案研究[R]. 金昌市：龙首矿，2009.

[25] 王新民.基于深井开采的充填材料与管输系统的研究[D].长沙:中南大学,2006.

[26] 李帅.超细粒径尾砂干堆工艺与技术[D].长沙:中南大学,2017.

[27] 肖崇春.基于全尾砂深度浓密演绎机理的智能预测模型研究[D].长沙:中南大学,2022.

[28] 曹小刚.新型骨料似膏体胶结充填技术研究[D].长沙:中南大学,2012.

[29] 常娜娜.孙村煤矿呆滞煤炭资源开采可行性评价与开采技术研究[D].青岛:山东科技大学,2008.

[30] 丁德强.矿山地下采空区膏体充填理论与技术研究[D].长沙:中南大学,2007.

[31] 杜丽英.壳聚糖接枝共聚及其产物絮凝性能的研究[D].沈阳:东北大学,2006.

[32] 方习高.嵌入式大气数据传感系统的技术及应用研究[D].南京:南京航空航天大学,2007.

[33] 冯巨恩.金属矿深井充填系统的安全评价与失效控制方法研究[D].长沙:中南大学,2005.

[34] 高飞.人体上气道结构变化对温度场影响的数值模拟[D].大连:大连理工大学,2009.

[35] 高瑞文.超细全尾砂似膏体胶结充填工艺技术研究[D].长沙:中南大学,2014.

[36] 葛毅.虹吸管道内流场的数值模拟和试验研究[D].长沙:湖南大学,2007.

[37] 耿俊俊.龙首矿深部充填系统可靠性及扩能技术方案研究[D].长沙:中南大学,2009.

[38] 龚正国.充填料管道水力输送特性的数值分析与研究[D].长沙:中南大学,2008.

[39] 谷朝阳.基于参数化造型的挤出口模形状优化设计[D].郑州:郑州大学,2007.

[40] 郭爱国.宽条带充填全柱开采条件下的地表沉陷机理及其影响因素研究[D].北京:煤炭科学研究总院,2006.

[41] 郭琳.COSO框架下的风险评估研究[D].兰州:兰州理工大学,2007.

[42] 韩斌.金川二矿区充填体可靠度分析与1#矿体回采地压控制优化研究[D].长沙:中南大学,2004.

[43] 韩森.管道自流输送充填系统数值模拟分析研究[D].长沙:中南大学,2008.

[44] 韩薇.两性淀粉絮凝剂QAP的制备及性能研究[D].天津:天津工业大学,2004.

[45] 胡胜亮.方坯连铸结晶器内钢液行为的数值模拟[D].唐山:河北理工大学,2005.

[46] 黄宝华.水泥石微观结构力学性能模拟[D].武汉:武汉理工大学,2013.

[47] 黄万朋.井下长壁工作面矸石胶结条带充填开采的理论与应用研究[D].青岛:山东科技大学,2009.

[48] 江科.全尾砂充填系统放砂浓度稳定性研究及应用[D].长沙:长沙矿山研究院,2016.

[49] 康虔.新桥矿业公司含硫全尾砂综合处理技术研究[D].长沙:中南大学,2011.

[50] 李全勇.连续螺旋绞刀参数对泥料运动特性影响的研究[D].景德镇:景德镇陶瓷学院,2008.

[51] 李永亮.采空区粉煤灰气力输送充填试验研究[D].青岛:山东科技大学,2006.

[52] 廖国燕.全磷渣自胶凝充填的胶凝机理及配比优化研究[D].长沙:中南大学,2009.

[53] 刘徽.起重机风载荷的数字仿真研究[D].武汉:武汉理工大学,2007.

[54] 刘明.膏体充填开采控制地表沉陷影响因素研究[D].青岛:山东科技大学,2008.

[55] 刘祥义.疏水缔合型阳离子淀粉制备、性质及絮凝性能研究[D].昆明:昆明理工大学,2006.

[56] 卢央泽.基于煤矸石似膏体胶结充填法控制下的覆岩移动规律研究[D].长沙:中南大学,2006.

[57] 吕锦玲.天然高分子植物胶絮凝剂的制备及应用研究[D].昆明:昆明理工大学,2005.

[58] 唐智.循环流化床垃圾焚烧炉对流受热面积灰及防治机理研究[D].南京:东南大学,2020.

[59] 陶洪云.阳离子纤维素的制备及其絮凝和染料吸附性能研究[D].合肥:中国科学技术大学,2009.

[60] 王斌.我国绿色矿山评价研究[D].北京:中国地质大学(北京),2014.

[61] 王琛.结晶器电磁搅拌钢液磁场和流场的数值模拟研究[D].唐山:河北联合大学,2012.

[62] 王敏.注水井示踪电导相关流量测量方法研究[D].大庆:大庆石油学院,2008.

[63] 王毅.煤矿采空区膏体充填材料物理力学性试验研究[D].西安:西安科技大学,2019.

[64] 王泽群.缓倾斜厚大矿体两步回采地压控制技术研究[D].长沙:中南大学,2005.

[65] 王志军.轻骨料混凝土抗离析技术的研究[D].沈阳:沈阳建筑大学,2011.

[66] 魏美亮. APAM强化絮网结构后全尾砂料浆内部结构演化机制[D]. 赣州：江西理工大学，2022.

[67] 吴昌雄. 大红山 I$_2$ 矿体孤立盘区间柱稳定性研究[D]. 昆明：昆明理工大学，2014.

[68] 吴君君. 管输油品减阻剂生产工艺过程的研究[D]. 乌鲁木齐：新疆大学，2004.

[69] 肖磊. 液体黏性传动特性及实验研究[D]. 青岛：山东科技大学，2008.

[70] 肖卫国. 深井充填技术的研究[D]. 长沙：中南大学，2003.

[71] 薛希龙. 黄梅磷矿高浓度全尾砂充填技术研究[D]. 长沙：中南大学，2012.

[72] 杨朝. FMEA在舰炮瞄具项目质量改进中的应用研究[D]. 西安：西安科技大学，2016.

[73] 杨海. M115W外圆磨床主轴的动力学仿真分析及其参数反求[D]. 长沙：湖南大学，2010.

[74] 杨惠青. 腺样体肥大儿童上呼吸道的流场数值模拟[D]. 大连：大连理工大学，2007.

[75] 杨震. 粉煤灰矸石胶结充填体的固化特性与底板稳定性分析[D]. 青岛：青岛理工大学，2011.

[76] 姚志全. 开阳磷矿黄磷渣胶结充填技术研究及可靠性分析[D]. 长沙：中南大学，2009.

[77] 于萍. 粉煤灰陶粒混凝土的性能研究[D]. 大连：大连交通大学，2009.

[78] 张德明. 深井充填管道磨损机理及可靠性评价体系研究[D]. 长沙：中南大学，2012.

[79] 张发文. 矿渣胶凝材料胶结矿山尾砂充填性能及机理研究[D]. 武汉：武汉大学，2009.

[80] 张绍国. 广西高峰公司深部105号矿体开采稳定性及充填工艺与系统研究[D]. 长沙：中南大学，2005.

[81] 赵彬. 焦家金矿尾砂固结材料配比试验及工艺改造方案研究[D]. 长沙：中南大学，2009.

[82] 赵建文. 锡矿山似膏体泵送充填工艺方案研究[D]. 长沙：中南大学，2012.

[83] 郑伯坤. 尾砂充填料流变特性和高浓度料浆输送性能研究[D]. 长沙：长沙矿山研究院，2011.

[84] 郑晶晶. 金川矿区破损充填钻孔永久修复使用综合技术研究[D]. 长沙：中南大学，2009.

[85] 郭然. 有岩爆倾向深埋硬岩矿床采矿理论及应用研究[D]. 长沙：中南工业大学，2000.

[86] BLUHM S, BIFFI M. Variation in ultra-deep, narrow reef stoping configuration and the effects on cooling and ventilation[J]. The Journal of The South African Institute of Mining and Metallurgy, 2001, 101: 127-134.

[87] 包东程. 红岭矿业充填尾砂粒级及真密度测定[J]. 采矿技术，2019，19(2)：26-27.

[88] 蔡清，程江涛，于沉香. 细粒尾砂的定义及分类方法探讨[J]. 土工基础，2014，28(1)：91-93.

[89] 陈秋松，张钦礼，王新民，等. 立式砂仓断面积和高度研究及应用[J]. 东北大学学报(自然科学版)，2016，37(7)：1040-1044.

[90] 陈伟，李基仁. 水力旋流器分离理论及影响因素研究[J]. 科技风，2011(3)：200-201，221.

[91] 董晓舟. 某金矿地下矿山采空区治理尾砂充填技术研究[J]. 科学技术创新，2021(4)：168-169.

[92] 冯巨恩，吴超，廖国礼. 充填浆体管道输送故障机理分析及其防范实践[J]. 矿冶工程，2004(2)：8-12.

[93] 付永红，王亮亮，李楠. 矿山充填耐磨管道发展现状与技术研究[J]. 有色金属设计，2017，44(1)：1-4.

[94] 宫志新，许卫军，李强，等. 深井岩爆与采矿方法关系之研究初探[J]. 黄金，2010，31(2)：23-27.

[95] 古德生，陈广文. 浆体管道输送动力减阻作用分析[J]. 江西有色金属，1993(1)：1-4.

[96] 郭明明. 太平山铁矿全尾砂充填系统的设计研究[J]. 矿业研究与开发，2015，35(2)：9-12.

[97] 郭衷中，吴圣刚，陈伟. 基于CaO预处理的细粒级尾砂浆浓密试验研究[J]. 采矿技术，2022，22(2)：176-180.

[98] 韩文亮，任裕民. 关于全尾砂充填料减阻问题的研究[J]. 泥沙研究，1990(2)：23-30.

[99] 孔艳珍，贾帅，李沛原. 安徽某铜矿尾砂特性研究[J]. 山东工业技术，2016(12)：273.

[100] 郎桐. 双轴搅拌机的结构原理与用途[J]. 砖瓦，2013(7)：24-25.

[101] 李庆锋，郑旭乾. 浅谈水力旋流器在矿山中的应用[J]. 科技风，2012(3)：79.

[102] 李伟.谈长城五号矿井井下原煤洗选及矸石回填系统[J].山西建筑,2013,39(19):70-71.

[103] 李夕兵,刘志祥.基于重构相空间充填体变形规律的灰色预测研究[J].安全与环境学报,2004(6):54-57.

[104] 李耀武,王新民,赵彬,等.充填钻孔磨损因素分析[J].金属矿山,2008(6):27-30.

[105] 李振龙,王博文,梁毅,等.级配差异巨大全尾砂高效低成本粗细精准分离脱水技术研究[J].世界有色金属,2023(18):186-191.

[106] 刘广惠.商品混凝土现浇楼板裂缝成因及防治[J].企业科技与发展,2011(15):29-30,35.

[107] 刘丽红,韩新开,王建胜.田兴铁矿全尾砂充填工艺研究[J].河北冶金,2015(3):27-30,71.

[108] 刘涛,焦满岱.浅埋厚大残留矿体安全回采方案研究[J].矿冶,2019,28(3):1-8.

[109] 刘伟涛,王莹莹,王国立.基于小型环管试验的膏体管道输送阻力特性研究[J].矿业研究与开发,2023,43(9):12-16.

[110] 刘育明,马俊生,郭雷,等.国外深井充填法矿山开采技术综述[J].中国矿山工程,2018,47(6):1-6.

[111] 刘志钧.煤矸石似膏体充填开采技术研究[J].煤炭工程,2010(3):29-31.

[112] 罗芳,贺严,焦文宇,等.基于磷石膏的多骨料充填体强度演化规律研究[J].矿业研究与开发,2019,39(6):41-46.

[113] 罗亮.间隔矿柱中深孔房柱法和条带式矿柱浅孔房柱法开采缓倾斜中厚两层矿矿体[J].化工矿物与加工,2012,41(8):33-35.

[114] 罗兴,刘靖,张子平.减阻技术在集中供热与空调水输配系统中的应用[J].节能,2004(12):14-15,2.

[115] 毛明发,王炳文,朱家锐,等.充填料浆自流输送管道磨损机理研究[J].金属矿山,2018(4):178-184.

[116] 濮国荣.水力旋流器在细砂洗涤分级过程中的应用[J].过滤与分离,2012,22(2):21-27.

[117] 秦杰,李彬,张伟.基于差异性浓度尾砂浆的全尾砂膏体充填技术研究[J].现代矿业,2019,35(2):91-94,98.

[118] 沙金龙,胡克.建立矿山环境责任保险制度必要性探讨[J].中国矿业,2010,19(S1):111-113.

[119] 沈晓红,张孝兵,仇立波,等.油烟漆雾净化处理有限元分析[J].科技导报,2007(7):41-46.

[120] 司志明,李国忠,张柏寿.高含水充填材料的性能与应用[J].混凝土与水泥制品,1997(1):6-9,49.

[121] 宋琛.基于煤炭开采振动筛的故障分析和评估[J].山西冶金,2020,43(5):178-180.

[122] 田军,徐锦芬,薛群基.黏性减阻技术及其应用[J].实验力学,1997(2):34-39.

[123] 田明华,王新民,张国庆,等.超大能力超细全尾砂超长距离管道自流输送技术[J].科技导报,2015,33(12):56-60.

[124] 王宏峰.似膏体管道自流充填技术在孙村煤矿的应用[J].山东煤炭科技,2011(5):25-27.

[125] 王洪江,王勇,吴爱祥,等.细粒全尾动态压密与静态压密机理[J].北京科技大学学报,2013,35(5):566-571.

[126] 王琳青,李广华,鲍军涛.东际金矿充填料浆流动性与泌水率试验研究[J].世界有色金属,2018(24):131,133.

[127] 王强,李德才,王秀庭.磁性液体黏性减阻技术[J].机械工程师,2002(3):5-7.

[128] 王瑞霞,王龙龙,张伟.铁矿全尾砂胶结充填工程中膏体充填泵的选型实践[J].矿业装备,2011(5):46,48-50.

[129] 王卫,刘丛生.深锥浓密机槽体高度计算方法的研究[J].黄金,2013,34(7):44-47.

[130] 王玉珏,唐硕,宾峰,等.某金矿充填系统的设计方案与研究[J].现代矿业,2021,37(3):58-61,64.

[131] 王忠鑫, 赵明, 赵丹丹, 等. 露天煤矿绿色矿山建设支撑保障体系[J]. 露天采矿技术, 2021, 36(3): 1-7.

[132] 魏广德. 南非深部黄金矿山充填技术发展的过去、现在和未来[J]. 有色矿山, 1994(3): 1-10.

[133] 吴爱祥, 孙业志. 物料管道输送的减阻问题[J]. 振动、测试与诊断, 2002(1): 31-35, 71.

[134] 吴和平, 曹万宝, 张春鹏. 全尾砂浓密沉降规律试验研究[J]. 现代矿业, 2020, 36(4): 143-147, 164.

[135] 谢德斌. 高等级水泥砂浆配合比设计的探讨[J]. 建筑监督检测与造价, 2011, 4(3): 10-12, 18.

[136] 徐东升. 深井充填管道输送系统减压技术探讨[J]. 矿业快报, 2007(2): 25-28.

[137] 许红娅, 王芬, 解宇星. 机械力化学法合成无机材料的研究进展[J]. 化工新型材料, 2009, 37(6): 7-8, 27.

[138] 闫保旭, 朱万成, 侯晨, 等. 金属矿山充填体与围岩体相互作用研究综述[J]. 金属矿山, 2020(1): 7-25.

[139] 杨加强. 煤矸石球磨注浆材料流变性能试验研究[J]. 中国煤炭地质, 2022, 34(S2): 39-43.

[140] 杨建, 王新民, 张钦礼, 等. 含硫高黏性三相流态充填浆体管道输送性能[J]. 中国有色金属学报, 2015, 25(4): 1049-1055.

[141] 杨志强, 高谦, 王永前, 等. 金川大型难采矿床安全高效开采关键技术与面临难题[J]. 中国矿业, 2014, 23(5): 94-100, 112.

[142] 杨志强, 高谦, 王永前, 等. 金川高应力矿床充填采矿技术研究进展与亟待解决的技术难题[J]. 中国工程科学, 2015, 17(1): 42-50.

[143] 姚振巩. 深井充填管道输送系统优化研究[J]. 矿业研究与开发, 2008(2): 7-9, 53.

[144] 袁元勋. 膏体充填堵爆管原因分析及防护措施[J]. 采矿技术, 2017, 17(4): 39-40, 101.

[145] 张宇震, 曾宪金, 丁炎云. 高水速凝固结材料的生产及应用[J]. 水泥, 1995(11): 7-11.

[146] 赵利安, 许振良. 沉降性浆体管道减阻的研究进展[J]. 管道技术与设备, 2006(5): 4-6.

[147] 赵三银, 赵旭光, 余其俊. RRB 分布模型特征粒径和均匀性系数的准确计算[J]. 水泥, 2006(5): 1-3.

[148] 朱必勇, 韩森. 搅拌桶中煤矸石沉降的研究[J]. 矿业研究与开发, 2009, 29(2): 38-40.

[149] 朱成剑. 某铜矿全尾砂物理力学性能及化学成分分析试验[J]. 新疆有色金属, 2019, 42(5): 69-70.

[150] 朱红, 施秀屏, 欧泽深. 有机阳离子絮凝剂的机理研究及应用[J]. 中国矿业大学学报, 1996(2): 60-64.

[151] 朱洁. 新煤炭企业节能的思考[J]. 北方经贸, 2014(10): 172.

[152] 朱旻, 朱健坤, 熊玲, 等. 陶瓷过滤机高效、节能机理与过滤板清洗技术的进展[J]. 清洗世界, 2011, 27(12): 29-32.

[153] 邹履泰. 三相流的流变特性及减阻机理的试验研究[J]. 泥沙研究, 1996(2): 22-29.